普通高等教育"十一五"国家级规划教材
国家林业和草原局普通高等教育"十四五"规划教材

土 壤 学

U0237501

（第3版）

谢英荷　主编

中国林业出版社
China Forestry Publishing House

内 容 简 介

　　《土壤学》（第 3 版）是国家林业和草原局普通高等教育"十四五"规划教材，本教材除绪论外共 18 章内容，第 1~8 章分别重点阐述了土壤矿物质，土壤有机质，土壤生物，土壤孔性、结构性和耕性，土壤水，土壤空气和热量状况，土壤胶体与土壤保肥供肥性，土壤酸碱性和氧化还原反应等内容；第 9~16 章阐述了土壤的形成、分布和分类，以及我国主要土壤类型的特性及利用改良；第 17 章介绍了土壤的一般调查方法以及服务于特定目的的土壤调查内容和方法；第 18 章阐述了土壤质量及评价、土壤退化与防治对策。全书各章相互呼应，对土壤学基本原理及其生产实践均做了较系统的阐述。

　　本教材不仅适用于高等农林院校农学类各专业、林学、水土保持与荒漠化防治、土地资源管理、土地整治工程、生态学、环境科学、环境工程、草业科学、园林等专业本科生使用，也可供农林、水利、生态环境保护相关领域科技人员参考使用。

图书在版编目（CIP）数据

土壤学／谢英荷主编 . —3 版 . —北京：中国林业出版社，2023.2

普通高等教育"十一五"国家级规划教材　国家林业和草原局普通高等教育"十四五"规划教材

ISBN 978-7-5219-2075-8

Ⅰ.①土…　Ⅱ.①谢…　Ⅲ.①土壤学-高等学校-教材　Ⅳ.①S15

中国国家版本馆 CIP 数据核字（2023）第 001046 号

责任编辑：范立鹏
责任校对：苏　梅
封面设计：周周设计局

出版发行：中国林业出版社
　　　　　（100009，北京市西城区刘海胡同 7 号，电话 83223120）
电子邮箱：cfphzbs@163.com
网址：www.forestry.gov.cn/lycb.html
印刷：北京中科印刷有限公司
版次：2002 年 10 月第 1 版（共印 4 次）
　　　2011 年 4 月第 2 版（共印 9 次）
　　　2023 年 2 月第 3 版
印次：2023 年 2 月第 1 次
开本：787mm×1092mm　1/16
印张：21.75
字数：516 千字
定价：65.00 元

教学资源

《土壤学》(第3版)
编写人员

主　编：谢英荷

副主编：樊文华　朱西存　李廷亮

编　者：(以姓氏笔画为序)

马红梅(山西农业大学)

王改玲(山西农业大学)

朱西存(山东农业大学)

李廷亮(山西农业大学)

杨文浩(福建农林大学)

张丽娟(河北农业大学)

张育林(西北农林科技大学)

姜桂英(河南农业大学)

韩春兰(沈阳农业大学)

程红艳(山西农业大学)

谢英荷(山西农业大学)

谢钧宇(山西农业大学)

蔡海洋(福建农林大学)

樊文华(山西农业大学)

《土壤学》(第2版)
编写人员

主　编：林大仪　谢英荷

副主编：王秋兵　白中科　樊文华

编　委：(以姓氏笔画为序)
马红梅(山西农业大学)
王旭东(西北农林科技大学)
王改玲(山西农业大学)
王秋兵(沈阳农业大学)
东野光亮(山东农业大学)
白中科(山西农业大学)
刘秀珍(山西农业大学)
李会卓(河北农业大学
林大仪(山西农业大学)
赵竟英(河南农业大学)
贾树海(沈阳农业大学)
黄运湘(湖南农业大学)
程红艳(山西农业大学)
谢英荷(山西农业大学)
樊文华(山西农业大学)

主　审：黄昌勇(浙江大学)

《土壤学》(第1版)
编写人员

主　编：林大仪

副主编：王秋兵　白中科　谢英荷

编　者：(以姓氏笔画为序)
王旭东(西北农林科技大学)
王秋兵(沈阳农业大学)
白中科(山西农业大学)
东野光亮(山东农业大学)
刘秀珍(山西农业大学)
张桂银(河北农业大学)
林大仪(山西农业大学)
赵竟英(河南农业大学)
贾树海(沈阳农业大学)
谢英荷(山西农业大学)
樊文华(山西农业大学)

主　审：黄昌勇(浙江大学)

第 3 版前言

林大仪教授、谢英荷教授主编的普通高等教育"十一五"国家级规划教材——《土壤学》(第2版)于2011年由中国林业出版社出版,十余年来,得到全国各地农林院校的大量采用和广泛好评。近年来,随着土壤学研究的不断发展,为了进一步适应我国教育改革新形势下培养拔尖创新型、复合应用型、实用技能型卓越农林人才的需求,山西农业大学、山东农业大学、西北农林科技大学、沈阳农业大学、河北农业大学、福建农林大学、河南农业大学共同组织人员对《土壤学》(第2版)进行了联合修订。

本次修订坚持传承和创新相结合的原则,在继承上一版教材"厚基础,宽专业,重视生产实践应用"的特色基础上,进一步吸纳了近年来国内外土壤学研究发展的新动态、新成果、新方法。同时结合我国土壤科学的发展历史和科研、生产实践成果,加强了专业内容与思政元素的有机融合。在注重教学适应性和结构完整性的基础上,在内容结构安排上做了适当调整,各章均有不同程度的充实更新与完善,增加了土壤生物、各类土壤利用改良等新内容,充分体现了本教材内容新、重点突出、应用性强等特点。

本教材不仅适用于高等农林院校农学、林学、园林、园艺、水土保持与荒漠化防治、农业资源与环境、植物保护、土地资源管理、土地工程、生态学、环境科学、环境工程、草业科学、地理科学等专业的本科生使用,也可供农林、水利、生态环境保护等领域相关科技人员参考使用,有较强的适用性。

本教材除绪论外共计18章,编写分工如下:绪论和第5章由谢英荷编写;第1章由张丽娟编写;第2章由谢钧宇编写;第3章3.1、3.2、3.4由蔡海洋编写;第4章由姜桂英编写;第6章由马红梅编写;第7章、第14章由王改玲编写;第8章由程红艳编写;第9章、第12章、第15章15.3由樊文华编写;第10章10.2和10.3、第11章、第16章16.1由朱西存编写;第13章、第16章16.2由张育林编写;第3章3.3和第15章15.1、15.2由杨文浩编写;第17章由李廷亮编写;第18章、第10章10.1由韩春兰编写。谢英荷、樊文华、朱西存、李廷亮对全书进行了统稿,最后由谢英荷修改后定稿。

本教材编写得到了山西农业大学以及全体编写老师所在院校的大力支持与帮助,同时在编写过程中参阅了国内外同行的大量相关文献,在此一并致以诚挚的谢意。

由于编者水平有限,书中难免遗有错误与不足之处,恳请广大读者批评指正。

编　者

2022 年 6 月

第 2 版前言

　　本教材是在林大仪教授 2002 年主编的面向 21 世纪课程教材《土壤学》的基础上，根据全国"十一五"规划教材的建设精神，由山西农业大学、沈阳农业大学、中国地质大学、西北农林科技大学、山东农业大学、湖南农业大学、河南农业大学联合修订的。2002 年版《土壤学》经过近 10 年的使用，得到全国广大使用单位的大力支持与肯定。本次修订继承了原教材理论紧密结合生产实践的特色，吸纳了近年来国内外本学科研究发展的新动态、新成果、新知识、新方法，在充分注重教学适应性、启发性和结构完整性的基础上，在内容结构安排上做了适当调整、缩减和精练。全书各章内容力求符合新时期培养创新和复合型人才的需求。

　　本教材不仅适用于各高等农业院校农学、林学、水土保持及荒漠化防治、植保、农业气象、土地资源管理、生态学、环境科学、草业科学、园林等专业的本科生使用，也可供农、林、水利、生态以及有关科技人员参考使用。

　　本教材除绪论外共计十七章，编写分工如下：绪论由山西农业大学谢英荷与林大仪编写，第一章由河北农业大学李惠卓编写，第二章由湖南农业大学黄运湘编写，第三章、第六章第三、四节由山西农业大学刘秀珍编写，第四章由谢英荷编写，第五章由山西农业大学马红梅编写，第六章第一、二节、第十三章由山西农业大学王改玲编写，第七章由山西农业大学程红艳编写，第八章、第十一章第二节和第一节中的栗钙土、第十四章第三节由山西农业大学樊文华编写，第九章第一节、第十一章第一节中黑钙土、第十四章第一、二节由沈阳农业大学贾树海编写，第九章第二节、第十章、第十五章第一节由山东农业大学东野光亮编写，第九章第三节由河南农业大学赵竟英编写，第十二章、第十五章第二节由西北农林科技大学王旭东编写，第十六章由中国地质大学白中科编写，第十七章由沈阳农业大学王秋兵编写。在大家编写的基础上，第一、二、三、八、十七章由白中科统稿，第四、五、六、七、九、十六章由樊文华统稿，第十、十一、十二、十三、十四、十五章由王秋兵统稿，最后由谢英荷、林大仪对全稿进行润色、修订与定稿。

　　本教材承蒙浙江大学黄昌勇教授主审，山西农业大学以及全体编写老师所在院校都给予了极大的支持帮助，同时本教材在编写过程中参阅了国内外同行大量的有关论著与文献，在此一并致以诚挚的谢意。

　　由于土壤科学发展日新月异，加之编者水平有限，时间短促，书中定有许多错误与不足之处，恳请广大读者批评指正。

编　者

2010 年 10 月

第 1 版前言

本教材是在林成谷教授 1983 年主编的《土壤学（北方本）》和 1992 年修订的《土壤学（北方本）》基础上，根据"面向 21 世纪课程教材"建设的精神再次修订的。前两版从 1983 年发行到 1998 年共重印 12 次，得到广大使用单位的大力支持与肯定。

新版《土壤学》共十九章，继承了原教材理论紧密结合生产实际的特色，对原有土壤地学基础知识、土壤物理性状、土壤化学性状、土壤生物性状、土壤保肥与供肥性、土壤发生、分类及利用改良等内容进行了重组，拓宽了部分章节内容，并增加了土壤退化、土壤质量、土壤资源利用及城市绿地和工矿区等土壤调查内容。

新编《土壤学》结合近 10 年农业资源利用中存在的实际问题，吸纳了本学科国内外科学研究和教学研究的先进成果，在内容结构安排上做了较大调整，每章增加了内容提要、思考题和参考文献，使其尽量符合 21 世纪创造型、复合型人才培养的要求。

本教材在原主编单位、参编单位基础上重组了参编人员。编写分工如下：山西农业大学林大仪教授（绪论，第一章）；沈阳农业大学王秋兵教授（第十四章第二、三、四节，第十八章第三节部分内容，第十九章）；山西农业大学白中科教授（第十七章，第十八章第一和第三节部分内容）；山西农业大学谢英荷教授（第五章，第七章）；山东农业大学东野光亮教授（第九章第二节，第十章，第十五章）；河北农业大学张桂银教授（第六章第一、二节，第十八章第一节部分内容，第十九章第二节）；山西农业大学樊文华教授（第八章，第十一章第二节，第十三章，第十四章第一节，第十八章第二节）；山西农业大学刘秀珍副教授（第二章，第三章，第四章，第六章第三、四节）；沈阳农业大学贾树海副教授（第九章第一、四节，第十一章第一节）；西北农林科技大学王旭东副教授（第十二章、第十六章）；河南农业大学赵竞英副教授（第九章第三节）。全书由林大仪教授修订与统稿，白中科教授、谢英荷教授、王秋兵教授协助修改统稿。

本教材承蒙浙江大学黄昌勇教授主审。中国农业大学毛达如教授、北京林业大学王礼先教授对本教材的出版给予了极大的关注与支持。中国科学院南京土壤研究所史学正研究员、中国农业大学张风荣教授、河南农业大学吴克宁教授也提出了宝贵意见与建议。中国林业出版社徐小英编审等为本书出版付出了大量的心血。山西农业大学校领导以及教务处、教材科和资源环境学院等单位都给于了极大的支持帮助。在此一并表示诚挚谢意。

由于土壤科学发展较快，我国土壤类型又复杂多样，加之编者水平有限，时间短促，书中定有许多疏满与错误之处，恳请广大读者批评指正，以便在重印、修订时及时更正。

编　者

2002 年 7 月

目　录

绪 论

0.1 土壤在农业生产及生态环境保护中的地位

0.1.1 土壤在农业生产中的重要意义

(1) 土壤是农业生产的基本生产资料

狭义的农业生产指种植业生产；广义的农业生产包括种植业、林业和畜牧业等各类农副产品的生产，一般称为大农业生产。它们是由植物生产、动物生产和土壤管理3个不可分割的环节组成的。

植物生产是指绿色植物的生产。绿色植物生长需要阳光、热量、空气、水分和养料五大基本要素。其中除光能来自太阳辐射外，其余要素主要由土壤提供。水分、养分主要通过植物根部从土壤中吸收，而热量和空气则主要依靠人类通过土壤管理来直接控制和调节。此外，土壤还为植物提供了植物根系伸展的空间，发挥机械支撑作用。以上充分表明：土壤为植物生长繁育提供了"吃"（养分供应的营养库的作用）、"喝"（水分供应）、"住"（空气流通、温度适宜）、"站"（根系伸展、机械支撑）等必需生活条件。总而言之，土壤在植物生长繁育中具有营养库、养分转化和循环、涵养水分、生物的机械支撑、稳定和缓冲环境变化等其他资源无法完全取代的特殊作用。

动物生产是把一部分植物产品或残体作为饲料来喂养家禽、家畜，生产肉、蛋、奶等动物性食物，以及毛皮、畜力和有机肥等产品。由于动物生产是以植物生产为基础的，因此，土壤不仅是植物生产的基础，而且是动物生产的基础。两种生产都必须以土壤作为基本生产资料，离开了土壤这一环节，农业生产就无法循环往复地进行。可以说没有土壤就没有农业。

(2) 土壤是农业生产链环中物质和能量循环转化的场所

从自然界物质和能量的循环、转化和平衡的关系来看，在植物生产、动物生产和土壤管理这3个环节中，首先绿色植物从土壤中吸收各种营养物质，经过光合作用，将光能转化为植物有机体的化学能，再经过人类和动物利用转化为热能和动能，其余人类和动物不能利用的部分以及排泄物以肥料的形式归还土壤，最后经微生物的分解转化成为土壤的化学能，从而培肥土壤，提高土壤肥力，进一步促进下一周期的植物生产和动物生产的发展，使物质和能量通过土壤这个转化场所得以周而复始循环利用(图0-1)。以上过程充分体现了土壤在农业生产链环、自然界物质和能量循环中的枢纽地位。

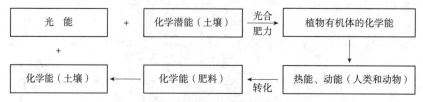

图0-1　自然界物质和能量的循环转化

(3)土壤是制定农业持续高效发展生产技术措施的基础和依据

农业生产是一项极其复杂的系统工程，高产、高效、优质、可持续发展是农业生产的基本要求，这一目标的实现取决于多种因素的最优协调与综合作用。

影响农业生产的因素主要是自然因素和人为因素。如何充分利用自然环境条件，采取适宜的调控措施使植物生长发育达到最适状态，是农业生产必须解决的关键问题。农业生产过程中作物的品种选择、栽培、施肥、灌溉、有害生物防治、农业机械配套等一系列技术管理措施的实施，必须在充分研究土壤性质基础上进行，即根据土壤的物理化学性质采取适合植物生长发育需要的相应措施，或根据植物生长发育的需要对土壤的性质进行调控。总之，只有根据土壤条件采取相应的农业技术措施才能使农业生产达到高产、高效、优质、可持续发展的要求。

0.1.2　土壤是地球上最宝贵的自然资源

土壤资源和水资源、大气资源一样，是维持人类生存与发展的必要条件，是经济社会发展最基本的物质基础。民以食为天，食以土为本。在人类赖以生存的物质资料中，人类消耗的80%以上的热量、75%以上的蛋白质和大部分的纤维都直接来自土壤。尽管现代设施农业发展迅速，但要大规模地进行粮食工厂化生产是不太可能的，人类对粮食的需求仍必须通过土壤这个载体来实现。土壤资源不像煤炭、石油及其他矿产资源那样，在开发和利用后就会逐渐减少以至枯竭，而是具有再生能力的，只要对其进行科学的投入与补偿，善于用养结合，便可使土壤肥力得以保持与提高，土壤资源就可实现永续使用。

土壤资源虽可实现永续使用，但数量上却是有限的。因为土壤是陆地的表层物质，而陆地的面积是有限的。我国的土壤资源十分短缺，不仅耕地面积仅占世界耕地面积的7.8%，而且适宜开垦的土壤后备资源十分有限。在我国尚未利用的土地中，适宜开垦的荒地只有 0.13×10^8 hm²，即使全部开垦也只能增加 700×10^4 hm² 的耕地，且主要分布在"三北"边远地区，开垦难度大。我国土壤资源的缺乏使未来有限的土壤资源供应能力与人民对土壤(地)总需求之间的矛盾日趋尖锐。土壤资源的有限性已成为制约经济社会可持续发展的重要因素。因此，应该珍惜和合理利用每一寸土地。

0.1.3　土壤是陆地生态系统的重要组成部分

自然界中，生物群体与其所处环境构成的统一体形成了多种多样、大小不一的生态系统，小到一块农田、一片森林，大到陆地乃至整个地球，而土壤是这些生态系统中最活跃的生命层，是陆生态系统的重要组成部分，同时也是一个相对独立的生态系统。

在土壤生态系统中，绿色植物吸收光能进行光合作用，是主要有机物的生产者；而草食或肉食动物(如土壤中的原生动物、蚯蚓、昆虫、啮齿类动物等)是土壤生态系统的主要消费者，它们以现有的有机物为原料，经机械破碎和生物转化，除一小部分耗损外，大部分物质和能量仍以有机态形式存在于土壤动物及其残体和排泄物中。土壤生态系统有机物的分解者主要是土壤中的微生物和低等动物，有细菌、真菌、放线菌、鞭毛虫、纤毛虫等，它们以绿色植物和动物残留的有机体及排泄物为原料，从中吸取养分，并将它们分解为无机物或合成土壤腐殖质供植物再度利用。

土壤生态系统既是自然生态系统，也是人类智慧与劳动可以支配的人工生态系统，是一种复合生态系统。土壤生态系统在陆地生态系统中起着极其重要的作用，主要表现在：①土壤是生物的栖息地，保持了生物活性、多样性和生产性；②土壤对水体和溶质流动起调节作用；③土壤是陆地与大气界面上气体与能量交(转)换的调节器，如温室气体的排放和温室效应与土壤生物化学过程密不可分；④土壤对有机物、无机物具有过滤、缓冲、降解、固定和解毒作用，是环境中重要的缓冲介质；⑤土壤具有贮存并循环生物圈养分的功能。

综上所述，土壤不仅是农业生产的基本资料，而且是农田生态系统以及以人类社会为主体的整个陆地生态系统的重要组成部分。

0.1.4　土壤是人类生存与维护生态环境安全的重要保障

在影响人类生存的大气、水、土壤三大自然环境要素中，土壤是中心环节，它处于水圈、大气圈、生物圈和岩石圈的中心位置，是地球各圈层中最活跃、最富生命力的圈层之一。

土壤作为一种重要的自然资源，是人类赖以生存的基础。土壤作为作物生长的载体，是自然界中各种食物链的依托，它的环境质量直接关系农产品的安全，对人类的生存健康有着最直接和深刻的影响。目前，随着煤炭、石油等化石能源的日益枯竭，以生物质能源生产为代表的生物质经济已经引起了各国的重视，因此，土壤在不远的将来还会成为人类能源的生产基地。此外，土壤还承担着50%～90%的、来自不同污染源的污染负荷，因而保护好土壤资源，了解和掌握土壤的污染状况，有效调控土壤中的污染物质，不断提高土壤质量，对保证大气和水体质量，保证生态环境安全和人类健康具有重要意义。

0.2　土壤与土壤圈

0.2.1　土壤及其组成

(1)土壤的概念

土壤是一个复杂的自然体，世界各国不同学科的学者对土壤的概念有不同的认识：生物学家认为土壤是地球表层系统中生物多样性最丰富、生物地球化学循环中物质和能量转换最活跃的生命层；生态学家认为土壤是重要的环境要素，是环境污染物的缓冲带和过滤器；土壤学家与农学家则认为土壤是发育于地球陆地表面能生长绿色植物的、疏松多孔的结构表层。土壤的本质特征是具有土壤肥力。

近几十年来，随着环境科学和水产事业的发展，国内外许多学者对水体和水下资源的研究与开发进行了大量的工作，趋向于把浅层水域底部的疏松层纳入土壤的范畴。自 20 世纪 70 年代以来，航天事业的发展，促使人们提出了探索研究其他星球的疏松浮土的想法。一般而言，从农业生产来看，土壤是指地球陆地上（包括浅层水域底部）能够生长绿色植物的疏松表层。

（2）土壤的物质组成

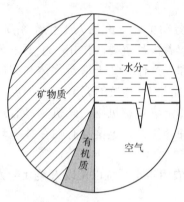

图 0-2 土壤三相组成
（体积比）

土壤是由固相、液相和气相三相物质组成的。固相包括矿物质、有机质和土壤生物，按质量计，矿物质占固相部分的 95% 以上，有机质占 1%~5%；液相包括水分和溶解于水中的矿物质和有机物质；气相包括各种气体，主要是氮气（N_2）和氧气（O_2），并含有比大气中含量高得多的二氧化碳（CO_2）和某些微量气体。土壤中固相部分占总体积的 45%~50%，孔隙占总体积的 50%~55%（图 0-2）。气体和液体共同存在于粒间孔隙之中，呈互为消长的关系，进而影响土壤温度状况，因此，固、液、气三相之间是相互联系、相互转化、相互制约、不可分割的有机整体，是构成土壤肥力的物质基础。不同土壤的物质组成比例不同，从而表现不同的肥力水平，使土壤表现许多不同的性质，为植物生长提供不同的生活条件。

0.2.2 土壤肥力与生产力

（1）土壤肥力的概念

土壤肥力的概念，目前各国尚未有完全统一的认识。西方土壤学家一般将土壤供应养料的能力看作是肥力；而苏联土壤学家威廉斯则认为：肥力是土壤在植物生活的全过程中，同时不断地供给植物以最大量的有效养料和水分的能力。我国土壤科学工作者对土壤肥力也有不尽相同的认识，目前认识较统一于《中国土壤》（1987）对肥力的阐述，即肥力是土壤的基本属性和质的特征，是土壤从营养条件和环境条件方面，供应和协调植物生长的能力。土壤肥力是土壤物理、化学和生物学性质的综合反映。其中，养分是营养因素，温度和空气是环境因素，水既是环境因素又是营养因素。所谓"协调"是指各种肥力因素同时存在、相互联系、相互制约。因此，归纳起来可将土壤肥力定义为：土壤肥力是土壤具有的能同时和持续不断地供给和调节植物生长发育所需的水、肥、气、热等生活因素的能力。

肥沃的土壤能够充足、全面、持续地供给植物所需的各种生活因素，而且能调节和抵抗各种不良自然条件的影响，还能调节各肥力因素之间存在的矛盾，以达到适应和满足植物生长的要求。

（2）自然肥力和人工肥力

土壤肥力虽然是土壤的自然属性，但又受到经济社会的影响，因此有自然肥力和人工肥力的区别。

　　自然肥力是指土壤在自然因子(即五大成土因素——气候、生物、母质、地形和时间)的综合作用下发育而来的肥力，是自然成土过程的产物。由于人类尚未干预，所以自然肥力还不能得到充分开发利用，其发展是很缓慢的。

　　人工肥力是在人类施肥、灌溉及其他技术措施等人为因素影响作用下发育起来的肥力。人为因素使土壤不能被植物利用的潜在肥力转变为有效状态，土壤肥力得以迅速提高。人工肥力是人类在认识自然规律的基础上充分利用科学技术成就而获得的。随着人类农业生产活动的影响越来越大，人工肥力则逐渐上升至主导地位。

(3)潜在肥力与有效肥力

　　就植物利用的有效性而言，从理论上讲，肥力在生产上都可以发挥出来而产生经济效果，但在农业实践中，由于土壤性质、环境条件和技术水平的限制，只有其中的一部分肥力能够在生产中表现出来，产生经济效益，这一部分肥力称为有效肥力或经济肥力，而没有直接反映出来的称为潜在肥力。有效肥力和潜在肥力是可以相互转化的，两者之间没有截然的界限。人类在利用土壤资源过程中干预的正确与否(即土壤管理的技术水平)，是控制这两种肥力相互转化的关键。

(4)土壤生产力

　　土壤生产力与土壤肥力之间是两个既有联系又有区别的概念。土壤生产力是由土壤本身的肥力属性、发挥肥力作用的外界条件及人为因素共同决定的。从这个意义上看，肥力只是生产力的基础，而不是生产力的全部。发挥土壤肥力作用的外界条件指的是土壤所处的环境，包括气候、光照、地形、灌排条件，以及有无污染因素的影响，还包括耕作等土壤管理措施。

　　高产的土壤必定是肥沃的，但并不能断定肥沃的土壤一定高产。例如，在没有灌溉设施的情况下，干旱地区的肥沃土壤上的作物产量在很大程度上取决当地的年降水量，因此，它不可能保证高产稳产。区分土壤肥力和土壤生产力这两个不同的概念，对土壤管理和农业生产具有重要意义。它使我们认识到，要提高土壤生产力(即提高植物产量)，既要重视土壤肥力的研究，又要重视土壤与其环境间相互关系的研究。

0.2.3　土壤圈及其与地球各圈层的关系

(1)土壤圈的概念及在地球系统中的地位

　　土壤以不完全连续的状态分布于陆地的表面，被称为土壤圈(pedosphere)。土壤圈的概念是1938年由瑞典学者马特松(S. Matson)提出的，后来得到了业界极大的重视和发展，特别是1990年阿诺德(D. Arnold)对土壤圈的定义、结构、功能及其在地球系统中的地位做了全面的阐述和发展，为土壤科学助力解决全球问题奠定了基础(图0-3)。

　　在地球表层系统中，土壤圈具有特殊的地位和功能：①土壤圈是地球上永恒的物质和能量的交换场所。②土壤圈是地球上最活跃的具有生命物质的圈层之一。土壤圈与生物圈密不可分，其本身就是一个丰富多彩的生物王国和基因资源库。③土壤圈具有"记忆"功能。土壤形成过程中的气候、生物、岩石矿物组成、土壤发生过程与性质都会在土体中留下"烙印"，如各种生物化石、沉积层、次生矿物以及新生体等。④土壤圈具有时空特征。土壤圈具有明显的区域分布特征和长时间的演变特征。⑤土壤圈具有可再生性。

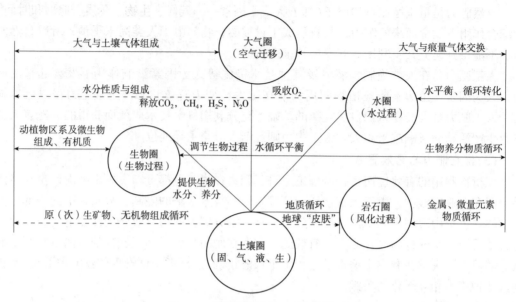

图 0-3 土壤圈的地位、内涵及功能

土壤圈是地圈系统的重要组成部分，其位置处于地圈系统中大气圈、水圈、生物圈与岩石圈的交接界面，即4个圈层的中心。它既是这些圈层的支撑者(即各圈层间物质和能量交换的枢纽)，又是它们长期共同作用的产物。它的任何变化都会影响其他圈层的演化、发展乃至对全球变化产生影响。

(2)土壤圈与地球各圈层的关系

①土壤圈与大气圈的关系。土壤圈与大气圈之间进行着频繁的水、热、气交换和平衡。土壤疏松多孔，能接纳、贮存大量大气降水以供生物生命活动之需。土壤水一部分又以蒸散的方式回到大气圈，同时土壤向大气释放大量 CO_2、CH_4 与 NO_x 等导致全球气候变暖的主要温室效应气体。土壤是这些气体的库，这些气体的产生和释放与人类的施肥、灌溉等土壤管理活动有密切关系。因此，最大限度地减少人为农事活动中温室气体的释放，已成为当今全球共同关心的生态问题。

②土壤圈与生物圈的关系。生物圈是指地球上生物生存和活动的范围。地球表层的土壤不但为人类、高等动植物以及微生物提供了生存的场所，同时也为其生长发育提供了养分、水分等生存条件。而生物吸收的部分养分又以枯枝落叶以及遗体的形式归还于土壤。土壤性质对生物吸收物质的数量、组成有着不同的影响。生物对土壤的物质归还量及其组成，特别是根际分泌物对土壤性质也会产生深刻的影响。人类可以通过调节土壤圈与生物圈的物质交换以提高植物产量与品质，并保持土壤的生产力持续发展，供人类持续使用。

③土壤圈与水圈的关系。水是地球表层一切生物生命存在的源泉，也是地球系统中联结各圈层物质迁移的介质。除湖泊、江河外，土壤是淡水的最大储库。土壤不仅影响降水在陆地和水体的重新分配，而且影响元素的表生地球化学行为，还影响水分平衡、分异、转化及水圈的化学组成。

肥料和农药的施用、污水灌溉及其他废弃物进入土壤后可污染地下水和地表水，污染的淡水反过来又危及土壤以及人类的安全。因此，如何保护好水资源，尤其是保护、利用与调控淡水资源，防止土壤中污染物向水体迁移，也是土壤学研究需要解决的重大课题。

④土壤圈与岩石圈的关系。土壤是岩石风化过程和成土作用的产物。从地球的圈层位置看，土壤圈位于岩石圈与生物圈之间，属于风化壳的一个部分，作为地球的"皮肤"，对岩石圈具有一定的保护作用，以减少其遭受各种外营力破坏。虽然土壤的基础物质来源于岩石，但在风化过程和成土过程中，土壤中的元素也在向岩石圈进行着迁移与转化，二者间进行着地质循环。

0.3　土壤科学的发展及今后的任务

0.3.1　土壤科学的发展历史

土壤科学是研究土壤物质运动规律及其与环境间相互关系的科学，是与农业科学和资源环境科学相关的基础学科之一。土壤学的兴起与发展与近代自然科学，特别是近代化学、物理学和生物学的发展和不断融合息息相关。16世纪以前，人们对土壤学的认识仅限于以土壤的某些直观性质和农业生产经验为依据。例如，我国的《尚书·禹贡》中便有根据土壤颜色、土粒粗细对土壤进行分类的描述；古罗马的加图也是根据直观描述对土壤进行分类。16~18世纪，自然科学的蓬勃发展为土壤学的萌芽奠定了基础，许多学者在论证土壤与植物的关系中提出了各种假说，如17世纪中叶，海尔蒙特根据自己的实验认为，土壤除供给植物水分、养分以外，仅起着支撑植物地上部分的作用。18世纪末，泰伊尔（A. D. Thaer，1752—1828）提出植物腐殖质营养学说，认为除了水分外，腐殖质是土壤中唯一能作为植物营养元素的物质。在18世纪以后的土壤学发展过程中，先后出现了以下三大学派。

(1)农业化学学派

德国化学家李比希（J. V. Liebig，1803—1873），采用化学的观点和方法研究土壤植物营养问题，于1840年提出了植物矿物营养学说，提出矿质元素（无机盐类）是植物的主要营养物质，而土壤则是这些营养物质的主要来源。同时他还提出了著名的归还学说，即土壤能供植物利用的矿质营养元素是有限的，必须借助增施矿质肥料予以补充，否则土壤肥力会日趋衰竭，植物产量会不断下降。植物矿物营养学说是对植物营养学等农业科学的一个重大贡献，该学说的提出迅速推动了化肥工业的发展，在化肥发展史上具有划时代的意义。但这一观点仅从化学的角度研究土壤问题，把土壤当作单纯的矿质养分的贮存库，忽视了土壤肥力的增减不完全依靠矿质营养元素，更重要的是忽视了生物因素和有机质在影响土壤理化性质、提高土壤肥力方面的综合作用。尽管由于时代的局限性，农业化学观点存在许多不足之处，但这并不影响该观点在土壤科学发展史上的历史地位以及对整个农业科学发展的贡献。直至今日，该学说仍被作为化肥生产和应用的最重要的理论依据。

(2)农业地质学派

19世纪下半叶，以德国学者法鲁（F. A. Fallou）为代表的土壤学家，运用地质学的观点研究土壤的变化，认为土壤的形成是风化过程和淋溶过程的结果，也就是土壤肥力发展的过程。风化过程释放了岩石矿物中的养分，为植物生长创造了营养条件，与此同时，淋溶使土壤养分不断流失导致肥力趋于枯竭。他认为土壤肥力是不断下降的过程，最后又将形成岩石。世界上存在的多种类型的土壤也只不过是风化强度和淋溶程度的不同而已。这种观点也忽视了生物因素在土壤形成(即肥力发展变化)中所起的作用。该观点还强调土壤工作者应把主要精力集中于对土壤各种性质及其变化方面的研究，不要过多关注农业生产与土壤的关系，认为那是农学家关心的问题，从而发展了农业地质学派"土壤归土壤，农业归农业"的观点，导致了土壤科学错误脱离农业生产实践的发展方向。但农业地质学派的观点在土壤学发展史上同样起到了一定的积极作用，其开辟了土壤矿物学研究的新领域，加深了人们对土壤基本"骨架"——矿物质的认识。

(3)土壤发生学派

19世纪至20世纪，俄国陆续出现了几位著名的土壤学家，如道古恰耶夫、柯斯狄契夫、西比尔采夫、格林卡、威廉斯等。以道古恰耶夫为代表的土壤学家，运用发生学的观点研究土壤的发生发展，认为土壤是在气候、生物、母质、地形和时间5个自然成土因素共同作用下发生发展的，还提出地球上土壤的分布具有地带性规律，创立了土壤地带性学说。同时，他们针对土壤分类提出了创造性见解，拟订了土壤调查和编制土壤图的方法。

威廉斯继承和发展了土壤发生学的观点，更加重视生物在土壤发生和肥力发展方面的作用，认为土壤的形成是在以生物为主导因素的5种成土因素相互作用下的结果。他创立的土壤统一形成学说、土壤发生学说、土壤结构学说，不仅为土壤发生学派奠定了理论基础，而且为土壤科学服务农业生产开辟了广阔天地。他的学说得到各国土壤学家的认可，为现代土壤学发展奠定了基础。

自20世纪以来，随着全球人口的不断增长、资源的不断减少和环境的明显变化，土壤学研究面临大量新问题、新任务、新挑战、新机遇。同时，由于数学、物理学、化学和生物学的新概念及研究手段向土壤学大量渗透，促使土壤学飞速发展，出现了许多新的研究领域，如土壤圈层、土壤质量、土壤信息、土壤生态环境等，表明当代土壤学科的研究领域在不断扩大，研究方向逐步向多元化发展。

0.3.2 我国土壤科学的发展

我国具有非常悠久的农业发展历史，在农业生产方面具有独特的创造和经验，特别是在土壤科学方面，积累了丰富的识土、用土、改土经验，为建立和发展土壤科学作出了宝贵的贡献。无论是控制水土流失的梯田修筑、耕作制中的轮作倒茬、用地养地的粮豆间(混、套)作、农家肥料的沤制与使用、保墒保肥的耕作措施等，无不居于世界农业技术发展的前列，形成了我国农业上精耕细作的优良传统。

早在两千多年前，从春秋战国到秦、汉时期，我国人民在长期的生产实践中，对土壤就有丰富的经验积累和记载，其中著名的农书如《尚书·禹贡》《管子·地员》《氾胜之书》《齐民要术》等，在其他古籍中也有许多关于农业发展，特别是关于土壤知识的记载。《尚书·禹贡》描述了九州土壤的特征、地理分布和肥力状况，是世界上最早的关于土壤分类及肥力评定的著作。《管子·地员》提出了因土种植的概念——土宜。《氾胜之书》提出因土耕作，在不同的土壤上要采用不同的耕作方法。《齐民要术》阐述了以深耕为中心结合耙、耱、镇压的耕作制，以及种植豆科绿肥植物的经验。在这些书中还提出了"多粪肥田"

"弱土而强""粪田宜稀"等土壤培肥的基本理论。在宋、元、明、清时期也出现了多部农书，如《王祯农书》《农政全书》《陈旉农书》等。《王祯农书·粪壤篇》提出土壤虽异，治以得宜，皆可种植，以及"地力常新壮"等用土改土的观点。这些均为我国土壤科学的发展奠定了基础，至今仍作为我国进行土壤科学研究和生产的重要参考。

我国近代土壤科学研究起步较晚。20世纪20年代，一些留学归国人员开始从事土壤学的教学与研究，1930年才在"中央地质调查所"设立了土壤研究室。以后又相继在一些高等农业院校设置"土壤农化"专业并设立土壤研究院(所)，培养土壤专业技术人才。这一阶段，我国的土壤科学研究主要受欧美土壤学观点的影响，重点对中国的土壤分类和土壤性质进行了初步的研究。

新中国成立后，1949—1978年，我国土壤科学研究紧紧围绕国家的经济建设，广泛开展了土壤资源综合考察、农业区划、流域治理、中低产田改良，以及防治土壤盐渍化、沙漠化、水土流失等大量工作。我国先后于1958年和1978年进行了两次全国土壤普查，基本查清了我国的土壤类型、分布、属性、土宜、障碍因素等基本情况，编写了各县级、地(市)级、省级以及全国的土壤志，绘制了各类土壤图。

1978年至今，我国的土壤学研究在面对国家需求、解决生产实际的同时，学科建设得到了快速发展，不仅相继建立了土壤地理学、土壤物理学、土壤化学、土壤生物学、土壤矿物学、土壤植物营养化学、土壤侵蚀与水土保持、土壤肥力与土壤养分循环、土壤污染与修复、土壤质量与食物安全等分支学科，而且从土壤化学中衍生出土壤电化学和土壤环境学，从土壤地理学派生出土壤地球化学和土壤生态学，提出了土壤圈物质循环的重要内涵，建立了较为完整的土壤学科体系。我国先后出版了一些有影响的土壤学专著，如《中国土壤》(1998)、《中国土壤系统分类》(1999)、《土壤化学原理》《农业百科全书·土壤卷》(1996)、《农业百科全书·农化卷》(1994)等。此外，我国土壤学研究还系统清查了全国土系资源，建立了近5000个土系并出版了《中国土系志》，在应对全球气候变化、土壤生态系统研究和土壤容量、有机污染研究等方面也做了大量工作。我国在土壤元素循环、土壤电化学、水稻土肥力、人为土分类、植物修复、稻田温室气体排放及盐碱土治理等研究方面已经处于国际领先地位。

与此同时，土壤测试方法由重量法逐步发展为容量法，比色法以及目前广泛应用的吸收光谱、发射光谱、X衍射等物理方法也在逐步替代化学方法。土壤调查方法也由人工踏勘发展至应用遥感、航测与地理信息系统等信息技术，这为土壤学各领域的研究提供了可靠保证，进一步推动了土壤科学的快速发展。

0.3.3　土壤学未来发展的主要任务

当前我国土壤学的发展面临农业安全、生态退化、环境污染、资源匮乏、能源紧缺、全球变化、灾害频发等重大问题与挑战，由此土壤的地位与重要性也必须从农业生产基础向环境安全、生态建设等方向转变与提升。因此，如何协调发挥土壤的生产功能、环境保护功能、生态工程建设支撑功能和全球变化缓解功能，成为现代土壤学研究的重要任务。

(1)土壤健康与食物安全是土壤学研究首要关注的问题

土壤健康是保障生态安全的基础。近年来，随着经济社会的快速发展，我国农田土壤质量退化等问题日显突出，农业农村部发布的《2019年全国耕地质量等级情况公报》显示，我国耕地面积为 $20.23×10^8$ 亩*，但近70%的耕地存在不同程度的生产障碍因素，其中耕地退化面积占耕地总面积的40%以上。全国受污染的耕地面积约 $1000×10^4$ hm^2，耕地土壤点位污染超标率达19.4%，面源污染加重已成为制约农业可持续发展的突出矛盾。我国耕地基础地力对粮食生产的贡献率仅52%左右，较40年前降低了10~15个百分点。这些均对我国的食物安全等带来不良影响。因此高度重视和加强我国农田土壤的健康保护和质量提升，是实施藏粮于地(技)战略和确保国家粮食安全的重大现实需求，更是我国现代土壤学研究中首要关注的问题。

食物安全已不仅指食物的数量安全，还包括食物的质量安全、经济安全和生态安全。数量安全是食物安全的基本要求，要为日益增长的人口生产足够的食物；质量安全是指生产的食物要有较高的营养质量和安全质量，必须是无公害食品；经济安全是指农民要在食物生产过程中受益，有较好的经济保障；生态安全是指食物生产过程中要合理利用水土肥等资源，不为农田土壤和生态环境带来负面影响。因此，土壤学研究今后必须开展以保护农田土壤健康、保障农产品安全和人体安全为目标的综合研究，包括：①深入研究持续高产前提下的养分资源高效利用机制和途径，寻求土壤—植物系统养分的农学效应与环境效应的最佳平衡，建立和完善相应的理论和配套技术体系；②研究主要污染物在农田生态系统中和水、土、气、生界面迁移、转化与积累的规律；③研究农产品污染削减与预警系统及区域宏观污染调控等；④建立土壤健康评价指标体系以及退化土壤的防控、修复与保育的理论和技术体系；⑤研究维护土壤健康的典型微生物过程及影响因素；⑥研究土壤调控对植物病害防控的原理、机制及技术模式。

(2)保护土壤资源与生态环境建设是现代土壤学研究的核心工作

我国是世界上土壤资源利用强度最高的国家之一。土壤的高强度利用和管理不善，导致了土壤的严重退化和生态环境的破坏。土壤资源的危机日益严重，主要表现为：土壤肥力减退和失调，产量小于 2250 kg/hm^2 的低产田占耕地总面积的1/3；土壤退化、侵蚀严重，黄土高原与红壤丘陵地区土壤侵蚀面积各有 $5000×10^4$ hm^2。由此可见，我国在土壤资源保护方面的任务十分紧迫和艰巨。

我国的土壤资源保护与生态环境建设必须以可持续发展理论为指导，研究建立适合我国国情的土壤资源合理利用的政策、制度、管理办法和措施。在注重土壤资源数量管理的同时，加强土壤质量管理和土壤生态环境管护，不断探索土壤高强度利用与环境协调的有效措施和途径、土壤资源持续利用的机制与模式。土壤服务功能要从传统单一的生产功能逐步扩展到生产、环境、生态多目标多功能阶段。为全面实现生态系统和土壤资源的持续良性循环，今后我国需加强以下方面的研究工作：各种低耗土壤资源的节约型开发利用研究；综合治理集约经营耕地的研究；土壤资源承载能力的研究；耕作施肥的集约化管理模式研究(现代化节水、节肥、节能技术和旱作农业技术等)；土壤质量动态监测及土地数字化数据库的研究；人为活动对土壤和生态环境的影响；不同土壤(土地)退化过程与防治技术的研究；农业土壤污染物环境生物地球化学循环与风险评估；农业、工业废弃物的土壤

---

* 1 亩 = 1/15 hm^2。

利用与农产品安全研究；复合障碍型农业土壤环境风险削减与培育技术等研究。

（3）土壤圈物质循环与全球变化的关系研究是土壤学研究的长期任务

土壤圈物质循环，特别是碳氮循环与全球变化的关系非常密切。土壤释放的大量温室气体使全球气候有变暖的可能，全球变化又通过降水、温度和养分沉降等变化影响土壤过程和土壤性质，同时也对生态系统的生产力及其稳定性产生影响。因此，土壤圈物质循环与全球变化的关系是土壤学研究的长期任务。

从土壤圈与地球其他圈层关系的宏观角度出发，土壤学研究的内容包括：①土壤圈与生物圈之间的养分元素的迁移、交换与平衡。包括陆地生态系统以及根际微生态系统中物质迁移与养分平衡及其调控研究。②土壤圈与水圈的水循环。包括土壤水平衡与全球水循环研究，农田系统硝酸盐淋失与水质量研究，水分、养分运移与水盐迁移研究。③土壤圈与岩石圈之间金属与微量元素迁移与转移。包括土壤发育与土壤年龄的研究，古土壤与环境信息研究，土壤地球化学性质与变化规律的研究等。④土壤圈与大气圈大量与痕量气体交换与平衡。土壤痕量气体通量及其对大气温室气体效应的影响，土壤飘尘与空气污染的研究等。

为了实现我国积极应对气候变化提出的碳达峰、碳中和目标，今后土壤学研究的重点内容包括（沈仁芳等，2000）：典型陆地生态系统碳氮生物地球化学循环特征、碳氮微量气体排放强度及固碳减排潜力；解析土壤碳氮微量气体对气候变化因子的响应规律及微生物驱动机制；不同土地利用方式下土壤碳氮温室气体产生和转化的生物学机理及其对全球变化的响应，探索不同农业生态系统碳氮微量气体减排与作物高产高效的耦合途径及综合对策；发展全球环境变化下不同区域土地利用方式下的农业绿色生产技术体系。

（4）加强新技术和新方法在土壤学中的应用

土壤学发展建立在人类对自然界进行大量观测和长期资料积累的基础上，这除了应用生物学、地学、化学等各种技术科学发展的理论外，更重要的是要不断更新与引进现代化的分析技术与仪器设备，需要对大量综合性的、多时相的数据进行分析，也更需要创制观测、分析、测试、数据处理等方面规范化、标准化、定量化、模型化的新方法和新手段。

近年来，土壤技术的研究重点是国家级土壤数据信息系统的建立及应用，特别是信息技术结合新的高精度遥感遥测技术、5G技术、物联网技术。这些技术的发展和应用促进了土壤学向精准化、信息化、智能化方向发展。为合理利用土壤资源，预测其演变趋势，需加强以下方面的研究：开发基于大数据的自动控制、数据采集信息技术以及基于"互联网+"的远程数据传输技术；研究基于星—空—地一体化的土壤智慧监测技术与系统；发展基于"大数据+互联网+人工智能"的土壤大数据信息决策理论与支持系统。此外，在研究方法上，必须采用多学科、多领域的交叉融合方法。在研究手段技术上也必须不断创新，除"3S"（RS、GIS、GPS）技术外，要加强一些非接触性研究手段，如核磁共振、激光扫描、超声波、X射线、原子技术（同位素示踪技术等）、同步辐射技术、三维成像技术、DNA克隆、量子生物等在土壤学中的应用，以及非线性数理理论和方法（地统计学、分形数学、混沌动力学）在土壤学中的应用等。只有在这些新技术、新方法的支撑与驱动下，才能不断推动现代土壤学的发展。

思考题

1. 简述土壤在农业生产及生态环境保护中的地位。
2. 简述土壤、土壤组成、土壤肥力、土壤生产力、土壤圈的概念及含义。
3. 土壤与地球各圈层间有何关系?
4. 简述世界近代土壤科学发展中三大学派的基本观点及其贡献与不足。
5. 现代土壤科学面临的主要问题与任务是什么?

第1章

土壤矿物质

【内容提要】主要介绍矿物和岩石的基本特征、主要种类及其风化作用；土壤母质的常见类型；土壤粒级、机械组成、质地的概念、分类标准；不同粒级土粒的矿物组成和化学组成；不同质地土壤的肥力特征和不同质地剖面的肥力特点，不良质地土壤的改良措施。

土壤位于岩石圈的最上层，即风化壳的表层。它是由固、液、气三相物质组成的自然体，其中，固相部分由矿物质颗粒和有机质颗粒组成。对于一般土壤来说，矿物质颗粒约占土壤固相部分的90%以上，是构成土壤最基本的物质，与土壤性质关系密切。

1.1 主要成土矿物和成土岩石

土壤矿物质颗粒主要来源于矿物、岩石的风化。矿物和岩石是两种既有联系又有区别的自然物质，矿物是组成岩石的基本单位，岩石是矿物的集合体。

1.1.1 矿物的概念及主要性质

1.1.1.1 矿物的概念

矿物是地壳中的化学元素在地质作用下形成的具有一定化学成分和物理性质的自然产物。目前已经发现的矿物有3000多种，最常见的有50~60种，绝大多数是结晶质固态无机物。矿物按其成因分为岩浆矿物、表生矿物、变质矿物3种类型，其中岩浆矿物又称原生矿物，变质矿物和表生矿物又称次生矿物。

1.1.1.2 矿物的主要性质

矿物的主要性质包括结晶形态、颜色、条痕、光泽、硬度、解理、断口等方面的特征。矿物主要性质的特征表现是其化学成分和内部构造的外在反映，是肉眼鉴定矿物的主要依据。

(1)结晶形态

针对结晶矿物而言，结晶形态通常指矿物单个晶体或聚合体的形态。单体形态有柱状、板状、片状、菱面体、多面体等。聚合体形态有双晶、纤维状、放射状、鳞片状、粒状、结核、鲕状、肾状、豆状、钟乳状、土状、皮壳状及树枝状等。

(2)颜色

矿物颜色是矿物对可见光中不同波长的光线选择吸收的结果。根据颜色成因可分为自色、他色、假色。

(3)条痕

条痕是指被测矿物在未上釉的瓷板上刻划时留下的粉痕,条痕颜色即矿物粉末的颜色。观察条痕颜色的目的在于清除假色、减弱他色、保存自色,因此,条痕是鉴别矿物比较可靠的特征之一。

(4)光泽

光泽指矿物新鲜表面反射光线所呈现的光亮程度,分为金属光泽、半金属光泽和非金属光泽(包括玻璃光泽、金刚光泽、脂肪光泽、珍珠光泽、丝绢光泽、土状光泽等)。

(5)硬度

硬度指矿物抵抗外力刻划和摩擦的能力。一般采用摩氏(F. Mohs)硬度计测定矿物的相对硬度。摩氏硬度计按矿石的软硬程度分为10级,1~10的硬度级分别对应的矿物是滑石、石膏、方解石、萤石、磷灰石、正长石、石英、黄玉、刚玉、金刚石。

(6)解理

解理指矿物受力后能够沿着一定结晶方向裂开形成光滑平面的性质,裂开后形成的光滑平面称为解理面。按照解理形成所需力的大小及解理面的完整、平滑程度,将解理分为极完全解理、完全解理、中等解理、不完全解理、极不完全解理(无解理)。

(7)断口

矿物受力后不规则破裂形成的凹凸不平的断面称为断口。断口依其形状可分为贝壳状、参差状、锯齿状、平坦状、土状。

1.1.2　主要成土矿物

矿物种类很多,分布极广。根据其成因和化学成分,将主要成土矿物分述如下:

1.1.2.1　硅酸盐矿物

硅酸盐矿物是极其重要的成土矿物,分布极广,约占地壳总质量的75%。

(1)长石类

长石类矿物包括正长石 $KAlSi_3O_8$ 和斜长石 $Na[AlSi_3O_8] \cdot Ca[Al_2Si_2O_8]$。正长石又称钾长石,多为肉红色,玻璃光泽,完全解理,硬度6.0;广泛分布在浅色岩浆岩中;抗物理风化能力较弱,易崩解成碎块,湿热条件下易发生化学风化,形成次生黏土矿物,是土壤钾素的重要来源。斜长石是由钠长石 $Na[AlSi_3O_8]$ 和钙长石 $Ca[Al_2Si_2O_8]$ 以不同比例混合而成,多为白色、灰白色,硬度6.0~6.5,晶体呈板状及板柱状,玻璃光泽,硬度、解理和风化特点与正长石相近;斜长石多分布在中性及基性岩浆岩中;风化产物富含钙质。

(2)云母类

云母类矿物包括白云母 $KAl_3Si_3O_{10}(OH)_2$ 和黑云母 $KH_2(Mg \cdot Fe)_3 Al Si_3O_{12}$。白云母也称钾云母,片状,透明,集合体为鳞片状,极完全解理,珍珠光泽;性质稳定,抗风化能力较强，但在强化学风化条件下，也能形成水云母和高岭石等，并释放钾素。黑云母除颜色为黑色、深褐色外，其他特征与白云母相似；较白云母极易风化，风化后形成次生黏土矿物，并释放铁、镁等植物营养物质。

（3）角闪石和辉石类

角闪石 $Ca_2Na(Mg,Fe^{2+})_4(Al,Fe^{3+})[(Si,Al)_4O_{11}](OH,F)_2$ 和辉石 $(Ca,Na)(Mg,Fe^{2+}, Al,Fe^{3+})[(Si,Al)_2O_6]$ 统称为铁镁矿物。角闪石呈长柱状、针状、纤维状，褐色、绿黑色，硬度 5.5~6.0，玻璃光泽，条痕淡绿色；主要分布在中性、基性岩浆岩中。辉石为短柱状晶体，粒状，条痕绿色，其他主要性质同角闪石；辉石多分布在基性、超基性岩浆岩中。角闪石和辉石均属于易风化矿物，前者抗风化能力强于后者，风化后可变成绿泥石、绿帘石或方解石等次生矿物，最终形成富铁黏土、碳酸盐类及氧化铁等。

1.1.2.2　氧化物类

氧化物类矿物在地壳中分布较广泛，约占地壳总质量的 17%。

（1）石英

石英 SiO_2 是极为常见的成土矿物，在酸性岩浆岩、砂岩、石英岩中大量存在。石英为透明、半透明晶体或乳白色致密块体，典型晶体为六棱柱状，晶面有横纹，玻璃光泽；断口呈贝壳状，脂肪光泽，硬度 7.0。石英化学性质稳定，抵风化能力强，但易崩解成为碎屑状残留物，是土壤砂粒的主要来源；其含量对土壤物理性质影响较大。

（2）铁矿类

铁矿类矿物主要包括赤铁矿 Fe_2O_3、褐铁矿 $Fe_2O_3 \cdot nH_2O$、磁铁矿 Fe_3O_4 或 $Fe^{2+}Fe_2^{3+}O_4$、针铁矿 $Fe_2O_3 \cdot H_2O$ 等，其中赤铁矿和褐铁矿最为常见。赤铁矿呈红色、铁黑色，条痕为樱红色，晶体外观呈鲕状、肾状；褐铁矿是赤铁矿水化形成的一种含水氧化铁矿物，外观呈土状、钟乳状或粉末状，一般呈黄褐色至黑色，但条痕固定为黄褐色。铁矿类矿物易风化，风化产物富含铁元素，是土壤呈黄色、红色、棕色的主要原因。

1.1.2.3　简单盐类矿物

（1）碳酸盐类

碳酸盐类矿物占地壳总质量的 1.7%，是沉积岩和变质岩的造岩矿物，主要包括方解石 $CaCO_3$ 和白云石 $CaMg(CO_3)_2$。方解石为菱面体，白色或乳白色晶体，有的呈钟乳状，无色透明的方解石称为冰洲石。方解石具玻璃光泽，硬度 3.0，完全解理，易与稀盐酸发生强烈反应。方解石易发生化学风化，是土壤中碳酸盐和钙的主要来源。白云石的晶体常呈弯曲的马鞍状、粒状或致密块状，灰白色，玻璃光泽，硬度 3.5~4.0，菱面体，完全解理，与稀冷盐酸反应较弱，其粉末反应明显。白云石较方解石抗风化能力强，风化产物富含钙、镁元素和碳酸盐。

（2）硫酸盐类

硫酸盐类矿物占地壳总质量的 0.1%，主要有硬石膏 $CaSO_4$ 与石膏 $CaSO_4 \cdot H_2O$。石膏也称结晶石膏，白色，玻璃光泽，有时呈珍珠光泽或丝绢光泽，硬度 2.0，完全解理。硬石膏除不含结晶水外，其他性质与石膏相似。二者都属于次生矿物，结晶构造简单，在干旱地区土壤中以霜状、结晶状、结核状或假菌丝状存在。

1.1.2.4　黏土矿物

黏土矿物主要是指由长石类、云母类、铁镁类矿物风化形成的次生硅酸盐矿物，是构成土壤黏粒的主要成分，故又称为次生黏土矿物。这类矿物在土壤中普遍存在，种类很多。

(1) 高岭石

高岭石 $Al_4[Si_4O_{10}](OH)_8$ 或 $Al_2O_3 \cdot 2SiO_2 \cdot 2H_2O$ 常呈致密细粒状和土状集合体，白色为主，混有杂质时呈黄色、红色或浅绿色，块体表面有滑感，土状光泽，硬度 1.0~2.5，是风化程度较高的矿物。高岭石颗粒较大，SiO_2 与 R_2O_3 分子比为 2，阳离子交换量仅为 3~15 cmol(+)/kg。高岭石主要存在于热带和亚热带地区土壤。

(2) 伊利石

伊利石 $K_2(Al \cdot Fe \cdot Mg)_4(SiAl)_8O_{20}(OH)_4 \cdot nH_2O$ 又称水化云母，呈白黄色，颗粒较小。SiO_2 与 R_2O_3 分子比为 3~4，为风化程度较低的矿物，阳离子交换量为 10~40 cmol(+)/kg。北方土壤普遍存在，尤其温带干旱、半干旱地区土壤中含量较多，是土壤钾素的主要来源之一。

(3) 蒙脱石

蒙脱石 $Al_2Si_4O_{10}(OH)_2 nH_2O$ 或 $Al_2O_3 4SiO_2 \cdot H_2O + nH_2O$ 又称微晶高岭石，呈黄白色，颗粒细小，分散度高，吸水性强，吸水后体积胀大数倍并分散为糊状，故又称"膨润土"。阳离子交换量为 60~100 cmol(+)/kg，SiO_2 与 R_2O_3 分子比为 4，是伊利石进一步风化的产物，是温带地区尤其草原土壤中主要的黏土矿物。

(4) 蛭石

蛭石 $(Mg,Fe^{2+}Fe^{3+})_5[(Si,Al)_4O_{10}](OH)_2 \cdot 4H_2O$ 由黑云母及水化云母脱钾而成，化学成分变化较大，晶形与云母相似，呈片状，黄棕色或棕色。蛭石颗粒比蒙脱石稍大，在暖温带湿润地区和北方黄土地区的土壤中较多。

1.1.3　主要成土岩石

在地质作用下，由一种或多种矿物有规律组合而成，具有一定结构和构造特征的集合体称为岩石。自然界中的岩石达数千种，是构成地壳的基本物质。

岩石依据其成因分为沉积岩、岩浆岩和变质岩三大类。以地表以下 16 km 厚度的地壳质量计算，岩浆岩和变质岩占地壳质量的 95%，沉积岩占地壳质量的 5%，但沉积岩在地表分布面最广，占 70% 以上。

1.1.3.1　岩浆岩

岩浆岩是指地球内部呈熔融状态的岩浆上侵地壳或喷出地表冷凝形成的岩石。岩浆岩的种类繁多，因矿物成分、化学成分、成因和产状而存在差异。

(1) 岩浆岩的分类

常见岩浆岩分类见表 1-1。岩浆岩根据其化学成分(主要是 SiO_2)含量的不同分为超基性岩(<45%)、基性岩(45%~52%)、中性岩(52%~65%)、酸性岩(>65%)；根据成岩方式的不同分为侵入岩(岩浆侵入地壳冷凝而成，据其侵入深浅不同又分为深成岩和浅成岩)

表 1-1　常见岩浆岩分类鉴定表

化学成分分类			超基性岩	基性岩	中性岩		酸性岩	
SiO$_2$ 含量(%)			<45	45～52	52～65		>65	
颜色			黑—绿黑	黑灰—灰	灰—灰绿		淡灰—灰白	肉红—灰白
矿物成分	指示矿物		含橄榄石	不含或少含橄榄石或石英			石英含量较少	石英含量较多
	长石类		不含或微量	以斜长石为主			以正长石为主	
	暗色矿物含量(%)		橄榄辉石 90	辉石 40～50	角闪石 25～40		角闪石 10～25	黑云母 0～10
产状	构造	结构	岩石类型					
喷出岩	气孔杏仁流纹块状	玻璃、碎屑、隐晶质、斑状	火山玻璃岩(黑曜岩、浮岩、松脂岩、珍珠岩)					
			金伯利岩	玄武岩	安山岩	粗面岩	英安岩、流纹岩、石英斑岩	
侵入岩	浅成 气孔块状	细粒斑状	苦橄玢岩	辉绿岩、辉绿玢岩	闪长玢岩	正长斑岩	花岗闪长玢岩	花岗斑岩
	深成 块状	中粗等粒似斑状	橄榄岩、辉岩	辉长岩	闪长岩	正长岩	花岗闪长岩	花岗岩

注：引自孙向阳，2005。

和喷出岩(岩浆喷出地表快速冷凝而成)。

(2)岩浆岩的矿物成分

矿物成分是岩浆岩分类、命名与鉴定的主要依据。组成岩浆岩的矿物很多，常见的有 20 多种，包括辉石、角闪石、黑云母、正长石、白云母、斜长石、石英等。

(3)岩浆岩的结构

矿物结构指岩石中矿物的结晶程度、颗粒大小、形状以及矿物间相互结合所表现的特征。岩浆岩的结构分为全晶质结构(包括粗粒、中粒、细粒、微粒；伟晶、等粒、似斑状等)、半晶质结构(斑状)、非晶质结构(包括玻璃质、碎屑质等)、隐晶质结构等。

(4)岩浆岩的构造

矿物构造是指矿物集合体的形状和其中矿物的排列、填充方式及空间分布所赋予岩石的外貌特征。岩浆岩的构造包括块状、气孔状、杏仁状、流纹状等。

(5)主要的岩浆岩

①花岗岩。颜色浅，一般为粉红色、灰白色，具全晶质粗粒或中粒结构，块状构造。矿物以正长石和石英为主，少量斜长石、黑云母、角闪石。与其成分一致的浅成岩称为花岗斑岩。在植被盖度低和较干旱的地区易发生机械崩解，风化产物成土砂性强，土壤肥力状况不良；湿热条件下，长石类也可风化形成黏粒使土壤砂性减弱，土壤肥力状况得到改善。

②流纹岩。其矿物成分与花岗岩基本相同，但结构和构造与花岗岩不同，流纹岩具有半晶质斑状结构，流纹状构造。其风化特点与花岗岩相似。

③正长岩。正长石较多，角闪石次之，极少黑云母，一般无石英，具全晶质等粒或似斑状结构，块状构造。在干旱地区易发生物理风化，风化产物中多长石砂粒，成土质地偏轻，通透性良好；在湿润地区可化学风化，风化产物多黏粒，富含钾、钙、镁、磷等植物营养

元素。

④正长斑岩。成分与正长岩相同，具有半晶质斑状结构，正长石斑晶，块状、气孔状构造。较正长岩易风化，其风化产物与正长岩相似。

⑤闪长岩。矿物以斜长石和角闪石为主，有少量辉石、黑云母、磷灰石、正长石和石英等。颜色多灰色、灰绿色。全晶质中粒或粗粒结构，块状构造。易风化，成土富含磷素、盐基和一定数量的黏粒，但钾素含量较低。同样成分的浅成岩称为闪长玢岩。

⑥安山岩。多具隐晶质、半晶质斑状结构，块状、气孔或杏仁状构造，成分与闪长岩相同，但经过次生变化，斜长石常变为绿泥石、绿帘石，失去光泽，颜色变绿。易风化，成土质地多为壤质或黏质，有的富含钙、磷、钾，有的磷、钾缺乏。

⑦辉长岩。主要含辉石和斜长石，其次有橄榄石、角闪石和黑云母等。全晶质粗、中、等粒或似斑状结构，块状构造。与其成分相同的浅成岩称为辉绿岩，具有细粒、隐晶结构。铁镁质岩类容易风化，风化产物富含黏粒和盐基，成土后各类养分含量高，质地偏黏。

⑧玄武岩。成分与辉长岩相似，多呈细粒至隐晶结构或非晶质、半晶质斑状结构，多气孔状、杏仁状构造。在北方地区较易发生球状风化，其产物与辉长岩相似。

⑨橄榄岩。主要含橄榄石和辉石，两者含量近似。一般为暗绿色或黑绿色，全晶质粗粒或中粒结构，块状构造，在地表很不稳定，受热液作用及风化作用后常形成蛇纹石、滑石、绿泥石等次生矿物。

⑩辉岩。主要由辉石组成，也含一些橄榄石和铁矿类矿物等。具似斑状结构，块状构造。在地表极易风化，风化产物同橄榄岩。

1.1.3.2 沉积岩

沉积岩是早期岩石在地表或近地表常温常压下，经过风化、搬运、沉积、固结后形成的岩石。根据其成因和胶结物质特点可分为碎屑岩类、黏土岩类、化学和生物化学岩类。

(1)沉积岩的矿物成分

沉积岩的矿物成分按其成因可分为继承矿物(如石英、正长石、白云母等)、黏土矿物(如高岭石、蒙脱石、伊利石等)、化学和生物成因的矿物(如方解石、白云石、石膏等)。

(2)沉积岩的结构

沉积岩的结构主要有碎屑结构(包括砾质、砂质、粉砂质结构等)、泥质结构、化学结构和生物结构等。

(3)沉积岩的构造

沉积岩的构造体现在岩石的宏观方面，包括层理构造(包括平行、斜交、交错等)、层面构造以及结核、化石等。

(4)常见的沉积岩

①砾岩。具有碎屑砾质结构、层理构造。按碎屑的磨圆度分为砾岩与角砾岩。胶结物质有钙质、铁质、硅质与泥质等。矿物成分不定，一般与岩石中被胶结碎屑的来源有关。风化难易程度随胶结物质种类和矿物成分而不同，硅质胶结者最难风化，泥质胶结者最易风化，铁质、钙质胶结者居中。砾岩风化产物中常伴有大小不等的石砾或石块。

②砂岩类。包括粗砂岩(0.5~2.0 mm)、中砂岩(0.25~0.50 mm)、细砂岩(0.05~0.25 mm)和粉砂岩(0.005~0.05 mm)。矿物为石英、长石类，碎屑砂质、粉砂质结构，层理构造。其风化难易程度同砾岩；成土后有的质地偏轻，养分少；有的黏粒较多，成土较肥沃。

③页岩。以黏土矿物为主，泥质结构，层理构造，因其层薄而特称为页理。在干旱地区，风化产物多岩石碎片，成土肥力低下；在湿热地区，岩石碎片可彻底分解，成土肥沃，土层深厚。如"天府之国"——四川，其之所以物产丰富与广泛分布的紫色页岩及湿热气候关系密切。

④石灰岩。以方解石为主，伴有白云石及泥质成分，多为化学或生物化学结构，岩体层理明显，遇稀冷盐酸发生泡沸反应。湿润条件下，风化以溶解为主，风化产物颗粒黏细，含钙丰富，成土偏碱性，质地偏重；干旱条件下，较难风化，形成陡峭地形，植物难以生长。

⑤白云岩。主要矿物是含碳酸钙和碳酸镁的白云石，与稀盐酸反应微弱，粉末反应明显，颜色为灰白色。其他特征与石灰岩相似，但白云石的化学溶蚀作用略小于石灰岩。

1.1.3.3　变质岩

变质岩是地壳中原有的岩石在高温高压以及化学活动性流体的影响下，结构、构造、成分发生一系列变化后又形成的新岩石。其特征是具有定向排列性构造，致密坚硬。

(1)变质岩的矿物成分

变质岩的矿物成分主要有变质矿物(如红柱石、石榴子石、滑石、阳起石、蛇纹石、石墨等)和继承矿物(如长石、石英、辉石、角闪石等)。

(2)变质岩的结构

变质岩的结构主要有变晶结构(如全晶质粒状变晶、斑状变晶、鳞片状变晶结构等)和变余结构(如变余泥质结构等)。

(3)变质岩的构造

变质岩的构造主要有片理构造(片状和柱状矿物在压力作用下定向排列而成，如板状、千枚状、片状、片麻状等)和块状构造等。

(4)常见的变质岩

①板岩。是泥质页岩、粉砂岩及其他细粒碎屑沉积物变质而成。变质程度浅，具有变余泥质结构，板状构造；矿物为云母、绿泥石、石英；颜色有灰、灰绿、黑、红或黄色。

②千枚岩。由富含泥质的岩石变质而成，但泥质特征少见。鳞片状变晶结构、千枚状构造；矿物成分主要是绢云母，有的伴有绿泥石；颜色多变。

③片岩。具片状构造、鳞片状变晶结构；矿物以云母、绿泥石、角闪石、滑石等为主，可见变质矿物。较易风化，风化层较深厚，但成土不一，如绿泥石片岩、云母片岩、角闪石片岩成土较肥沃，而石英片岩成土较瘠薄。

④片麻岩。变质程度较深，具中、粗粒状变晶或斑状变晶结构，片麻状构造。矿物有石英、长石、云母及角闪石、辉石等。矿物成分与花岗岩相似的称为花岗片麻岩。片麻岩易发生物理风化，成土性状主要取决于原岩的矿物成分及气候条件。

⑤大理岩。由碳酸岩类岩石在高温高压下经过重结晶作用而形成。具有等粒变晶结构，

块状构造。纯者为汉白玉,含杂质则呈各种花纹。较易风化,风化产物富含钙、镁等成分。

⑥石英岩。由石英砂岩变质而成。具有等粒变晶结构、块状构造。主要矿物成分为石英,可含少量云母、长石。岩石极为致密坚硬,抗风化力很强,常形成陡峭的山峰。

1.2　岩石风化与成土母质

1.2.1　岩石的风化作用

地表的岩石在大气、水、温度和生物等因素综合作用下,发生一系列的崩解和分解作用,称为岩石的风化作用。岩石风化不仅可使岩石的形态、结构、构造发生变化,而且可导致岩石中的矿物及其化学成分彻底分解,产生一些新的物质,从而使风化产物具有新的性质。

1.2.2　风化作用的类型

岩石风化按其作用因素和风化特点表现为不同的风化类型。

1.2.2.1　物理风化

物理风化又称机械崩解作用,是指岩石在外力影响下机械地破裂成碎块,仅改变大小与外形而不改变化学成分的过程。导致物理风化发生的因素以地球表面的温度变化为主,其次有水分冻融、流水冲刷、风侵,另有冰川运动、雷击等。

(1)岩石的差异性胀缩

地球表面岩石经受昼夜和四季转换间明显的温度变化(干旱区表现更为明显),由于岩石内外体积膨胀程度不同,导致岩石表面形成裂隙,最终层层剥落,崩解成碎块,如图1-1所示。另外,岩石往往由多种矿物组成,其胀缩系数、比热等性质不同,温度反复变化造成颗粒间出现差异性胀缩,最终使岩石崩解。岩石中矿物种类越多,越容易发生热力风化作用。

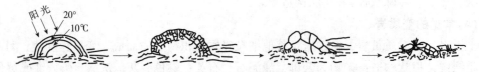

图1-1　温度变化引起岩石胀缩不均而崩解示意

(2)冰劈作用

岩石裂隙中的水结冰时体积增大9%左右,对周围产生高达960 kg/cm² 的压力,因而促使岩石裂隙加大,围岩崩溃,尤其当岩石裂隙含水多时,冻融反复交替,可使岩体产生冰劈作用。在寒冷的高山和高纬度地区,频繁的冻融交替对岩石的破坏力更加明显。

(3)矿物吸水及盐晶撑裂作用

岩石中的矿物吸水后体积膨胀(如蒙脱石、无水石膏等)。溶解于岩石裂隙水中的盐分因水分蒸发而结晶,晶体胀大对围岩产生压力。

1.2.2.2　化学风化

化学风化又称化学分解作用，指岩石在外界水、CO_2 和 O_2 等因素作用下进行的各种变化过程，包括溶解、水化、水解和氧化等作用。

(1) 溶解作用

溶解作用指矿物被水溶解的作用。随温度增高，矿物盐类溶解度增大；当水中溶有 CO_2 及酸性物质时，溶解能力大大增强。据统计，每年被河流带入海洋的盐类达 40×10^8 kg。

(2) 水化作用

水化作用指无水矿物与水结合成为含水矿物的作用。如石膏和赤铁矿易发生水化。

$$\underset{(硬石膏)}{CaSO_4} + 2H_2O \longrightarrow \underset{(石膏)}{CaSO_4 \cdot 2H_2O}$$

$$\underset{(赤铁矿)}{2Fe_2O_3} + 3H_2O \longrightarrow \underset{(褐铁矿)}{2Fe_2O_3 \cdot 3H_2O}$$

矿物水化后通常体积增大，硬度降低并失去光泽，有利于进一步风化。

(3) 水解作用

水解作用是化学风化中最重要的方式。水解离产生的 H^+ 从硅酸盐矿物中部分取代碱金属和碱土金属离子，生成可溶性盐类，使岩石、矿物分解。水中 CO_2 或酸性物质多时，水解作用增强。土中各种生物学过程能够增加土壤水的 CO_2 含量，所以水解强度与土壤生物的生物活性密切相关。

①含钾矿物的水解。如正长石经水解作用生成高岭石和可被植物吸收的可溶性钾盐。即

$$\underset{(正长石)}{4KAlSi_3O_8} + 4H_2O + 2CO_2 \longrightarrow 2K_2CO_3 + 8SiO_2 + \underset{(高岭石)}{Al_4[Si_4O_{10}][OH]_8}$$

②含磷矿物的水解。如磷灰石经水解作用可转化为易溶性酸式磷酸盐。即

$$Ca_3(PO_4)_2 + H_2O + CO_2 \longrightarrow \underset{(弱酸溶性)}{2CaHPO_4} + CaCO_3$$

$$2CaHPO_4 + H_2O + CO_2 \longrightarrow \underset{(水溶性)}{Ca(H_2PO_4)_2} + CaCO_3$$

③含钙、镁矿物的水解。如橄榄石、角闪石、辉石等经过一系列水解作用分解为较简单盐类；而方解石、白云石等经水解作用变成重碳酸钙(镁)等，将钙、镁释放。即

$$Mg_2SiO_4 + 6H_2CO_3 \longrightarrow 2Mg(HCO_3)_2 + 2CO_2 + 2H_2O + H_2SiO_4$$

$$CaCO_3 + H_2CO_3 \Longleftrightarrow Ca(HCO_3)_2$$

当其溶液蒸发干燥时，可脱水放出 CO_2，形成碳酸钙(镁)沉淀。这种反应在石灰岩地区非常普遍，当 CO_2 充足时，反应会持续进行。

(4) 氧化作用

在潮湿条件下，含铁、硫的矿物普遍进行着氧化作用。如黄铁矿(FeS_2)氧化生成褐铁矿。即

$$4FeS_2 + 15O_2 + 14H_2O \longrightarrow 2(Fe_2O_3 \cdot 3H_2O) + 8H_2SO_4$$

1.2.2.3　生物风化

生物风化指植物、动物、微生物等生物及其生命活动对岩石、矿物产生的破坏作用。生物风化表现为物理与化学两种风化形式。例如，树根在岩隙中长大、穴居动物的挖掘等，对岩石及其矿物产生机械力作用，引起岩石的崩解和破坏为生物的物理风化。生物的化学风化进行得更为广泛，首先是生物生命活动与死亡的有机体转化可产生各种酸性物质。这些酸性物质对岩石的化学作用包括：有机酸(包括细菌作用所产生的腐殖酸)与矿物中的盐基离子形成螯合物，加速矿物的分解；无机酸(如固氮菌产生的硝酸、硫化细菌产生的硫酸等)对岩石的腐蚀；生物体对某些岩石的直接分解(如硅藻对铝硅酸盐的分解)；生物的存在使局部温度、湿度及化学环境条件发生变化，使岩石、矿物更容易发生风化。生物风化更重要的是使风化产物中产生有机质，这是物理风化和化学风化所不能及的。

总之，物理风化、化学风化和生物风化是各种因素作用导致的，3 种风化类型相互联系，相互促进。

1.2.3　土壤母质的物质组成和常见类型

岩石及矿物经过一系列风化作用的产物是土壤形成的基础，称为土壤母质，包括岩石、矿物的碎屑和易于淋出元素形成的真溶液或胶体溶液以及残留的物质。土壤母质除少量仍保留在原来生成的地方外，多数经风力、水力、冰川力或重力等外力作用，沿地表进行搬运，并在一定地区堆积下来，母质的搬运和堆积受地形直接影响，在不同的地形部位堆积着不同类型的母质。

1.2.3.1　土壤母质的物质组成

各种岩石的风化特点不同，风化产物各异。土壤母质的物质组成可概括为以下 3 类：

(1)碎屑物质

碎屑物质是岩石风化初级阶段的产物。该类物质呈现大小不等的岩石碎块，主要含原生矿物，如石英、长石、白云母等残留在母质中。在山地，尤其常年积雪的高山和荒漠地区常见。

(2)次生黏土矿物

次生黏土矿物是化学风化和生物风化的结果。长石、云母、角闪石等原生矿物，彻底风化形成高岭石、蒙脱石、伊利石等各种黏土矿物。它们与土壤形成和植物营养有密切关系。

(3)可溶性盐类

可溶性盐类是岩石风化高级阶段的产物。岩石及矿物被彻底分解释放盐基成分，形成简单的无机盐类，如碱金属和碱土金属的硫酸盐、碳酸盐、磷酸盐和氯化物等。可溶性盐类是母质成土后植物生长所必需的营养物质，如钙、镁、钾、磷及微量元素等。

母质物质与原岩石比较，具有了新特性：产生了水气通透性、蓄水性、吸附性和植物养分等。但是，母质缺乏完整的肥力，母质的形成只是为土壤肥力的发展打下一定基础。

1.2.3.2　土壤母质的常见类型

岩石风化以后形成地表残积物。大多数残积物在重力、水流、风力、冰川等作用下，被搬运到不同的地形部位形成多种土壤母质类型。

(1)残积母质

残积母质指就地风化未经搬运的岩石风化产物，多分布在山地丘陵顶部或上部较高平部位。地面残积物，具有粗骨性，多具棱角。下层逐渐过渡到基岩。在寒冷的坡顶和陡坡上部，层次浅薄；在湿热地区，化学风化强烈，形成深厚的红色风化层。残积母质与山地土壤性质关系密切。

（2）运积母质

运积母质是岩石风化产物经过外力搬运之后，在一定地区堆积形成的成土母质。

①坡积母质。山坡上部风化产物在重力及雨水作用下，迁移并沉积在山坡中下部堆积形成。上部层薄，物质颗粒较粗；下部层厚，物质颗粒较细。坡面局部则因搬运距离远近而显示不同磨圆度及分选性。陡坡坡积物中岩石碎块和粗粒较多；缓坡处细粒多略具层理。在坡积物上部与残积物衔接的地带称为坡积—残积母质。在山麓常形成裙状地形，称为坡积裙，并常与洪积扇交互汇合。坡积母质是山地和丘陵的主要土壤母质。

②洪积母质。是由山洪携带、搬运各种岩石风化产物至山前坡麓、山口及平原边缘沉积而成，一般容易出现在干旱、半干旱地区的山地。洪积作用常形成洪积扇地形。洪积扇由中心向外围逐渐倾斜，有时相邻相连，形成宽广而平坦的山前倾斜平原。洪积扇中上部，地势高，地下水位深，颗粒以砾石、粗沙为主，层理不明显。向外逐渐过渡为细沙和黏土，略具层理。洪积扇缘处地下水位高，易形成沼泽化土壤，或母质盐渍，发育成盐渍土。

③冲积母质。是河流搬运的淤积物。分层性明显，磨圆度好。冲积物颗粒上游粗、下游细；靠近河床较粗，远离河床较细。冲积母质广泛分布于我国东北、华北、长江中下游平原地区。成土后土层深厚，养分丰富，地势平坦，是我国重要农业用地的土壤母质类型。

④湖积母质。属于湖水沉积物。颗粒细腻，质地黏重，有机质较多，呈暗褐色或黑色。富含铁质，在嫌气条件下，湖泥呈青灰色层理。成土肥力较高，如我国洞庭湖、鄱阳湖和太湖周围的农田。在干旱区，湖积物易成盐渍土；在寒冷区，湖水中的水生植物遗体不能彻底分解，常年堆积湖底形成泥炭物质，成为很好的肥源和设施农业栽培的基质。

⑤海积母质。属于海水沉积物。各地粗细不一，全为砂粒、硅质多或多为黏粒、养分丰富。沿海地区分布广泛，多形成滨海盐渍土，经改良可成为农田。我国沿海各省的浅海沉积物是可供开发和利用改良的重要土地资源。

⑥风积母质。由风力携带、搬运、沉积而成。如沙丘、沙漠均为风积产物；风积物分选性强，粗细均匀，磨圆度高，成分单一，以石英为主。此母质因成土缺水而肥力较低。

⑦黄土母质。是第四纪陆相沉积物，成因有风成和水成之说。淡黄色或暗黄色，土层厚度数十米至百米，粉砂质地，颗粒均匀，垂直节理发育，边坡常成陡崖。含 10%～15% 碳酸钙，可见石灰结核等。黄土母质广布于太行山以西，大别山、秦岭以北，遍及陕西、甘肃、宁夏、山西、河南等地，新疆、青海、河北、山东、内蒙古等地也有分布。黄土母质经流水侵蚀、搬运后再沉积形成黄土性物质，如江苏西部的南京至镇江一线，广泛分布着由黄土性物质构成的丘陵，通常称下蜀黄土。其特点是土层深厚，无明显层次，颗粒细小，为棕黄色粉砂质黏土，棱柱状结构，含大量铁锰结核及胶膜。底部有石灰结核，但上部微酸性。

1.3　土壤矿物质粒级和质地

坚硬的岩石及其矿物经过一系列风化、成土过程之后形成的颗粒物质统称土壤矿物质。

土壤矿物质颗粒构成土壤的骨架，其大小、组成及比例决定土壤的理化性质和肥力状况。

1.3.1　土壤矿物质粒级

1.3.1.1　土壤矿物质粒级的概念及划分

土壤中矿物质颗粒以单粒和复粒形式共同存在。在土壤矿物质粒级划分时，通常先将复粒进行物理和化学处理，将其分散成单粒后再分析其颗粒含量和性质。单粒直径不同，其组成和性质随之变化，据此将土壤单粒划分为若干等级。根据土壤单粒直径和性质而划分的土粒级别称为粒级(粒组)。同一粒级土粒的成分和性质基本一致，粒级间则有明显差别。

世界各国，土壤粒级的划分标准并不统一，常见的有卡庆斯基制、国际制、美国制和中国制(表 1-2)。

表 1-2　常见的土壤粒级划分制

当量粒径(mm)	中国制(1987)	卡庆斯基制(1957)		国际制(1930)	美国制(1951)
2~3	石　砾	石　砾		石　砾	石　砾
1~2					极粗砂粒
0.5~1.0	粗砂粒		粗砂粒	粗砂粒	粗砂粒
0.25~0.5			中砂粒		中砂粒
0.20~0.25	细砂粒	物理性砂粒	细砂粒		细砂粒
0.1~0.2				细纱粒	
0.05~0.1					极细砂粒
0.02~0.05	粗粉粒		粗粉粒		粉　粒
0.01~0.02					
0.005~0.01	中粉粒		中粉粒	粉　粒	
0.002~0.005	细粉粒		细粉粒		
0.001~0.002	粗黏粒	物理性黏粒			
0.0005~0.001			粗黏粒	黏　粒	黏　粒
0.0001~0.0005	黏　粒		细黏粒		
<0.0001			胶质黏粒		

注：引自黄昌勇等，2010。

国际制粒级划分标准为十进制，简明易记，多为西欧国家采用。美国制粒级划分比国际制更细致，尤其体现于砂粒的划分。卡庆斯基制先以粒径 1 mm 为界分出粗骨和细土两部分，而细土中又以粒径 0.01 mm 为界划分出物理性砂粒和物理性黏粒。1987 年，中国科学院南京土壤研究所等单位拟定了中国粒级分类制。

1.3.1.2　土粒的矿物组成和化学组成

世界各国粒级划分标准虽有差异，但基本粒级均有石砾、砂粒、粉粒和黏粒。各级土粒之间在矿物成分、化学组成、物理性质等方面明显不同。

（1）土粒的矿物组成

不同粒级土粒的矿物组成有明显差别：石砾因属于岩石碎块，其矿物组成与原岩相同；砂粒和粉粒中石英含量占绝对优势，此外还有其他原生硅酸盐矿物和次生矿物；黏粒中原生矿物很少，主要由次生硅酸盐矿物组成（图 1-2）。由于各种矿物的抗风化能力不同，致使它们风化后在各级土粒中分布的数量也不尽相同，从表 1-3 可看出各种矿物随着土壤颗粒从大到小呈现明显的量变规律：土粒越粗，石英含量越高；土粒越细，云母、角闪石的含量明显升高。

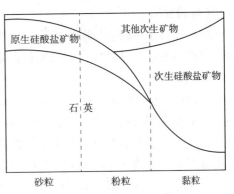

图 1-2　不同粒级土粒的矿物组成

（黄巧云，2017）

表 1-3　不同粒级土粒的矿物组成　　　　　　%

粒径（mm）		石英	长石	云母	角闪石	其他矿物
0.25~2	粗砂粒	86	14	—	—	—
0.05~0.25	细砂粒	81	12	—	4	3
0.01~0.05	粗粉粒	72	15	7	2	4
0.005~0.01	细粉粒	63	8	21	5	3
<0.005	黏　粒	10	10	66	7	7

（2）土粒的化学组成

不同粒级土粒的矿物组成不同，其化学成分也发生相应变化：随着土壤单粒由大到小，SiO_2 含量逐渐降低，铁、铝、钙、镁、磷、钾、钠等的氧化物含量逐渐升高，砂粒和粉粒中的 SiO_2 含量高，黏粒中的 Fe_2O_3、Al_2O_3、CaO、MgO、P_2O_5、K_2O+Na_2O 等物质的含量略高于砂粒和粉粒。

1.3.1.3　各级土粒的基本特性

土壤颗粒的粒级不同，性质也各异，主要表现于吸附保持性、黏结性、黏着性、可塑性、胀缩性等方面。

（1）石块

石块主要是残留的母岩碎块，山区土壤中常见。所含矿物均为原生矿物，其组成与母岩基本一致。因块体较大，无吸持性、黏结性、可塑性、胀缩性等，物理性质不良。

（2）石砾

石砾多为岩石碎粒，山区和河漫滩土壤中常见。矿物组成与母岩基本一致或主要为石英，速效养分很少。吸持性、黏结性、可塑性、胀缩性很差，但通透性极强。

（3）砂粒

砂粒在酸性岩山体的山前平原和冲积平原土中常见。矿物以石英为主，养分较少。颗粒较粗，吸持性较弱，无黏结性和黏着性，表现松散。因粒间孔隙较大，通透性良好。

（4）粉粒

粉粒在黄土中较多。次生矿物相对增加，原生矿物相对减少。比表面较大，吸持性增强，具有黏结性、黏着性、可塑性和胀缩性，但表现微弱；养分较多，通透性较差。

（5）黏粒

黏粒属于土壤胶体范畴。以次生矿物为主，粒径小。比表面大，黏结性、黏着性、可塑性、胀缩性和吸附能力很强，养分丰富，但通透性极差，湿时黏韧，干时坚硬。

总之，随着土壤颗粒由大变小，各粒级土粒的黏结性、黏着性、可塑性、胀缩性以及吸附能力由弱到强。原因是土粒变小，比表面加大，但土粒比表面的增大，并不是简单的量变，而是当土粒小到一定程度时，其性质则发生飞跃式变化（表 1-4）。不同粒级土壤颗粒对养分的吸附保持与供应状况也呈现规律，研究表明，粒径<0.02 mm 的土粒对磷的吸附保持性强，而粒径>0.02 mm 的土粒对磷的解吸供应能力强。

表 1-4　各级土粒的部分理化性质

粒 级名 称	颗粒直径（mm）	吸湿系数（%）	最大分子持水量(%)	毛管水上升高度(cm)	渗透系数（cm/s）	膨胀性（占最初体积的%）	可塑性(%)	阳离子交换量（cmol/kg）
石　砾	2.0~3.0	—	0.2	0	0.5	—	不可塑	
	1.5~2.0		0.7	1.5~3.0	0.2	—	不可塑	
	1.0~1.5	—	0.8	4.5	0.12	—	不可塑	
粗砂粒	0.5~1.0		0.9	8.7	0.072	—	不可塑	
中砂粒	0.25~0.5		1.0	20~27	0.056	0	不可塑	
细砂粒	0.10~0.25	—	1.1	50	0.030	5	不可塑	
	0.05~0.10		2.2	91	0.005	6	不可塑	
粗粉粒	0.01~0.05	<0.5	3.1	200	0.0004	16	不可塑	≈1
中粉粒	0.005~0.01	1.0~3.0	15.9	—		105	28~40	3~8
细粉粒	0.001~0.005	—	31.0	—		160	30~48	10~20
黏　粒	<0.001	15~20	—	—		405	34~87	35~65

注：改引自黄巧云，2017。

1.3.2　土壤质地

1.3.2.1　土壤机械组成和土壤质地的概念

自然界中的土壤不是由单一粒级的颗粒所组成，而是由大小不同的各级土粒以各种比例自然混合而成。土壤中各级土粒所占的质量百分数称为土壤机械组成（土壤颗粒组成）。机械组成相近的土壤常具有相似的肥力特性。为了区分因土壤机械组成不同所表现出来的性质差别，按照土壤中不同粒级土粒的相对比例归并土壤组合，而依据土壤机械组成相近与否而归并的土壤组合称为土壤质地。

土壤质地是在土壤机械组成基础上的进一步归类，它概括反映土壤内在的肥力特征，因此，在鉴定和说明土壤肥力状况时，土壤质地往往需要考虑，特别是对于有机质含量不高的土壤，质地性状对土壤肥力的影响更为明显。

1.3.2.2　土壤质地分类

常用的土壤质地分类标准与土壤粒级的划分标准相统一。

(1)国际制

土壤质地分类采用三级分类法，按砂粒、粉粒、黏粒的质量百分数组合将土壤质地划分为 4 类 12 级(表 1-5)。土壤质地分类的主要标准是以黏粒含量 15%、25% 作为砂土和壤土与黏土类、黏土类的划分界限；以粉粒含量达 45% 作为粉质或粉砂质土壤定名的依据；以砂粒含量在 55%~85% 时，作为砂质土壤定名的依据，>85% 则作为划分砂土类的界限。在应用时根据土壤各粒级的质量百分数可查出任意土壤质地名称。

表 1-5　国际制土壤质地分类表

质地类别	质地名称	各级土粒质量分数(%)		
		砂粒(0.02~2 mm)	粉粒(0.002~0.02 mm)	黏粒(<0.002 mm)
砂土类	砂土及壤质砂土	85~100	0~15	0~15
壤土类	砂质壤土	55~85	0~45	0~15
	壤　土	40~55	30~45	0~15
	粉砂质壤土	0~55	45~100	0~15
黏壤土类	砂质黏壤土	55~85	30~0	15~25
	黏壤土	30~55	20~45	15~25
	粉砂质黏壤土	0~40	45~85	15~25
黏土类	砂质黏土	55~75	0~20	25~45
	壤质黏土	10~55	0~45	25~45
	粉砂质黏土	0~30	45~75	25~45
	黏　土	0~55	0~35	45~65
	重黏土	0~35	0~35	65~100

注：改引自黄巧云，2017。

图 1-3 为国际制土壤质地分类三角坐标图，等边三角形 3 条边从 0 至 100 分别代表土壤中砂粒、粉粒和黏粒 3 个粒级所占的质量分数(%)，根据实验测得的土壤某粒级质量分数分别以相对应 0 点所在底边作平行线，三线相交于一点，按此点所在的位置确定土壤质地名称。例如，某土壤含砂粒 50%、粉粒 30%、黏粒 20%，查表 1-5 和图 1-3(A 点)得知该土壤质地为黏壤土。

(2)美国制

土壤质地分类标准为三级分类法，按照砂粒、粉粒和黏粒的质量百分数划分土壤质地，具体分类标准如图 1-4 所示。其应用方法同国际制三角坐标图。例如，某土壤砂粒、粉粒和黏粒含量分别为 65%、20% 和 15%，查图 1-4(B 点)得知该土壤质地为砂质壤土。

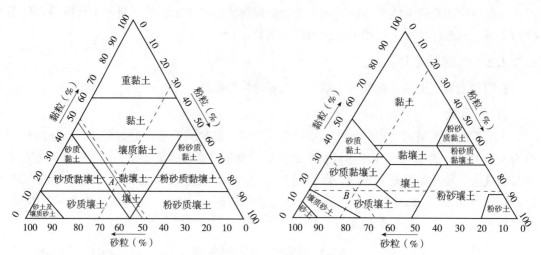

图1-3　国际制土壤质地分类三角坐标　　　　图1-4　美国制土壤质地分类三角坐标

(3)卡庆斯基制

卡庆斯基制有两种土壤质地分类方法：基本分类(简制)和详细分类(详制)。详细分类在我国未广泛采用，基本分类以土壤中物理性砂粒或物理性黏粒的质量百分数为标准，将土壤划分为砂土、壤土和黏土3类9级(表1-6)。

表1-6　卡庆斯基土壤质地分类(简明方案，1958)

质地名称		物理性黏粒(<0.01 mm)(%)			物理性砂粒(>0.01 mm)(%)		
		灰化土类	草原土及红黄壤类	碱土及碱化土类	灰化土类	草原土及红黄壤类	碱土及碱化土类
砂土	松砂土	0~5	0~5	0~5	100~95	100~95	100~95
	紧砂土	5~10	5~10	5~10	95~90	95~90	95~90
壤土	砂壤土	10~20	10~20	10~15	90~80	90~80	90~85
	轻壤土	20~30	20~30	15~20	80~70	80~70	85~80
	中壤土	30~40	30~45	20~30	70~60	70~55	80~70
	重壤土	40~50	45~60	30~40	60~50	55~40	70~60
黏土	轻黏土	50~65	60~75	40~50	50~35	40~25	60~50
	中黏土	65~80	75~85	50~65	35~20	25~15	50~35
	重黏土	>80	>85	>65	<20	<15	<35

注：表中数据仅包括粒径<1 mm的土粒，粒径>1 mm的石砾另行计算，按粒径>1 mm的石砾含量确定石质程度(0.5%~5%为轻石质，5%~10%为中石质，>10%为重石质)，冠以质地名称之前。

(4)中国制

中国科学院南京土壤研究所等单位综合国内土壤情况及其研究成果，拟定了中国土壤质地分类的暂行方案，将土壤质地分为3类12级(表1-7)。

表 1-7　我国土壤质地分类方案

质地类别	质地名称	不同粒级的颗粒组成(%)		
		砂粒(0.05~1 mm)	粗粉粒(0.01~0.05 mm)	细黏粒(<0.001 mm)
砂　土	粗砂土	>70	—	<30
	细砂土	[60, 70]	—	
	面砂土	[50, 60)	—	
壤　土	砂粉土	≥20	≥40	
	粉　土	<20		
	砂壤土	≥20	<40	
	壤　土	<20		
	砂黏土	≥50		≥30
黏　土	粉黏土	—		[30, 35)
	壤黏土	—		[35, 40)
	黏土	—		[40, 60]
	重黏土	—		>60

注：引自林大仪等，2011。

中国土壤质地分类标准兼顾了我国南北土壤的特点：如北方土中含砂粒较多，因此砂土组将砂粒含量作为划分依据；黏土组主要考虑南方土壤情况，以细黏粒含量划分；壤土组的主要划分依据为粗粉粒含量。该分类标准比较符合我国国情，但还有待进一步补充与完善。

我国地域辽阔，山地和丘陵较多，砾石性土壤分布广泛。中国科学院南京土壤研究所提出按土壤中石砾(粒径 1~10 mm)的含量将土壤分为 3 级：无砾质(<1%)、少砾质(1%~10%)和多砾质(>10%)，在农业土壤(包括苗圃土壤)确定质地时冠于相应质地名称之前。山地丘陵区土壤可参考林业部(现国家林业和草原局)综合调查队拟定的砾石性土壤分类标准(表 1-8)。

表 1-8　土壤的砾(石)质性程度分级

砾(石)含量 (%)	砾(石)质性程度	
	砾径 3~30 mm	石径>30 mm
10~30	少砾质××土	少石质××土
30~50	中砾质××土	中石质××土
>50	多砾质××土	多石质××土

注：引自孙向阳，2005。

1.3.2.3　不同质地土壤的肥力特点

土壤质地与土壤肥力的关系非常密切，质地类型决定着土壤蓄水、导水性，保肥、供肥性，保温、导温性，土壤呼吸、通气性和土壤耕性等。

（1）砂质土

砂质土泛指与砂土性状相近的一类土壤，在我国主要分布于北方地区，如新疆、青海、甘肃、宁夏、内蒙古、北京、天津、河北等地的山前平原及沿江（河、海）地带。砂质土粒间孔隙大，总孔隙度低，毛管作用弱，保水性差，通气透水性强。矿物成分以石英为主，养分贫乏；由于颗粒大，比表面小，吸附、保持养分能力低；好气性微生物活动旺盛，土中有机养分分解迅速，供肥性强但持续时间短，易发生植物生长后期脱肥现象，即发小苗不发老苗。砂质土热容量小，土温不稳定，昼夜温差大。但在早春时节，土壤易于转暖，有利于植物苗木早生快发。砂质土氧气充足，无毒害物质存在。耕性好，植物种子容易出苗和扎根。

（2）黏质土

黏质土包括黏土以及与黏土性质类似的土壤，在我国主要分布于地势较低的冲积平原、山间盆地、湖洼地区。黏质土颗粒细小，总孔隙度高，由于粒间孔隙很小，通气透水性差，土壤内部排水困难，容易积水而涝。土壤中胶体数量多，比表面大，吸附性强，保水、保肥性好；矿质养分丰富，特别是钾、钙、镁等含量较高；供肥比较平稳，但表现前期弱而后期较强的特点，即发老苗不发小苗。黏质土热容量大，温度稳定。紧实易板结，容易产生还原性气体，加之耕性不良，对植物生长不利。

（3）壤质土

壤质土广泛分布于黄土高原、华北、松辽、长江中下游、珠江三角洲等冲积平原，是介于砂质土和黏质土之间的土壤质地类型，也称为二合土。壤质土砂粒、粉粒和黏粒含量比较适宜，因而兼有砂质土和黏质土的优点：砂黏适中，大小孔隙比例适当，通气透水性好，土温稳定；养分丰富，有机质分解速率适中，保水肥性强，供水肥性稳定，耕性良好。壤质土壤中水、肥、气、热以及植物扎根条件协调，适种范围较广，表现为发小苗又发老苗，是农林生产较为理想的土壤质地类型。

（4）砾质土

砾质土在山地林区比较常见，土层较薄，保水、保肥性较弱，但土壤中的石砾可以提高土温，增加大孔隙数量，有利于通气透水。同时，表层石砾还可减少水分蒸发，防止土壤侵蚀。这对黏质土壤或山区土壤非常重要。但当土壤中石砾或石块达到一定数量时将阻碍种子萌发和植物生长，不利于土壤管理。一般情况下，石砾含量超过 20% 时，就会使土壤温度变化剧烈，持水力降低，产生诸多不良影响。因此，应根据砾质程度进行性质分析和相应的处理：如少砾石土虽对机具有一定磨损，但不影响土壤管理，农作物和林木可以正常生长；中砾石土应将土壤中粗石块除去；多砾石土就需要对土壤进行改良。

1.3.2.4　土壤质地层次性及其肥力特点

不同土壤质地层次在土体中的排列位置和厚度也表现不同的肥力特点。

（1）土壤质地层次性的概念和成因

不同质地层次在同一土体构型中的排列状况称为土壤质地层次性，也称土壤质地剖面。土壤质地层次性的成因主要涉及 3 个方面：一是母质本身的层次性；二是成土过程中物质的淋溶和淀积；三是人为耕作管理活动。

(2) 土壤质地层次性的模式和肥力特点

一般的模式有通体均一型(通体黏、通体壤、通体砂)、上轻下重型(砂盖黏)、上重下轻型(黏盖砂)、中间夹层型(黏夹砂、砂夹黏、壤夹砂、壤夹黏)等,如图 1-5 所示。

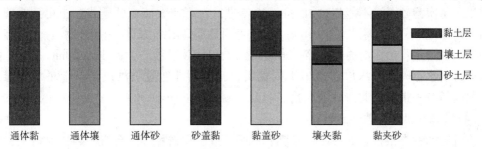

黏土层
壤土层
砂土层

通体黏　　通体壤　　通体砂　　砂盖黏　　黏盖砂　　壤夹黏　　黏夹砂

图 1-5　华北平原土壤质地剖面图

不同质地土层的排列、各层厚度和深度对水分运行、养分保存或供给、水气通透、土温变化、耕性优劣、植物扎根等都有影响。如耕作层为砂壤—轻壤,下层为中壤—重壤的质地剖面,上层疏松,通气透水;下层保水保肥,温度稳定;上下质地综合表现较好的植物生长条件,是一种良好的质地剖面类型,俗称"蒙金土"。在黏土—壤土剖面中,如果黏土层厚度大,因其紧实而通气透水性差,干时坚硬,湿时膨胀闭结,不利于植物生长发育,是一种不良的质地剖面类型,俗称"倒蒙金"。如果砂土剖面有中位或深位黏土夹层,也可增强土壤的保水抗旱和保肥能力;但若黏土夹层厚度超过 2 cm 便会减缓水分运行,而厚度超过 10 cm 时即可阻止来自地下水的毛管水上升,在盐渍土中可有效防止可溶性盐分上行。

1. 3. 2. 5　不良质地土壤的改良

在平原和山区的农林用地方面,通常把土壤质地作为适地适种需要考虑的重要因素之一。适宜植物种植的土壤条件称为土宜。不同植物要求的土壤条件不同,当土壤质地与栽种植物的生物学特性不一致时,则需根据土性和当地条件,因地制宜地采取措施对土壤进行改良。

(1) 掺砂掺黏,客土调剂

搬运他处土壤掺和当地土壤以改良质地称为掺客土。单株栽种植物时,常将客土与植物栽植穴内土壤掺和,以改善植物根系伸展范围内的土壤质地状况。研究发现,质地黏重的红壤黏粒和粉粒含量随客土量增加而降低,而砂粒含量则上升;掺客土 10%和 30%则有利于速效钾的释放。东北黑土区坡耕地适量掺沙(<20%)可以改善土壤质地,减少坡面径流量。

(2) 翻淤压砂或翻砂压淤

有的土壤剖面上下层质地有明显差别,当砂土层下不深处有淤泥层,黏土层下不深处有砂土层时,则可进行翻淤压沙或翻沙压淤。在操作时可利用深耕犁进行翻耕。吴旭东等(2018)在沙质草地上进行 20 cm 深翻,粒径<2 μm 的土壤黏粒及 2~20 μm 的粉粒组分比百分比增加,土质由砂土逐渐向砂壤土转变,土壤整体稳定性明显提高。

(3) 引洪放淤或引洪漫砂

在有条件的地区,可利用洪水携带泥沙改良砂质土或黏质土。通过将洪流有控制地引入农田，使淤泥沉积于砂质土表面或者是砂粒沉积在黏质土壤表面，再通过耕翻措施混合上下层土壤，进而改善土壤质地。引洪漫淤是将进水口抬高，减少了砂粒的进入，使洪水中淤泥沉积于砂质土壤中；引洪漫砂是将进水口开低，以引入多量粗砂，也有改良黏质土的效果。每次漫砂漫淤不能超过 10 cm，逐年进行，可使大面积砂土或黏土得到改善。在黄河三角洲地区，通过引黄泥沙 10 kg/m²，可明显提高滨海黏质土中的砂粒含量，降低土壤中的黏粒含量；山西河曲县曲峪村通过引洪淤田压住了沙石，淤出 260 hm² 好地；陕西榆林通过引水拉砂和引水放淤造出千顷良田；新疆南部通过引洪放淤改造了戈壁滩。另外，河南新乡一带应用此法也较广泛。

（4）增施有机肥，改良土性

有机肥的种类很多，如粪肥、堆肥、沤肥、厩肥和秸秆等。有机肥料中含有大量有机质，在微生物作用下，经转化形成腐殖质，其黏结性和黏着性介于砂土与黏土之间。大量施用有机肥不仅能增加土壤养分，而且能改善过砂过黏土壤的保水、保肥性能，促进土壤中团粒结构的形成。贵州黄壤上长期施用有机肥，能够增加砂粒的含量，降低黏粒含量；石灰+绿肥、石灰+绿肥+生物有机肥措施可使黄红壤的土壤容重分别降低 5.73% 和 6.56%，土壤孔隙度分别增加 5.72% 和 6.72%（邓小华等，2019）。

（5）植树种草，培肥改土

在过砂或过黏的土壤上，种植适生的乔灌草植物，能达到改良质地、培肥土壤的目的，特别是豆科绿肥植物，根系庞大，在土壤中穿伸力强，连同腐殖质的作用，能够显著改善黏质土或砂质土的结构状况和保水保肥能力。新疆鄯善的草木樨根留在田地翻压还田后，0~20 cm 耕作层中的土壤水稳性团粒增多 6.6%，容重降低 0.12 g/cm³，总孔隙度增大 3.82%，土壤毛管持水量增多 3.29%，这意味着压青绿肥能改善土壤质地（沙塔尔·司马义等，2020）；山西右玉在沙地治理中，连续种植芦笋 4 年的土壤黏粒含量较对照增加到 29.8%，粉砂粒含量增加到 12.6%，砂粒含量降低到 57.6%（毛丽萍等，2019）。另外，通过种植田菁、绿豆、苜蓿、紫云英以及更多的植物，都会使砂质土或黏质土的水、肥、气、热更趋于协调。在雅鲁藏布江中游山坡流动沙地上种植花棒，细砂粒含量比对照提高 9.02%，土壤全氮与有机质含量显著升高。

思考题

1. 什么是矿物和岩石？各自的鉴定依据都有哪些？
2. 常见的成土矿物与成土岩石有哪些？如何识别？
3. 岩石风化表现为哪些类型？风化结果如何？
4. 常见的土壤母质类型有哪些？其成土特点如何？
5. 什么是土壤粒级、土壤机械组成和土壤质地？三者有何联系和区别？
6. 不同质地的土壤肥力状况如何？
7. 简述土壤质地层次性的模式和肥力特点。
8. 不良质地的土壤如何改良？选择改良措施的依据有哪些？
9. 岩石、母质和土壤三者之间有何区别和联系？

第 2 章

土壤有机质

【内容提要】主要介绍土壤有机质的形态、组成、转化及影响因素；土壤腐殖质的形态及性质；土壤有机质的作用与调节等。

2.1 土壤有机质

土壤有机质指土壤中的含碳有机化合物，是土壤的重要组成物质之一。自然土壤的有机质含量差异较大，高的可达 200 g/kg 甚至 300 g/kg 以上，如泥炭土和一些森林土壤等，低的不到 5 g/kg，如漠境土和砂质土等。在土壤学中，通常把耕层有机质含量高于 200 g/kg 的土壤称为有机土，而将有机质含量低于 200 g/kg 的土壤称为矿质土。但在耕作土壤中，表层有机质含量通常低于 50 g/kg，虽然东北地区的黑土有不少超过此值，但华北、西北地区大部分土壤低于 10 g/kg，华中、华南一带的水田土壤一般为 15~35 g/kg。土壤有机质在土壤中的含量虽低，但对土壤肥力的作用却很大。它是营养元素的贮藏库，可以多种方式保持养分，而且对土壤微生物的生命活动、土壤水(气、热)等肥力因素、土壤结构和耕性等都有着重要的影响。土壤有机质还是陆地生态系统中最大的碳库，在地球碳素平衡中具有重要作用。

2.1.1 土壤有机质的来源、形态及组成

2.1.1.1 土壤有机质的来源和形态

土壤有机质是土壤中来源于生命的物质。在风化和成土过程中，最早出现于母质中的生命形式是微生物，所以对原始土壤来说，微生物是土壤有机质的最初来源。随着生物的演化和成土过程的发展，高等植物就成了土壤有机质的基本来源，其次是生活在土壤中的动物和微生物。在农业土壤中，有机质的来源范围更广，主要包括每年施入土壤的有机肥料，作物根茬、枯残落物以及根系分泌物，生活垃圾及污泥等。在微生物的作用下，通过各种途径进入土壤中的有机质发生了一系列的分解和合成作用，一般以 3 种形态存在。

①新鲜的有机物质。指刚进入土壤不久、未受到微生物分解的动植物残体。

②半分解的有机物质。指已经受到微生物的分解作用，新鲜的有机残体破坏了最初的

结构，变成了分散的暗黑色的碎屑和小块物质。

③土壤腐殖质。是经微生物彻底改造过的一种特殊类型的高分子含氮有机化合物，占土壤有机质的85%~90%，是土壤有机质的主体。它与矿物土粒紧密结合，不能用机械方法分离，只能用化学方法提取。

2.1.1.2　土壤有机质的组成

土壤有机质的主要组成元素是C、H、O、N，分别占52%~58%、34%~39%、3.3%~4.8%和3.7%~4.1%，其次是P和S，此外还有Ca、Mg、K、Na、Si、Fe、Zn、Cu、B、Mo、Mn等元素。

土壤有机质的主要化合物组成是类木质素和蛋白质，其次是半纤维素和纤维素，以及脂肪、树脂和蜡质等可溶于乙醚和乙醇的化合物。

2.1.2　土壤有机质的转化

土壤有机质的转化是在微生物的作用下进行的生物化学过程，主要向两个方向转化，即有机质的矿质化和腐殖化(图2-1)。

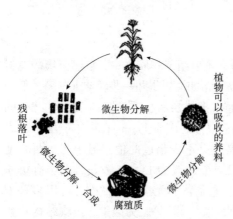

图 2-1　土壤有机质的分解与合成示意
(林大仪等，2011)

2.1.2.1　土壤有机质的矿质化过程

土壤有机质的矿质化过程是指有机质在微生物的作用下，分解成简单的无机化合物(CO_2 和 H_2O)，并释放矿质养分和热量的过程。就矿化过程的总体而言，大致分3部分。最初是易分解有机物(如单糖、氨基酸和多数蛋白质等)的迅速分解，它们可在几小时或几天内消耗殆尽；其次是较难分解的有机物质，如多糖、纤维素等，它们首先转化成低聚糖，然后转化成单糖；木质素是最难分解的，它主要靠真菌作用先转化成苯基丙烷单元结构，然后分解成酚类化合物，它是形成腐殖质的一种重要成分，还可以被继续分解。在矿质化过程中，有机质被微生物分解时，并不是由一种微生物完成，而是由多种微生物相继作用共同完成。它们往往是食物链上的伙伴，但各自有其必需的活动条件。因此，不是所有的有机物都能在土壤中彻底分解，那些分解不彻底的物质，有些被其他微生物所利用，有些是形成腐殖质的原料。

(1) 含碳化合物的分解

淀粉、纤维素、半纤维素等多糖化合物首先在微生物分泌的水解酶的作用下被水解成葡萄糖。

$$(C_6H_{10}O_5)_n + nH_2O \rightarrow nC_6H_{12}O_6$$

葡萄糖在通气良好的条件下分解迅速而彻底，最终形成 CO_2 和 H_2O，并释放大量热能。

$$C_6H_{12}O_6 + O_2 \rightarrow CO_2 + H_2O + 能量$$

在嫌气条件下，葡萄糖分解缓慢，分解不彻底，产生 CH_4、H_2 等还原性物质和有机酸等，并释放少量热能。

$$C_6H_{12}O_6+6O_2 \rightarrow CH_3CH_2COOH+CO_2+H_2+能量$$
$$CH_3CH_2COOH \rightarrow CH_4+CO_2$$
$$CO_2+H_2 \rightarrow CH_4+H_2O$$

（2）含氮有机化合物的分解

土壤中的含氮化合物主要是蛋白质、氨基酸、生物碱、腐殖质等。除腐殖质外，大部分容易分解。如蛋白质在微生物分泌的蛋白质水解酶作用下，首先形成氨基酸，再进一步分解为氨或铵。

①水解作用。蛋白质在蛋白质水解酶的作用下，分解成简单的氨基酸。

$$蛋白质 \longrightarrow 蛋白胨 \longrightarrow 多肽 \longrightarrow 氨基酸$$

②氨化作用。氨基酸在多种微生物及其所分泌的酶的作用下，进一步分解成氨或铵的过程。氨化作用在好气或嫌气条件下均可进行。

水解脱氨作用：
$$RCHNH_2COOH + H_2O \begin{cases} \rightarrow RCHOHCOOH + NH_3 \quad (有机酸) \\ \rightarrow RCH_2OH + CO_2 + NH_3 \quad (醇) \end{cases}$$

氧化脱氨作用：　　　　$RCHNH_2COOH+O_2 \longrightarrow RCOOH+CO_2+NH_3$

还原脱氨作用：　　　　$RCHNH_2COOH+H_2 \longrightarrow RCH_2COOH+NH_3$

③硝化作用。氨化作用形成的氨或铵，在通气良好的条件下，可发生硝化作用，氧化成硝酸盐，称为硝化作用。

$$NH_3+O_2 \xrightarrow{亚硝酸细菌} HNO_2+H_2O \qquad HNO_2+O_2 \xrightarrow{硝酸细菌} HNO_3$$

氨化作用所生成的氨或铵及硝化作用生成的硝酸盐均可被植物直接吸收利用。

④反硝化作用。硝酸盐还原为 N_2O 和 N_2 的作用称为反硝化作用，反应式如下：

$$2HNO_3 \xrightarrow{-2[O]} 2HNO_2 \xrightarrow{-[O]} N_2O \ 或 \ N_2$$

反硝化作用导致氮素以气态形式从土壤中损失，也称反硝化脱氮作用。

（3）含磷有机化合物的分解

土壤中的含磷有机化合物常见的有核蛋白、核酸、磷脂、腐殖质等。含磷有机物质在磷细菌的作用下，经过水解而产生磷酸。

$$核蛋白 \longrightarrow 核素 \longrightarrow 核酸 \longrightarrow H_3PO_4$$
$$卵磷脂 \longrightarrow 甘油磷酸酯 \longrightarrow H_3PO_4$$

在嫌气条件下，会引起磷酸的还原，产生亚磷酸、次磷酸、磷化氢等。这些产物都可被植物直接吸收利用。

（4）含硫有机物质的转化

土壤中含硫有机物主要是蛋白质，在微生物作用下水解为含硫氨基酸（如胱氨酸等），再产生硫化氢。硫化氢在嫌气环境中易积累，对植物产生毒害作用。在通气良好的条件下，硫化氢氧化成硫酸，并和土壤中的盐基作用形成硫酸盐，成为植物能吸收的硫素养分。

(5)脂肪、单宁、木质素、树脂、蜡质等的分解

这些物质的分解一般较缓慢，分解不彻底。除生成 CO_2 和 H_2O 外，常产生有机酸、甘油、多酚类化合物、醌类化合物等中间产物，是形成腐殖质的原料。

2.1.2.2 土壤有机质的腐殖化过程

土壤腐殖化过程是指土壤中腐殖质的形成过程，是一系列极端复杂过程的总称，其中最主要的是由微生物主导的生物化学过程，但也不排除一些纯化学过程。一般认为，腐殖质的形成可分为 2 个阶段：第一阶段是微生物将有机残体转化为合成腐殖质的原料，如多元酚、含氮有机化合物(氨基酸、肽)等；第二阶段是在微生物分泌的多酚氧化酶作用下，将多元酚氧化为醌，醌与氨基酸或肽缩合形成腐殖质(图 2-2)。

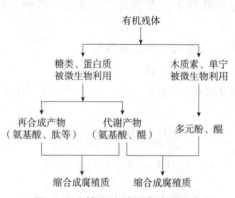

图 2-2　土壤腐殖质形成过程示意

(林大仪等，2011)

腐殖质化过程形成的腐殖质与矿质土粒密切结合，生成有机—无机复合体，能够改善土壤结构，对调节土壤水、肥、气、热四大肥力因素都有重要作用。矿质化过程为植物生长提供了矿质养分，并为微生物的活动提供了能量和营养物质。在生产实践中，如何控制和协调这两个过程，对调节土壤的供肥和保肥能力具有重要意义。

2.1.3　影响土壤有机质分解转化的因素

土壤有机质的分解转化是在微生物的作用下进行的，因此，凡影响土壤微生物活动的因素都影响有机质的转化。

(1)有机残体的碳氮比

碳氮比(C/N)是指有机物中碳素总量与氮素总量之比。微生物在分解有机质时，需要同化一定数量的碳和氮作为身体的组分，同时还要分解一定数量的有机碳化合物作为能量来源。一般来说，微生物(细菌)需要吸收 1 份氮和 5 份碳组成自身的细胞，同时还需 20 份碳为生命活动提供能源，即微生物在生命活动过程中，需要有机质的碳氮比约为 25:1。当有机残体的碳氮比约为 25:1 时，微生物活动最旺盛，分解速率也最快。当有机残体的碳氮比小于 25:1，对微生物的活动有利，有机质分解快，分解释放的无机氮除被微生物吸收构成自己的身体外，还有多余的氮素存留在土壤中，可供植物吸收。如果碳氮比大于 25:1，微生物因缺乏氮素营养而发育受阻，活性降低，有机质分解速率慢，微生物不仅把分解释放的无机氮全部用完，还要从土壤中吸取无机氮用来组成自己的身体，造成微生物与植物争夺氮素养分，使植物处于暂时缺氮的状态。故有机残体的碳氮比会影响它的分解速率和土壤有效氮的供应，因此在生产中秸秆还田或施用碳氮比较大的有机肥时，应配合施用粪肥或速效氮肥，以缩小碳氮比，防止发生争夺氮素的现象。植物性物质的碳氮比依植物残体的种类和老嫩程度而不同，例如，青草为(25~45):1；豆科的草本植物为

（15~20）：1；禾本科的根茬和茎秆为（40~80）：1。

（2）土壤水气状况

土壤水气状况直接影响有机质转化的速率和方向。当土壤处于干燥状态时，虽然通气很好，但微生物因缺水而停止活动，有机质分解很缓慢。若水分过多则通气不良，嫌气性微生物活动旺盛，此时有机质分解速率慢，分解不完全，矿化率低，有利于腐殖质的合成和积累，保存土壤养分，但有时会产生 CH_4、H_2、H_2S 等对植物生长不利的物质。干湿交替作用会引起土壤胶体(尤其是蒙脱石、蛭石等黏土矿物)的收缩和膨胀作用，使土壤团聚体崩溃。其结果，一是使原来不能被分解的土壤有机质因团聚体的分散而能被微生物分解；二是干燥引起部分土壤微生物死亡。因此，在生产实践中要调节好土壤的水气状况，使土壤有机质既有分解又有积累，既能使作物吸收利用有效养分，又能提高土壤肥力。一般土壤水分保持在田间持水量的 60%~80% 比较适宜。

（3）土壤温度

有机质的分解与温度也有关系，在一定范围内有机质的分解速率随温度的升高而加快。土壤微生物活动最适宜温度为 25~35 ℃，土温过低或过高，大多数微生物的活动受到抑制，不利于有机质的转化。

（4）土壤酸碱度

土壤酸碱度对微生物的生命活动有很大影响，不同的微生物都有适宜生长的 pH 值范围，一般而言，细菌、藻类和原生动物的最适宜生长 pH 值为 6.5~7.5，许多种类在 pH 值为 4.0~10.0 时也能生长。放线菌(近代分子生物学手段研究结果表明，放线菌是属于一类具有分支状菌丝体的细菌)最适宜生长在 pH 值为 7.5~8.0。真菌的许多种类适于 pH 值 4.0~6.0 的酸性环境。必须注意的是，尽管微生物生活需要适宜的 pH 值，但该 pH 值只代表微生物生活的外部条件，细菌内部环境的 pH 值必须保持接近中性，以保持酶的活力。

2.2 土壤腐殖质

2.2.1 土壤腐殖质的分离提取和组分

腐殖质是土壤有机质的主体，是通过微生物对有机残体的分解和合成作用重新形成的特殊有机质。研究土壤腐殖质的性质，必须将它从土壤中分离出来，但这项工作是比较困难的。目前一般所用的方法是，先把土壤中未分解或部分分解的动植物残体分离掉，然后用不同的溶剂浸提土壤，将腐殖质划分为 3 个组分：富里酸(黄腐酸)、胡敏酸(褐腐酸)、胡敏素(黑腐素)。具有步骤如图 2-3 所示。

上述浸提和分离不可能彻底，各组分中都是混合物。如在黄腐酸组分中混有某些多糖类及多种低分子有机化合物；在褐腐酸组分中混有高度木质化的非腐殖质物质等。黑腐素是褐腐酸的同素异构体，它的分子质量很小，并因其与矿物质部分紧密结合，以致失去水溶性与碱溶性，从化学本质看，它与褐腐酸无多大区别。黑腐素在腐殖酸中所占的比例不大，所以不是腐殖酸的主要组分。腐殖质的主要组成是褐腐酸和黄腐酸，一般占腐殖质的60% 左右，是腐殖质的主要组分。

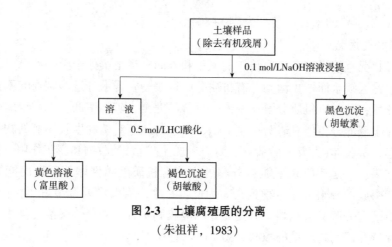

图 2-3 土壤腐殖质的分离

(朱祖祥, 1983)

2.2.2 土壤腐殖质的存在形态

土壤腐殖质大致以4种形态存在于土壤中：①游离状态的腐殖质，在一般土壤中极少存在，常见于红壤；②与矿物成分中的强盐基化合成稳定的盐类，主要为腐殖酸钙和镁，常见于黑土；③与含水三氧化二物如 $Al_2O_3 \cdot xH_2O$、$Fe_2O_3 \cdot yH_2O$ 化合成复杂的凝胶体；④与黏粒结合成有机无机复合体。

腐殖质与矿物质胶体紧密结合形成的有机、无机复合体，对土壤结构的形成及肥力的提高具有重要意义。

2.2.3 土壤腐殖质的性质

(1)腐殖质的元素组成

腐殖质主要由 C、H、O、N、S、P 等元素组成，还有少量 Ca、Mg、Fe、Si 等灰分元素。各种土壤中腐殖质的元素组成是不完全相同的。就腐殖质整体而言，含碳量55%~60%，平均58%，因此测定土壤中有机碳含量，乘以 1.724(100/58)，即可换算出土壤的有机质含量。腐殖质含氮量3%~6%，平均5.6%，故其碳氮比为(10~12)∶1；褐腐酸的碳、氮含量一般高于黄腐酸，而氧和硫的含量则低于黄腐酸，见表2-1。

表 2-1 我国主要土壤中腐殖酸的元素组成　　　　　　无灰干基(%)

腐殖酸	C	H	O+S	N
褐腐酸	50.4~59.6	3.1~7.0	31.3~40.7	2.8~5.9
平均(N=39)	55.1	4.9	35.9	4.2
黄腐酸	43.4~52.6	4.0~5.8	40.1~49.8	2.6~4.3
平均(N=12)	46.5	4.8	45.9	2.8

注：引自文启孝，1984。

(2)腐殖质的分子结构与功能团

腐殖质是高分子聚合物，分子结构非常复杂，含有各种功能基，主要是含氧的酸性功能基，包括芳香族和脂肪族化合物上的羧基和酚羟基，其中羧基是最主要的功能基团，见表2-2。

表 2-2　我国主要土壤中腐殖物质的含氧功能团　　　　cmol(+)/kg

含氧功能团	褐腐酸	黄腐酸
羧　基	275~481	639~845
酚羟基	221~347	143~257
醇羟基	224~426	515~581
醌　基	90~181	54~58
酮　基	32~206	143~254
甲氧基	32~95	39

注：引自文启孝，1984。

腐殖质的分子结构复杂，分子质量也很大。中国科学院南京土壤研究所研究表明，腐殖质的数均分子质量褐腐酸在 5000 以下，黄腐酸在 1000 以下；重均分子质量褐腐酸 17 000~77 000，一般不超过 200 000，黄腐酸 5500。

腐殖酸分子的形状和大小，研究报道很不一致。腐殖酸制备液的分子粒径最大的可超过 10 nm，其形状过去认为是网状多孔结构，近来通过电子显微镜拍照或通过黏性特征推断，认为其外形呈球状，而分子内部则为交联构造，结构不紧密，尤以表面一层更为疏松，整个分子呈现非晶质特征。

(3) 腐殖质的电性

由于腐殖酸组分中多种含氧功能团的存在，使腐殖质表现多种活性，如离子交换、对金属离子的配位能力以及氧化—还原性等，这些性质都与腐殖质的电性有密切关系。就电性而言，腐殖质是两性胶体，在它表面上既带负电又带正电，而通常以带负电为主。电荷的主要来源是分子表面的羧基和酚羟基的解离以及氨基的质子化。

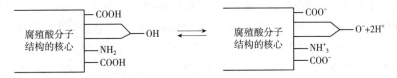

(4) 腐殖质的溶解性质和凝聚

褐腐酸不溶于水，但能溶于碱，它与一价金属离子形成的盐类溶于水，而与钙、镁、铁、铝等多价离子形成的盐溶解度就大大降低。黄腐酸有相当强的水溶性，其溶液的酸性强，与一价及二价金属离子形成的盐也能溶于水。

腐殖酸具有一定的配位能力，可与铁、铝、铜、锌等高价离子形成配合物，一般认为羧基、酚羟基是参与配位的主要基团。配合物的稳定性随介质 pH 值升高而增强（例如，腐殖酸在 pH 值 4.8 时能与铁、铝、钙等离子形成水溶性配合物，在中性或碱性条件下会产生沉淀），但随介质离子强度的增大而降低。当然，配合物的稳定性还与金属离子本身及腐殖酸的性质有关，随腐殖化程度增大，配合物稳定性也增强。

新形成的腐殖质胶粒在水中呈分散的溶胶状态，当增大电解质浓度或增加高价离子时，则电性中和而相互凝聚，形成凝胶。腐殖质在凝聚过程中可使土粒胶结起来形成结构体。另外，腐殖质是一种亲水胶体，可以通过干燥或冰冻脱水变性形成凝胶。腐殖质的这种变性是不可逆的，所以能形成水稳性团粒结构。

(5) 腐殖质的稳定性

腐殖酸有很强的稳定性，包括化学稳定性和抗微生物分解的生物稳定性。在温带气候条件下，褐腐酸的存在时间为 780~3000 年，黄腐酸为 200~630 年。腐殖酸的稳定性除与本身分子结构复杂不易分解有关外，还与它和矿物质紧密结合或处于微生物也难于进入的孔隙中有关。与蒙脱石黏粒结合的有机质是高度芳香化的(含有许多环结构)，可以在土壤中存在 1000 年或更久。与高岭石黏粒结合的有机质似乎含有更多的多糖，平均可以在土壤中存在 300~400 年。高度风化土壤中的铁铝氧化物包膜和火山岩土壤中的水铝英石也可与含氮有机分子结合并保护它们不受分解。一般而言，土壤开垦耕作以后，腐殖质的矿化率就大为提高，可从开垦前的矿化率不到 1% 提高为 1%~4%。

采用放射性同位素技术的研究表明，几千年前结合到腐殖质中的有机碳仍然存在于土壤中，这也是腐殖物质极难被微生物降解的证据。腐殖物对氧化的抗性在保持土壤有机质水平、保护结合态氮和其他必需养分不被快速矿化以及从土壤中损失方面起到了重要作用。例如，多酚—蛋白质复合物的形成可以保护蛋白质氮免受微生物攻击。

2.2.4　我国主要土壤的腐殖质组成和性质变化

褐腐酸与黄腐酸的比值(HA/FA)是反映土壤腐殖质组成和性质的指标之一，可作为土壤肥力和熟化程度的标志。不同类型的土壤，由于气候、生物、地形、耕作等因素的影响，腐殖质的组成和性质差异很大。在我国，土壤腐殖质的组成表现明显的地带性变异，黑土不仅腐殖质含量高，而且腐殖质中以褐腐酸为主，HA/FA 比值大，通常为 1.5~2.5，芳香度和分子质量也较大。由黑土带往西，按栗钙土、灰钙土、漠土带的顺序，土壤腐殖质含量逐渐下降，腐殖酸中褐腐酸的相对含量、分子量和芳香度也渐次降低。栗钙土的 HA/FA 比值一般在 1 以上，而灰钙土、灰漠土仅为 0.6~0.8。由黑土带的暗棕壤往南，经棕壤、黄棕壤到红壤、砖红壤带，同样也可发现腐殖质中褐腐酸的相对含量、分子质量和芳香度的下降，活性褐腐酸的相对含量不断升高的现象。暗棕壤的 HA/FA 和活性褐腐酸相对含量分别为 1~2 和 40%~65%，黄棕壤分别为 0.45~0.75 和 50%~85%，而砖红壤不但以黄腐酸为主，而且褐腐酸的活性很强，几乎全部以游离态存在，见表 2-3。

表 2-3　几种土壤类型的土壤腐殖质组成

土壤	地点	C(%)	褐腐酸(HA)占全 C 的百分比(%)	黄腐酸(FA)占全 C 的百分比(%)	HA/FA	活性 HA 占 HA 总量的百分比(%)	光密度
黑土	黑龙江嫩江	4.20	40.6	18.7	2.17	35.8	2.36
栗钙土	内蒙古海拉尔	2.07	27.1	19.8	1.37	23.6	1.90
灰钙土	新疆伊犁	1.11	15.1	20.8	0.73	0	—
灰漠土	新疆玛纳斯	0.65	13.8	23.1	0.60	0	0.89
暗棕壤	黑龙江伊春	5.05	21.8	12.7	1.84	44.5	1.85
黄棕壤	江苏南京	1.49	19.1	26.2	0.72	58.6	1.20
红壤	广东广州	1.25	12.2	25.1	0.49	93.4	1.05
砖红壤	海南岛	3.50	5.8	30.3	0.19	93.1	1.11

注：引自林大仪等，2011。

山地土壤垂直分布带谱中，土壤腐殖质的 HA/FA、褐腐酸的芳香度也因海拔的升高而下降。在同一地带内，由于母质或植被不同，腐殖质的组成和性质也有差异。森林植被下的土壤与同一土带内草本植被下的土壤相比，前者的 HA/FA 常较小；石灰性母质发育的土壤与非石灰性母质发育的土壤相比，前者的 HA/FA 常较大。黏粒矿物组成不同的土壤，新形成的腐殖质的组成也不同，以水化云母和蒙脱石为主的黄土性母质较以高岭石和三水铝石为主的酸性土壤或第四纪红色黏土更有利于褐腐酸的形成，且 HA/FA 也较大（无论是旱作或渍水条件，也无论腐殖质的有机残体类型）。因此，在进行土壤评价时，不仅要了解土壤有机质含量，还需要了解褐腐酸与黄腐酸的比值。

2.3　土壤有机质的作用与调节

2.3.1　土壤有机质的作用

2.3.1.1　土壤有机质对土壤肥力的作用

(1) 提供作物所需要的养分和提高养分的有效性

土壤有机质含有氮、磷、硫等作物和微生物所需的各种营养元素。随着有机质的矿化分解，这些养分成为矿质盐类（如铵盐、磷酸盐、硫酸盐等），以一定的速率不断释放供作物和微生物利用。据研究，土壤中 95% 的氮为有机态，20%~50% 的磷为有机态磷，38%~94% 的硫为有机态硫，因此，植物吸收的主要养分来自土壤有机质，而且有机质具有养分全面、肥效稳而持久的特点。因此，培肥地力，提高土壤有机质含量对提高作物产量具有重要意义。

此外，土壤有机质在分解过程中形成的有机酸、腐殖酸，对土壤矿物质有一定溶解作用，可促进矿物质风化，有利于提高某些养分的有效性；腐殖酸对金属的配位作用可避免金属离子对磷的固定，提高磷的有效性。

(2) 改善土壤的肥力特性

①物理性质。腐殖质在土壤中主要以胶膜形式包被在矿质土粒的外表，通过胶结、氢键、静电引力等作用，使分散土粒团聚起来形成优良团粒结构，从而改善土壤物理性质、耕作性。腐殖质具有巨大的比表面和数量众多的亲水基团，吸水量是黏土矿物的 5 倍，故提高土壤有机质含量对改善土壤的渗水性及减少地表径流有重要意义。

腐殖质是一种暗褐色物质，它的存在能显著加深土壤颜色，有利于土壤吸收太阳辐射，改善土壤热状况，因而有利于春播作物的早生快发。

②化学性质。腐殖质带有负电荷，可吸附 NH_4^+、K^+、Ca^{2+}、Mg^{2+} 等阳离子。这些阳离子一旦被吸附，就可避免随水流失，使土壤具有保肥能力；但这些阳离子能随时被根系附近的 H^+ 或其他阳离子交换出来供植物吸收，即具有供肥能力。腐殖质对阳离子的吸附能力为 150~450 cmol(+)/kg，平均为 350 cmol(+)/kg，是土壤中矿质胶体吸附阳离子量的几倍到几十倍，如高岭石的阳离子交换量仅为 3~5 cmol(+)/kg，蒙脱石类为 80~100 cmol(+)/kg。土壤中有机质含量一般只占 5% 以下，但其对保肥能力的贡献率为 5%~42%，平均为 21%。

土壤有机质有很高的阳离子交换量，能显著提高土壤对酸碱的缓冲性，使土壤不致因施肥所引起的氢离子或碱基离子的增加而强烈地改变土壤的 pH 值，土壤缓冲性能的提高对保证植物和微生物的正常生命活动有重要意义。

③生物性质。土壤有机质是土壤微生物生命活动所需养分和能量的主要来源。没有它土壤中一切生物化学过程就不会发生。低浓度的腐殖酸对植物生长有刺激作用，例如，可增加植物细胞膜的透性，促进养分进入植物体，刺激植物根系的生长发育，提高植物的抗旱能力。此外，土壤有机质中含有一些生理活性物质，如核黄素(维生素 B_2)、吲哚乙酸、抗菌素等，对植物生长有利。

2.3.1.2　土壤有机质对生态环境的作用

(1)对全球碳平衡的影响

土壤碳库是陆地生态系统中最大的碳库，并受气候和人类活动的影响而发生动态变化。据估计，全球土壤(1 m 深度)有机碳库容量约为 $15\,000×10^8$ t，是大气碳库的 2 倍，是陆地植被碳库的 3 倍。在短时间尺度人为活动干扰下，土壤有机碳更新周转速率的任何小幅度变化都将引起大气 CO_2 浓度大幅度的波动。土壤碳库的正向增长不但对控制大气 CO_2 浓度，而且对提升陆地生态系统服务功能具有积极意义。在自然生态系统中，每年植物和光合微生物固定的碳量与土壤中植物残体分解的碳量大致相等。如果环境条件改变或者由于土地利用不合理，就会打破这种平衡造成有机碳的亏缺。例如，我国 2013 年总能源排放为 $26.12×10^8$ t 碳当量，1 m 深土壤有机碳库总量约为 $900×10^8$ t，需增碳 2.9% 才能抵消当年的能源排放，即每年每公顷需固碳 2.99 t，这个值远远高于我国主要农田的固碳速率(表 2-4)。造成这种巨大反差的原因是我国土壤每公顷现有的有机碳储量较低，而碳排放又大大高于全球平均水平，由此形成一种恶性循环。因此，提升土壤有机碳库容量对于维持全球碳平衡以及实现我国积极应对气候变化提出的碳达峰、碳中和目标具有重要意义，同时也是保护人类生存环境的重要环节。

表 2-4　我国主要农田管理措施的土壤固碳速率

管理措施	施用有机肥		有机无机肥配施				秸秆还田			
观测年限(年)	3~25	6~25	3~29	3~25	3~29	6~25	3~25	3~25	3~25	3~25
年固碳速率(t C/hm²)	0.54	0.62	0.59(稻田)	0.89	0.69(稻田)	0.62	0.6	0.57	0.16	0.15

注：引自程坤等，2016。

(2)减轻土壤的重金属污染

金属离子与腐殖质上的活性基团(羧基、酚羟基、醇羟基)形成螯合物，对金属离子产生固定作用，降低其生物有效性，减轻其毒害作用；腐殖质对阳离子的配位吸附作用形成的复合体具有较高的稳定常数，同样可降低金属离子的有效性。此外，有机质作为一种还原剂，将高价态离子改为低价态，从而降低毒性。

(3)减轻或消除土壤中的农药残留

土壤有机质通过吸附作用降低有机污染物在土壤中的生物活性和毒性；腐殖酸的溶解性可有效迁移农药及其他有机物质，如褐腐酸能吸附和溶解三氮杂苯除莠剂以及其他一些农药，DDT 在 0.5% 褐腐酸钠溶液中的溶解度比在水中至少大 20 倍，这就使 DDT 容易从水中排出去。此外，腐殖质作为还原剂还能改变农药的结构，从而减轻或消除农药在土壤中的残留。

2.3.2　土壤有机质的调节

土壤的有机质含量取决于年生成量和年矿化量的相对值。当二者相等时，有机质含量保持不变；当生成量大于矿化量时，有机质含量将逐渐增加，反之将逐渐降低。年生成量与施用有机物质的腐殖化系数有关。通常把每克有机物（干重）施入土壤后，所能分解转化成腐殖质的质量（干重）称为腐殖化系数。腐殖化系数通常为 0.2~0.5。一般来讲，同一物质的腐殖化系数因不同的生物、气候条件、土壤组成性质及耕作等条件而有差别。水田较旱地土壤腐殖化系数高。从有机质的化学组成看，木质化程度高的有机物料其腐殖化系数也较高，即形成较多的腐殖质。黏重土壤的腐殖化系数较轻质土壤高，见表 2-5 和表 2-6。

表 2-5　不同有机物料的腐殖化系数

有机物料	绿萍	蚕豆秆	紫云英	水葫芦	田菁	柽麻	稻根	麦根	稻草
腐殖化系数	0.43	0.21	0.18	0.24	0.37	0.36	0.50	0.32	0.23
C/N	11.2	12.6	14.8	16.3	24.5	28.5	39.3	49.3	61.8
木质素（%）	20.2	8.65	8.58	10.2	11.8	15.3	17.4	20.7	12.5

注：引自谢德体，2015。

表 2-6　土壤黏粒含量与腐殖化系数的关系

粒径小于 1 μm 的土壤黏粒含量（%）	腐殖化系数	
	稻草	稻根
12~15	0.17	0.38
19~23	0.21	0.42
25~35	0.23	0.46

注：引自谢德体，2015。

每年因矿质化而消耗的有机质量占土壤有机质总量的百分比称为土壤有机质的矿化率。土壤有机质的年矿化率受生物、气候条件、水热状况、耕作措施等多种因素的影响。一般来说，温度较低的地区，土壤有机质的年矿化率较低；耕作频繁的土壤年矿化率较高。我国耕地土壤有机质有年矿化率为 1%~4%。只有每年加入各种有机物质所生成的有机质量等于年矿化量时，才能保持土壤有机质的平衡。如果土壤原有机质为 20 g/kg，也即该土壤每公顷耕作层有机质量为 2 250 000 kg×20 g/kg＝45 000 kg，若矿化率为 2%，则每年消耗的有机质量为 45 000 kg×20 g/kg＝900 kg。若这种有机物质的腐殖化系数为 0.25，则只要加入 900 kg÷0.25＝3600 kg 干有机质即可达到土壤有机质平衡。

要增加土壤有机质含量，一方面要增加有机质来源，合理安排耕作制度，实施绿肥轮作，增施各种有机肥料；另一方面则需要了解影响有机质积累和分解的因素，以便调节有机质的分解和积累过程。

2.3.2.1　增加土壤有机质的途径

土壤有机质不仅是评价土壤肥力的重要指标，而且是陆地生态系统中碳素的重要贮存库。增加土壤有机质含量的途径主要有：

(1)秸秆还田

据测定，秸秆中有机质含量平均约为 15%，如按每公顷还田秸秆 15 t 计算，则可增加有机质 2250 kg/hm²。目前全国农作物秸秆总产量达 $10.4×10^8$ t，其中小麦、玉米、水稻秸秆年均产量为 $6.5×10^8$ t，含氮逾 $500×10^4$ t，含磷逾 $200×10^4$ t，含钾逾 $1000×10^4$ t，相当于我国目前化肥施用总量的 3/5 以上。故秸秆还田具有营养植物和培肥土壤双重功效。

(2)发展畜牧业

畜牧业生产是我国传统农业生产的重要肥源，对提高土壤有机质含量及培肥地力具有重要作用。如平均每公顷养猪 30 头，每公顷年积厩肥 22 500 kg，则土壤中增加的有机质干重可达 7500 kg 以上。

(3)种植绿肥作物

绿肥是最清洁的有机肥源，没有重金属、抗生素、激素等残留，满足现代社会对于农产品品质的要求。据估算，每公顷产绿肥鲜草 27 000 kg(包括地下部分)，可使土壤腐殖质含量提高 0.04%~0.08%。在肥力高的土壤上，绿肥一般只能维持有机质的水平，而在有机质含量低的土壤上，绿肥能显著提高土壤有机质含量。由于豆科绿肥的 C/N 较低，分解速率快，为达到积累腐殖质的目的，每次绿肥用量不宜太少，要使加入绿肥而增加的新腐殖质量超过土壤有机质的矿化量。

(4)其他农业技术措施

①合理施肥。施用化肥能提高作物的生长量和生物产量，从而增加有机残体的数量和有机肥源，但应避免过量施用。有机无机肥料配合施用不仅能增产，提高肥料利用率，还能使有机质保持在适当水平，是提高土壤有机质含量的重要手段。

②推广少(免)耕技术。由常规耕作改为保护性耕作，可增加农田土壤耕层有机碳的含量。旱土改成水田后，土壤有机质含量明显增高。

2.3.2.2　调节土壤有机质的分解速率

土壤有机质的转化是通过微生物完成的。为增加有机质的积累，可通过调节土壤环境因素(如土壤湿度和通气状况、土壤温度、土壤反应以及所施用有机肥料的 C/N 等)来调节土壤微生物的活动。在这些因素中，土壤水分的调节显得尤为重要，因为水分不仅影响土壤的通气状况，还影响土壤的温度。如旱土改水田，由于增加了土壤的淹水时间，有利土壤嫌气性微生物的活动，促使有机质积累速率加快。对一些潜育型稻田，实行水旱轮作有利于有机质的矿化和养分的释放。

思考题

1. 什么是土壤有机质？它包括哪些形态？其中哪种最重要？
2. 什么是土壤有机质的矿质化作用和腐殖化作用？影响有机质转化的因素有哪些？

3. 什么是碳氮比？碳氮比与土壤微生物活性、有机质分解速率及土壤氮素供应水平有何关系？

4. 有机质对于土壤肥力有哪些重要作用？

5. 增加土壤有机质应采取哪些措施？

6. 为什么水田土壤腐殖质含量一般比旱地高？

7. 试比较褐腐酸和黄腐酸的性质。

第 3 章

土壤生物

【内容提要】主要介绍土壤生物的组成、分布及其相互作用；环境对土壤微生物的影响；土壤生物与土壤肥力的关系及其在环境修复中的作用；土壤酶的种类、功能及环境条件对酶活性的影响。

土壤生物是土壤的重要组成部分。土壤生物在自然生态系统中扮演着消费者和分解者的角色，对物质循环和能量流动起着不可替代的作用；土壤生物参与土壤的形成过程，在土壤发生、发育过程中起重要作用；土壤生物调控有机质的转化、土壤结构的改变和养分循环，是土壤肥力形成和发展的推动力；土壤生物及其生物化学过程对污染土壤的修复和植物病虫害防治起着重要作用。

3.1 土壤的生物组成

土壤物质的组成和微环境的复杂性使土壤成为生物尤其是中型和微型生物优良的栖息地。土壤生物是栖居在土壤中各种生物体的总称，主要包括土壤微生物、土壤动物及高等植物的根系。

3.1.1 土壤微生物

土壤微生物是土壤中一切肉眼不可见或看不清楚的微小生物的总称，主要包括原核生物(细菌、古菌)、真核生物(真菌、藻类、原生动物)和无细胞结构的病毒(图 3-1)。土壤微生物数量庞大、分布广、种类繁多，是土壤生物中最活跃的组分。

3.1.1.1 原核生物

(1)细菌

土壤细菌数量庞大，每克表层土壤中细菌的数量为 $10^8 \sim 10^9$ 个。生活在土壤中的细菌主要有变形菌门、厚壁菌门、放线菌门、酸杆菌门和蓝细菌门等，占微生物总数量的 $70\% \sim 90\%$。细菌是没有核膜的单细胞生物，个体很小，较大个体的长度也很少超过 5 μm，但它的比表面大，代谢能力强，繁殖快。因此，土壤细菌是土壤代谢方面最重要的生物类群。

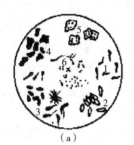

（a）细菌：1.弧菌；2.梭菌；3.杆菌；4.根瘤菌；5.固氮菌；6.球菌。
（b）真菌：1.青霉；2.镰刀菌；3.毛霉；4.曲霉；5.根霉；6.酵母菌。
（c）放线菌的气生菌丝：1、5.卷曲放线菌；2.轮生放线菌；3、4.直生放线菌。
（d）藻类和原生动物：1.小球藻；2.念珠藻；3.大颤藻；4.硅藻；5.链球藻；
6.衣藻；7.变形虫；8.鞭毛虫；9.纤毛虫。

图 3-1　土壤中微生物的主要形态

（南京大学等，1980）

细菌按个体外形可分为球菌、杆菌和螺旋菌等。按对能源的要求可分为光能营养型和化能营养型，分别以光和化学物质作为能量来源。按对碳源的利用情况可分为无机营养型和有机营养型。前者从氧化无机物成分(如铵、硫黄等)获得所需能源，以 CO_2 作为细胞碳源，也称自养型；后者靠分解有机物质(包括动植物残体及其排泄物和分泌物)来获得能量和营养，又称异养型。大多数已知的细菌是化能有机营养型的，即异养型生物，而光能无机营养型生物由高等植物、大多数的藻类、蓝细菌以及绿硫细菌等组成。细菌参与许多土壤生物化学过程，如有机质的矿质化与腐殖化、土壤养分的转化、生物固氮等。以下简要介绍一些土壤中常见的细菌。

①变形菌。是细菌中最大的一个门类，属革兰阴性细菌，其外膜主要由脂多糖组成。根据核糖体 RNA 序列，变形菌可分为 5 类，分别用 α、β、γ、δ、ε 命名。土壤中的变形菌在生物固氮、病虫害防治、污染物降解和土壤修复等领域有重要的利用价值，但其中的大肠杆菌和沙门菌等变形菌则对人类健康有着直接威胁。

②蓝细菌。含有叶绿素，能进行光合作用，属于光能无机营养型。蓝细菌具有单细胞和丝状体两种形态，曾被归为蓝(绿)藻，由于其具有原核特征现改称蓝细菌。蓝细菌适应性强，分布十分广泛，海水、淡水、荒漠、土壤及裸岩中均有分布，但最适宜在稻田或其他潮湿土壤中生活。现已知有 9 科 31 属蓝细菌中存在固氮种类。

③放线菌。是单细胞生物，经常密集分枝，外部形态类似真菌。放线菌广泛分布在土壤、堆肥、淤泥、淡水水体等各种自然生境中，而土壤中的数量及种类最多。每克土壤中的细胞数(孢子或菌丝片段)约 $10^4 \sim 10^6$ 个，大约90%属于链霉菌属，其次是诺卡菌属和小单孢菌属。放线菌最适宜生活在中性或偏碱性、通气良好的土壤中，对土壤有机质的分解和养分释放十分重要。它们能将纤维素、几丁质等抗分解能力非常强的物质以及磷脂降解为简单的物质，因而对堆肥过程中的养分转化具有重要作用。许多放线菌能产生抗生素，对土壤其他有害菌起拮抗作用。某些放线菌是植物的病原菌，如马铃薯疮痂病的病原菌——疮痂链霉菌(*Streptomyces scabies*)。

（2）古菌

古菌是具有独特基因结构或系统发育生物大分子序列的单细胞生物，主要包括泉古菌门、广古菌门和纳古菌门等。古菌最早发现于高热、高盐、缺氧的火山口、盐湖和大洋底部的高压热溢口等极端环境，代表着地球上生命的极限，被认为是最古老的生命体。近年来，人们采用分子生物学手段发现古菌也能在一些普通的环境中存活，在某些旱地土壤中甚至占微生物总数的10%左右。古菌在环境中分布的广泛性和数量的丰富性使其在全球的生物化学循环过程中发挥着不可忽视的作用。例如，氨氧化古菌(AOA)在氮循环中起关键作用，执行硝化作用的第一步——氨氧化作用；甲烷是重要的温室气体，其产生是微生物群落呼吸的最后一步，这一过程是由一组特定的古菌(即产甲烷古菌)完成的，并且作为有机物降解的最后一步在缺氧环境中进行，在地球元素的生物化学循环过程中起着重要作用。

3.1.1.2　真核生物

(1)真菌

真菌是真核生物，多呈丝状形态，因此土壤真菌很难用数量来定量，通常用单位面积生物量或菌丝长度来度量真菌。一般土壤中，每克土壤的菌丝体长度可达数百米。大部分土壤真菌以菌丝体、有性或无性孢子，存在厚垣孢子或菌核体。只有菌丝体状态具有相当强的代谢活性，而厚垣孢子或菌核阶段是休眠生存结构，具有很弱的活性，对土壤中的代谢作用不大。基于营养模式，土壤真菌可以分为两个主要的功能团：腐生真菌(分解有机残余物)和共生真菌(生活在具有互利、致病或寄生关系的寄主)。有的真菌是专性腐生或共生菌，另外一些是与营养供应有关的兼性真菌。

大多数陆地生态系统中的土壤真菌在营养循环过程有重要作用，尤其在森林土壤和酸性土壤中。真菌具有较强的纤维素和木质素降解能力，能将进入土壤的有机残体较彻底地分解。一般土壤 pH 值下降真菌的降解能力反而增强。真菌的菌丝直径为 $2\sim10$ μm，能对土壤微粒进行物理性固定，这对土壤团聚体的形成和稳定有重要作用。许多真菌是植物致病菌，会导致作物减产甚至死亡。某些真菌甚至能引起人类疾病，例如，粗球孢子菌(*Coccidiodes immitis*)能引起慢性肺炎(俗称山谷热)。

(2)藻类

藻类为单细胞或多细胞的真核原生生物，为优势水生生物，只有一小部分能够生活在陆地，如土壤、岩石、泥沙的表面或内部等。藻类为光合型微生物，因而主要分布在潮湿土壤表面。土壤中的藻类不及微生物总数的 1%，主要是单细胞绿藻和硅藻。藻类对于早期土壤的形成有重要作用，其通过光合作用、代谢产生并释放碳酸，对周围的矿物进行风化分解，如某些硅藻能分解高岭石将硅酸盐中的钾素释放。藻类还能分泌和排泄多糖，有助于形成团聚体，促进土壤结构形成。

(3)原生动物

原生动物是一类结构最简单、最低等的真核单细胞动物，是多样性和数量最多的土壤动物。一般每克土壤含有 $10^4\sim10^5$ 个原生动物。原生动物一般在潮湿、排水良好的土壤中繁衍，主要分布在表层土壤。当环境条件不良(如土壤变干或食物稀缺)时，可形成孢囊。土壤原生动物包括变形虫(靠伸缩伪足移动)、纤毛虫(靠舞动细胞表面短纤毛移动)和鞭毛虫(靠鞭毛移动)。鞭毛虫类数量最多，主要分布在森林的枯枝落叶层；其次是变形虫，通常能进入其他原生动物所不能到达的微小孔隙；纤毛虫类分布相对较少。原生动物以细菌、真菌和藻类为食。因此，原生动物可以维持各种土壤微生物间的动态平衡，促进物质循环和转化，有利于植物对矿质养分的吸收。

3.1.1.3　病毒

病毒是一类个体非常微小、结构简单，由蛋白质外壳包被的内部含有核酸(RNA 或DNA)分子构成的超显微非细胞生物。按照核酸的组成，病毒可划分为双链 DNA(dsDNA)、单链 DNA(ssDNA)、双链 RNA(dsRNA)、正单链 RNA(ssRNA+)和负单链 RNA(ssRNA-)。通常认为病毒不具有酶系统，不能够独立繁殖生活，其繁殖必须依赖寄主系统。在离体条件下，病毒能够以无生命的化学大分子状态长期存在并保持侵染活性。土壤病毒数量难以准确定量，但目前普遍认为土壤中病毒的数量可能比土壤细菌高 1~2 个数量级。病毒在土壤中的存在形式可大致归为 3 种：少部分病毒以游离状态存在于土壤溶液中；大部分病毒被吸附在土壤颗粒上；还有一部分是温和性噬菌体(lysogenic phage or temperate phage)，其基因组嵌在寄主基因组上，以溶原(prophage)状态存在于细胞内。

3.1.2　土壤动物

土壤动物指在土壤中度过全部或部分生活史的动物。根据生物的体宽将土壤动物划分小型动物、中型动物和大型动物。小型动物：体宽小于 0.1 mm，包括线虫和原生动物等。中型动物：体宽 0.1~2.0 mm，包括弹尾虫和螨类等。大型动物：体宽大于 2.0 mm，包括鼠类、蛙类、蛇类、昆虫类、蜘蛛类、蜈蚣类、蚯蚓类等。土壤动物的生命活动能疏松土壤，有助于土壤的通气和透水，有利于土壤有机质与矿物质充分混合，可以机械性粉碎有机残体，便于微生物的分解。另外，动物的排泄物也是土壤有机质的来源之一。以下简要介绍一些土壤中常见的土壤动物。

3.1.2.1　蚯蚓

蚯蚓属环节动物门寡毛纲，是研究最早和最多的土壤动物。蚯蚓体圆而细长，其长短、粗细因种类而异。世界范围内已报道的蚯蚓有 7000 多种。蚯蚓取食富含有机物的土壤颗粒，因而主要集中生活在表土层或枯枝落叶层。蚯蚓通过大量取食与排泄活动富集养分，促进土壤团粒结构的形成，并通过掘穴、穿行改善土壤的通透性，提高土壤肥力。蚯蚓被誉为"生态系统工程师"，其多样性和分布与土壤的健康状况密切相关。它们对环境的改变十分敏感，一旦环境压力过大，蚯蚓就会出现迁移或死亡，因此蚯蚓在土壤存在与否及其数量常被直接作为土壤健康评价的生物指标。

3.1.2.2　线虫

线虫属线形动物门线虫纲，在土壤中广泛存在，数量和种类繁多，是土壤中十分重要的动物类群。土壤线虫体截面 4~100 μm，长几毫米，移动能力强。线虫在湿润、有良好团聚结构或砂质土壤中大量存在。当土壤过于干燥时，线虫进入隐生期或休眠期。在半干旱牧场土壤中，线虫主要在雨后的最初几天内活动，降水会将它们从隐生状态下唤醒。

不同种类线虫的取食对象不同，有的以取食腐败的有机物为生，有的以捕食其他线虫、细菌、藻类、原生动物等为生，有的则以植物根细胞内含物和汁液为生。一般土壤中主要为前两类，例如，森林土壤中几乎所有的线虫是以土壤有机质为食。轻微的线虫感染几乎无处不在，却很少对宿主植物造成可观察到的影响。某些线虫特别是 *Heterodera* 属线虫可以侵染几乎所有的植物。侵染超过一定阈值后，常引起多种植物根部的线虫病。

3.1.3　植物根系

虽然植物根系体积通常只占土壤体积的1%，但其呼吸作用可占土壤呼吸的1/4~1/3。细根的直径为100~400 μm，而根毛的直径为10~50 μm，这与真菌的菌丝类似，因而在形态上可被认为是中型或微型生物。根系的生长与环境密切相关。例如，细根在局部富含养分的区域大量生长，而与土粒的接触和较低的养分含量则往往促进根毛的形成。当水分亏缺时，植物通常把更多的能量用于根系而不是地上部的生长，增大根冠比，以增加水分吸收并减少蒸腾损失。高等植物的根系生长可以富集土壤养分、疏松土壤以及促进土壤团粒结构形成。此外，植物残留于土壤中的根系对维持土壤有机质有重要作用。

3.2　土壤生物与环境

各地的自然环境条件(如气候、植被、土壤性质等)差异较大，不同种类土壤生物生长发育所需的生态因子也不尽相同，因而生态环境的差异必然对土壤生物数量和种群结构产生不同影响，从而使土壤生物在分布上呈现明显差异；环境条件的变化，能够影响微生物的生长繁殖，改变其代谢途径，还可引起微生物的遗传变异。

3.2.1　土壤生物的分布

3.2.1.1　土壤生物的地理分布

当前，对土壤生物多样性全球分布格局的研究正在逐步深入。早期有学者认为土壤生物多样性不存在一定的地理分布格局。20世纪90年代，土壤生态学家逐渐探索不同土壤生物类群及其生物多样性在大尺度上的分布格局，发现土壤生物多样性在大尺度上有非常明确的分布格局，但与植物和大型动物的分布格局有非常大的差异(植物地上部分和大型动物物种多样性的全球分布格局表现为：从高纬度带到低纬度带生物多样性有逐渐升高的趋势，并且在赤道附近的热带雨林具有最丰富的生物多样性)。例如，蚯蚓的物种丰富度在中纬度的温带地区达到最高；土壤线虫和螨类多样性的地理分布格局也表现为温带地区达到物种多样性的最高峰。土壤生物多样性的地理分布格局与土壤因素的关系更为密切，这与地上生物多样性全球地理分布格局的影响因素不同。Fiere et al. (2006)研究发现不同地理区域土壤微生物多样性受到土壤 pH 值的控制，土壤酸性越强、微生物多样性越低，而对应的植物多样性反而很高。

熊毅等(1987)对我国主要土壤(表土)进行的微生物数量调查结果表明，在有机质丰富的草甸土、黑土、磷质石灰土、一些森林土或植被茂盛的土壤中，微生物的数量较多，而在盐碱土和西北干旱、半干旱地区的栗钙土、棕钙土以及华中、华南地区的红壤、砖红壤中微生物数量少。

3.2.1.2　土壤生物的垂直分布

通常土壤动物具有明显的表聚特征，即随着土壤深度的增加，土壤动物的种类和数量递减。例如，原生动物在表土中最多，下层土壤中较少；线虫主要分布在有机质丰富的潮湿土层及植物根系周围。土壤动物的垂直分布受土壤类型的影响较大。不同土壤深度，由于土壤结构、湿度和有机质的差异性分布，导致土壤微生物在土壤剖面中呈现不均匀分布的状态。一般而言，土壤微生物主要聚集在土壤表层，随土壤深度增加逐渐减少，减少的程度因土壤剖面性状而异。土壤团聚体主要是由黏粒、微生物、植物残体和腐殖质构成的，是微生物在土壤中生活的重要微环境。团聚体内部和之间的水气状况差别很大，而且处于变动状态，因而不均匀地分布着不同活跃程度的各类微生物。由于根际分泌物的影响，在植物根系周围的微生物数量更多。此外，对于农业耕作的土壤，灌溉和施用有机肥料、无机肥料、农药等措施加剧了土壤的异质性和土壤中微生物分布的不均匀性，不同类群微生物的活性也处于动态变化之中。

海拔的梯度变化对土壤动物也有较大影响。土壤动物类群数量和个体数量和都与海拔呈负相关。王邵军等（2010）研究表明，土壤动物类群总数、总密度和多样性随海拔升高而逐渐减小。但也有学者认为土壤动物多样性在中等海拔最大，肖能文等（2009）通过对高黎贡山的研究发现，土壤动物多样性随海拔的升高呈现单峰格局，其原因是高黎贡山顶部海拔高、气温低，不利于土壤动物的生长，土壤动物种类和数量都较少。对土壤微生物多样性海拔分布格局的研究发现，土壤微生物海拔分布模式并不明确，表现为无趋势、下降、单峰或者下凹等多种海拔分布模式。例如，Singh et al.（2012a，2012b）指出在日本富士山，土壤微生物多样性在中等海拔最大；吴则焰等（2013）对中亚热带森林土壤微生物群落多样性进行了研究，结果表明，随着海拔上升，土壤微生物群落多样性逐渐下降。

3.2.2　土壤生物与植物的相互作用

土壤生态系统是土壤生物与非生物环境所构成的统一体系。土壤生物不仅在其生长发育过程中与其生存的环境相互作用，而且不同种类的土壤生物在土壤生态系统中的作用不同，在其生活过程中相互联系、相互影响。土壤生物间的相互作用形式复杂多样，主要包括竞争关系（如竞争养分等）、互生关系（如菌根中真菌帮助植物获取无机营养和水分）、共生关系（如根瘤菌与豆科植物）、拮抗关系（如一些链霉菌产生抗生素）、捕食关系（如个体较大的原生动物可以捕食细菌）和寄生关系（如利用苏云金芽孢杆菌防治松毛虫）。

（1）根际与根际效应

根际指受植物根系活动的影响，根系周围在物理、化学和生物学性质上不同于原土体的微域土区。根际与微生物群系共同构成的极复杂生态区系，是确保植物根系生长发育正常进行的场所，也是植物与外界环境进行物质与能量交换的主要场所。根际的范围很小，一般指距离根表数毫米的薄层土壤区域。植物对根际的影响不但存在于根系表面到土体土壤的径向方向上，而且从根基部到根尖的纵向方向上也存在。根际受植物种类、土壤性质等因素影响很大，因而根际范围并不固定。根际环境对微生物的影响一般称为根际效应，其产生的主要原因是根系能释放分泌物。

根系分泌物是指在特定环境下，植物通过根系的不同部位释放到根际环境中有机物质的总称。根系分泌物按种类可分为糖类、氨基酸类、有机酸、酚酸类、脂肪酸、甾醇类、蛋白质、生长因子和维生素、酶类、黄酮类等。根系分泌物的主要功能包括营养功能、促进植物营养吸收、保护功能等方面(表 3-1)。植物根系分泌作用主要受植物营养状况、根际微生物、植物种类和各种环境因素的影响。例如，不同植物种类其根分泌物不同，豆科植物的根分泌物中以可溶性含氮化合物为主，而禾本科植物则以碳水化合物为主。

表 3-1　根系分泌物的主要功能

	主要功能	物质成分
营养功能	为微生物生长提供碳、氮源	低分子量糖类、氨基酸、羧酸类
植物营养吸收	通过金属螯合提高对 Fe、Zn、Mn 的吸收	柠檬酸、草酸、苹果酸、酒石酸、植物铁载体
	通过还原作用提高对 Fe、Mn 的吸收	酚类、苹果酸、柠檬酸
	回收利用有机磷酯类中的 P 元素	根细胞分泌磷酸水解酶
	吸引固氮菌	类黄酮、苹果酸、植物黏液
	诱导共生固氮菌表达 *Nod* 基因和抗性相关基因，以抵御植物抗毒素	黄酮类、黄烷酮(衍生物)、异黄酮
	诱导形成菌根的信号物质	类黄酮、糖、氨基酸
	为菌根真菌提供碳源	转化酶
保护功能	通过配位缓解铝毒	柠檬酸、草酸、苹果酸、酚类、植物黏液、分泌蛋白
	响应重碳酸盐胁迫	苹果酸、柠檬酸
	保护根部分裂组织，提高根部与土壤的接触面积，提高土壤保水能力	植物黏液
	植物抗毒素，抵御病原菌、寄生植物、竞争者	苯醌、氢化奎宁、皂角苷、几丁质酶、根边缘细胞

"根际"的最初定义是由德国学者 Hiltner 于 1904 年提出，用来描述细菌与豆科植物根系之间的相互作用。由于根系分泌物的存在，大大促进了微生物的活动，使其在根际的数量远高于非根际区域。因而根际效应通常用根土比(R/S)来评价，R 为根际系统中微生物的数量，S 为非根际土壤中微生物的数量。R/S 越大，说明根际效应越大。大量研究表明，R/S 一般在 5~20，但植物种类和土壤类型的差异对 R/S 影响很大，甚至同一种植物在不同生长发育时期的 R/S 也不同。

植物根际微生物对植物生长的影响具有两重性，既可促进植物生长，也可对植物生长产生不利影响。据此可把植物根际微生物大致分为有益微生物和有害微生物。有益微生物主要有植物根际促生微生物(PGPR)和生防微生物(BCA)两种。研究表明，PGPR 的促生途径有生物固氮、溶磷作用、产生铁载体(嗜铁素)、产生促生物质、诱导抗性等；BCA 的作用机制主要有抗生作用、重寄生作用、空间竞争和营养竞争、诱导抗性等。有害微生物则可以引起植物病害或产生有毒物质，还可与植物竞争土壤溶液中的养分，从而对植物生长产生不利影响。

(2) 菌根

菌根是指某些土壤真菌和高等植物的根形成的联合体或共生体。这类能够侵染植物根系并与植物形成共生关系的真菌称为菌根真菌。能够被菌根真菌侵染的植物称为菌根植物。在菌根共生体中，植物为真菌提供生长所需的碳源和生长物质，而真菌则帮助植物更好地从土壤中吸收矿质营养元素和水分。植物为菌根共生体贡献其光合产物总量的 5%～30%，而植物也通过真菌菌丝延伸到距离侵染根 5～15 cm 的土壤中（进入小到连根毛也不能深入的孔隙）吸收养分和水分。

根据形态结构可以将菌根分为外生菌根、内生菌根和内外生菌根。

①外生菌根。多形成于乔木和灌木等木本植物。大多数菌根真菌是广性寄主真菌，能与多种植物形成外生菌根，只有少数为专性寄主真菌，只能与几种植物形成菌根。形成外生菌根的真菌主要是担子菌，其次是子囊菌，个别为接合菌和半知菌。外生菌根的主要特征是菌根真菌的菌丝在植物营养根的表面生长繁殖，并交织成套状结构包在根外，即菌套。由于真菌和寄主种类的不同，菌套的厚度差异很大，20～100 μm 不等。菌套的形成使营养根变得短而粗壮，前端膨大，替代了根毛的地位和作用，成为植物的吸收器官和贮藏养分的器官。外生菌根的另一个显著特征是菌套内层的菌丝穿过根的表皮进入皮层组织并在外皮层细胞间蔓延，将细胞逐个包围起来，形成致密的网状结构，即哈蒂氏网。哈蒂氏网构成了真菌与寄主间的巨大接触面，有利于双方进行物质交换。

②内生菌根。是真菌菌丝不仅能够侵入植物根系皮层细胞间隙，而且能够侵入细胞壁与细胞原生质膜直接接触，进行物质和信息交换的一类菌根。内生菌根主要是内囊霉科的部分真菌，其菌丝能在根细胞内形成泡囊和丛枝结构，称为泡囊丛枝状菌根（vesicular-arbuscular mycorrhiza，VAM）。研究发现，某些植物与真菌共生后并不形成泡囊，因而改称为丛枝菌根（arbuscular mycorrhiza，AM）。绝大多数的种子植物（如小麦、玉米、棉花、烟草、大豆、马铃薯、苹果、柑橘、葡萄等）均能形成丛枝菌根。此外，内生菌根还有一些特殊亚型，如杜鹃花科植物菌根和兰科植物菌根等。

③内外生菌根。是指一些与菌根真菌有共生关系的、专一性较弱的植物同时被外生菌根真菌和内生菌根真菌侵染，在同一寄主植物根系上，甚至同一条根上形成两种不同类型的菌根共生现象。桉属、杨属、相思树属、木麻黄属、柏木属、刺柏属、椴树属和榆属等林木都能同时形成内外生菌根。

（3）根瘤

根瘤是微生物与植物根系联合的一种形式，分为豆科根瘤和非豆科根瘤。与豆科植物结瘤的共生固氮细菌统称根瘤菌。根瘤菌是一类革兰阴性细菌，隶属原核生物细菌域变形杆菌门下的 α-变形杆菌纲和 β-变形杆菌纲。非豆科植物根瘤中的内生菌主要是放线菌，少数是细菌或藻类。其中放线菌为弗兰克菌属，目前已发现有 9 科 20 多属 200 多种豆科植物能被弗兰克菌属放线菌侵染结瘤。桤木属、杨梅属、木麻黄属植物可与放线菌形成根瘤，沙棘属、胡颓子属植物可与细菌形成根瘤，具有固氮能力。

（4）地衣

地衣是真菌与藻类或蓝细菌结合形成的一种独特的共生体，二者交织形成单一的菌体或不可分割的整体。地衣型真菌大多属于子囊菌门，少数为担子菌门。地衣型真菌是指那些只能与相应的藻类或蓝细菌共生时才能存活于自然界的真菌。目前已知地衣超过19 000 种，隶属 115 科 955 属。每一个共生群落都是由一种地衣型真菌作为建群种和一种相应的藻类或蓝细菌作为伴生种所组成；个别物种还伴有衣瘿蓝细菌；该共生群落中有时还伴有生长在地衣体外表的外生真菌、生长在地衣体内的内生真菌，有时还有附生在地衣体外的其他地衣作为偶见种。显然地衣是一群地衣型真菌与相应藻类或蓝细菌稳定的胞外共生群落，但是其中作为建群种的地衣型真菌的学名才是地衣的学名。地衣适应性强，从南北极到赤道、从高山到沙漠、从森林到海滩均有分布，根据其附着基物的不同可划分为土生地衣、石生地衣、树皮地衣等各种类群。地衣在土壤发生的早期起着重要作用。

3.2.3　环境对土壤微生物的影响

(1)土壤通气状况

土壤通气状况直接影响土壤空气的氧分压和氧化还原电位。根据微生物与氧的关系可将微生物粗分为不同类群(表3-2)。大多数土壤微生物是好氧的，因而土壤中微生物活性最强的区域是在土表以下几厘米处(氧分压高且土壤含水量适宜)。由矿物质、有机质和土壤生物等固相以及气相和液相所组成的土壤，是地球上异质性极明显的自然体，具有层次性差异和复杂的内部结构。而在人为耕作的影响下土壤的异质性特征尤为显著，因而土壤存在着各种类型的微生物群落。在一定的条件下某些微生物类群活跃起来，另一些类群则可能受到抑制而数量暂时下降。例如，结构良好、通气的旱作土壤中有较丰富的好氧性微生物，而当土壤施用大量新鲜有机物质时，则是厌氧微生物占优势。

表3-2　氧气与微生物的关系

微生物类群		氧气对微生物的影响
好氧微生物	专性好氧菌	需要氧才能生活
	兼性好氧菌/兼性厌氧菌	以有氧生长为主，也可无氧生长
	微好氧菌	只能在低氧分压(1.01~3.04 kPa)下生长
厌氧微生物	耐氧性厌氧菌	不需氧，有氧可以生活
	专性厌氧菌	氧有毒害，或有致死作用

注：改引自周德庆，2020。

(2)温度

温度是影响微生物生长和代谢最重要的环境因素之一。自然界中每一种微生物的生长都要求一定的温度范围，不同微生物的适生温度范围不同。例如，一些生活在土壤中的芽孢杆菌，它们属宽温微生物(15~65 ℃)；而专性寄生在人体泌尿生殖道中的淋病奈瑟氏球菌(*Neisseria gonorrhoeae*)则是窄温微生物(36~40 ℃)。通常把影响微生物生长的温度因素划分为生长温度三基点(three cardinal point)，即最低生长温度、最适生长温度和最高生长温度这3个重要指标。根据微生物的最适生长温度范围，通常把微生物划分为低温型、中温型和高温型3种类型(表3-3)。微生物在一定的温度下生长，当温度高于最高生长温度时，微生物停止生长和代谢，直至死亡；低温效应则有所不同，只是暂时使其停止活动。除某些嗜冷种类外，大多数会在温度低于3 ℃后停止活动，该温度有时也被称为生物学零度。因此，高温对微生物的致死作用被广泛用于消毒灭菌，而低温则常用于保存菌种。

表 3-3　微生物的生长温度及其分布

类　型		生长温度三基点(℃)			生　境
		最低生长温度	最适生长温度	最高生长温度	
低温型	专性嗜冷	<0	≈15	<20	极地或大洋深处
	兼性嗜冷	≈0	20~30	35	海水、冷藏箱、寒冷地带冻土
中温型	—	≈0	25~40	50	哺乳动物生活的地方、表土的耕作层
高温型	嗜热	30	45~60	70	温泉、堆肥和表土层
	极端嗜热	30	80~90	>100	热泉、地热喷口、海底火山、热带表土层

注：改引自沈萍等，2016。

(3) 水分

水是微生物细胞的主要组分，也是其生命活动的基础。水分对土壤微生物的影响不仅受土壤含水量影响，更取决于土壤水分的有效性。微生物生长环境中水的有效性常以水活度(A_W)表示。水活度是指在一定的温度压力下，溶液的蒸气压(p)和同样条件下纯水蒸气压(p_0)之比，即 $A_W = p/p_0$。纯水的活度为 1.00，当溶质溶解在水中，分子间的引力增大，冰点下降，沸点上升，蒸气压下降，A_W 变小。土壤中的水并不是纯水而是含有溶质的稀薄溶液，因而其活度为 0.90~1.00。微生物生长所要求的 A_W 值一般为 0.60~0.99，因而土壤中的水满足大多数微生物生长的需要，但不同微生物的生长有不同的适宜范围和最适 A_W 值。细菌最适生长的 A_W 值比酵母菌、霉菌的最适 A_W 值高，一般为 0.94~0.99；大多数酵母菌生长的最适 A_W 值为 0.88~0.94；霉菌能在比细菌和酵母更低的 A_W 值下生长，A_W 值通常为 0.73~0.94，若 A_W 值低于 0.64，任何霉菌均不能生长。

一般微生物只有在水活度适宜的环境中才能进行正常的生命活动，但随着菌体的生长及环境条件的改变，其对 A_W 值的要求会有所不同。例如，魏氏梭状芽孢杆菌在芽孢发芽和生长繁殖时，要求 A_W 值在 0.96 以上，而芽孢形成的最适 A_W 值为 0.993，A_W 值低于 0.97 则芽孢无法形成。

微生物正常生长时，细胞内的溶质浓度比细胞外的溶质浓度高，因而水分能够通过质膜进入细胞内，但细胞壁的保护作用可使细胞免于因水分的无限流入造成质膜破裂。当微生物处于溶质浓度高的高渗环境时，如盐碱土壤，即使环境中有大量水分存在也无法进入细胞，反而会失去水分，严重时造成质壁分离，甚至导致死亡(即生理干燥)。某些微生物不仅能忍受高渗环境，而且适宜在这种条件下生活，称为嗜渗菌(osmophile)或嗜盐菌(halophile)。

(4) 酸碱度

酸碱度是影响微生物生活和繁殖的另一重要环境因子。整体来说，微生物生长的 pH 值范围极广，从 pH 值 1.0~11.0 范围内都有微生物生活，但绝大多数微生物的生长 pH 值范围为 4.0~9.0，这也是多数土壤的 pH 值范围。少数要求极低 pH 值和极高 pH 值的微生物分别被称为嗜酸菌(acidophile)和嗜碱菌(alkalinophile)。与温度的三基点相似，每种微生物的生长也存在最低、最适和最高 3 个数值(表 3-4)。低于或高出这个范围，微生物的生长就被抑制。

表 3-4　不同微生物生长的 pH 值范围

微生物	pH 值		
	最低	最适	最高
一般放线菌	5.0	7.0~8.0	10.0
一般酵母菌	2.5	3.8~6.0	8.0
一般霉菌	1.5	4.0~5.8	7.0~11.0
大豆根瘤菌	4.2	6.8~7.0	11.0
枯草芽孢杆菌	4.5	6.0~7.5	8.5

注：改引自周德庆，2020。

不同种类的微生物不仅有其生长最适的 pH 值，而且同一种微生物在其不同生长阶段和不同生理、生化过程中也有不同的最适 pH 值要求。例如，丙酮丁醇梭菌(*Clostridium acetobutylicum*)在 pH 值为 5.5~7.0 时以菌体生长繁殖为主，而在 pH 值 4.3~5.3 范围内才进行丙酮、丁醇发酵。

虽然微生物外环境的 pH 值变化很大，但细胞内环境中的 pH 值却相当稳定，一般都接近中性，避免了 DNA、ATP、菌绿素和叶绿素等重要成分被酸破坏或 RNA、磷脂类等被碱破坏。微生物的生命活动过程也能改变环境 pH 值，这是由于微生物新陈代谢过程中分泌酸性或碱性产物的缘故，因而在配制培养基时往往需要加入缓冲剂，以维持培养基的 pH 值稳定。

3.3　土壤生物与土壤肥力及环境修复

3.3.1　土壤生物与有机质转化

土壤生物既是有机质的来源，也是有机质的分解者和转化者。在植物代谢过程中，根系向周围土体释放的各种分泌物是土壤有机质的重要来源，同时根系本身作为有机质也是土壤重要的有机来源。土壤动物在有机物分解和碳氮循环中起着重要作用。蚯蚓是影响土壤碳源或碳汇的重要因素，主要通过两种方式影响土壤的有机碳动态：①刺激土壤微生物活性和生物量，加速土壤有机碳矿化，产生 CO_2；②促进团聚体的形成，提高有机质的稳定性。研究发现，蚯蚓活动可提高养分有效性并影响光合产物在植物—土壤系统中的分配，提高土壤有机质含量。土壤动物(如蚯蚓、蚂蚁、跳虫、螨类、原生动物等)可以将新鲜的或半分解的植物残体进行转运，分解纤维素以及木质素等并将它们粉碎作为食物，并以粪便颗粒形态将残体分散。在土壤动物作用下，粗大有机残体被动物消化后逐步变为细小的有机质，进而提供给微生物进行分解转化。土壤微生物通过取食和分解植物残体来获得生命活动所需的能量和养分，同时也可以进行有机质的再合成和积累。微生物死亡后体内的有机养分矿化释放并返回土壤。作为微生物代谢的副产物，有些微生物新合成的化合物可以稳定土壤结构，另一些则可以形成腐殖质。细菌、古菌和真菌吸收它们分解的有机物质中的部分 N、P 和 S，养分中多余的部分则被微生物本身或被取食它们的线虫和原生动物等以无机形态排放到土壤溶液中。通过以上过程，土壤生物将固定的有机态 N、P 和

S 转化为能被高等植物再次吸收利用的矿质形态。

3.3.2　土壤生物与土壤结构

土壤中植物根系的生长、动物活动以及微生物的代谢和界面反应等都在不同程度影响着土壤结构的形成：一方面根系本身具有穿插、切割和挤压作用，有利于大块状结构的分离和团聚；另一方面根系可以产生分泌物，这些分泌物可以作为胶结物质与土壤颗粒形成团聚体。土壤动物影响土壤结构的形成有直接作用和间接作用：直接作用主要来自动物的掘穴、有机残体的再分配以及排泄的沉积等；间接作用是由于动物的行为改变了土壤中水分的运动、颗粒的胶结以及物质的运输，从而导致土壤结构发生变化。大型土壤动物（如蚯蚓、蚂蚁）等可以通过取食、掘穴、排泄和搬运等活动提高土壤的孔隙度、渗透性，降低容重，形成团粒结构。蚯蚓的运动形成蚓道，这种过程可以将蚓粪等富含营养的有机物质与无机的土壤矿物颗粒充分混合，从而稳定土壤有机质并形成土壤团聚体，增加土壤孔隙度进而改善土壤的通透性。中型土壤动物（如线蚓、螨类和弹尾虫）通过排泄物的作用加速土壤腐殖质的形成或通过对微生物群落结构改善土壤结构。小型土壤动物（如线虫、原生虫等）主要通过调节微生物的有机酸和菌丝的产生进而影响土壤结构中团聚体的形成。研究表明，土壤中有规则的椭圆、卵圆及长圆形结构的形成与蚯蚓的数量和活动密切相关，这些结构体具备疏松多孔、水稳性强以及有机无机复合等特点，有利于提升土壤肥力。

微生物是土壤团聚体形成必不可少的因素。土壤微生物可以通过自身的生理活动，参与和促进疏松多孔土壤结构的形成。一方面，土壤微生物通过分解有机质和辅助形成大分子物质来参与土壤结构的改善，微生物代谢产生的胞外聚合物及合成作用产生的腐殖质对土壤颗粒具有很强的黏结作用。细菌参与土壤团聚体形成的作用主要依靠其产生的具有黏性的胞外多糖，通过氢键与土壤矿物或有机质颗粒连接。另一方面，微生物细胞本身带有负电荷，可通过静电引力作用与土壤颗粒黏附在一起。此外，土壤真菌和放线菌的菌丝体穿入土壤团聚体内，对土壤颗粒进行机械缠绕，成为团聚体结构稳定的因素之一。一般而言，细菌对大团聚体（macroaggregates）和微团聚体（microaggregates）的形成都有明显的促进作用，而直径大于 250 μm 大团聚体的形成主要归功于真菌。

3.3.3　土壤生物与养分循环

许多微生物菌群参与土壤氮、磷等养分循环。大气中的氮不能被植物直接利用，需要经过微生物固氮作用才能转化为有效氮。现已发现 100 多个属中具有原核生物固氮菌种，可通过固氮作用提高氮素有效性，土壤中固氮微生物可分为自生固氮菌、共生固氮菌和联合固氮菌三大类。共生固氮是指固氮菌与植物共生条件下将大气中分子态氮转化成化合态氮，可占生物固氮量的 1/2，是生物固氮的主要形式。共生固氮菌包括根瘤菌、放线菌以及蓝藻等。土壤中氮素的转化大都是在微生物的参与下进行的，如氨氧化古菌、硝化细菌以及亚硝化细菌等参与土壤有机氮素的分解矿化以及硝化过程，提高土壤植物有效态氮素含量。随着分子生物学及相关技术的快速发展，对于氮循环功能微生物的研究已经深入到基因水平，如氮固定的 $nifH$ 基因，氨化作用的 $glnA$ 基因，硝化作用的 $amoA$ 基因，反硝化作用的 $nirK$ 和 $nirS$ 等基因，以及异化氮还原 $napA$、$nrfA$ 基因等。土壤中溶磷菌可以将难溶性的磷化合物转化为可被植物直接吸收的磷。目前报道的溶磷细菌有假单胞菌属(*Pseudomonas*)、芽孢杆菌属(*Bacillus*)、伯克氏菌属(*Burkholderia*)、节杆菌属(*Arthrobacter*)等;溶磷真菌主要包括青霉菌(*Penicillium*)、木霉菌(*Trichoderma*)等;而溶磷放线菌大多数是链霉菌属(*Streptamyces*)。土壤钾元素主要存在于长石类和云母类矿物中,不易溶解,不能被植物直接吸收,土壤中有些微生物能够分解硅酸盐矿物释放钾素,包括芽孢杆菌、假单胞菌、曲霉、毛霉以及青霉中的一些产酸种。同样,铁、锰等微量营养元素的有效性在很大程度上也受土壤产酸微生物溶解作用的影响。

3.3.4　土壤生物与环境修复

(1)土壤动物在污染土壤修复中的作用

土壤动物修复是在人为或自然条件下利用土壤动物及其肠道微生物在污染土壤中生长、繁殖和间作等活动中破碎、分解、消化和富集污染物,从而降低或消除污染物。目前,土壤动物主要用于修复重金属污染土壤,其中研究最多的是蚯蚓。蚯蚓在重金属污染修复中有两个作用:一是可以通过自身的吸收富集重金属,从而降低土壤重金属含量。研究认为,当蚯蚓处于重金属环境中时,可将重金属固定在消化道的泡囊中,同时通过体内蛋白质与重金属结合以富集重金属,降低重金属毒性。二是蚯蚓可以通过自身活动提高土壤重金属的生物有效性,使这些重金属可以更好地被超富集植物吸收,提高植物修复效率。另外,某些种类的弹尾虫在一定程度上可以耐受重金属。它们可以通过改变形态或形成复合物来吸收污染物和降低毒性。土壤动物除了自身的生物强化修复作用外,其体外和体内能携带大量的微生物,与土壤动物一起参与污染物降解以及迁移转化等。近年来,动物肠道微生物对重金属迁移转化的作用得到了广泛的关注。

在有机污染修复方面,土壤动物处于陆地生态底层,对农药、石油等有机污染物具有富集和转化作用。土壤有机污染物可以进入土壤动物的肠道,在其中分解代谢并被这些动物吸收从而降解土壤中的有机物。土壤动物体内携带的微生物在有机污染物降解中发挥重要作用。例如,蚯蚓肠道内微生物数量较多、活性相对较高,同时富含多种酶,这些生物酶与肠道微生物协同作用于污染物,使其降解转化。蚯蚓、甲螨、线虫等土壤动物对农药具有明显的富集作用。土壤动物还可以通过改善土壤理化性质间接促进有机污染物的降解。蚯蚓的各类生命活动能够改变土壤结构、pH 值、湿度、氧气含量、营养成分可利用性及微生物的数量和活性,如蚯蚓的掘穴行为可改善土壤的通气性,提高穴壁含氧量,加速好氧微生物的碳循环和呼吸速率,有利于有机污染物的好氧降解。蚯蚓对土壤 pH 值和水分的调节作用也在一定程度上促进有机污染物的降解。

(2)土壤微生物的环境修复作用

土壤微生物可通过吸附、沉淀、配位、浸出、转化等机制来钝化重金属活性。环境中的细菌、真菌等微生物本身会与重金属发生离子交换、细胞表面配位作用等,也可以通过分泌胞外聚合物(多糖、脂类、蛋白质等)的方式吸附活性和配位重金属离子,起到固定作用。微生物还可以通过氧化还原或者甲基化作用,降低变价重金属(铬、汞、砷等)的毒性,微生物还可以通过甲基化作用将无机砷挥发,从而降低土壤中砷的毒性。微生物成矿是自然界普遍存在的一种现象,土壤中的碳酸盐矿化菌、硫酸盐还原菌、磷酸盐矿化菌等可通过诱导成矿的方式，将土壤中的重金属离子转化为碳酸盐、硫化物、磷酸盐矿物沉淀，从而降低土壤中可利用重金属的浓度。微生物还可以强化超富集植物修复重金属污染土壤。研究表明，微生物可通过分泌有机酸、铁载体、球囊霉素等物质，溶解或配位土壤中某些较稳定的重金属形态，提高重金属活性和植物对重金属的吸收能力。微生物还可以通过改善土壤物理结构，提高土壤养分，促进植物生长，防控病虫害等机制来间接提高植物修复重金属污染土壤的效率。近年来，一些耐性微生物(如 *Rhizobium leguminosarum*、*Enterobacter* sp. JYX7、*Bacillus pumilus* E2S2、*Pseudomonas* sp. Lk9 等)被报道用于植物—微生物联合修复。

微生物降解被认为是清除土壤中有机污染物的主要方式。微生物可以利用土壤中的有机物为碳源，以满足自身生长、繁殖、代谢的需要，同时将土壤中的有机污染物降解为 CO_2、水或某些简单的小分子醇、酸，从而达到修复土壤的目的。常见的可以降解有机污染物的微生物有细菌(假单胞菌、芽孢杆菌、黄杆菌、产碱菌、不动杆菌、红球菌和棒状杆菌等)、真菌(曲霉菌、青霉菌、根霉菌、木霉菌、白腐菌和毛霉菌等)和放线菌(诺卡氏菌、链霉菌等)。微生物对有机污染物的降解需要在合适环境下进行，如适宜的 pH 值、温度、水分条件以及可利用的营养物等，条件不适合将会影响微生物修复效率和程度。一般情况下，土著微生物很难降解外源的有机污染物，需要向土壤中引入外源的特别是一些人工驯化的工程菌种来实现高效修复。实际上，自然界中有机污染物的降解大多是由微生物菌群介导，不同微生物群落可以产生共代谢作用，协同降解污染物。此外，微生物驱动的有机污染物降解还可以耦合铁还原、硝酸盐还原、硫酸盐还原以及产甲烷过程等，影响着土壤中元素的生物地球化学循环。

3.4　土壤酶及其活性

3.4.1　土壤酶的来源及其存在形态

土壤酶是土壤中生物体内、体外酶的总称，是一类具有催化作用和特殊活性的蛋白质，主要来自微生物、植物根系和土壤动物。微生物分泌的酶是土壤酶的主要来源，几乎包括了所有与土壤中物质生物转化有关的酶类。植物根与许多微生物一样能分泌胞外酶，并能刺激微生物分泌酶，但微小动物对土壤酶的贡献十分有限。目前认为，进入土壤中的酶有 3 种存在状态：①土壤微生物细胞内部的酶；②与土壤胶体稳定结合的细胞外酶；③土壤溶液中呈游离状态的细胞外酶。

土壤酶既是土壤的组分之一，又是存在于土壤中的生物催化剂，是影响土壤新陈代谢的重要因素。土壤酶的活性反映了土壤中进行的各种生物化学过程的强度和方向，是土壤的属性之一，可以作为评价土壤肥力水平的重要辅助指标。

土壤组分对酶活性有较强的保护作用。目前，从土壤中提取酶有许多方法，如改变 pH 值、缓冲剂处理、硫酸铵沉淀、搅拌、离子交换等，但任何方法只能提取出一部分包含有限酶活性的腐殖质复合物，均不能从提取物中将有活性的酶蛋白与其结合的糖类分开。Burns(1982)指出，出现这种情况并不奇怪，因为固定在土壤中的酶有惊人的稳定性，这些酶与腐殖质的复合体能有效抵御传统方法的提取及纯化。

3.4.2 土壤酶的种类

在目前已知存在于生物体内的近 2000 种酶中，已发现有 50 多种酶在土壤里积累。1961年，国际酶学委员会根据酶所催化的反应类型和机理，把酶分为六大类，即氧化还原酶、转移酶、水解酶、裂合酶、异构酶和连接酶，与土壤肥力密切相关的主要是前四类(表 3-5)。氧化还原酶参与氮素、硫素、铁、锰氧化物以及各种有机物的氧化还原过程，它们总是以质子的接受体或给予体而催化物质的反应，在一些重要的过程中有着决定性的作用。转移酶主要是对多糖的转化产生单糖的催化反应，如葡聚糖蔗糖酶、果聚糖蔗糖酶、氨基转移酶、硫氰酸酶等，其催化产物基本上能直接被微生物利用。水解酶包括许多复杂的和难分解的物质，如纤维素、植酸、果胶、葡聚糖、蛋白质等的水解酶，水解产物多为植物和微生物的直接营养，对土壤中的碳氮循环有重要作用。裂合酶指催化一种化合物分解为两种化合物或两种化合物合成为一种化合物的酶类，如天冬氨酸脱羧酶裂解天冬氨酸为 β-丙氨酸和 CO_2。

表 3-5　土壤中常见的酶类及作用

分　类	土壤酶	作　用
氧化还原酶	脱氢酶(dehydrogenase)	促进有机物脱氢，催化氢的转移
	硝酸盐还原酶(nitrate reductase)	催化 NO_3^- 转化为 NO_2^-
	亚硝酸盐还原酶(nitrite reductase)	催化 NO_2^- 转化为 $NH_2(OH)$
	硫酸盐还原酶(sulfate reductase)	促进 SO_4^{2-} 转化为 SO_3^{2-}，再转化为硫化物
	羟胺还原酶(hydramine reductase)	催化羟胺转化为氨
	过氧化物酶(peroxidase)	催化 H_2O_2、氧化酚类、胺类转化为醌
	过氧化氢酶(catalase)	催化 H_2O_2 生成 O_2 和 H_2O
	葡萄糖氧化酶(glucose oxidase)	氧化葡萄糖成葡萄糖酸
	尿酸氧化酶(urate oxidase)	催化尿酸为尿囊素
	抗坏血酸氧化酶(ascorbate oxidase)	将抗坏血酸氧化为脱氢抗坏血酸
转移酶	葡聚糖蔗糖酶(dextransucrase)	进行糖基转移
	果聚糖蔗糖酶(levansucrase)	进行糖基转移
	氨基转移酶(aminotransferase)	进行氨基转移
	硫氰酸酶(rhodanase)	转移硫氰酸根(CNS^-)
水解酶	磷酸酯酶(phosphatase)	水解磷酸酯，产磷酸和其他
	脂酶(lipase)	水解甘油三酯，产甘油和脂肪酸
	核酸酶(nuclease)	水解核酸，产磷酸和其他
	植酸酶(phytase)	消解植素，生成磷酸和肌醇
	淀粉酶(amylase)	水解淀粉，生成葡萄糖
	纤维素酶(cellulase)	水解纤维素，生成纤维二糖
	木聚糖酶(xylanase)	水解木聚糖，生成木糖
	葡聚糖酶(dextranase)	水解葡聚糖，生成葡萄糖

(续)

分 类	土壤酶	作 用
水解酶	果聚糖酶(levonase)	水解果聚糖,生成果糖
	蔗糖酶或转化酶(invertase)	水解蔗糖,生成葡萄糖和果糖
	蛋白酶(protease)	水解蛋白质,生成多肽和氨基酸
	天冬酰胺酶(asparaginase)	水解天冬酰胺,生成天冬氨酸和氨
	谷氨酰胺酶(glutaminase)	水解谷氨酰胺,生成谷氨酸和氨
	脲酶(urease)	水解尿素,生成 CO_2 和氨
裂合酶	天冬氨酸脱羧酶(aspartate decarboxylase)	裂解天冬氨酸为 β-丙氨酸和 CO_2
	谷氨酸脱羧酶(glutamate decarboxylase)	裂解谷氨酸为 γ-氨基丙酸和 CO_2
	芳香族氨基酸脱羧酶(aromatic amino acid decarboxylase)	裂解芳香族氨基酸,如裂解色氨酸生成色胺

注:改引自吕贻忠等,2006。

3.4.3 土壤酶的作用

(1)在有机质转化中的作用

土壤有机质矿化过程中的每一步都是在各种酶的催化下进行的,如木聚糖酶、转化酶、纤维素酶等催化碳键断裂,土壤氧化酶类参与木质素的降解,酚的氧化是酚氧化酶类(过氧化物酶、漆酶)作用的结果。土壤腐殖质是在土壤酶的作用下将土壤有机质和有机残体进行转化的生物化学过程。腐殖质可看作是芳香化合物、氨基酸和肽的多缩和多聚产物,这种缩合和聚合过程需要土壤氧化酶的参与。

(2)在碳、氮、磷等元素的生物地球化学循环中的作用

进入土壤和积累在土壤中的碳水化合物是在各种糖类水解酶作用下参与碳素循环的。土壤中葡萄糖的水解是在纤维素酶复合体的多酶系统的不同酶作用下,经若干个阶段进行的。淀粉、蔗糖的水解是在淀粉酶和蔗糖酶的作用下进行的。土壤酶参与氮的元素循环,如植物枯枝落叶中复杂的氮聚合物在蛋白酶、氨肽酶、氨基酸氧化酶及转氨酶等一系列土壤酶的催化作用下,分解为多肽、氨基酸,最后转化为可被植物吸收利用的无机态氮(NH_4^+ 和 NO_3^-)。进入土壤或积累在土壤中的含磷化合物在土壤磷酸酶的作用下参与磷素循环。

(3)在保持土壤生物化学平衡中的作用

当土壤因施入有机物质和肥料导致生物化学平衡遭受破坏时,由于土壤酶活性的迅速增强,使进入土壤的有机物质特别是易分解有机物质很快遭到分解,土壤得以回到平衡状态。当土壤受到农药、重金属、工业废弃物、石油等污染时,大部分的废弃物质和农药等土壤污染物质能被酶催化分解。谢慧等(2016)研究发现杀虫剂哌虫啶施入土壤后对土壤脱氢酶活性具有显著的激活作用,而对脲酶、酸性磷酸酶、碱性磷酸酶表现为抑制作用。

3.4.4 土壤酶活性的影响因素

(1)土壤物理性质

影响土壤酶活性的土壤物理性质包括:①土壤质地。质地黏重的土壤比轻质土壤的酶

活性强。②土壤结构。小团聚体的土壤结构酶活性较大团聚体的强。③土壤水分。渍水条件降低转化酶的活性，但能提高脱氢酶的活性。④温度。适宜温度下酶活性随温度升高而加强。

(2)土壤化学性质

影响土壤酶活性的土壤化学性质包括：①土壤有机质含量和组成及有机矿质复合体组成、特性决定着土壤酶的稳定性。②土壤 pH 值。脲酶在中性土壤中活性最高，而脱氢酶在碱性土壤中活性最高，但土壤中的磷酸酶则不同，因其有酸性、中性和碱性磷酸酶之分，故而在酸性、中性和碱性土中都可检测到磷酸酶的最高活性。脲酶在中性土壤中活性最高，而脱氢酶在碱性土壤中活性最大。③某些化学物质的抑制作用。许多重金属、非金属离子、有机化合物包括杀虫剂、杀菌剂均对土壤酶活性有抑制作用。

(3)耕作管理

合理的耕作制度能提高土壤酶活性，促进养分转化。水田免耕可增强土壤酶活性，特别是以脲酶的活性增加最多。实行轮作和连作对土壤酶活性的影响是不同的。通常轮作有利于土壤酶活性的增强，连作常引起土壤酶活性的减弱。但轮作和连作土壤酶活性还受到种植作物的生物学特征、土壤的物理化学性质、施肥制度等因素的影响。Ovsepyan et al.（2020）研究表明，莫斯科落叶林区弃耕地自然恢复 35 年后，在从农田到天然林的演替过程中，由于植物凋落物中有机化合物的多样性增大和抗逆性增强，使土壤总酶活性增大了 5 倍。

土壤灌溉增加脱氢酶、磷酸酶的活性，但降低转化酶的活性。施用矿质肥料对酶活性的影响有增有降，有些则无影响，因土壤性质和酶的种类不同而异。例如，硝酸铵的施用能降低土壤过氧化氢酶、天冬酰胺酶和脲酶的活性，而硝酸钾则能在某种程度上提高天冬酰胺酶和脲酶的活性。有机物料对土壤酶活性也有明显的影响，如麦秸、马粪、牛粪的施用能提高土壤蔗糖酶、脲酶、碱性磷酸酶、中性磷酸酶和过氧化氢酶的活性，并且随着有机物料的种类和施用方式不同而有所差异。

(4)土壤环境质量

当土壤受到农药、重金属污染时，土壤酶的活性会被抑制或减弱。刘树庆等（1996）研究表明，土壤脲酶和过氧化氢酶活性随土壤铅、镉含量的降低而明显降低。Duan et al.（2018）研究指出过氧化氢酶和蔗糖酶对铅、锌及镉污染最为敏感。因此土壤酶活性可用来判断土壤受到重金属污染的程度。

思考题

1. 从形态学角度，土壤生物可以分为哪些类型？
2. 土壤微生物包括哪些类型？它们对土壤有何作用？
3. 什么是根际和根际效应？
4. 根据形态结构特征可把土壤中的菌根划分为哪些类型？
5. 土壤酶的来源有哪些？其主要存在形态是怎样的？
6. 土壤生物在环境修复中有何作用？

第4章

土壤孔性、结构性和耕性

【内容提要】重点介绍土粒密度和土壤容重的概念及应用；土壤孔隙的类型、作用及土壤孔隙度的计算；土壤结构的类型、团粒结构与土壤肥力的关系，土壤团粒结构的形成与创造途径；土壤物理机械性与耕性的关系。

土壤孔性、结构性和耕性是土壤的重要物理性质，常因自然因素和人为因素的影响而改变，是研究土壤肥力、培肥土壤首先考虑的土壤基本性质。

4.1 土壤孔性

土壤孔性是土壤的重要物理性质。土壤孔隙是容纳水分和空气的空间，关系着土壤水、气、热的流通和贮存以及对植物的供应，同时对土壤养分也有多方面的影响。土壤孔性的变化取决于土粒密度和土壤容重。

4.1.1 土粒密度和土壤容重

(1)土粒密度

土粒密度是指单位容积(不包括土粒间孔隙容积)土粒的质量。土粒密度取决于各种矿物和腐殖质的密度和含量(表 4-1)。除了腐殖质含量较高的土壤或泥炭土之外，绝大多数土粒密度为 2.6~2.7 g/cm³，因而常以平均值 2.65 g/cm³ 作为上粒密度。如含铁、锰较多的红壤，其土粒密度可达 2.75~2.80 g/cm³；富含腐殖质的黑土、黑钙土、菜园土，其土粒密度则为 2.50~2.56 g/cm³。同一土类，通常表土有机质含量较高，故土粒密度常随土层深度增加而增大。

表 4-1　土壤中常见组分的密度

矿物种类	密度(g/cm³)	矿物种类	密度(g/cm³)
石 英	2.60~2.68	赤铁矿	4.90~5.30
正长石	2.54~2.57	磁铁矿	5.03~5.18
斜长石	2.62~2.76	三水铝石	2.30~2.40

(续)

矿物种类	密度(g/cm³)	矿物种类	密度(g/cm³)
白云母	2.77~2.88	高岭石	2.61~2.68
黑云母	2.70~3.10	蒙脱石	2.53~2.74
角闪石	2.85~3.57	伊利石	2.60~2.90
辉　石	3.15~3.90	腐殖质	1.40~1.80
纤铁矿	3.60~4.10		

注：引自徐建明，2019。

(2)土壤容重

土壤容重是指单位容积(包括土壤孔隙在内)原状土壤的干重，单位为 g/cm³ 或 t/m³。其含义是单位容积内的干土粒的质量与总容积之比。总容积包括固体土粒和孔隙的容积，其大于固体土粒的容积，因此土壤容重必然小于土粒密度。土壤容重与土壤孔隙度呈负相关，即土壤容重越小，土壤孔隙越大，土壤就越疏松多孔。土壤容重可以直接反映土壤的孔隙状况和松紧情况，是表征土壤松紧度的数量指标。土壤容重一般为 1.00~1.71 g/cm³，旱地耕作层的土壤容重为 1.1~1.3 g/cm³。土壤容重是一个十分重要的参数，在实际工作中有以下用途。

①判断土壤的松紧程度。容重可用来表示土壤的松紧程度，疏松或有团粒结构的土壤容重小，紧实板结的土壤容重大。降水、灌水及重力的影响使土壤塌实，土粒密集，容重增大，而耕作、施有机肥等管理措施使容重减小。一般土壤随深度增加，容重逐渐增大。

②计算土壤质量和各组分的含量。如 1 hm² 土壤的面积(10 000 m²)，测得土壤容重为 1.15 t/m³，耕作层厚度为 0.2 m，则其土壤重量为：

$$10\ 000 \times 0.2 \times 1.15 \approx 2250\ t$$

即每公顷耕作层土壤的质量为 225×10^4 kg。

根据土壤容重可以计算单位面积土壤的水分、有机质、养分和盐分的含量，并以此作为灌溉排水、养分和盐分平衡计算和施肥的依据。如上例土壤耕作层现有土壤含水量 5%，要求灌溉后含水量达 25%，则每公顷的灌水定额为：

$$2250\ t \times (25\% - 5\%) = 450\ t$$

又如上例耕作层土壤的全氮量为 0.05%，则土壤耕作层含氮量为：

$$2\ 250\ 000 \times 0.05\% = 1125\ kg$$

③计算土壤固、液、气三相容积比例。用于反映土壤自身调节肥力因素的功能。

$$固相 = 1 - (总)孔隙度(\%) = 1 - (1 - 容重/土粒密度) \times 100\% \tag{4-1}$$

$$液相 = 土壤含水量(\%) \times 容重 \tag{4-2}$$

$$气相 = (总)孔隙度(\%) - 液相[容积含水量(\%)] \tag{4-3}$$

④将土壤某些以重(质)量为基础的数据换算为以容积为基础，反之亦可。

$$土壤容积热容量 = 土壤重(质)量热容量 \times 容重 \tag{4-4}$$

$$土壤容积含水量 = 土壤重(质)量含水量 \times 容重 \tag{4-5}$$

4.1.2　土壤孔隙的数量与类型

土壤是由固、液、气三相构成的多孔分散体系。土粒之间存在的粒间孔隙称为土壤孔隙。土壤孔隙是土壤中物质和能量贮存和交换的场所，既是众多土壤动物和微生物活动的地方，也是植物根系伸展并从土壤中获取水分和养料的场所。土壤孔隙的数量越多，水分和空气的容量就越大。土壤孔隙状况通常包括总孔隙度(孔隙总量)和孔隙类型(孔隙大小及比例，又称为孔径分布)两个指标。前者决定土壤气、液两相总量，后者决定气、液两相所占比例。

(1) 土壤孔隙的数量

土壤孔隙的数量一般用孔隙度(简称孔度)表示。孔隙度指单位土壤容积内孔隙所占的百分数，表示土壤中各种大小孔隙度的总和。计算方法如下：

$$土壤孔隙度(\%) = 1 - \frac{容重}{土粒密度} \times 100 \tag{4-6}$$

土壤孔隙度一般为 30%~60%。对农业生产来说，土壤孔隙度以 50% 或稍大于 50% 为好。土壤孔隙的数量也可以用土壤孔隙比来表示。它是土壤中孔隙容积与土粒容积的比值。其值以为 1 或稍大于 1 为好。

$$土壤孔隙比 = \frac{孔隙度}{1-孔隙度} \tag{4-7}$$

(2) 土壤孔隙的类型

土壤孔隙度或孔隙比只说明土壤孔隙"量"的问题，并不能说明孔隙"质"的差别。为了解孔隙"质"的状况，可以根据当量孔径进行分级。由于土壤孔隙的形状和连通情况极其复杂，孔径变化多样，难以直接测定。土壤学中的孔隙直径是指与一定土壤水吸力相当的孔径，称为当量孔径或有效孔径。它与孔隙的形状及其均匀性无关。土壤水吸力与当量孔径的关系按下式计算：

$$d = \frac{3}{T} \tag{4-8}$$

式中　d——当量孔径，mm；

T——土壤水吸力，mbar 或 cmH_2O。

当量孔径与土壤水吸力呈反比，孔隙越小土壤水吸力越大。一般根据当量孔径大小及其作用将土壤孔隙分为非活性孔隙、毛管孔隙和非毛管孔隙。

①非活性孔隙(无效孔隙)。当量孔径小于 0.002 mm，土壤水吸力在 1.5 bar(1.5×10^5 Pa)以上。在这种孔隙中，水分被土粒紧紧吸附，不易移动，同时植物的根系和根毛难以入内，供水性极差；微生物也极难入内，其中的腐殖质很难分解可长期保存。因此，非活性孔隙又称为无效孔隙。

②毛管孔隙。是指土壤中毛管水所占据的孔隙，其当量孔径为 0.020~0.002 mm，土壤水吸力为 150 mbar~1.5 bar(1.5×10^4~1.5×10^5 Pa)。植物细根、原生动物和真菌等也难进入毛管孔隙，但植物根毛和一些细菌可在其中活动，其中保存的水分可被植物吸收利用。

③非毛管孔隙。这种孔隙比较粗大，其当量孔径大于 0.02 mm，土壤水吸力小于 150 mbar(1.5×10^4 Pa)。这种孔隙中的水分主要受重力支配而排出，不具有毛管作用，成为空气流

动的通道，所以称为非毛管孔隙或通气孔隙。

通气孔按其直径又可分为粗孔(直径大于 0.2 mm)和中孔(0.20~0.02 mm)两种。前者排水速率快，多种作物的细根能伸入其中；后者排水速率不如前者，植物的细根不能进入，常见的只是一些植物的根毛和某些真菌的菌丝体。

按照土壤中各级孔隙所占的容积，其孔隙度计算如下：

$$非活性孔隙度(\%)=\frac{非活性孔容积}{土壤总容积}\times100 \tag{4-9}$$

$$毛管孔隙度(\%)=\frac{毛管孔容积}{土壤总容积}\times100 \tag{4-10}$$

$$非毛管孔隙度(\%)=\frac{非毛管孔容积}{土壤总容积}\times100 \tag{4-11}$$

$$总孔隙度(\%)=非活性孔隙度+毛管孔隙度+非毛管孔隙度 \tag{4-12}$$

如果已知土壤的田间持水量和凋萎含水量，则土壤的毛管孔隙度按下式计算：

$$非活性孔隙度(\%)=凋萎含水量\%\times容重 \tag{4-13}$$

$$毛管孔隙度(\%)=(田间持水量\%-凋萎含水量\%)\times容重 \tag{4-14}$$

一般旱作土壤总孔隙度应为 50%~56%，非毛管孔隙度(即通气孔隙)>10%，大小孔隙比在 1:(2~4)较适宜作物正常生长。因此，在评价其生产意义时，孔径分布比孔隙度更为重要。

4.1.3 影响土壤孔隙状况的因素

在田间状态下，由于自然和人为因素的作用土壤孔隙状况经常变化。就土壤本身性质而言，其基本理化性质(土壤质地、土粒排列方式、结构、有机质含量以及土壤的松紧状况等)均可引起孔隙状况的改变。

(1)土壤质地

质地轻的土壤以非毛管孔隙为主，数量少，如砂质土壤的总孔隙度为 30%~40%。质地重的土壤，以非活性孔隙和毛管孔隙为主，数量大，如黏土的总孔隙度高达 50%~60%。壤质土居中，大小孔隙搭配适宜，总孔隙度为 40%~50%。

(2)土粒排列方式

土粒排列方式对土壤孔隙度有较大影响。假定全部土粒都是大小相等的球体(图4-1)，当土粒呈疏松排列时孔隙度高(47.64%)，呈紧密排列时则孔隙度低(25.95%)。

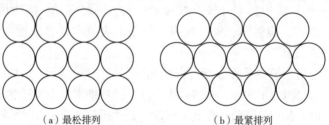

(a) 最松排列　　　　　　　(b) 最紧排列

图 4-1　理想土壤的土粒排列方式

(徐建明，2019)

然而，土壤中土粒排列和孔隙状况远较理想土壤复杂得多。粗细不同的土粒，一是排列方式不同，并且常是相互镶嵌的，在粗土粒的孔隙中又镶嵌着细土粒；二是土团、根孔、虫孔以及裂隙的存在使土壤孔隙系统更加复杂。因此，要真实、全面地反映各种大小、形状的孔隙的分布及连通情况，是很难做到的。

(3) 土壤结构

团粒结构多的土壤疏松多孔，孔隙度也相应增大(有的可达 60% ~ 70%)。其他结构体含量多的土壤，如片状结构的犁底层，质地黏重呈块状和柱状结构的底土、心土层一般非毛管孔隙数量减少而非活性孔隙数量增加。

(4) 土壤有机质含量

有机物质本身疏松多孔，又是团聚体的胶结剂，因此，有机质含量越高，土壤总孔隙度越高。

(5) 外部因素

灌溉、降水、镇压等往往使土壤塌实，增加土壤容重，使土壤孔隙度降低；而耕作和施用有机肥可以调节土壤松紧度，增加土壤孔隙度。

4.1.4　土壤孔隙状况与土壤肥力和植物生长

(1) 土壤孔隙状况与土壤肥力

土壤孔隙状况影响土壤通气性。土壤疏松时保水透水性强，而紧实的土壤蓄水少，渗水慢，在多雨季节易产生地面积水和地表径流；而在干旱季节，由于土壤疏松则易通风跑墒，不利于水分保蓄。土壤孔隙状况影响土壤水气含量，进而影响土壤保肥供肥性及土壤温度，最终影响土壤肥力水平。

(2) 土壤孔隙状况与作物生长

一般说来，适于作物生长发育的土壤孔性，在土壤耕作层上部(0 ~ 15 cm)的孔隙度约为 55%(非毛管孔隙度 15% ~ 20%)；下部(15 ~ 30 cm)的孔隙度为 50%(非毛管孔隙 10% 左右)。上部有利于通气透水和种子的发芽、出土；下部则有利于保水和根系扎稳。在心土层，也应保持一定数量的大孔隙，便于促进根系深扎，增强微生物活性和养分转化，以扩大植物营养范围。在多雨潮湿季节，土体下部有适量大孔隙可增强排水性能。

在过于紧实的黏重土壤中，种子发芽与幼苗出土均较困难，出苗迟于疏松土壤 1 ~ 2 d，特别是播种后遇雨，土表结壳，幼苗出土更为困难，往往造成缺苗断垄。土块过多、孔隙过大的土壤，植物根系往往不能与土壤紧密接触，吸收肥水困难，作物幼苗往往因下层土壤深陷将根拉断，出现"吊死"现象。有时由于土质过松，植物扎根不稳，容易倒伏。

4.2　土壤结构性

4.2.1　土壤结构体与结构性

自然界中土壤固体颗粒很少完全呈单粒状态存在。在内外因素的综合作用下，土粒相互团聚成大小、形状和性质不同的团聚体，这种团聚体称为土壤结构体。土壤结构性是指土壤中结构体的形状、大小及其排列情况及相应的孔隙状况等综合特性。

土壤的结构性影响土壤的水、肥、气、热状况，从而在很大程度上反映了土壤肥力水平。结构性与耕作性质也有密切关系，所以它是土壤的一种重要物理性质。

4.2.2　土壤结构体的类型

土壤结构体类型的划分主要根据结构体的形状和大小，不同结构体具有不同的特性。土壤中常见的结构体有以下几种类型(图4-2)。

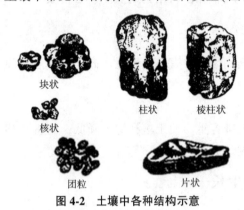

块状　　核状　　柱状　棱柱状　团粒　片状

图4-2　土壤中各种结构示意

(林大仪等, 2011)

(1)块状结构和核状结构

块状结构边面与棱角不明显。按其大小，又可分为大块状结构轴长大于5 cm，北方俗称"坷垃"，块状结构轴长3~5 cm和碎块状结构轴长0.5~3.0 cm。这类结构在土质黏重、缺乏有机质的表土中常见。

核状结构的边面棱角分明，较块状小，大的直径10~20 mm，小的直径5~10 mm，俗称"蒜瓣土"。核状结构一般多以石灰和铁质作为胶结剂，在结构上往往有胶膜出现，具有水稳性，在黏重而缺乏有机质的心土和底土中较多。

(2)片状结构

片状结构体为相对薄的、水平层状或盘状的结构体，在土壤的表层和下层均可存在。其中，结构体间呈水平裂开，成层排列，内部结构紧实，厚度较大的(3~5 mm)称为板结，多出现在质地较黏，粉砂粒较多(中壤以上)的土壤表层；厚度较薄(1~2 mm)的称为结皮，常出现在砂壤至轻壤质地的土壤表层。片状结构均为流水沉积作用所致，故多出现在冲积性土壤中。降水、灌水后所形成的地表结壳和板结层也属于片状结构。

另一种片状结构常出现在耕作历史较长的水稻土和长期耕深不变的旱地土壤中。由于长期耕作受压，使土粒黏结成坚实紧密的薄土片，成层排列，这就是通常所说的犁底层，也称卧土。旱地犁底层过厚，影响植物根系的下扎和上下层水、气、热的交换以及对下层养分的利用，而水稻土的具有一定透水率的犁底层可起到减少水分渗漏和托水托肥的作用。

(3)柱状和棱柱状结构

棱角不明显的称为柱状结构，俗称"立土""竖土"；棱角明显的称为棱柱状结构。它们大多出现在质地黏重的底土层、心土层和柱状碱土的碱化层。这种结构体大小不一，坚硬紧实，内部非毛管孔隙占优势，外表常有铁铝胶膜包被，根系难以伸入，通气不良，微生物活动微弱。结构体之间常出现大裂缝，造成漏水漏肥。

(4)团粒结构

团粒结构是指在腐殖质的作用下形成直径0.25~10 mm、近似球形较疏松多孔的小土团，称为团粒；直径小于0.25 mm的称为微团粒。近年来，有人将直径小于0.005 mm的复合黏粒称为黏团。

团粒结构一般在耕作层含量较高，俗称"蚂蚁蛋""米椮子"。团粒结构的数量和质量在一定程度上反映了土壤的肥力水平。在团粒结构发达的土壤中，具有多级孔隙。团粒之间排列疏松，多为非毛管孔隙，而团粒内部微团粒之间及微团粒内部则为毛管孔隙。团粒越大，总孔隙度越大，通气孔也越大(图 4-3)。当土壤中粒径为 1~3 mm 的水稳性团粒结构体较多时，其大小孔隙比最符合干旱地区种植业的最适要求，而冷湿地区则以粒径为 10 mm 的团粒

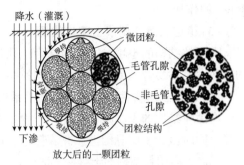

图 4-3　团粒结构与土壤孔隙状况示意
(陆欣等，2011)

较多时更适合当地植物生产。同时，因团粒结构具有一定稳定性，故可使其良好的孔隙状况得以保持。

微团粒结构体对于调节土壤肥力有重要意义。首先，它是形成团粒结构的基础，在自然状态下，土粒与土粒相互联结成黏团，黏团再次团聚成微团粒，微团粒进一步团聚成团粒。其次，微团粒在水稻土耕作层大量存在，我国南方地区俗称"蚕砂土"，泡水不散、土肥相融，有利于水稻分蘖。因此，微团粒结构是评价水稻土肥力和熟化程度的重要指标。

在上述几种结构体中，块状、片状、柱状结构体按其性质、作用均属于不良结构体。团粒结构体才是适于农业生产的结构体，属于良好的土壤结构体。

4.2.3　团粒结构与土壤肥力

(1)调节土壤水分与空气的矛盾

团粒结构多的土壤孔隙度高且非毛管孔隙多，土壤透水通气能力强，可以大量接纳降水和灌溉水。当降水或灌溉时，水分通过非毛管孔隙很快进入土壤，当水分经过团粒附近时，能较快地渗入团粒内部的毛管孔隙并得以保蓄，使团粒内部充满水分，多余的水继续下渗湿润下面的土层，从而减缓了地表径流对土壤造成的冲刷、侵蚀。当降水或灌溉停止后，水分通过团粒间大孔隙迅速下渗，外面的空气补充进去，团粒间的大孔隙多充满空气。而团粒内部小孔、毛管孔隙多，吸水力强，水分进入快并得以保持，并因水势差而源源不断地供给植物根系吸收利用。这样使土壤中既有充足的空气，又有足够的水分，解决了土壤中水气之间的矛盾。

同时，具有团粒结构的土壤可使进入土壤中的水分蒸发大大减弱。这是因为团粒间的毛管通路较少，而且干后表面团粒收缩，体积缩小，与下面的团粒切断了联系，成为一层隔离层或保护层，使下层水分不能通过毛管作用上升至表层而消耗。由此可见，有团粒结构的土壤不但存蓄的水分多，而且蒸发少，能起一个"小水库"的作用，耐旱抗涝的能力强。

(2)协调土壤养分的消耗和积累的矛盾

有团粒结构的土壤，其团粒之间的大孔隙充满空气，有充足的氧气供给，好氧微生物活动旺盛，有机质分解快，养分转化迅速，可供作物吸收利用。而团粒内部水多气少，厌氧微生物活动旺盛，有机质分解缓慢，养分得以保存。有团粒结构的土壤，养分由外层向内层逐渐释放，不断地供作物吸收，从而避免了养分流失，起到了一个"小肥

料库"的作用。

(3)稳定土温，调节土壤热状况

有团粒结构的土壤，团粒内部为小孔隙，毛管孔隙数量多，保持的水分较多。由于水的比热大，不易升温或降温，因而团粒结构起到了稳定和调节土壤温度的作用。

(4)改善土壤耕性和有利于作物根系伸展

有团粒结构的土壤疏松多孔，作物根系伸展阻力较小，团粒内部又有利于根系固着和支撑。同时该类土壤黏结性、黏着性小，可大大减少耕作阻力，提高耕作效率和质量。

总之，有团粒结构的土壤松紧适度，通气透水，保水、保肥、保温，扎根条件良好，土壤的水、肥、气、热比较协调，能满足作物生长发育的要求，从而有利于实现高产、稳产。

4.2.4 团粒结构的形成

土壤团粒结构的形成大体上分为两个阶段：第一阶段是由单粒凝聚成复粒；第二阶段则是由复粒相互黏结，团聚成微团粒、团粒。

4.2.4.1 土粒的黏聚

(1)胶体的凝聚作用

土壤胶体的凝聚作用是指分散在土壤溶液中的胶粒通过互相凝聚而从介质中析出的过程。带负电荷的黏粒与阳离子相遇，因电性中和而凝聚。

(2)水膜的黏结作用

在湿润的土壤中，黏粒表面带负电荷，可以吸附极性水分子，使之定向排列，形成一层水膜。离黏粒表面越近的水分子定向排列程度越高，排列越紧密。当黏粒相互靠近时，水膜为相邻土粒共有，黏粒之间通过水膜联结在一起。

(3)胶结作用

土壤中的胶结物质种类很多，归纳起来可分为以下 3 类。

①简单的无机胶体。主要有 $Fe_2O_3 \cdot H_2O$、$Al_2O_3 \cdot H_2O$、$SiO_2 \cdot H_2O$ 和 $MnO_2 \cdot H_2O$。它们往往呈胶膜形态包被于土粒表面。当它们由溶胶转变为凝胶时，使土粒靠近胶结在一起，再经干燥脱水之后，由于凝胶凝结具有不可逆性，因而由此形成的结构体具有相当程度的水稳性。

②有机胶体。在有机物质参与下形成的团粒质量较好，具有水稳性和多孔性。能使土粒、黏团、微团粒相互团聚的有机物质种类很多，但胶结机理各不相同，如腐殖质、多糖类、蛋白质和木质素等，许多微生物的分泌物和真菌的菌丝也有团聚作用。在这些物质中，最重要的是腐殖质和多糖类。

③黏粒。黏粒本身粒径小，具有很大的内、外表面，它在团粒形成过程中也起着一定的作用。除了砂质、黏粒非常缺乏的土壤，团粒结构的团聚过程都始于黏粒絮凝成微小的土块或絮状物。黏粒一般带有负电荷，它们通过吸附阳离子，在具有偶极水分子的胁迫下，把土粒联结在一起。当水分减少后，原来被水分子联结的土块土垡崩裂成小土团。这种胶结所成的团粒很不稳定，遇水或在外力作用下容易遭到破坏。另外，不同种类的黏粒矿物胶结力也不一样，如蒙脱石的胶结能力比高岭石和水化云母强。

4.2.4.2　成型动力

(1)干湿交替作用

周期性的湿润和干燥可使土壤体积膨胀和收缩。干旱土体各部分和各种胶体脱水程度及速率不同，引起干缩程度不一致，致使土壤沿着黏结力薄弱之处裂开，破碎成小土团。土壤吸水时，水分进入小孔隙，使封闭于孔隙内的空气压缩；空气承受一定压力后便发生爆破，使土块崩解成小土团。

(2)冻融交替作用

水结冰后体积将增大 9%，会向四周产生一定的挤压力。土壤孔隙的孔径越小，其中的水结冰的温度越低。在大气降温时，大孔隙中的水先结冰形成冰晶，附近小孔隙中的水向冰晶移动，使冰晶体积增大，对四周产生挤压力，破碎土块形成大小不等的土团。另外，冻结可使胶体脱水凝聚，有助于团粒的形成。

(3)生物作用

生物作用包括土壤动物、微生物的活动及植物根系伸展产生的穿插挤压作用。植物有巨大的根系，其在生长过程中，从四面八方穿入土体，对土壤产生分割和挤压作用。另外，根系的分泌物及其死亡分解后所形成的新鲜多糖和腐殖质能够团聚土粒，形成稳定的团粒。土壤中掘土动物(如蚯蚓、鼠类)的活动也会增加土壤裂隙，蚯蚓的粪便就是一种很好的团粒。

(4)土壤耕作

适当的土壤耕作有利于土壤团粒结构的形成。①耕作结合耙、耱等措施可以疏松土壤和碎土，破除土表结皮和板结，有利于形成暂时的非水稳性团粒结构。②耕作结合施肥，特别是将有机肥与土粒充分混匀，使土肥相融，有利于发挥有机胶结剂的作用，形成良好的水稳性团粒结构。

影响土壤团粒结构形成及分布特征的因素较多(图 4-4)，包括自然因素(如风化作用以及气候、植被、地形等)、土壤本身特性(如土壤物理、化学和生物性质)和人为因素(如耕作、施肥、灌溉等管理措施)。因此，土壤团粒结构存在较明显的空间变异特征。

4.2.5　土壤结构的改善

农作物的生长、发育及高产稳产都需要一个良好的结构状况，使土壤能达到保水保肥、同时能及时排水通气，进而调节水气矛盾，协调水肥供应，并有利于作物根系在土体中穿插等。大多数农田土壤的团粒结构，因受到耕作、施肥、灌溉等农业措施影响容易遭到破坏。因此，想要保持和恢复良好的土壤结构状况，就必须进行合理的土壤结构管理。根据团粒结构的形成过程及条件，农业生产中常采用的改善与恢复措施有以下 5 种。

(1)精耕细作，增施有机肥

我国北方地区的夏耕晒垡、冬耕冻垡，南方地区的犁冬晒白等，体现的都是通过耕犁加上干湿、冻融交替从而促进团粒结构形成的耕作经验。雨后中耕破除地表板结，春旱季节采取耙、耱、镇压，消除大坷垃等，同样也是创造团粒结构的有效方法。耕作结合施肥、中耕等措施，使表层土壤松散，虽然形成的小团粒是非水稳性的，但也会起到调节孔

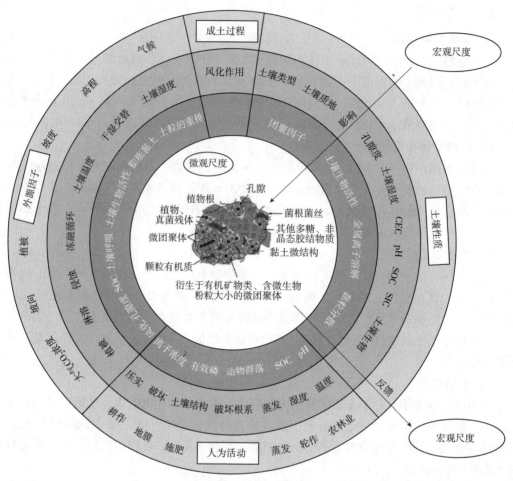

图 4-4　不同尺度下的团聚体影响因素

(叶露萍等，2019)

性的作用。耕作结合分层增施有机肥料，做到土肥相融，不断增加土壤中的有机胶结物质，对促使水稳性团粒的形成具有重要意义。但是，长期耕作会导致有机质矿化损失，从而降低土壤团粒结构的稳定性。土壤耕作(尤其是含水量较高时)也会直接破碎土壤团粒结构，导致土壤因大孔隙数量少时有出现黏闭现象。

另外，对于大多数温带土壤，团粒结构的形成和稳定性主要受土壤有机质的影响。在团聚化过程中，土壤矿物颗粒(粉粒和细砂粒)被大量未分解的植物残渣和其他有机物质包裹腐解过程产生的复杂有机聚合物通过化学过程与硅酸盐黏土矿物和铁(铝)氧化物颗粒结合。这些复合体使黏粒进入黏团中，黏团作为介质又将单个土壤颗粒黏结在一起，形成水稳性团聚体。

(2) 合理的轮作倒茬

合理的轮作倒茬对培育和恢复团粒结构有良好的影响。一般来讲，一年生或多年生的禾本科或豆科作物生长健壮、根系发达，都能促进土壤团粒的形成。多年生牧草每年提供土壤的蛋白质、碳水化合物及其他胶结物质比一年生作物多、作用大(表 4-2)，且牧草作物能产生大量有利于团粒结构形成的细根。

表 4-2　多年生牧草对阿尔泰黑钙土耕作层结构恢复的影响

农　地	不同大小的水稳性团聚体含量(%)		
	>1 mm	0.25~1 mm	<0.25 mm
古老耕地	23.6	44.5	31.9
2 年生三叶草+猫尾草	51.9	33.2	14.9
2 年生苜蓿+猫尾草	53.0	32.6	14.4
古老耕地	22.2	43.2	34.7
2 年生苜蓿	40.6	32.8	26.6

注：引自熊顺贵，2001。

(3)合理灌溉、晒垡、冻垡

灌水方式对土壤结构影响很大。大水漫灌时的水流冲击力大，容易破坏土壤结构并使土壤板结；沟灌、喷灌或地下灌溉效果较好。灌后要适时中耕松土，防止板结，有助于恢复土壤结构。

晒垡、冻垡充分利用干湿交替与冻融交替，既可促使土块散碎，又有利于胶体的凝聚和脱水。在此基础上进行精细整地，更能使土壤结构得到改善。

(4)改良土壤酸碱性

酸性土中有过多的 Fe^{3+}、Al^{3+}、H^+，能使土壤胶结成大块。土壤过碱，Na^+过多，会使土壤胶体分散，不易凝聚，不利于团粒结构的形成。酸性土施用石灰，有利于改善土壤酸化；碱性土壤施用石膏，可以降低土壤 pH 值，为土壤提供足够的电解质(阳离子和阴离子)，促进絮凝作用并抑制团粒结构分散，形成稳定团粒结构，进而防止土壤结皮，改良土壤结构。

(5)应用土壤结构改良剂

土壤结构改良剂有两类：一类是天然的土壤结构改良剂，是从植物残体和泥炭等物质中提炼出来的。近年来，我国广泛推广的腐殖酸肥料就是一种很好的结构改良剂，各地可以就地取材，利用当地的褐煤、风化煤、泥炭资源生产腐殖酸铵肥料。另一类是人工合成的土壤结构改良剂，这种物质是人工合成的高分子化合物，称为土壤结构改良剂。目前已试用的有：水解聚丙烯腈钠盐、乙酸乙烯酯、顺丁烯二酸共聚物的钙盐等。它们能团聚土粒是由于能溶于水，施入土壤后与土粒相互作用，转变为不溶态并吸附在土粒表面，黏结土粒成为水稳性团粒结构。这些人工合成改良剂价格昂贵，操作复杂，还难以推广应用。

4.3　土壤耕性

土壤耕作是土壤管理的主要技术措施之一，其目的是通过调节和改良土壤的物理机械性，以利植物根系的生长，促进土壤肥力的恢复和提高。

4.3.1　土壤耕性的含义

土壤耕性是指土壤在耕作过程中反映的特性，是土壤物理机械性的综合表现和耕作后的外在形态表现。土壤耕性的好坏一般表现在以下3个方面：

①耕作难易。指土壤在耕作时对农机具产生的阻力。不同土壤的耕作阻力不同，砂土耕作阻力小、省力、省油、费工少，而黏土则相反。

②耕作质量。指耕作后土壤表现的状态及其对作物生长发育产生的影响。耕性不良的土壤，不但耕作费力，而且耕后形成大坷垃、大土垡，对种子发芽、幼苗出土及生长很不利，称为耕作质量差。耕性良好的土壤，耕作阻力小，耕后土壤疏松、细碎、平整，利于出苗、扎根、保墒、通气和养分转化等，称为耕作质量好。

③适耕期。指最适于耕作时土壤含水量范围的宽窄或适宜耕作时间的长短，即耕作时对土壤水分要求的严格程度。砂土和有团粒结构的壤质土，雨后或灌水后宜耕期长，对土壤墒情要求不严格，表现为"干好耕，湿好耕，不干不湿更好耕"。耕性不良的土壤宜耕期短，黏重的土壤宜耕期只有1~2 d或更短；一旦错过宜耕期耕作就很困难，耕作阻力大且耕后质量差。这种耕期短的土壤俗称"时辰土"，表现为"早上软，中午硬，晚上耕不动"。由此可见，掌握宜耕期进行耕作是保证耕作质量的关键。

4.3.2　土壤的物理机械性

土壤的物理机械性是指土壤在外力作用下产生的一系列动力学特性的总称，包括黏结性、黏着性、可塑性、胀缩性，以及受其他受外力作用(农机具的切割、穿透和压板等作用)发生形变的性质。

(1)黏结性

土壤黏结性指土粒与土粒之间由于分子引力而相互黏结的性质。土壤黏结性的强弱可用单位面积上的黏结力表示，单位为g/cm^2。土壤黏结力包括不同来源和土粒本身的内在力。范德华力、库仑力、水膜的表面张力等物理引力，还有氢键作用力、化学键能以及各种化学胶结剂作用等，都属于黏结力的范围，但对于大多数矿质土壤来说，起黏结作用的力主要是范德华力。

影响土壤黏结性的因素主要是土壤比表面、土壤含水量和土壤可塑性。

①土壤比表面。黏结性的强弱首先取决于土壤比表面，比表面越大，土壤的黏结力越强，反之则小。而影响土壤比表面的因素有土壤质地、黏粒矿物的数量和种类、有机质含量、交换性阳离子组成以及土粒团聚化程度等。土壤质地越黏重，黏粒含量越高，尤其是2:1型黏粒矿物的含量越高，交换性钠离子所占的比例越大，土壤的黏结性就越强。土粒团聚化程度高的土壤，土粒彼此的接触面小，所以有团粒结构的土壤其黏结性较弱。腐殖质含量多的土壤，其黏结性较弱。

②土壤含水量。当土壤干燥时，土粒间的水膜变薄，土粒相互靠近，黏结力增强。质地黏重的土壤含水量减少时，随干燥过程，其黏结性逐渐增强。在砂性土壤中，因黏粒含量低，比表面也小，黏结力很弱。完全干燥的砂土无黏结性。

土壤由干变湿，处于充水过程。完全干燥和分散的土粒，彼此间在常压下不表现黏结性。加入少量水后开始显出黏结性，这是由于水膜的黏结作用。当水分连续在土粒接触点处出现接触点水的弯月面时，黏结力达最大值。此后，随含水量增加，水膜不断加厚，土粒间的距离不断增大，黏结力则越来越弱。图4-5中的曲线 C 表明，一种黏土由分散的干燥状态逐渐加水时，黏结力在一开始时迅速上升，而在含水量 15% 左右时达到最大值，以后又下降。

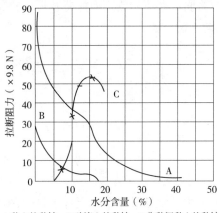

A.黏土的黏结；B.砂壤土的黏结；C.非黏闭黏土的黏结。

图 4-5　土壤水分含量与黏结力的关系
（徐建明，2019）

土壤由湿变干，把土壤加水调匀，使土粒间的水膜均匀分布，加水后使土粒间的水膜增厚到一定程度，黏结力由弱以至消失。然后，让土壤逐渐干燥，随土粒间水膜不断变薄，黏结力随之增强。当干燥到一定程度，空气进入其中，土粒开始收缩、相互靠近，并在范德华力作用下相互黏结。黏重的土壤在一定含水量范围内随干燥过程黏结力急剧增强，但在砂质土壤中，由于黏粒含量低，比表面小，黏结力很弱。图 4-5 中 A 线代表黏质土，B 线代表砂质土，它们的黏结力随含水量减少而增强。

（2）黏着性

土壤黏着性指在一定含水量条件下，土粒黏附于外物（农机具）的性能。土粒与外物间的吸引力是由土粒表面的水膜与外物接触产生的。黏着力也以 g/cm^2 表示。黏着性的机理与黏结性一样，凡影响比表面的因素也同样影响黏着性，如土壤质地、有机质含量、结构、交换性阳离子数量和类型、水分含量以及外物的性质等（表 4-3）。

表 4-3　土壤质地与黏着性的关系

土壤类型	土壤与铁的黏着力（g/cm^2）	土壤与木材的黏着力（g/cm^2）
黏　土	13.5	14.6
壤黏土	5.3	5.7
砂　土	1.9	2.2

注：引自熊顺贵，2001。

当土壤质地等条件相近时，水分含量是影响土壤黏着性的主要因素。原因是当水分含量很少时，水分子全为土粒所吸附，主要表现为土粒间的水膜拉力（即黏结力），此时无多余的力去黏着外物，所以干土没有黏着性。当含水量增加到一定程度时，水膜随之加厚，随着水膜的加厚，水分子除了能被土粒吸引外，也能被各种物质（如农具、木器或人体）所吸引，表现出黏着性。土壤出现黏着性时的含水量称为黏着点。水分再继续增加，水膜加厚，黏着性反而又减弱，水分进一步增多，黏着性消失。失去黏着性时的土壤含水量称为脱黏点。

（3）可塑性

土壤可塑性指土壤在一定含水量范围内，可被外力塑成任何形状，当外力消失或干燥后，仍能保持其形状不变的性能，如黏土在一定水分条件下，可以搓成条状、球状、环状，干燥后仍能保持之前的形状。为什么土壤会有这种可塑性呢？因为土壤中的黏粒本身多呈薄片状，接触面大，在一定水分含量下，在黏粒外面形成一层水膜，外加作用力后，黏粒沿外力方向滑动，改变了原来杂乱无章的排列，形成相互平行的有序排列，并由水膜的拉力固定在新的位置而保持其形变。干燥后，黏粒本身的黏结力使其仍能保持其新的形状(图4-6)。

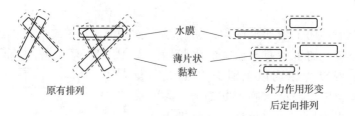

原有排列　　水膜　　薄片状黏粒　　外力作用形变后定向排列

图4-6　土壤可塑性示意

(陆欣等，2011)

土壤可塑性只有在一定含水量范围内才能发生。过干的土壤水膜太薄，在外力作用下容易断裂，不能塑成一定形状，所以干燥土壤不表现可塑性。过湿的土粒悬浮于水中形成流体，也不能塑成一定形状。土壤开始表现可塑性的最低含水量称为可塑下限或下塑限。土壤失去可塑性，即开始表现流体时的含水量称为可塑上限或上塑限。上、下塑限之间的含水量范围称为可塑性范围，差值称为塑性值(或可塑指数)。在这一范围内，土壤表现出可塑性，塑性值大的土壤可塑性范围大，可塑性强。

土壤可塑性除与水分含量有密切关系外，还与土壤黏粒数量和类型有关。可塑性是黏质土的特性，砂土无可塑性或可塑性很弱。因此，土壤质地越黏重，黏粒数量越多，则可塑性越强。黏粒矿物中，蒙脱石类分散度高，吸水性强，塑性大。高岭石土，颗粒大，分散度低，吸水性弱，塑性小。几种不同土壤的塑性值见表4-4。

表4-4　各种质地土壤的可塑性　　含水量：%

土壤质地	下塑限	上塑限	塑性指数
黏　土	23~30	41~50	18~20
黏壤土	16~22	28~40	12~17
壤　土	10~15	17~27	7~12
砂壤土	<10	<16	<7
砂　土	0	0	0

注：引自徐建明，2019。

土壤有机质可以提高土壤上、下塑限，但几乎不改变其塑性值，这是由于有机质本身缺乏塑性但吸水性很强，使之提高了土壤可塑上下限的含水量所致。土壤胶体上交换性钠离子水化度高，分散作用强，因而可塑性大。这是某些盐碱土可塑性强的主要原因。

在可塑范围内进行耕作，会形成光滑的大土垡，干后结成硬块而不易散碎。因此在塑性范围内不宜耕作。

总之，黏粒含量是产生土壤黏结性，黏着性和可塑性的物质基础，而水分含量则是上述性质表现强弱的重要影响因素。

(4)胀缩性

胀缩性指在塑性土壤中表现的干时收缩，湿时膨胀的特性。该特性不仅影响耕作质量，也影响土壤的水气状况与植物根系的伸展。

胀缩性与片状黏粒有关，膨胀是由于黏粒水合及其周围的扩散层厚，当土壤胶体被强烈解离的阳离子(如钠离子)饱和时，膨胀性最强，如交换性 Na^+ 被 Ca^{2+} 置换则膨胀性变弱。各种阳离子对膨胀的作用次序如下：

$$Na^+、K^+>Ca^{2+}、Mg^{2+}>H^+$$

土壤质地越黏重，即黏粒含量越高，尤其是扩展型黏土矿物(蒙脱石、蛭石等)含量越高，则胀缩性越强。腐殖质本身吸水性强，但它能促进土壤结构的形成而使其保持疏松，因而土体胀缩不明显。

胀缩性强的土壤在吸水膨胀时，使土壤密实，难透水通气，在干燥收缩时会拉断植物的细根和根毛，并形成透风散热的裂隙(龟裂)。

4.3.3 土壤的宜耕性

土壤宜耕性取决于土壤的黏结性、黏着性和可塑性等物理机械性，而这些性质又与土壤质地、土壤含水量密切相关。质地相同的土壤在不同的含水量情况下，由土壤的黏结性、黏着性和可塑性等综合反映的土壤状态称为土壤的结持状态。土壤结持状态与土壤耕性、水分密切相关，土壤的结持状态通常分为 6 类(表 4-5)。

表 4-5 土壤的结持状态与土壤水分和耕性的关系

水分含量	少←————→多					
	干 燥	湿 润	潮 湿	泞 湿	多 水	极多水
土壤结持状态	坚 硬	酥 软	可 塑	黏 韧	浓泥浆	薄 浆
主要性状	具有固体的性质，不能捏成团，强黏结性	松散无可塑性，黏结性低，不成块	下塑限 有可塑性，但无黏着性	黏着限 有可塑性和黏着性	上塑限 呈浓泥，可受重力影响而流动	呈悬浮体，如液体一样易流动
耕作阻力	大	小	大	大	大	小
耕作质量	呈硬土块	呈小土块	呈大土块	呈大土块	呈浮泥状	呈泥浆
宜耕性	不宜	宜	不宜	不宜	不宜	宜稻田耕耙

注：引自林大仪等，2011。

由表 4-5 可看出，当土地湿润酥软时土壤耕性表现最好，因为这时水分在可塑下限以下，无可塑性，黏结性也小，黏着性也未表现，耕作阻力最小而省力，不易成大土块，常散碎成较好的结构，耕作效率高，质量好。此时是最适于土壤耕作的宜耕期。由此可见，土壤的宜耕期主要取决于土壤水分含量。

在有机质少和无团粒结构的条件下，土壤宜耕期的长短主要取决于土壤质地。黏土的黏结性、黏着性强，塑性范围大，其下塑限和黏结性降低时的含水量变化范围小，因此宜耕期短；砂性土则相反，宜耕期长。由此可见，若选择适当水分含量进行耕作，则不良耕性也可变为较好的耕性。我国农民非常注重宜耕状态的选择，评价土壤宜耕性有下述方法。

①看土色验墒情。雨后或灌溉后，待地表呈"喜鹊斑"状态，外表发白(干)，里面暗(湿)，外黄里黑，相当于黄墒至黑墒的水分，半干半湿，此时适宜耕作。

②用手检查。扒开 2 cm 左右的表土，取一把土壤松握，若放开后松散，不粘手心，不成土饼，呈松软状态，土团自由落地散开即为宜耕期。

③试耕。土壤不黏农具，犁起的土垡能自然散开，有俗称的"犁花"出现时即为宜耕期。

4.3.4　土壤耕性的改良

土壤耕性的改良与土壤结构体改良类似，可采取以下措施：

(1)增施有机肥

有机肥料能提高土壤的有机质含量。有机质使土壤疏松多孔，并能与矿物质土粒结合形成有机—无机复合胶体，从而形成良好的土壤团粒结构，减小了土粒的接触面积，降低了黏质土的黏结性、黏着性和可塑性，使黏结的大土块碎裂成大小适中的土团；而对砂质土而言，以上 3 种性质有所增强使土粒比较容易黏结成小土团，从而改变其原来松散无结构的不良状况。因此，增施有机肥料可以改良土壤结构，消除过黏或过砂土壤所产生的不良物理性质，对砂土、黏土、壤土的耕性均有改善。

(2)客土改良

过砂或过黏的土壤均可通过客土掺砂或掺黏改善其物理性质，改善耕性，达到提高肥力的目的。但客土法成本较高，一般非必要不建议采用此法。客土可与施有机肥结合施用。用砂土垫圈施入黏土地或用黏土垫圈施入砂土地，均能改善土壤的耕性。另外，还可根据质地层次情况采取翻砂压黏或翻黏压砂的办法改善土壤耕性。

(3)合理灌排，适时耕作

根据土壤的水分状况合理灌排，可以控制土壤水分维持在宜耕范围内以达到改善土壤耕性、提高耕作质量的目的。利用灌水进行"闷土"，可使黏质土块松散。低洼下湿地，通过排水，降低土壤含水量，控制含水量在土壤下塑限以下，避免土壤可塑性和黏着性出现，也能减小耕作阻力，改善土壤耕性。

(4)合理轮作倒茬

合理的轮作倒茬有助于改善土壤不良结构，进而改善土壤耕性。一般来讲，一年生或多年生的禾本科或豆科作物生长健壮、根系发达，可以通过生物力量对大土块进行破碎，同时也有利于土壤有机质水平的提升，促进土壤团粒结构形成，改良土壤结构和耕性。另外，合理水旱轮作，通过干湿交替促进大土块碎裂，有利于胶体的凝聚和脱水。在此基础上进行精细整地，更能使土壤结构性得到改善，进一步改善耕性。

思考题

1. 什么是土粒密度、容重？土壤孔隙度如何计算？土壤容重在生产上有何意义？

2. 简述土壤孔隙类型及其作用。

3. 什么是土壤结构性、结构体？为什么团粒结构含量可以作为评价土壤肥沃程度的指标？

4. 土壤的黏结性、黏着性、可塑性是如何产生的？主要受哪些因素影响？

5. 什么是土壤的宜耕期？确定宜耕期在生产有何意义？如何评价土壤耕性？

第 5 章

土壤水

【内容提要】主要从形态学和能态学角度介绍土壤水分的性质和运动变化规律；土壤水分含量的常用表示、计算方法以及土壤水分对作物的有效性。

土壤水分是土壤的重要组成部分，其直接参与了土体内各种物质的转化淋溶过程，如矿物的风化、母质的形成运移、有机质的转化分解等，从而影响了土壤肥力的产生、变化和发展，对土壤形成有极其重要的作用。同时，它也是作物吸水的最主要来源，是自然界水循环的重要环节。土壤水分处于不断的变化和运动中，直接影响作物的生长以及土壤中许多物理、化学和生物学过程的进行。

5.1 土壤水分的类型、含量及有效性

5.1.1 土壤水分类型及性质

关于土壤水的研究方法主要有两种，即能量法和数量法。能量法主要从土壤水受各种力作用后自由能的变化，去研究土壤水的能态和运动、变化规律，这将在本节后面介绍。数量法是按照土壤水受不同力的作用而研究水分的形态、数量、变化和有效性；它在一般农田条件下容易被应用，具有很强的实用价值；因此，在早期的土壤水研究中均被广泛采用。我国的土壤水研究长期以来一直沿用数量法，并广泛将其应用于农业、气象、水利等科学研究和生产实践。数量法根据土壤水分所受的作用力不同把土壤水划分成 3 种类型：吸附水或束缚水（又可分为吸湿水和膜状水）、毛管水和重力水。土壤水分部分类型介绍如下：

(1) 吸湿水（紧束缚水）

干燥土粒（风干土）的吸附力所吸附的气态水保持在土粒表面的水分称为吸湿水。吸附力主要是土粒分子引力和胶体表面电荷对水的极性引力。

土粒对吸湿水的吸附力很大，最内层可高达 1000~2000 MPa，最外层约为 3.1 MPa，因此吸湿水被紧紧束缚于土粒的表面，密度高达 1.2~2.4 g/cm³，平均达 1.5 g/cm³，表现固态水的性质：冰点下降到−78 ℃，对溶质无溶解能力；在固体表面不能自由移动，只能在相对湿度较小、温度较高时转变为水汽分子以扩散形式进行移动。由于植物根细胞的渗透压一般约为 1.5 MPa，所以吸湿水不能被植物吸收，属于无效水。

吸湿水含量与土壤质地、有机质含量、空气相对湿度和气温有关。土壤质地越细，有机质含量越高，空气相对湿度越大，吸湿水数量越多。当空气相对湿度接近饱和时土壤吸湿水达最大值，此时的土壤含水量称为最大吸湿量或吸湿系数。

吸湿水对作物来说虽属无效水，但在土壤分析工作中，必须以烘干土作为计算基数，所以常需测定风干土的吸湿水含量。

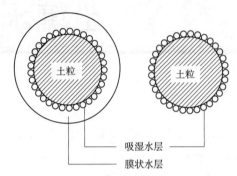

图 5-1　土壤吸湿水膜状水示意

(王荫槐，1992)

(2)膜状水(松束缚水)

土壤吸附的水汽分子达吸湿系数后，土粒仍具有剩余的分子引力，可继续吸收液态水分子，形成一层比较薄的水膜，称为膜状水(图 5-1)。

膜状水在吸湿水的外层，所受吸力较小，吸力范围在 3.100~0.625 MPa。膜状水的性质与液态水相似，但黏滞度较高，溶解能力较小。密度平均高达 1.25 g/cm²，冰点为 -4 ℃。它可沿土粒由水膜厚处向水膜薄处移动，但速率非常缓慢，一般 0.2~0.4 mm/h。膜状水数量达最大时的土壤含水量称为最大分子持水量，它包括了吸湿水和膜状水。膜状水外层受力为 0.625 MPa，低于植物细胞的渗透压，可被作物吸收，属有效水。膜状水移动缓慢，只有与植物根毛相接触的很小范围内的水分才能被利用，在可利用水未完全消耗之前，作物就会因缺水而萎蔫。作物因缺水而呈现永久凋萎时的土壤含水量称为凋萎系数(萎蔫系数)。凋萎系数一般是吸湿系数的 1.5~2.0 倍，可以作为土壤有效水的最低限。不同作物的根细胞渗透压不同，凋萎系数也不同；而同一作物在不同质地土壤上的凋萎系数差异更大。如小麦在粗砂土上的凋萎系数是 0.88%，在细砂土上是 3.3%，在壤土上是 10.3%，在黏壤土上是 14.5%。一般而言，土壤质地越黏重，凋萎系数越大(表 5-1)。

表 5-1　不同质地土壤的凋萎系数

土壤质地	粗砂壤土	细砂土	砂壤土	壤土	黏壤土
凋萎系数(%)	0.96~1.11	2.7~3.6	5.6~6.9	9.0~12.4	13.0~16.6

注：引自熊顺贵，2001。

(3)毛管水

土壤含水量超过最大分子持水量以后，就不受土粒分子引力的作用，将这种水称为自由水。毛管水是靠毛管孔隙产生的毛管引力而在土壤中保持和运动的液态水。这种引力产生于水的表面张力以及管壁对水分的引力。

毛管水所受的引力为 0.625~0.008 MPa，低于植物根细胞的渗透压，可以被植物全部利用，是有效水。毛管水受毛管引力的作用不但能够被土壤保持，而且在土壤中能向各方向移动，速率快(10~30 mm/h)，并且有溶解和输送各种养分的能力。所以，毛管水可不断满足作物对水分和养分的需要，是土壤中最宝贵的水分。

毛管水的运动是从毛管力小的方向朝毛管力大的方向移动。毛管力可用拉普拉斯(Laplace)公式计算：

$$P = 2T/R \tag{5-1}$$

式中　P——毛管力，dyn^*/cm^2；

　　　T——表面张力，dyn/cm；

　　　R——毛管半径，cm。

由式(5-1)可以看出，土壤质地黏，毛管半径小，毛管力就大；质地粗，毛管力则小。所以毛管水在土壤中是由粗毛管向细毛管移动。

根据毛管水是否与地下水相连，可分为毛管上升水和毛管悬着水。

①毛管上升水。指在地下水位较浅时，地下水受毛管引力的作用上升而充满毛管孔隙中的水分。这是地下水补给土壤水分的一种主要方式。土壤中毛管上升水的最大量称为毛管持水量。它包括吸湿水、膜状水和毛管上升水的全部。

毛管水上升的高度与毛管的半径有密切关系。根据茹林公式：

$$H = 0.15/R \tag{5-2}$$

式中　H——毛管水上升高度，cm；

　　　R——毛管半径，cm。

由此可见，毛管水上升高度与毛管半径呈反比，即毛管半径越细，上升高度越高。因此砂性土的毛管半径大，上升高度低，但速率较快；壤质土和黏质土的毛管半径小，上升高度高，但速率较慢；过分黏重的土壤，由于毛管半径太小，为膜状水充满，所以上升速率极慢，高度也低（表5-2），远达不到式(5-2)的理论计算结果。实际情况往往是轻壤和中壤土毛管水上升高度最高。另外，土壤温度、结构等因素对毛管水上升也有不同程度的影响。

表 5-2　不同质地土壤毛管水的上升高度

土壤质地	砂土	砂壤—轻壤土	粉砂轻壤土	中—重壤土	轻黏土
上升高度（m）	0.5~1.0	1.5	2.0~3.0	1.2~2.0	0.8~1.0

注：引自林大仪等，2011。

毛管水上升高度对农业生产有重要意义。当表土水分蒸发或蒸腾之后，地下水可沿毛管上升，使地表水不断得到补充。但在地下水含盐量较高的地区，毛管上升水到达表土，往往会造成土壤的盐渍化，在生产上必须高度重视，加以防止。

②毛管悬着水。指在地下水位较深时，当降水或灌溉后，借毛管力保持在土壤上层未能下渗的水分。当毛管悬着水达最大量时的土壤含水量称为田间持水量或最大田间持水量。田间持水量是土壤排除重力水后，在一定深度的土层内所能保持的毛管悬着水的最大值，是土壤中吸湿水、膜状水和毛管悬着水的总和。田间持水量是旱地灌溉水量的上限指标。当土壤含水量达田间持水量时，如继续灌溉和降水，超过的水分就会受重力作用而下渗，只能增加渗水深度不再增加上层土壤含水量。在地下水位较浅的低洼地区，田间持水量则接近毛管持水量。因此，田间持水量的概念也可以认为是：在自然条件下，使土壤孔隙充满水分，当重力水排除后，土壤所能实际保持的最大含水量。

田间持水量一般主要取决于土壤孔隙的大小和数量，质地越黏重，毛管孔隙的比例越

　＊　注：$1dyn = 10^5 N$。

大，所蓄积的毛管水越多；结构良好的土壤，非毛管孔隙的比例增大，毛管水的数量相对减少；有机质疏松多孔，蓄水量也大。所以，质地黏重和富含有机质的土壤抗旱性强。

在地下水位较低的土壤中，通过降水或灌溉而使土壤含水量达田间持水量，如果因作物吸收或地表蒸发，土壤含水量降低到一定程度时，毛管悬着水的连续状态发生断裂，但细毛管中还存有水，此时的土壤含水量称为毛管断裂含水量，一般约相当于田间持水量的70%。一旦毛管水发生断裂，水分的运动速率就大大减慢，作物吸水较为困难，在生长旺盛时期其生长会受到一定阻滞，因此此时的含水量也称为作物生长阻滞含水量。

(4) 重力水

当土壤水分超过田间持水量时，多余的水分不能被毛管所吸持，就会受重力作用沿土壤中的大孔隙向下渗漏，这部分受重力支配的水称为重力水。重力水由于不受土粒分子引力的影响，可以直接供植物根系吸收，对作物而言是有效水。但由于它渗漏很快，不能持续被作物利用，且长期滞留在土壤中会妨碍土壤通气；同时，随着重力水的渗漏，土壤中可溶性养分随之流失，所以重力水在旱作地区是多余的水。重力水在水田中是有效水，应设法保持，防止漏水过快。

当土壤被重力水所饱和(即土壤中大小孔隙全部被水分充满)时的土壤含水量称为饱和含水量或全蓄水量。它是水稻田计算淹灌的依据。

5.1.2　土壤水分的有效性

土壤水分有效性是指土壤水分能否被植物利用及其被利用的难易程度。在土壤所保持的水分中，可被植物利用的水分称为有效水，而不能被植物利用的称为无效水。土壤有效水范围的经典概念是从田间持水量到凋萎系数。凋萎系数是作物可利用水的下限，田间持水量是作物可利用水的上限。

$$土壤有效水范围(\%) = 田间持水量(\%) - 凋萎系数(\%) \tag{5-3}$$

土壤中的有效水对作物而言均能被吸收利用，但是由于它的形态、所受的吸力和移动的难易有所不同，故其有效程度也有差异。自凋萎系数至毛管断裂含水量，其所受的吸力虽小于植物的吸水力，但由于移动缓慢，植物只能吸收这部分水分以维持其蒸腾消耗，而不能满足植物生长发育的需要，故称为难有效水。自毛管断裂含水量至田间持水量之间的水分，因受土壤吸力小，可沿毛管自由运动，能不断满足植物对水分的需求，故称为易有效水。可见田间持水量、毛管断裂含水量、凋萎系数就成为土壤有效水分级的3个基本常数。

土壤有效水含量与土壤质地、结构、有机质含量等因素有关。对土壤质地的影响主要是由比表面和孔隙性质引起的。砂土的有效水范围最小，壤土有效水范围最大，黏土的田间持水量虽略大于壤土，但凋萎系数也高，所以其有效水范围反而小于壤土(图5-2)。

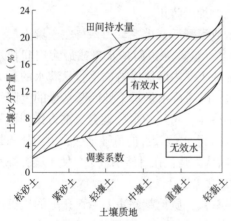

图 5-2　土壤质地对土壤有效水含量的影响
(西南农学院，1980)

具有粒状结构的土壤，由于田间持水量增大，从而扩大了有效含水量的范围。通常向土壤中增加有机质对提高有效水范围的直接作用小，但土壤有机质可以通过改善土壤结构和增强渗透性的作用，使土壤可以接收较多的降水，从而间接改善土壤有效水的供应状况。

5.1.3　土壤水分含量的表示方法

土壤含水量又称土壤湿度，是研究和了解土壤水分运动变化及其在各方面作用的基础。其表示方法有多种，常用的有以下几种：

(1) 质量含水量

质量含水量是指土壤中水分的质量与干土质量的比值(干土一般是指在 $105 \sim 110 \, ℃$ 条件下烘干的土壤)，又称为重量含水量，无量纲，常用 θ_m 表示。这是一种最常用的表示方法，可直接测定。

$$土壤质量含水量(\%) = \frac{土壤水质量}{干土质量} \times 100 \tag{5-4}$$

数学公式表示为：

$$\theta_m = \frac{w_1 - w_2}{w_2} \times 100 \tag{5-5}$$

式中　θ_m——土壤质量含水量，%；

　　　w_1——湿土质量；

　　　w_2——干土质量；

　$w_1 - w_2$——土壤水质量。

例如，某一耕作层湿土重 100 g，干土重为 80 g，则

$$土壤质量含水量(\%) = (100-80)/80 \times 100 = 25$$

(2) 容积含水量

容积含水量指单位土壤总容积中水分所占的容积比例，又称容积湿度，无量纲，常用符号 θ_V 表示。θ_V 可用小数或百分数形式表达，百分数形式可由下式表示：

$$土壤容积含水量(\%) = \frac{土壤水容积}{土壤总容积} \times 100 \tag{5-6}$$

容积含水量可由质量含水量换算而得，如按常温下土壤水的密度为 $1 \, g/cm^3$ 计算，土壤容重为 ρ，则

$$\theta_V = \frac{(w_1 - w_2)/1}{w_2/\rho} \times 100 = \theta_m \rho \tag{5-7}$$

容积含水量可用以表征土壤水填充土壤孔隙的程度，从而可以计算土壤三相比(单位体积原状土中土粒、水分和空气容积间的比例关系)。土壤孔隙度减去 θ_V 就是土壤空气所占的容积百分数。(1-孔隙度)就是土壤固相物质所占的容积百分数，这样即可得出土壤三相物质的容积比率。

例如，某地耕作层土壤含水量(重量%)为 20%，土壤容重为 $1.25(g/cm^3)$，土壤总孔隙度为 52.83%，则

$$土壤含水量(容积百分比) = 20 \times 1.25 = 25$$
$$土壤空气(容积百分比) = 52.83 - 25 = 27.83$$
$$土粒(容积百分比) = 100 - 52.83 = 47.17$$
$$土壤固相：液相：气相 = 47.17：25：27.83 = 1：0.53：0.59$$

(3)水层厚度

水层厚度指在一定厚度(h)、一定面积土壤中所含水量相当于相同面积水层的厚度，用 D_W 表示，一般以 mm 为单位。它适于表示任何面积土壤一定厚度的含水量，便于使土壤的实际含水量与降水量、蒸发量、灌水量互相比较。

$$D_W(mm) = 土层厚度(mm) \times 水容积百分比 = h\theta_V \tag{5-8}$$

(4)水体积

水体积指一定面积、一定深度土层内所含水的体积。一般以 $m^3/$亩、m^3/hm^2 表示。在数量上，它可简单由 D_W 与所指定面积(如 1 hm^2)相乘即可，但要注意二者单位的一致性。它在农田灌溉中常用作计算灌水量，但是绝对水体积与计算土壤面积和厚度都有关系，在参数单位中应标明计算土壤面积和厚度，所以不如 D_W 方便，一般在不标明土体深度时，通常指 1 m 土深。

若都以 1 m 土深计，每公顷含水容量(V)与水深之间的换算关系见下式。

$$V(m^3/hm^2) = D_W(mm)/1000 \times 10\,000(m^2) = 10D_W \tag{5-9}$$

(5)土壤相对含水量

土壤相对含水量指土壤实际含水量占该土壤田间持水量的百分比，可用以说明土壤水分对作物的有效程度和水、气的比例状况，是农业生产上应用较为广泛的含水量表示方法。

$$土壤相对含水量(\%) = \frac{土壤含水量}{田间持水量} \times 100 \tag{5-10}$$

5.1.4　土壤水分含量测定

(1)烘干法

①经典烘干法。这是目前国际上仍在使用的标准方法。其测定的简要过程：先在田间地块选择代表性取样点，按所需深度分层取土样，将土样放入铝盒并立即盖好盖(以防水分蒸发影响测定结果)，称重(即湿土加空铝盒重，记为 w_1)，然后打开盖，置于烘箱，在 105~110 ℃条件下烘至恒重(需 6 h 以上)，再称重(即干土加盒重，记为 w_2)。则该土壤质量含水量可以按下式求出，设空铝盒重为 w_3。

$$\theta_m = \frac{w_1 - w_2}{w_2 - w_3} \times 100 \tag{5-11}$$

一般应重复测定 3 次以上，求取平均值。

此方法较经典、简便、直观，不足之处是采样会干扰田间土壤水的连续性，取样后在田间留下的取样孔(尽管可填实)会切断作物的某些根系，影响土壤水分的运动；且定期测定土壤含水量时，不可能在原处再取样，而不同位置上由于土壤的空间异质性，给测定结果带来误差。另外，采样、烘干也费力、费时，不能及时得出结果。

②快速烘干法。包括红外线烘干法、微波炉烘干法、酒精燃烧法等。这些方法虽可缩短烘干和测定的时间，但需要特殊设备或消耗大量药品。同时，仍有各自的缺点，也不能避免由于每次取出土样和更换位置等所带来的误差。

（2）中子法

此法是把一个快速中子源和慢中子探测器置于套管中（探头部分），埋入土内（图 5-3）。中子源（如镭、镅、铍）以很高速率放射出中子，当这些快中子与水中的氢原子碰撞时就会改变运动方向，并失去一部分能量而变成慢中子。土壤水越多，则氢原子越多，产生的慢中子也就越多。慢中子被探测器和一个定标器量出，经过校正可求出土壤水的含量。此法虽较精确，但目前的设备只能测出较深土层中的水，而不能用于土表的薄层土。另外在有机质多的土壤中，因有机质中的氢也有同样作用而影响水分测定的结果。

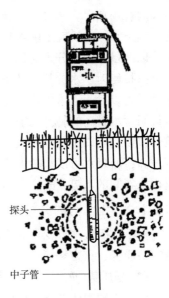

图 5-3　中子仪测定示意
（华孟，1993）

探头
中子管

（3）TDR 法

TDR（time-domain-reflectometry），中文译为时域反射仪。TDR 法是 20 世纪 80 年代初发展起来的一种测定方法。它首先被发现可用于土壤含水量的测定，继而又发现其可用于土壤含盐量的测定。TDR 在国内外已广泛使用。TDR 系统类似一个短波雷达系统，可以直接、快速、方便、可靠地监测土壤水分含量，与其他测定方法相比，TDR 具有较强的独立性，测定结果几乎与土壤类型、密度、温度等因素无关。将 TDR 技术应用于结冰条件下土壤水分状况的测定，可得到满意的结果。TDR 技术的另一个特点是可在测定土壤含水量的同时监测土壤含盐量。二者测定是完全独立的，互不影响。

5.2　土壤水分能量状态

土壤水分传统形态学分类的基本思想是，土壤水分由于受到不同的作用力，而形成不同的水分类型。但实际情况并非如此，各种类型的水分往往受到几种力的共同作用，只是作用的强度不同。从形态学观点很难对水分运动进行精确的定量。对于形态学观点的这些弱点，都可用能量观点来解决。

5.2.1　土水势及其分势

5.2.1.1　土水势的含义

物质在承受各种力后，其自由能将发生变化。土壤水在各种力（如吸附力、毛管力、重力和静水压力等）的作用下，与同样条件（如同一温度、高度和大气压力等）的纯自由水相比，其自由能必然不同。假定纯自由水的自由能（或势值）为零，而土壤水的自由能与它的差值就称为土水势，一般用 Ψ 表示。国际土壤学会土壤物理委员会给的定义是：每单位数量纯水可逆地、等温地无限小量从标准大气压下规定水平的水池移至土壤中某一点，所作的有用功。

用土水势来研究土壤水分问题,在不同的土壤—植物—大气间水分状态有了统一的标尺。以能量作为水分运动的推动力,才能说明含水量高的砂土(10%)与含水量低的黏土(15%)接触时,水分却从砂土流向黏土,就是因为砂土的土水势高于黏土。只有当土水势达到平衡以后,土壤水才停止运动。土壤水总是从土水势高处流向低处。同样的情况还可以说明含水量高的黏土几乎没有植物可利用的水,而含水量低的砂土反而有相当数量的水可供植物利用。这是因为上述黏土的水势已经低于或等于植物的根水势或叶水势,而砂土则较高,所以水可以从砂土流进植物。土壤水与大气的关系也是这样,其向大气的蒸发也是由二者间的水势差来决定的。

5.2.1.2　土水势的分势

由于引起土水势变化的原因或动力不同,所以土水势包括若干分势,如基质势、压力势、溶质势、重力势等。

(1)基质势(Ψ_m)

由于土壤固体部分基质的特征(如质地、孔隙特征及表面物质的性质等),对水分的吸持而引起自由能的降低,即为基质势。

在土壤水不饱和状态下,水分受吸附力和毛管力的吸持,自由能降低,其水势必然低于参比标准(纯自由水)的水势。由于参比标准的水势为零,所以基质势总是负值。可见基质势与土壤含水量密切相关。当土壤水完全饱和时,基质势为最大值,即接近于零;随着水分的减少,基质势也减小(即绝对值增大)。由此可知,在水分不饱和的土壤中基质势对水分的运行和保持起主要作用。

(2)溶质势(Ψ_s)

由于土壤水中含有离子态或非离子态的溶质,它们对水分有吸持作用,因而降低了自由能,这种由土壤水中溶解的溶质所引起的水势变化称为溶质势(也称渗透势)。土壤水中溶解的溶质越多,溶质势就越低,其绝对值也就越大。溶质势在土壤水与植物的关系中起重要作用。如盐碱土中,由于土壤水盐分浓度高,溶质势低,植物吸水非常困难。

(3)压力势(Ψ_p)

由于土壤水在饱和状态下所承受的压力不同于参照水面(自由水面)而引起的水势变化称为压力势。参照水面承受的是大气压力,在水分不饱和的土壤中土壤水的压力势与参照水面是一致的,等于零。只有在水分饱和的土壤中,所有孔隙都充满水,土体内部的土壤水除承受大气压力外,还要承受其上部水体的静水压力,由于压力势大于参比标准,故为正值。并且下部土体越往深层,压力势越大,即正值也越大。

(4)重力势(Ψ_g)

由重力作用所引起的水势变化称为重力势。确定重力势时,并不要求所受重力的绝对值,而是与参照面相比较,并将参照面的重力势定为零(一般以地下水面作为参照面)。当水分在参照面以上时,重力势为正;当水分在参照面以下时,重力势为负。因此,重力势与土壤性质无关,而只取决于研究点与参比点之间的距离。

土壤的土水势就是以上各分势的和,又称总水势($\Psi_{总}$),其数学表达式为:

$$\Psi_{总} = \Psi_m + \Psi_s + \Psi_p + \Psi_g \tag{5-12}$$

在不同情况下，各分势所起的作用是不同的。在饱和土壤水运动中决定土水势的是压力势和重力势，在不饱和土壤水运动中决定土水势的是基质势和重力势，溶质势只有在盐碱土中才起主要作用。

5.2.1.3　土水势的定量表示

土水势的定量表示是以单位数量土壤水的势能值为准。单位数量可以是单位质量或单位容积。

①单位容积土壤水的势能值用压力单位表示，如标准单位帕(Pa)，也可用千帕(kPa)和兆帕(MPa)表示，也曾用巴(bar)和大气压(atm)表示。

②单位质量土壤水的势能值用相当于一定压力的水柱高(cmH_2O)表示。

在上述两种表示法中，各单位之间的换算关系如下：

$$1\ Pa = 0.0102\ cmH_2O$$

$$1\ bar = 10^5\ Pa = 1020\ cmH_2O = 0.9896\ atm = 750.1\ mmHg$$

$$1\ atm = 1033\ cmH_2O = 1.0133\ bar = 760\ mmHg$$

近似应用时也可简化为：

$$1\ bar \approx 1\ atm \approx 1000\ cmH_2O$$

③用 pF 表示。由于土水势的范围很宽，由零到上千兆帕，使用十分不便，有人曾建议使用土水势的水柱高度的负对数表示，称为 pF。土水势本身是负值，故负对数为正值。当土水势为 $-10\ 000\ cmH_2O$ 时，pF 为 4。但用水柱高表示土壤水的自由能与近代关于土壤水自由能的概念并不完全相同。使用 pF 的方便之处是用简单的数字可以表示极宽的土水势范围。

5.2.2　土壤水吸力

为了避免应用土水势负值在研究土壤水时出现的增减上的麻烦，拉塞尔(E. W. Russel，1950)提出了用土壤水吸力来表示水的能态。它并不是指土壤对水的吸力，而是指土壤水在承受一定吸力情况下所处的能态。所以它的意义与土水势一样，区别在于土壤水吸力只包括基质吸力和溶质吸力，相当于基质势和溶质势，而不包括其他分势，但它通常是指基质吸力。对水分饱和土壤一般不用土壤水吸力来表示水的能态，因为此时的基质吸力为零。由此可见，对于基质势和溶质势而言，土水势的数值与土壤水吸力的数值相同，但符号相反。土壤水是由土水势高处流向低处，即从土壤水吸力低处流向水吸力高处。

从物理含义看，土壤水吸力不如土水势严格，但其比较形象易懂，使用较为普遍，特别是在研究土壤水的有效性、确定土壤灌溉时间和灌溉量以及旱作土壤的持水性能等方面均有重要意义。

5.2.3　土水势的测定

近几十年来，土水势的测定方法有很大的进展，已发展了许多种。例如，最常用的张力计法、压力膜、压力板法都是测定基质势或基质吸力的；而冰点下降法、水汽压法则是测定土水势或土壤水吸力的；电阻法适用于较低土水势的测定(低于张力计测定的范围)。

其中测定基质势最常用的张力计法，无论在田间、盆钵试验和室内研究都可使用。

张力计的构造如图5-4所示。它的底部是一个多孔陶瓷杯，其上连接一塑料管(也可用耐腐蚀性金属或其他材料的管子)，管上连一水银压力计或真空压力表。使用时将陶瓷杯和管子都装满无气水，并使整个仪器封闭不漏气。当张力计陶瓷杯插入土壤后，管中纯自由水通过陶土头与土壤水建立水力联系。在非饱和土壤中，仪器中自由水的势值总是高于土水势，于是管中水进入土壤，在管中形成一定的负压，两者逐渐达到平衡。于是仪器内水的势值与土壤水的势值应相等，其数值可由真空压力表或水银压力计显示。由于陶瓷杯的孔径限制，一般只能测定土壤水吸力$8.0 \times 10^3 \sim 8.5 \times 10^3$ MPa以下。超过这个范围就有空气进入陶瓷杯而失效。田间植物可吸收的土壤水大部分在张力计可测范围内。

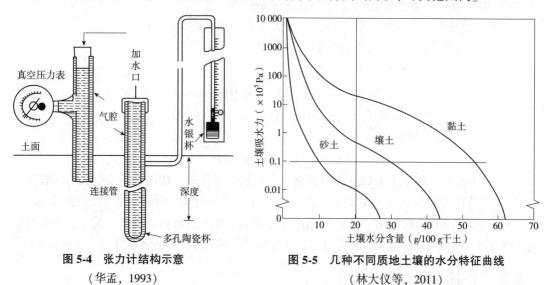

图5-4 张力计结构示意
(华孟，1993)

图5-5 几种不同质地土壤的水分特征曲线
(林大仪等，2011)

5.2.4 土壤水分特征曲线

(1)定义

土壤水的基质势或土壤水吸力是随土壤含水率变化而变化的。在研究土壤水的保持、运动和植物供水时，除需了解土壤水吸力外，也要了解土壤水分含量。土壤水分特征曲线是以水的能量指标(土壤水吸力)和土壤水的容量指标(土壤含水量)绘制的相关曲线(图5-5)，是研究土壤水分的保持和运动所用到的反映土壤水分基本特性的曲线。

(2)影响因素

土壤水分特征曲线受多种因素影响。首先，不同质地的土壤其水分特征曲线差异很大。一般而言，土壤的黏粒含量越高，同一吸力条件下土壤的含水率越大或同一含水率条件下其吸力越大。水分特征曲线也受土壤结构的影响，在低吸力范围内表现尤为明显。土壤越密实，则大孔隙数量越少，而中小孔径的孔隙越多，因此在同一吸力值下，容重越大的土壤其含水率也越大。温度对土壤水分特征曲线也有影响。温度升高时，水的黏滞性减弱、表面张力下降，基质势相应增大或者说土壤水吸力减小。在低含水率时，这种影响表现得更加明显。

（3）实用价值

土壤水分特征曲线具有重要的实用价值。首先，利用它可以进行土壤水吸力和含水率之间的换算；其次，其可以间接反映土壤孔隙大小的分布；再次，在应用数学、物理方法对土壤中的水分运动进行定量分析时，水分特征曲线是必不可少的重要参数；最后，水分特征曲线可用来分析不同质地土壤的持水性和土壤水分的有效性。例如，在土壤含水量同为 20% 时，砂土和壤土的土壤水吸力都小于植物根的吸水力（$15×10^5$ Pa），因而容易被植物吸收，有效性高；而黏土中的水吸力可高达 $50×10^5$ Pa 以上，植物无法吸收，即对植物无效。因此，利用土壤水分特征曲线说明土壤水数量与植物生长的关系比用土壤水分类型（吸附水、毛管水、重力水等）来说明更为清楚直观。

（4）滞后现象

土壤水分特征曲线对同一土样并不是固定的单一曲线。它与测定时土壤所处的吸水过程（如湿润过程）或脱水过程（如干燥过程）有关。从饱和点开始逐渐增大土壤水吸力，使土壤含水量逐渐降低所得的曲线（脱水曲线），与由干燥点起始，逐渐升高土壤水分含量，减小土壤水吸力所得的曲线（吸水曲线）是不重合的（图 5-6）。同一吸力值可有一个以上的含水量值，说明土壤吸力值与含水量之间并非单值函数，这种现象称为滞后现象。

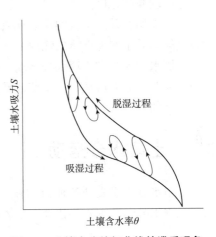

图 5-6　土壤水分特征曲线的滞后现象

（李天杰，2004）

滞后现象的产生有多种原因，且随不同土壤而不同，其主要原因之一与土壤孔隙的几何形状有关。土壤中大小孔隙串联在一起，形成了墨水瓶那样的口小肚子大的水流通道（图 5-7），在脱湿过程中，只有当所施加的吸力 S_1 大于细孔隙（半径为 r）的毛管力，即 $S_1 \geqslant 2\sigma/r$ 时，粗孔隙的水才被排出；而在吸湿过程中，当吸力降低到粗孔隙（半径为 R）的毛管力，即 $S_2 \leqslant 2\sigma/R$ 时，粗孔隙就可充水，由于 $R>r$，所以 $S_1>S_2$，因此在同样持水情况下，脱湿过程的吸力较吸湿过程的吸力大。这种现象常被称为瓶颈效应。

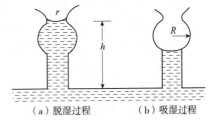

（a）脱湿过程　　（b）吸湿过程

图 5-7　土壤孔隙形状对滞后现象的作用

土壤在脱湿和吸湿过程中，土壤水和土壤固相的接触角 Φ 不同，也是引起滞后现象的原因之一。如前所述，形成土壤水基质势 Ψ_m 的主要因素之一是毛管力。

$$p = 2\sigma\cos\Phi/r \tag{5-13}$$

式中　p——毛管力；

　　　σ——水的表面张力系数；

　　　r——毛管半径；

　　　Φ——接触角。

接触角在一般情况下为常数，但是随着液体湿润固体表面的过程不同，接触角也有所

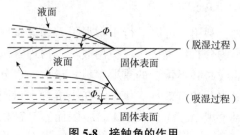

图 5-8 接触角的作用

区别。如图 5-8 所示，在脱湿过程中，水分沿固体表面撤退，接触角为 Φ_1；在吸湿过程中，水分沿固体表面推进，接触角为 Φ_2，由于 $\Phi_1 <$ Φ_2，所以 $\cos\Phi_1 > \cos\Phi_2$。故由式（5-13）可知，在其他条件相同的情况下，脱湿时的毛管力大，基模势小，因而脱湿时的吸力要高于吸湿时的吸力，于是引起了水分特征曲线的滞后现象。

除上述原因外，在土壤吸水由干变湿过程中，因大孔隙中的空气常形成气泡而被封闭在孔内，占据一定容积，也使在一定吸力下的土壤含水量有所不同。这也是引起水分特征曲线滞后现象的原因。

实验表明，砂质土壤的滞后现象较黏质土壤明显，这是因为砂质土壤的孔隙粗细不均的程度较黏质土壤更严重的缘故。

土壤水的保持和土壤水分运动中的一些现象，往往要用滞后现象才能得以解释。由于水分特征曲线的滞后现象，土壤较易吸水，相对而言不易失水，这对水在土壤中的保持无疑是有利的。

5.3 土壤水分运动

土壤水分由于受到各种力的作用以及含水量的差异，产生不同方向和不同速率的运动。土壤水分运动主要存在液态水运动和气态水运动两种类型。

5.3.1 液态水运动

土壤中液态水的运动是在土壤孔隙中进行的，其运动过程因孔隙的大小和相应土水势的大小而成多方向的变化。这种运动的推动力主要是由水势梯度（即两点之间的水势差）决定的，它控制着水流运动的方向和速率，即土壤液态水由水势高向水势低的地方、土壤水吸力低的地方向高的地方运动。液态水在土壤中的运动可以分为饱和流动和非饱和流动。

（1）土壤水分的饱和流动

土壤所有的大小孔隙完全充满水时的水分流动称为饱和流动。饱和流动的推动力是重力势和压力势梯度（单位距离上的压力差）。基本上服从液体在多孔介质中流动的达西（Darcy）定律，即单位时间通过单位断面的水量与水势梯度呈正比。图 5-9 是一维垂直向的饱和流，其数学表达式为：

$$q = -K_s \frac{\Delta H}{L} \tag{5-14}$$

式中　q——水流通量，即单位时间通过单位断面的水容积，cm^3/s；

　　ΔH——水流两端的水势差；

　　L——水流程的长度；

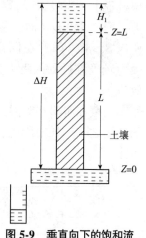

图 5-9　垂直向下的饱和流
（华孟，1993）

$\dfrac{\Delta H}{L}$——水势梯度，单位距离的水势差；

K_S——土壤饱和导水率，单位水势梯度下的水流通量。

在饱和流动中的土壤导水率称为饱和导水率（K_S），其大小主要取决于土壤的孔隙状况，特别是粗孔的孔径和数量。故不同类型土壤的饱和导水率表现为：砂土>壤土>黏土；同样具有稳定团粒结构的土壤，传导水分要快得多；有机质有助于维持大孔隙的高比例；含蒙脱石多的土壤和 1：1 型的黏粒多的土壤通常会降低导水率。另外，若土体中的裂缝、根孔和虫穴较多，则会明显增大土壤的饱和导水率。

（2）土壤水分的非饱和流动

土壤中部分孔隙充满水时的水分流动称为非饱和流动。在自然情况下，除暴雨、淹灌、低洼地积水等情况外，土壤水分一般均以非饱和状态进行运动。土壤水分非饱和流动的推动力主要是土壤的基质势梯度或土壤水吸力梯度，即土壤水分由水吸力低处流向水吸力高处，重力势虽也有一定作用，但与基质势相比它的作用很小。

非饱和流动也可用达西定律来描述，对一维垂直向非饱和流动，其表达式为：

$$q = -K(\psi_m)\frac{\mathrm{d}\psi}{\mathrm{d}x} \tag{5-15}$$

式中　$K(\psi_m)$——土壤非饱和导水率；

$\dfrac{\mathrm{d}\psi}{\mathrm{d}x}$——总水势梯度。

土壤非饱和流中的土壤导水率也与土壤质地和土壤孔隙有关。在一定的土壤水吸力水平下，质地细、小孔隙多的壤土和黏土比砂土的导水性好。主要因为在一定吸力下，这些土壤的充水孔隙比砂土多，土壤水的连续程度较好。土壤的非饱和导水率是随土壤水吸力的增大和土壤含水量的降低而降低的。这种情况在砂土中表现较为强烈，壤土次之，黏土表现较为缓和。

5.3.2　气态水运动

土壤中保持的液态水可以汽化为气态水。气态水一般存在于土壤非毛管孔隙中，是土壤空气的组成部分。它在土壤中的运动主要表现为水汽的扩散和水汽的凝结两种方式。

土壤中水汽运动的推动力是水汽压梯度。水汽由水汽压高处向低处扩散。而土壤中水汽压的高低与土壤的湿度梯度和温度梯度有关。土体中含水量差异越大，则水汽压梯度也越大，水汽的扩散速率也越快。此外，土壤温度的上升可明显引起水汽压的升高，因此土壤水汽的扩散总是由湿土向干土扩散，由温度高的地方向温度低的地方扩散。一般情况下，土壤温度梯度的作用远大于湿度梯度。

当土壤中的水汽由暖处向冷处扩散遇冷时便可凝结成液态水，这就是水汽的凝结过程。土壤表层经常出现的"夜潮"现象以及北方冬季地表冻层积聚水的"冻后聚墒"现象，就是水汽由较暖的深层不断向上层扩散凝结的结果。在干旱地区，水汽的凝结对于耐旱的漠境植物供水具有重要意义。

5.3.3　土壤水的入渗和再分布

(1) 入渗

入渗过程是指地面供水期间，液态水由土表进入土壤的运动和分布过程。在地面平整、质地均一的土壤上，水进入土壤的情况是由两方面因素决定的：供水速率和土壤的入渗能力。在供水速率小于入渗能力时(如低强度的喷灌、滴灌或降水时)，土壤对水的入渗主要由供水速率决定。当供水速率超过入渗能力时，水的入渗则主要取决于土壤的入渗能力。土壤的入渗能力是由土壤的干湿程度和孔隙状况(受质地、结构、松紧度等因素影响)决定的，但是，不管入渗能力如何，入渗率都会随入渗时间的延长而减慢，最后达到一个比较稳定的数值，这种现象在壤质和黏质土壤上都很明显。

土壤入渗能力的强弱通常用入渗率表示，即在土面保持有大气压下的薄水层，单位时间通过单位面积土壤的水量，单位是 mm/s、cm/min、cm/h 或 cm/d。在土壤学上常使用的指标是最初入渗率、最后入渗率(稳定入渗率)、入渗开始后 1 h 的入渗率，还有累积入渗量(在某一时段内，通过单位面积土壤表面所渗入的总水量)等。对于某一特定的土壤，一般只有最后入渗率是比较稳定的参数，故常用其表示土壤渗水强弱，又称为透水率(或渗透系数)。表 5-3 列出了几种不同质地土壤的最后稳定入渗率参考范围。

表 5-3　几种不同质地土壤的稳定入渗率　　　　　　　　mm/h

土壤质地	砂　土	砂质和粉砂质土	壤　土	黏质土壤	碱化黏质土壤
稳定入渗率	>20	10~20	5~10	1~5	<1

注：引自徐建明，2019。

水分入渗后，在均一质地土壤剖面上的分布情况如图 5-10 所示。从图中可以看出，入渗结束时表土可能有一个不太厚的饱和层(有时没有)；在这一层下有一个近于饱和的延伸层或过渡层；延伸层下是湿润层，此层含水量迅速降低，厚度不大；湿润层的下缘是湿润锋。

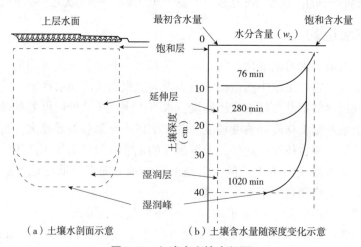

（a）土壤水剖面示意　　　　　（b）土壤含水量随深度变化示意

图 5-10　入渗中土壤水剖面

(Hillel，1971；Bondman，1944)

对于不同质地层次的土壤，无论表土下面是砂土层还是细土层，在不断入渗中最初都能使上层土壤先积蓄水，以后才下渗。

(2) 土壤水的再分布

土壤水的再分布是指地面水层消失后，已进入土体内部的水分进一步运动和分布的过程。由于入渗终了之后，上部土层水分接近饱和，下部土层仍是原来的状况，水分必然要由上面水势高的土层向下边水势较低的层次运动。在上层水分有所减少的同时，下层水分得到增加，于是接着又可能向更深的土层迁移。水在土壤剖面上这种不停地运动和重新分配的过程，称为土壤水的再分布。其过程很长，可达 1~2 年或更长的时间。

土壤水的再分布实质上是水在土壤剖面上的非饱和流过程。其推动力仍然是水力势梯度。这时土壤水的流动速率取决于再分布开始时上层土壤的湿润程度和下层土壤的干燥程度以及它们的导水性质。再分布的速率与入渗率的变化一样，通常是随时间延长而减慢。一个质地中等的土壤剖面在灌水后，土壤水的再分布情况如图 5-11 所示。

研究土壤水的再分布，对于研究植物从不同深度土层吸水有较大意义，因为某一土层中水分的损失量，不全是为植物所吸收利用，而是上层来水与本层向下再分布的水量以及植物吸水量三者共同作用的结果。

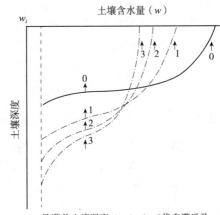

w 是灌前土壤湿度；0、1、2、3 代表灌后及
1 d、4 d 和 14 d 后的土壤水分剖面。

**图 5-11　中等质地土壤灌水后
再分布期间的水分剖面变化**

(Hillel, 1974)

5.3.4　土面蒸发

土面蒸发是土壤水分损失的重要途径。土面蒸发的形成及蒸发强度主要取决于两方面：一是受辐射、气温、湿度和风速等气象因素的影响，综合起来称为大气蒸发能力；二是受土壤含水率的大小和分布的影响，这是土壤水分向上输送的条件，即土壤的供水能力。

根据大气蒸发能力和土壤供水能力所起的作用、土面蒸发所呈现的特点及规律，将土面蒸发过程区分为 3 个阶段。

(1) 大气蒸发能力控制阶段(蒸发率不变阶段)

当灌溉或降水停止后，一定深度土壤中的水分基本达到饱和状态，此时的蒸发与自由水面的蒸发相似，蒸发率 E(单位时间内由地表散失到大气的水量，mm/h 或 mm/d)不变，称为稳定蒸发阶段。稳定蒸发阶段的蒸发强度主要由大气蒸发能力决定。此阶段含水率的下限(即临界含水率)与土壤性质及大气蒸发功能有关。一般认为，该值相当于毛管断裂含水量或田间持水量的 50%~70%。此阶段维持时间不长，一般可持续几天，但损失的水量较大。所以雨后或灌水后及时中耕或地面覆盖，是减小此阶段土壤水损失的重要措施。

(2) 土壤导水率控制阶段(蒸发率降低阶段)

经过第一阶段的蒸发，土壤水分逐渐减少，土壤中基质吸力不断增大，土壤导水率已不能满足大气蒸发力的强度，大气蒸发力只能蒸发传导至地表的少量水分，所以此时的蒸发强度主要取决于土壤的导水性质，即土壤不饱和导水率。这个阶段维持的时间较长，直到土面的水汽压与大气的水汽压达到平衡，土面成为风干状态的干土层为止。此阶段除地面覆盖外，中耕结合镇压具有良好的保墒效果。

（3）扩散控制阶段

当表土含水率很低（如低于凋萎系数）时，土壤输水能力极弱，不能补充表土蒸发损失的水分，土壤表面形成干土层。此时土壤水向干土层的导水率降近于零，液态水已不能运行至地表，下层稍湿润土层的水分汽化，只能以水汽分子的形态通过干土层孔隙扩散到大气中去。此时水汽蒸发已降至最小。在这一阶段，压实表层、减少大孔隙是防止水汽向大气扩散的有力措施。

综上所述，保墒的重点应放在第一阶段末和第二阶段初。

5.3.5　土壤—植物—大气连续系统

土壤中的水分运动并不是简单的、独立的物理过程，它与植物根系吸水、叶片蒸腾、大气水汽压都有密切的关系。因此，在研究土壤水分时就要把水分从土壤经过植物到大气的流动过程，作为一个物理的、统一的动态连续系统来看待。在这个连续系统中，水流的各个过程和途径是：土壤中的水分向根表皮流动；水分被根表皮吸收，通过根及茎的木质部输送到叶；水分在叶的胞间孔隙中气化成水汽；水汽经过叶的气孔扩散到近叶面的宁静空气层；最后扩散到外部大气（图 5-12）。上述过程就好像是链条中的各个环节一样相互连接、相互依赖，形成一个统一的系统，称为土壤—植物—大气连续系统（soil-plant-atmosphere-continuum，SPAC）。在这个连续系统中，水分移动的各个过程均可用不同类型的水势来表征，如土水势、根水势、叶水势等。

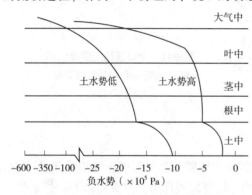

图 5-12　SPAC 中的水势变化示意

（Hillel，1971）

一般土壤与大气间的总水势差可达几十兆帕，在干旱地区甚至可超过 100 MPa。在这个总水势差中，土壤与植物间的水势差通常处于不足 1 兆帕至几兆帕的范围。水分在土壤中流动的阻力要比在植物体内流动的阻力大，并以叶到大气间的阻力最大。图 5-12 显示的是在两个水势水平下，水流经植物体到大气过程中水势的变化。在土水势高的情况下，根水势也高，两者间的水势差不大，叶水势不超过细胞丧失膨压的临界值（-2.0~-1.5 MPa），植物可以从土壤传导水至大气而不萎蔫。而在土水势低和蒸腾率高的情况下，根土间的水势差就大得多，叶水势远远低于临界值，水通过植物的阻力也增大，叶与大气之间的阻力更大，植物叶片便发生萎蔫。说明在供水不足时，蒸腾作用主要取决于土壤的导水率。土水势低时，叶水势只有大很多才能吸取足够的水。

5.3.6　田间土壤水分平衡

（1）田间土壤水分平衡

田间土壤水分平衡是指在一定容积的土壤范围内，土壤水分的亏损和盈余状况，一般多指 1~2 m 深度以内根系活动层土壤水的平衡。土壤水分的盈亏与作物生长有密切关系，特别是季节性的盈亏对于作物不同生育期的需水有直接影响。某一时期内土壤水分含量的变化(ΔW)等于这个时期土壤水分收入与支出的差值。

土壤水的收入项目(水分来源)有：降水量 P、灌溉量 I、上行水量 U(地下水补给量)；土壤水分的支出项目有：地表径流量 R、下渗水量 D、土面蒸发量 E、植物叶面蒸腾量 T、植物冠层截留量 I_n。所以土壤水分平衡可用下式表示：

$$\Delta W = P + I + U - R - D - E - T - I_n \tag{5-16}$$

式中　ΔW——计算时段内初始储水量与最终储水量之差。

各项水量采用单位面积上水量的量纲，L^3/L^2。

在以上土壤水分平衡式中，由于田间蒸发和蒸腾很难截然分开，故常合在一起统称为蒸散量 ET。降水量和灌溉量可用雨量筒和水表定量，两者也可以合并，以 P 代表。截留是降水或喷灌时被植冠截获而未到达土表的那部分水量，这部分水未参与土面蒸发而直接从植冠上蒸发掉，因此又常常合并写成 ETI_n 可是截留量较难统计且数量不大，许多场合下予以忽略。地表径流与截留有着同样的情况，不过对于平坦地块来说，不出现暴雨或降水强度不太大时，地表径流量也可以忽略，$R=0$ 和 $I_n=0$，于是式(5-16)可简化为：

$$\Delta W = P + U - ET - D \tag{5-17}$$

根据式(5-17)，由已知项可以求得某一未知项(如蒸散量等)，这就是土壤水量平衡法。该法在研究土体水分状况周年变化、确定农田灌溉时间以及研究土壤—植物—大气连续系统(SPAC)中的水分行为时具有重要意义。

(2)田间土壤水分状况

土壤水分状况是指周年中土壤剖面上下各层的含水量及其变化情况。从整体土壤水状况来看，它是土壤水平衡和土壤水性质(导水、入渗、再分布、蒸发等)共同作用的结果。一般说来，土壤水分状况随季节和地区的不同而有很大差别。在季风影响下，我国北方土壤水分的季节性动态通常可区分为下述几个时期：

①冬季至早春土壤湿度相对稳定期(冻结稳墒期)。11 月中旬至翌年 3 月。此时由于土体上部处于冻结状态，气温低，而下层土温高，水汽不断向上扩散冷凝，使表土以下的含水量不断升高，而且比较稳定。

②春夏之间强烈蒸发干旱期(春旱跑墒期)。4~6 月。由于蒸发强烈，降水量小，土壤水分迅速减少，土壤湿度降至全年的最低水平，是土壤失水最多的时期。此时应加强灌水保墒工作。

③夏秋之间土壤水分集聚期(雨季收墒期)。7~9 月。此期正值北方地区伏秋雨季，土壤水分主要以下渗为主，使底墒和深墒也得到了满足，土壤湿度回升到了一年中的最高峰，是土壤水分得到保蓄恢复的时期。此时应加强蓄水保墒，为翌年的冬作物返青和秋作物的播种提供良好的墒情条件。

④晚秋至冬初的土壤失水期。10~11 月。降水逐渐减少，气温开始下降，土壤水分蒸发消耗较快，使土壤湿度下降，地下水位降低。这一时期虽较短，但可形成秋后旱，影响越冬作物播种，有时需要灌水造墒。为了防止春旱也可在此时灌水增加底墒，促进冻后聚墒。

南方地区分期有所不同，如热带地区，没有冬季相对稳定期。土壤各水分时期出现的时间、持续时间、各时期占优势的湿度范围等也有一定的地理规律性，如土壤聚水期和失水期。由于各地区的雨季和暖季来临的时间都不相同，呈现自北向南逐渐提早，冻结稳定期缩短以致消失的趋势。

5.3.7 土壤水分状况调节

(1)加强农田基本建设，改善土壤水分状况

农田基本建设主要包括改造地表条件、平整土地和改良土壤、培肥地力两个方面。山丘区以采取改造地形、修梯田、打坝堰、小流域治理等水土保持措施为主，把"三跑田"改造成"三保田"。平原地区以平整土地、兴修水利工程为主，以建立田、渠、林、路、电配套的旱涝保收的高标准农田；在低洼下湿区以排灌配套、修筑台田和条田、排涝洗盐改土为主。

(2)科学合理灌排，控制水分

合理灌排主要包括因作物、土壤和当地的地形等具体情况确定灌排定额和方法等。首先根据作物需水量的大小确定灌溉定额，据作物的不同生育期进行灌溉。一般作物前期和后期需水较少，而旺盛生长期则需水较多，应多灌、灌足。

因土灌排，一般砂性土保水性差，要注意少量多次灌水补墒，切忌大水漫灌；而粘性土保水性强，应注意排水通气，可采取少次多量灌溉。

根据当地的地形等具体情况采用适宜的灌溉方法。一般淹灌法适宜于大田作物和果园等；沟灌适宜于宽行作物，如玉米、棉花等；喷灌在丘陵旱坡地可发展。上述3种灌溉方法水分的利用率低，适宜在水资源比较丰足的地区使用。低压管道灌溉是我国近几年迅速发展起来的一种新式地面灌溉技术，它具有节水、节能、节地、工程技术简单等突出优点。目前推广面积较大，据试验测算，每公顷可节水 324 m^3、节电 56.25 kW·h、节地 1.65%。而滴灌和渗灌是目前世界上比较先进的一种节水高效灌溉方法，对于果树和浅根密植的作物均可发展。

低洼下湿地区要注意排水散墒。南方早稻秧田实行"日排夜灌"可以提高土温促进秧苗健壮生长，盛夏酷热时实行"日灌夜排"，利于降温，避免水稻早衰。

(3)精耕细作，蓄水保墒，调温通气

合理耕翻是调控土壤水分的主要措施。一般秋季和伏天要深耕，可以创造疏松深厚的耕作层，起到纳雨蓄墒、伏雨春用或秋雨春用的作用。秋耕要早、要深，春耕宜早宜浅。

中耕可以清除杂草，疏松土壤，切断土壤毛细管，减少蒸发，既能保墒调节土温，又能促进通气和养分的分解。

镇压可将表层土块压碎，减少缝隙，防止水分蒸发损失，同时通过镇压接通毛管孔隙，将下层水上升到表层，起到提墒作用。另外通过镇压，土体接触紧实，提高了土壤的导热性。耙耱是压碎土块，平整地面，减少漏风跑墒，形成一层疏松散碎的干土层，起到覆盖保墒作用。

另外还有一些大窝(穴)耕作(也叫坑种)、撩壕种植、垄沟种植和丰产沟等耕作种植模式均具有改土聚肥、蓄水抗旱等作用，在我国山西、云南、四川、浙江等省的山区丘陵旱坡地都有广泛应用。

(4)合理施肥，调节土壤水肥气热状况

首先要重视有机肥的施用。有机肥不仅可以直接为作物提供有机和无机养分，而且可很好地改善土壤的孔性、结构性、保水性和稳温性，提高土壤的胶体活性，从而强化土壤协调和控制其内部水热动态平衡的能力。

其次要注意有机与无机以及各种无机肥料之间的配合施用。资料表明，氮磷配合可以提高水的利用率。施肥恰当可以降低作物的蒸腾系数，提高作物产量。

(5)其他措施

①地面覆盖。除普遍采用塑料薄膜覆盖外，还可采取地面盖草或秸秆、撒稻糠或麦颖等方法。黄土高原区推广的小麦(玉米、高粱等)秸秆整秆覆盖、粉碎覆盖、秸秆地膜二元组合覆盖等，不仅可保墒、稳温，同时具有增加土壤有机质，改善土壤理化性质，减少土壤污染退化等功效。甘肃推广的全膜双垄沟玉米种植方式平均产量和水分利用效率分别较对照显著提高 57.8% 和 61.6%。南方地区水稻秧田播种后，用马粪、木屑、谷糠等覆盖可以起到增温、保墒、通气、促进出苗保苗的作用。北方地区的一些果园间作绿肥牧草、覆盖秸秆等，都能够起到保墒、稳温、增肥的目的。

②应用新技术。随着科学技术的不断发展，一些人工合成的保墒、增温物质相继出现，如高碳乳化液正十六醇和正十八醇、沥青制剂、棉籽油脚制剂等，经稀释后喷洒到土壤表面形成薄膜，可减少土壤蒸发，春播时可提高土温。在稻田使用可减少水分蒸发和热量损失，提高水温，促进水稻生长发育。在有条件的地区，建立温室、温床、风障、塑料大棚等保护设施，均可对水肥气热状况进行有效控制和调节。

思考题

1. 土壤水分的形态及其特性和有效性如何？
2. 土壤含水量的表示方法有哪些？各种表示方法的含义是什么？
3. 什么是土壤水分特征曲线？它的意义是什么？
4. 什么是蒸发？蒸发过程的特点是什么？农业生产中如何控制土壤水分蒸发？
5. 试从能态学的观点解释土壤水分运动。
6. 什么是土水势？它由哪些分势组成？

第6章

土壤空气和热量状况

【内容提要】主要介绍土壤空气、土壤热量的特点、性质，二者的运动变化规律以及与土壤肥力、作物生长的关系。

土壤空气和热量是土壤重要的肥力因素。二者常处于互相联系、互相影响的发展变化之中。它们之间的不断联系和变化，直接影响土壤中的各种物理、化学、生物学过程以及农作物的生长发育。

6.1 土壤空气

土壤空气是土壤的重要组成。它对作物的生长发育、土壤微生物的活动和各种营养物质的转化都有非常重要的甚至是决定性的作用，因此是土壤肥力的重要评价指标。

6.1.1 土壤空气的组成和特点

土壤空气是指存在于土壤中的气体的总称，其存在形式包括：以自由态存在于土壤孔隙中，以溶解态存在于土壤水中，以吸附态存在于土粒中。土壤空气主要来源于大气，少量来源于土壤中生物化学过程所产生的气体。所以，土壤空气的组成与大气相似，但由于受土壤呼吸的影响，在组成上存在一些差异(表6-1)。

表 6-1　近地面大气与土壤空气组成的比较　　　　　　　　　　　%

气体类型	气体成分容积百分比			
	氧　气	二氧化碳	氮　气	惰性气体
近地面大气	20.99	0.03	78.05	0.9389
土壤空气	18.00~20.03	0.15~0.65	78.08~80.24	—

注：引自林大仪等，2011。

土壤空气的成分组成与大气的主要差别有以下几方面：

(1) 土壤空气中的 CO_2 含量高于大气

土壤空气中的 CO_2 含量通常比大气高 5 倍至数十倍，甚至上百倍。主要原因：一是植物根系呼吸产生大量 CO_2，如每亩麦地（20 万株），一昼夜释放约 4 L CO_2；二是微生物分解有机质时产生大量 CO_2；三是土壤中的碳酸盐遇无机酸或有机酸发生作用也可产生 CO_2。一般情况前两种原因是主要的。如果土壤因积水而通气不良或施用大量新鲜绿肥，则土壤空气中的 CO_2 产生积聚，其浓度可升高到 1% 以上。

（2）土壤空气中的 O_2 含量低于大气

由于土壤中存在植物、动物和微生物等生物活动对 O_2 的消耗，故当土壤空气中的 CO_2 含量升高时，O_2 的含量必然因生物的消耗而相应的降低。严重情况下，这对植物根系的呼吸和微生物的好气活动会产生不利的影响。

（3）土壤空气中的水汽含量高于大气

土壤中的水汽几乎经常是饱和的，因为除表土层和干旱季节外，只要土壤含水量在吸湿系数以上，土壤水分就会不断蒸发，而使土壤空气呈水汽饱和状态，这有利于微生物的活动。

（4）土壤空气中有时含有少量还原性气体

在由于通气受阻，渍水土壤常含有一些微生物活动所产生的还原性气体，如 CH_4、H_2S、NH_3、H_2 等。这些气体的积聚不利于作物生长。

（5）土壤空气成分随时间和空间而变化

大气成分相对比较稳定而土壤空气成分常随时间和空间而变化。土壤空气中的 CO_2 含量随土层加深而升高，O_2 则随土层加深而降低。在土壤耕作层中，CO_2 含量以冬季含量最低，夏季含量最高；降水或灌水后，CO_2 含量有所降低，O_2 含量有所上升。

6.1.2　土壤通气性

6.1.2.1　土壤通气性的重要性

土壤通气性指土壤空气与大气进行交换以及土体内部允许气体扩散和流通的性能。它的重要性在于，土壤空气通过与大气的交流，不断更新其组成，并使土体内部各部分的气体组成趋于均一。土壤具有适当的通气性，是保证土壤空气质量、提高土壤肥力不可缺少的条件。如果通气性极差，土壤空气中的 O_2 在很短时间内就可能被全部耗竭，而 CO_2 含量随之升高，作物根系的呼吸就会受到严重抑制。

6.1.2.2　土壤通气性的机制

土壤是一个开放的耗散体系，时刻与外界进行着物质和能量的交换。土壤空气在土体内部不停地运动，并不断地与大气进行着交换。土壤空气的交换机制有两种：对流和扩散。其中气体的扩散是主要的。

（1）对流

对流又称质流，在土壤中指土壤空气与大气之间由总压力梯度推动的气体的整体流动。对流总是由高压区向低压区运动。对流过程主要是受温度、气压、风、降水或灌水的挤压作用等的影响而产生。例如，土温高于气温，土内空气受热膨胀而被排出土壤；气压低，大气的重量减小，土壤空气被排出；降水或灌水使土壤中较多的孔隙被水充塞，而把土内部分空气排出土体，反之当土壤水分减少时，大气中的新鲜空气又会进入土体的孔隙。在水分缓缓渗入时，土壤排出的空气数量多，但在暴雨或大水漫灌时，会有部分土壤空气来不及排出而被封闭在土壤孔隙中。这种被封闭的空气往往阻碍水分的运动。

地面风力也可把表土空气整体抽出，另外翻耕或疏松土壤都会使土壤空气增加，而农机具的压实作用使土壤孔隙度降低，土壤空气减少。土壤空气对流可用以下方程描述：

$$q_V = -(k/\eta)\nabla P \tag{6-1}$$

式中　q_V——空气的容积对流量，即单位时间通过单位横截面的空气容积；

$\quad\quad k$——通气孔隙透气率；

$\quad\quad \eta$——土壤空气的黏滞度；

$\quad\quad \nabla P$——土壤空气压力的三维梯度。

(2)扩散

气体扩散是气体交换的主要方式，是指气体分子由浓度高(分压大)处向浓度低(分压小)处的移动。混合气体中一种气体的分压就是这种气体所占容积产生的压力。例如，空气压力是 1×10^5 Pa，O_2 占空气容积的 21%，那么 O_2 的分压就是 0.21×10^5 Pa。由于土壤中植物根系的呼吸和微生物对有机残体的分解，使土壤中的 O_2 不断消耗，CO_2 不断增加，因而使土壤空气中 O_2 的分压总是低于大气，而 CO_2 的分压总是高于大气，所以 O_2 从大气向土壤扩散，CO_2 从土壤向大气扩散。二者之间不断的气体扩散交换使土壤空气得到更新，这个过程称为土壤的呼吸过程。

土壤中气体的扩散过程可以用费克(Fick)定律表示：

$$q = -D_s \frac{\mathrm{d}c}{\mathrm{d}x} \tag{6-2}$$

式中　q——扩散通量，即单位时间通过单位面积扩散的质量；

$\quad\quad D_s$——气体在该介质(土壤)中的扩散系数，代表气体在单位分压梯度或单位浓度梯度下，单位时间通过单位面积土体剖面的气体量；

$\quad\quad c$——某种气体(O_2 或 CO_2)的浓度，即单位容积扩散物质的质量；

$\quad\quad x$——扩散距离；

$\quad\quad \dfrac{\mathrm{d}c}{\mathrm{d}x}$——浓度梯度。

由于土壤是多孔体，其断面上供气体分子扩散通过的孔隙仅有未被土壤水占据的那一部分，而且这些孔隙又很曲折迂回且粗细不等，这样气体分子扩散所经的路程必然远大于土层的厚度，因此气体在土壤中的扩散系数 D_s 明显小于其在空气中的扩散系数 D_0，其值因土壤的含水量、质地、结构、松紧程度、土层排列等状况而异。如土壤含水量高时，有效的扩散孔道少，D_s 值小；砂土、疏松的土壤和有团粒结构的土壤其 D_s 值大于黏土，通气容易。在同样的条件下，不同气体在同一土壤的扩散系数也是不同的，如 O_2 的扩散系数比 CO_2 约大 1.25 倍。不同压力和温度下的气体扩散系数变化也较大。

6.1.3　土壤空气与植物生长发育及土壤肥力的关系

土壤空气与植物生长发育以及土壤水分和养分的转化供应有着极其密切的关系，主要表现在以下方面：

（1）影响种子萌发

种子的萌发需要吸收一定的水分和 O_2，种子正常萌发需要 O_2 浓度在 10% 以上，低于 5% 时，表现出缺氧，会影响种内物质的转化和代谢活动，同时有机质嫌气分解所产生的醛类和有机酸等物质，能抑制多种植物种子的发芽。

（2）影响根系的生长发育和吸收功能

大多数植物在通气良好的土壤中根系长、颜色浅、根毛多，对养分和水分的吸收能力强；植物在通气不良、缺氧的土壤中根系短而粗、颜色暗、根毛少，对养分和水分的吸收能力低。一般当土壤空气中的 O_2 浓度低于 10% 时，根系发育要受影响；当低于 5% 时，绝大多数根系停止发育。研究表明，当土壤空气中 CO_2 和 O_2 总和为土壤空气的 21% 时，棉花根系的生长同 O_2 与 CO_2 的相对比例有关。当 O_2 占 17.9%、CO_2 占 3.15% 时，根系发育良好；当 O_2 占 14.7%、CO_2 占 6.3% 时，根系生长正常；当 O_2 降到 8.4%、CO_2 超过 12.6% 时，根系停止发育。当土壤通气不良时，植物根系呼吸作用减弱，吸收养分和水分的能力降低，特别对 K 的吸收能力影响最大，其后依次为 Ca、Mg、N、P 等。所以，通气良好可提高土壤肥效，特别是钾肥的肥效。农谚"锄地出肥"就是通过疏松土壤，增加土壤空气，促进根的呼吸，增加无机盐的吸收。研究表明，疏松土壤既能提高淀粉型商薯克新 10 号和克新 11 号的鲜薯产量 70.08% 和 22.86%，还可以提高块根中光合产物的输入效率以及蔗糖和淀粉的含量（李军等，2004）。

（3）影响生物活性和养分状况

土壤空气的数量和 O_2 的含量对微生物活动有显著影响。O_2 充足时，好气微生物活动旺盛，有机质分解迅速且彻底，氨化过程加快，也有利于硝化过程的进行，故土壤中有效态氮丰富；O_2 缺乏时，有机质分解慢且不彻底，有利于反硝化作用的进行，造成氮素的损失或导致亚硝态氮的积累而毒害根系。土壤空气中 CO_2 的增多，使土壤溶液中碳酸离子和重碳酸离子浓度上升，这虽有利于土壤矿物质中的 Ca、Mg、P、K 等养分的释放溶解，但过多的 CO_2 往往会使 O_2 的供应不足，从而影响根系对这些养分的吸收。

（4）影响植物生长的土壤环境状况和植物的抗病能力

此处所指的土壤环境状况主要包括土壤的氧化还原状况和土壤中有毒物质的含量状况。土壤通气性对其氧化还原状况影响较大：土壤通气良好时，土壤处于氧化状态，养分释放快，大多数元素以高价态存在，如 CO_2、NO_3^-、PO_4^{3-}、SO_4^{2-}、Fe^{3+}、Mn^{3+}；若通气不良，还原反应占优势，土壤酸度增强，土壤中产生的还原性气体（如 CH_4、H_2S、H_3P、N_2、NH_3、NO_2^- 等）对作物有毒害作用。例如，土壤溶液中 H_2S 含量达 0.07mg/kg 时，水稻表现为叶片枯黄，稻根发黑。另外，土壤缺氧时也影响一些变价元素的存在形态，如 Fe^{2+}、Mn^{2+} 等还原性物质的增加会对作物产生毒害。缺氧还会使土壤酸度增大，养分释放速率减慢，适于致病霉菌发育，并使植物生长不良、抗病力下降而易感染病害，所以必须经常调节土壤通气状况，使之向有利于植物生长的方向发展。

6.2 土壤热量

土壤温度是土壤热量状况的具体指标，是由热量的收支状况和土壤本身的热性质决定的。了解土壤热量的收支状况、热性质和土壤温度的变化，对调节土壤热状况，满足作物对土壤温度状况的要求，提高土壤肥力，有着十分重要的意义。

6.2.1 土壤热量来源和平衡

6.2.1.1 土壤热量来源

(1)太阳辐射能

太阳辐射能是土壤热量的主要来源。地球表面所获得的平均太阳辐射强度(指垂直于太阳光 1 cm^2 的黑体表面在 1 min 内所吸收的辐射能)为 8.148 J/(cm^2·min)，此值也称为太阳常数。由于大气层太阳辐射能的吸收和散射，实际到达地面的辐射量仅为太阳常数的 43% 左右。太阳辐射强度依气候带、季节和昼夜而不同。我国长江以南地区地处热带和亚热带气候区，太阳辐射强度大于温带的华北地区，更大于寒温带的东北地区。

(2)生物热

土壤微生物在分解有机质的过程中常释放一定的热量，其中一部分被微生物自身利用，而大部分可用来提高土温。据估算，含有机质 4% 的土壤，每英亩*耕作层有机质的潜能为 6.28×10^9~6.99×10^9 kJ，相当于 20~50 t 无烟煤燃烧所释放的热量。可见土壤有机质每年产生的热量是巨大的。在保护地蔬菜栽培或早春育秧时，施用有机肥并添加热性物质，如半腐熟的马粪、鸡粪、羊粪等，就是利用有机质分解释放的热量以提高土温，促进植物生长或幼苗早发快长；也可以添加草木灰、生物炭等热性肥料提高地温。

(3)地球内热

地球内部也向地表传热，但因地壳导热能力很差，全年每平方厘米地面从地球内部获得的热量总共不超过 226 J，比太阳常数小十余万倍，对土壤温度的影响很小。但在一些地热异常区，如温泉附近，这一因素则不可忽视。

6.2.1.2 土壤热量平衡

土壤表面吸收太阳辐射热后，大部分消耗于土壤水分蒸发和大气之间的湍流热交换，另一小部分被生物活动所消耗，只有很小部分通过热交换传导至土壤下层。单位面积单位时间内垂直通过的热量称为热通量，以 R 表示，单位为 J/(cm^2·min)，它是热交换量的总指标。土壤的热量平衡是指土壤热量在一年中的收支情况，可以用下式表示：

$$S = Q \pm P \pm L_E \pm R \qquad (6\text{-}3)$$

式中 S——土壤表面在单位时间内实际获得或失掉的热量；

     Q——辐射平衡；

     P——土壤与大气层之间的湍流交换量；

     L_E——水分蒸发、蒸腾或水汽凝结而造成的热量损失或增加的量；

     R——土壤表面与土壤下层之间的热交换量。

式(6-3)中各符号之间的正、负双重号，表示它们在不同情况下有增温或冷却的不同方向。一般情况下，在白天，太阳辐射能被土壤吸收后便变成热能，土壤表面温度上

---

* 注：1 英亩 ≈ 0.4 hm^2。

升，S 为正值，因此要将热量传给邻近的空气层及下层土壤；在夜间，S 为负值，土壤表面由于向外辐射不断损失热量，温度低于邻近的空气层及下层土壤，从空气层及下层土壤有热量输送至地表。在农业生产上，常采取中耕松土、覆盖地面、设置风障和塑料大棚等措施以调节土壤温度。

6.2.2　土壤热性质

土壤温度的变化，一方面受热源的制约，即外界环境条件的影响；另一方面则主要取决于土壤本身的热特性。

(1)土壤热容量

土壤受热而升温或失热而冷却的难易程度常用热容量表示。热容量是指单位重量(质量)或单位容积的土壤，当温度升高或降低 1 ℃时所需要吸收或放出的热量。土壤热容量有两种表示方法：

单位重量(质量)的土壤每升高或降低 1 ℃所需要吸收或释放的热量，称为重量(质量)热容量，也称为土壤比热。用 C 表示，单位是 $J/(g \cdot ℃)$。

单位容积的土壤每升高或降低 1 ℃所需要吸收或释放的热量，称为容积热容量，用 C_V 表示，单位是 $J/(cm^3 \cdot ℃)$。重量热容量可以实际测定，而容积热容量不易实测，只能通过重量热容量换算得到。两者的关系是：

$$C_V = C\rho \tag{6-4}$$

式中　ρ——土壤容重。

热容量是影响土壤温度的重要热特性，如果土壤的热容量小，即升高温度所需要的热量少，土壤温度就容易升降，反之热容量越大，土壤温度升高或降低越慢。

土壤是由固、液、气三相物质组成的，所以土壤热容量取决于其固、液、气三相物质的组成比例。从表 6-2 可以看出，土壤中固、液、气三相组成的热容量有很大差异，不同固相物质的热容量也不相同。其中土壤水分的容积热容量最大，空气的容积热容量很小，土壤中固体颗粒的容积热容量则介于两者之间。在土壤组成中，固体部分的矿物质和腐殖质可以认为是相对较稳定的组分，短期内难以发生重大变化，因而它对土壤热容量的影响

表 6-2　土壤组成物质的热容量

土壤组分	重量热容量[J/(g·℃)]	容积热容量[J/(cm³·℃)]
土壤空气	1.004	$1.255×10^{-3}$
土壤水分	4.184	4.184
腐殖质	1.996	2.515
粗石英砂	0.745	2.163
高岭石	0.975	2.410
石　灰	0.895	2.435
Fe_2O_3	0.682	—
Al_2O_3	0.908	—

也是相对稳定的。只有孔隙内的水与空气经常互为消长而变化，特别是水分在短时间内会发生较大变化，因此土壤含水量对土壤热容量起着决定性作用。由于土壤空气的热容量很小，虽然也是易变因素，但影响甚微。所以土壤湿度越大，土壤热容量就越大，增温慢，降温也慢；反之，土壤越干燥，则土壤热容量也越小，增温快，降温也快。在同一地区，砂土的含水量比黏土低，热容量比黏土小，土壤温度变幅较大。因此砂土在早春白天升温较快，称为热性土；而黏土则相反，称为冷性土。

(2)土壤导热性

土壤吸收热量后，一部分用于本身升温，另一部分传送给邻近土层。土壤的这种从温度较高的土层向温度较低的土层传导热量的性能称为导热性，用导热率来衡量。土壤导热率是指单位厚度(1 cm)的土层，两端温度相差 1 ℃时每秒钟通过单位断面(1 cm^2)的热量，一般用 λ 表示，单位是 J/(cm·s·℃)。

物质导热率主要取决于物质本身性质和物态(固、液、气)，土壤导热率同样也取决于土壤固、液、气三相组分及其比例。由表 6-3 可见，在

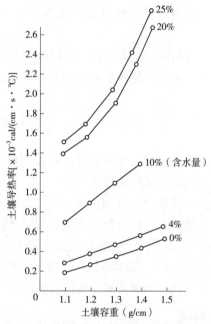

图6-1　土壤容重、含水量和导热率的关系
(华孟，1993)

土壤三相组成中，空气的导热率最小，水的导热率居中，土壤矿物质的导热率最大。虽然矿物质导热率最大，但它是相对稳定而不易变化的。水和空气的导热率虽然小于矿物质，但土壤中的水、气总是处于变动状态。因此，土壤导热率主要取决于土壤孔隙的数量和土壤含水量。如图 6-1 所示，土壤导热率随含水量增加而增大，因为不仅在数量上水分增加易于传热，而且水分增加后使土粒间彼此相连，增加了传热途径(空气孔隙可看作不传热途径)。水的导热率比空气大 25 倍，所以湿土比干土导热快。导热率在低湿度时与土壤容重成正比，因为容重小，孔隙度高，孔隙中空气可视为不传热途径，所以导热率小；容重大，土粒彼此紧密接触，热能则易于传导。从图 6-1 还可看出，干土(含水量为零)导热率随容重增大较平缓，而随含水量增大急陡。由此得出，土壤含水量对土壤导热率增大的影响比容重增加的影响要显著得多。

表6-3　土壤不同组分的导热率　　　　　　　　J/(cm·s·℃)

土壤组分	土壤空气	土壤水分	腐殖质	石英	湿砂粒	干砂粒
导热率	2.092×10^{-4}	5.021×10^{-3}	1.255×10^{-2}	4.427×10^{-2}	1.674×10^{-2}	1.674×10^{-3}

6.2.3　土壤温度状况

6.2.3.1　影响土壤温度的因素

(1)环境因素

①纬度。由于高纬度地区太阳照射倾斜度大，地面接收的太阳辐射能少，因此土壤温

度一般低于低纬度地区。由于气温随着海拔的升高而下降，所以土温也随海拔的升高而降低，即自南往北土壤表面接收的辐射强度逐渐减弱，土壤热量状况由高到低。

②坡向。与阳光照射时间有关。在北半球南坡照射时间长，受热多，土壤温度高于北坡，土壤水分容易蒸发，导致土壤干旱。一般阳坡的土壤状况，可以概括为"硬、薄、干"。东南坡、西南坡次之，东坡、西坡、东北坡、西北坡依次递减，北坡最低。

③地面覆盖。当地面有覆盖时，可以阻止太阳光直接照射，同时也可减少地面因蒸发而损失热能，土温变化较小。故霜冻前，地面增加覆盖物可确保土温不致骤降，冬季积雪也有利于保温。厚厚的积雪就像一层导热性较差的"棉被"，既阻挡寒气入侵，也减少土壤热量外传，保护麦苗安全越冬。一般刚下的雪孔隙大而多，保温效果最好，积雪厚度保持在 3 cm 以上，对小麦越冬较为有利。另外秸秆覆盖在冬季也有利于土壤保温，夏季有利于降温。地膜覆盖则是早春增温、保墒的重要措施。

④海拔。随着海拔的逐渐升高，地表温度逐渐降低。

(2)土壤特性

①颜色。深色土壤吸热多，散热快。早春在菜田、苗床覆盖草木灰、炉渣等深色物质可提高土温。近年来，生物炭被推广应用，其作用之一是提高地温，增加作物产量。

②质地。砂性土，土壤含水量少，热容量小，导热率低，早春表土增温快，称为热性土，可提早播种；黏性土，土壤含水量多，热容量大，导热率高，早春表土增温慢，降温也慢，称为冷性土，播种必须推迟。

6.2.3.2　土壤温度的变化规律

土壤热量主要来自太阳辐射能，辐射强度随昼夜和季节而变化，土壤温度也相应地发生变化。

(1)日变化

土壤温度随昼夜发生的周期性变化称为土温的日变化。从表层几厘米的土温来看，自日出开始，土温逐渐升高，下午 14:00 左右达到最高，以后又逐渐下降，最低温度在凌晨 5:00~6:00。土壤表层温度变幅最大，而底层变化小且随深度增加趋于稳定。白天表层土温高于底层，夜间底层土温高于表层。

(2)年变化

土壤温度随一年四季发生的周期性变化称为土温的年变化。土温与四季气温变化类似，通常全年表土最低温度出现在 1~2 月，最高温度出现在 7~8 月。随着土层深度的增加，土温的年变幅逐渐减小以致不变，最高、最低气温出现的时间也逐渐推迟。土温的年变化对安排作物播种、生长和收获时间极为重要。

6.2.4　土壤温度与植物生长及土壤肥力的关系

(1)土壤温度影响植物种子发芽出苗

植物种子萌发要求有一定的土壤温度。不同植物种子萌发所需的平均土壤温度是不同的，如小麦、大麦和燕麦为 1~2 ℃，谷子为 6~8 ℃，玉米为 10~12 ℃，棉花、水稻、花生则为 12~14 ℃。种子萌发的速率随平均土壤温度的提高而加快，如小麦在低温 1~2 ℃

时，萌发期需要 15~20 d 时，当土壤温度 9~10 ℃时，5 d 即可萌发。

（2）土壤温度影响植物根系生长

一般而言，植物在 0 ℃以下根系不能发育，2~4 ℃时开始生长，10 ℃以上生长活跃，超过 30 ℃时，根系生长则受到阻碍。不同植物根系生长的最适土壤温度是不同的(表6-4)。

表 6-4　各种作物根系生长的适宜土壤温度

作物种类	小 麦	玉 米	棉 花	甘 薯	豆 类	水 稻
土壤温度(℃)	12~16	24~28	25~35	18~19	22~26	30~35

注：引自林大仪等，2011。

（3）土壤温度影响植物的生理过程

在 0~40 ℃范围内，细胞质的流动随升温而加速。在 20~30 ℃范围内，温度升高，能促进有机质的输导，温度过低影响作物体内养分物质的运送速率，有碍植物的生长；在 0~35 ℃范围内，温度升高可促进呼吸强度，但光合作用受温度影响较小，因此低温利于碳水化合物的积累；在一定温度范围内，根系对营养元素的吸收速率随温度升高而加快。所以适宜的土温对植物的营养生长和生殖生长都有促进作用。

（4）土壤温度对土壤肥力的影响

土壤温度是土壤肥力因素之一，它对土壤中其他的肥力因素也有影响。温度的变化对矿物的风化作用产生重大影响，它可以促进矿物质的分解，增加速效养分。土壤中有益微生物在适宜的温度范围内(15~45 ℃)，温度越高，微生物活动越强。土壤温度过高或过低，微生物的活性均会受到抑制，影响到土壤有机质的转化过程，也影响了各种养分的转化形态。另外，土壤温度上升加强了气体扩散作用，有助于气体的更新交换。同时土壤温度越高，土壤水分的运动也越剧烈。总之，土壤肥力因素受土壤温度的影响是非常显著的。

思考题

1. 土壤空气组成有哪些特点？
2. 什么是土壤呼吸？
3. 土壤空气交换的方式及其影响因素有哪些？
4. 土壤的热特性有哪些？分别如何影响土壤温度状况？
5. 简述土壤空气与植物生长及土壤肥力的关系。
6. 土壤热量对植物生长有何影响？如何进行调控？

第 7 章

土壤胶体与土壤保肥供肥性

【内容提要】重点介绍土壤胶体的种类、性质，土壤或土壤胶体对阴离子、阳离子的吸附作用及影响因素；土壤中大量、中量、微量元素的含量、形态、转化及其与土壤供肥性能的关系和影响土壤供肥性的因素。

7.1　土壤胶体的种类及其性质

土壤胶体通常是指粒径 1~100 nm（在长、宽、高 3 个方向，至少有 1 个方向在此范围内）的固体颗粒。也有文献将粒径 1~200 nm 的土粒称为土壤胶体。

土壤胶体是土壤中最活跃的部分，很多重要的土壤性质都发生在土壤胶体和土壤溶液的界面上。它们的行为影响土壤的发生和发展、理化性质及保肥供肥性。

7.1.1　土壤胶体的种类

土壤胶体按其成分和来源可分为无机胶体、有机胶体和有机无机复合胶体。

7.1.1.1　无机胶体

无机胶体的组成复杂，包括层状硅酸盐黏土矿物和铁、铝、硅等的氧化物及其水合物。

(1)黏土矿物

黏土矿物是土壤无机胶体最重要的组成部分。它们在肥力上的重要作用与其特殊构造有关。

①黏土矿物的基本结构单位。黏土矿物都是由 2 个基本结构单位组成，即硅氧四面体和铝氧八面体。

硅氧四面体是由 4 个氧原子和 1 个硅原子组成（图 7-1，图 7-2）。在层状硅酸盐中，硅氧四面体以其底部的 3 个氧原子，分别与相邻的 3 个四面体共享，形成向二维空间延伸的片层，即硅氧片，成为晶层的基本单元。硅氧片上下面都具有六角形网孔，底面的六角网孔小些，且 6 个氧原子均不带电，而顶端的氧原子带负电荷（图 7-3，图 7-4）。

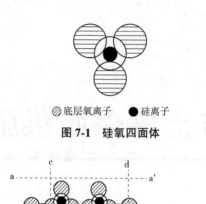

图 7-1 硅氧四面体

◎ 底层氧离子　● 硅离子

○ 顶层氧离子

图 7-2 硅氧四面体构造

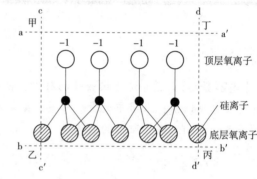

◎ 顶层氧离子　○ 底层氧离子　● 中心硅离子

图 7-3 硅氧片(硅片)连接方式俯视图

顶层氧离子

硅离子

底层氧离子

图 7-4 硅氧片(硅片)连接方式侧视图

铝氧八面体为 6 个氧原子围绕 1 个铝原子构成。八面体中铝离子周围等距离地配上 6 个氧离子(氢氧离子),上下各 3 个,相互错开形成紧密堆积(图 7-5,图 7-6)。相邻 2 个八面体通过共用棱边的 2 个氢氧离子联结形成八面体片(图 7-7,图 7-8)。铝氧八面体也是晶层的基本单元。

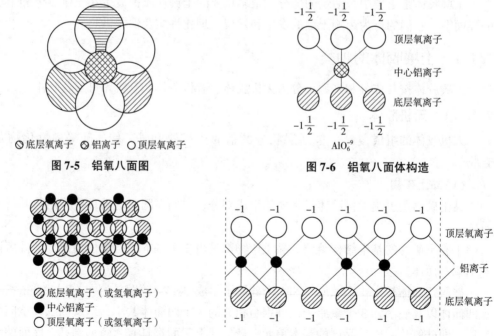

○底层氧离子　⊗铝离子　○顶层氧离子

图 7-5 铝氧八面图

顶层氧离子

中心铝离子

底层氧离子

AlO_6^{-9}

图 7-6 铝氧八面体构造

◎ 底层氧离子(或氢氧离子)

● 中心铝离子

○ 顶层氧离子(或氢氧离子)

图 7-7 水铝片(铝片)连接方式俯视图

顶层氧离子

铝离子

底层氧离子

图 7-8 水铝片(铝片)连接方式侧视图

在自然界中，组成铝硅酸盐矿物晶层的硅氧四面体和铝氧八面体中的硅原子和铝原子可以被其他电性相同、大小相近的原子所取代，而晶格构造保持不变，这种现象称为同晶置换或同晶异质置换。

②黏土矿物的种类和性质。根据晶体内所含硅氧片和铝氧片数量和排列方式的不同，层状铝硅酸盐矿物主要分为 3 组：高岭石组、蒙脱石组、水化云母组等。

高岭石组(1∶1 型矿物组)：包括高岭石、埃洛石、珍珠陶土、迪开石等，以高岭石为最典型(图 7-9)。这类矿物的共同特点是：晶层由 1 片硅氧片和 1 片铝氧片重叠组成；晶层重叠时，晶层一面是铝氧片上的 OH 基团，另一面则是硅氧片上的氧原子，晶层间通过氢键连接，层间距离固定而不易膨胀，水和其他阳离子都不能进入；晶片中没有或极少有同晶置换，阳离子交换量远远低于蒙脱石组和水云母组黏土矿物，一般为 3~15 cmol(+)/kg；比表面小，黏结性、黏着性和可塑性比较低。高岭石在土壤中分布很广，尤其在湿热气候条件下的土壤中最多，是红壤与砖红壤的主要黏土矿物。

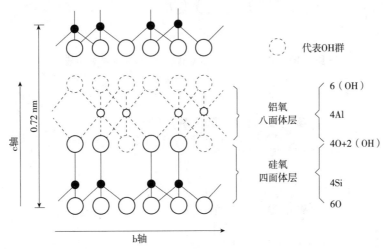

代表OH群

6（OH）

铝氧
八面体层

4Al

4O+2（OH）

硅氧
四面体层

4Si

6O

图 7-9　高岭石(1∶1 型层状硅酸盐)**晶体结构示意**

(朱祖祥，1983)

蒙脱石组(膨胀型 2∶1 型矿物组)：包括蒙脱石、拜来石、绿脱石、皂石等，以蒙脱石最为典型(图 7-10)。这类矿物因同晶置换不同，化学成分稍有差异，如蒙脱石主要由 Mg^{2+} 交换铝氧片中的 Al^{3+}，拜来石主要由 Al^{3+} 交换硅氧片中 Si^{4+}。它们的共同特点是：晶层是由 2 片硅氧片夹 1 片铝氧片而成；晶层上下面都是氧原子，晶层间通过氢键联接，联结力弱，水和其他阳离子易进入晶层间，晶体胀缩性很强；晶层间普遍存在同晶置换，阳离子交换量较大，为 70~130 cmol(+)/kg，保肥力强；颗粒细小，比表面大，为 700~800 m^2/g，黏结性、黏着性和可塑性强，对耕作不利。我国东北地区的黑土和内蒙古的栗钙土蒙脱石含量最高，华北地区的褐土、西北地区的灰钙土也含有蒙脱石。

水云母组(非膨胀性 2∶1 型矿物)：包括伊利石、海绿石。土壤中常见的是伊利石(图 7-11)，其特点是：晶层构造与蒙脱石相同，为 2∶1 型矿物，但层间固定的是钾离子；层间由 K^+ 键合，结合力强，可塑性与胀缩性较低；同晶置换较普遍，阳离子交换量为 10~40 cmol(+)/kg，保肥力介于蒙托石与高岭石之间；颗粒较大，比表面较小，并以外表面

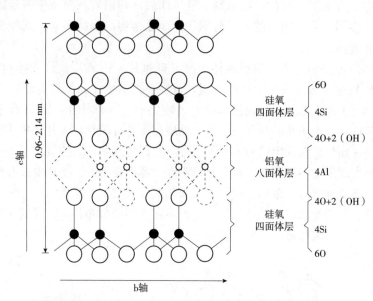

图 7-10 蒙脱石(2∶1 型层状硅酸盐)晶体结构示意
(朱祖祥，1983)

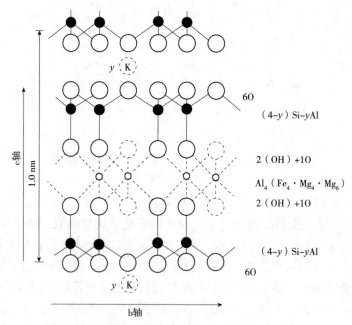

图 7-11 水云母(伊利石)晶体结构示意
(朱祖祥，1983)

为主，黏结性、黏着性和可塑性等均介于蒙托石与高岭石之间。水云母广泛分布于我国北方干旱和半干旱地区的土壤中。由北向南随着降水量的增大，土壤中水云母的含量逐渐降低，但在富含云母母质发育的土壤中含量仍然较高。

（2）氧化物组

氧化物组主要包括铁、铝、锰、硅的氧化物及其水合物，以及水铝英石类矿物。其中，有晶质矿物，如三水铝石（$Al_2O_3 \cdot 3H_2O$）、水铝石（$Al_2O_3 \cdot H_2O$）、针铁矿（$Fe_2O_3 \cdot H_2O$）等；也有非晶质矿物，如水铝英石。它们的特点是：有巨大的表面积，比表面为 $300\sim700\ m^2/g$，且内外表面各占 $1/2$，同时带有正、负两种电荷。在热带、亚热带土壤中，这类矿物占优势，对这些地区土壤胶体性质的影响显著。

7.1.1.2　有机胶体

有机胶体主要是各种腐殖质，还有少量的木质素、蛋白质、纤维素等。腐殖质表面具有羧基（—COOH）、羟基（—OH）、醌基（=O）、醛基（—CHO）等活性基团，解离后所带电量大，一般带负电荷，因而对土壤保肥供肥性影响很大。腐殖质胶体是非晶质无定形的颗粒，颗粒大小变化大，最小的为 $0.01\sim0.10\ \mu m$，大的可达几微米。由于腐殖质是多孔性胶体，故具有极大的比表面，可高达 $800\sim1000\ m^2/g$。有机胶体易被微生物分解，稳定性较差，需通过施有机肥、秸秆还田等补充。

7.1.1.3　有机无机复合胶体

土壤有机胶体有 $50\%\sim90\%$ 与无机胶体结合，形成有机无机复合胶体。土壤有机胶体与无机胶体相互结合的机制还不很清楚。有关学者提出以下几种可能的结合机制。

①极性吸附。腐殖质的羧基端呈正电性，因此可视为极性化合物，带负电荷的黏土胶粒可将腐殖质的正电性一端引向它的表面，呈极性吸附而使腐殖质围聚在它的周围。

②阳离子的键桥作用。带负电荷的有机和无机胶体通过二价或三价阳离子（如 Ca^{2+}、Fe^{3+}、Al^{3+} 等）而连接起来。同样，也可以通过羟基铝离子连接起来。

③分子吸附。有人认为，多糖类（如纤维素、果胶等）与黏土胶粒主要通过分子引力（分子吸附）而结合。

④氢键作用。有机胶体官能团中的氢与无机胶体上的氧之间产生氢键结合。

7.1.2　土壤胶体的性质

7.1.2.1　土壤胶体的表面积

土壤胶体表面积通常用比表面（即单位质量土壤或土壤胶体的表面积）来表示，它是评价土壤表面化学性质的指标之一。

土壤胶体的表面可以分为内表面和外表面。内表面是指膨胀性黏土矿物层间的表面和腐殖质分子聚集体内部的表面；外表面是指黏土矿物的外表面以及由腐殖质、游离氧化铁（铝）等包被的表面。

晶质黏土矿物是土壤胶体晶核的主体。黏土矿物的类型不同，其表面积和表面类型的差别都相当大（表7-1）。土壤胶体比表面与其主要黏土矿物的组成和含量相吻合，以2∶1型层状硅酸盐黏粒为主要成分的土壤胶体通常具有较大的比表面，且内表面的比例高；而含高岭石、氧化物等较多的土壤胶体一般比表面较小。另外，土壤胶体的有机成分和无机胶膜对胶体的表面积也有一定贡献。

表 7-1　土壤中常见黏土矿物的比表面　　　　　　　　　　　　m^2/g

胶体成分	内表面积	外表面积	总表面积
蒙脱石	700~750	15~150	700~850
蛭 石	400~750	1~50	400~800
水云母	0~5	90~150	90~150
高岭石	0	5~40	5~40
埃洛石	0	10~45	10~45
水化埃洛石	400	25~30	430
水铝英石	130~400	130~400	260~800

注：引自黄昌勇，2000。

土壤胶体表面积随胶体颗粒的不断破裂而逐渐增大。颗粒越细，比表面越大，表面能越大，吸附能力也越强。

7.1.2.2　土壤胶体的电性

(1)土壤胶体的电荷

土壤胶体的组成特性不同，产生电荷的机制各异。根据电荷的产生机制和性质可以把土壤胶体电荷分为永久电荷和可变电荷。

①永久电荷。是由于矿物晶格内部的同晶置换产生的电荷。在晶体形成过程中，由于低价阳离子置换了晶格中的高价阳离子，例如，Al^{3+} 置换四面体中 Si^{4+} 或 Fe^{2+}，Mg^{2+} 置换八面体中的 Al^{3+}，则造成正电荷的亏缺，产生剩余负电荷。由于同晶置换一般发生于矿物的结晶过程，一旦晶体形成，它所具有的电荷就不再受外界环境(如溶液 pH 值和电解质浓度等)的影响，因此称为永久负电荷。同晶置换是 2:1 型层状黏土矿物负电荷的主要来源。

②可变电荷。是由胶体固相表面从介质中吸附离子或向介质中释放离子而产生的电荷，它的数量和性质随着介质 pH 值的变化而变化，所以称为可变电荷。产生可变电荷的主要原因是胶核表面分子(或原子团)的解离。

a. 含水氧化硅($SiO_2 \cdot H_2O$ 或 H_2SiO_3)的解离：

$$H_2SiO_3 + OH^- \longrightarrow HSiO_3^- + H_2O$$

$$HSiO_3^- + OH^- \longrightarrow SiO_3^{-2} + H_2O$$

b. 黏土矿物晶面上 OH 基中 H^+ 的解离：

$$\begin{matrix} 结 \\ 晶 \\ 格 \end{matrix} \left| \begin{matrix} -OH \\ -OH \\ -OH \end{matrix} \right. \rightleftharpoons \begin{matrix} 结 \\ 晶 \\ 格 \end{matrix} \left| \begin{matrix} -O^- \\ -O^- \\ -O^- \end{matrix} \right. +3H^+$$

高岭石类黏土矿物晶体表面含 OH 较多，所以这一机制对高岭石类胶体电荷的产生特别重要。

c. 腐殖质上某些原子团的解离：

$$R—COOH \longrightarrow R—COO^- + H^+$$

土壤腐殖质是两性胶体，一般进行上述解离使胶粒带负电荷；但在土壤酸性较强或悬液 pH 值低于等电点时，腐殖质分子上的胺基($—NH_2$)则可吸收 H^+ 而带正电荷。

d. 含水氧化铁(铝)表面分子中 OH 的解离：含水氧化铁(铝)属于两性胶体，在酸性条件下解离出 OH^-，使胶粒带正电荷；在碱性条件下解离出 H^+，使胶粒带负电荷，这种作用与普通的酸碱解离相似。

在酸性条件下(一般 pH<5.0)：

$$Fe(OH)_3 \longrightarrow Fe(OH)^{2+} + OH^-$$

在碱性条件下：

$$Fe(OH)_3 \longrightarrow Fe(OH)_2O^- + H^+$$

(2)土壤胶体的基本构造

土壤胶体在分散溶液中构成胶体分散体系，包括胶体微粒和粒间溶液两大部分(图 7-12)。胶体微粒由以下几部分构成。

①微粒核。微粒核(胶核)是胶体的固体部分，主要由黏粒、腐殖质、蛋白质及有机无机复合体组成。

②双电层。双电层包括决定电位离子层和补偿离子层两部分。决定电位离子层是固定在胶核表面决定其电荷和电位的离子层，又称双电层内层。所带电荷的符号视组成和所处条件(如土壤溶液 pH 值等)而定。在一般土壤条件下带负电荷。由于决定电位离子层的存在，必然吸附土壤溶液中相反电荷的离子，形成补偿离子层，又称双电层外层。根据被决定电位离子层

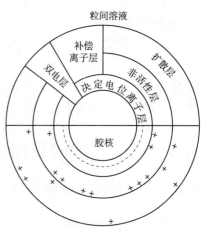

图 7-12　土壤胶体的结构示意
(引自南京大学等，1980)

吸着力的强弱和活动情况，补偿离子层又分为两部分，即非活性层和扩散层。非活性层紧靠决定电位离子层，不能自由活动，难以解离，基本上不起交换作用，所吸附的养分较难被植物吸收利用。扩散层分布在非活性层以外，离胶核较远，被吸附得较松，有较大的活动性，可与周围环境中的离子进行交换，即通常所说的土壤离子交换作用。在双电层中，决定电位离子层与补偿离子层的电荷符号不同，电量相等，因而整个胶体微粒的电性是中和的。通常所说的胶体带电，是指不包括扩散层部分的胶粒带电。在决定电位离子层与土壤溶液之间产生的电位差，称为完全电位(ε 电位)。对同一种胶体系统来说，完全电位基本不变。非活性层作为胶粒的一部分在电场中移动。非活性层与粒间溶液之间产生的电位差，称为电动电位或扩散层电位(ξ 电位)。它的高低取决于扩散层的厚薄，而扩散层的厚薄又与胶体类型、离子电荷数量及离子水化度有关。

7.1.2.3　土壤胶体的凝聚性和分散性

土壤胶体分散在土壤溶液中，由于胶粒有一定的电动电位，有一定厚度的扩散层相隔，而使之能均匀地分散呈溶胶态，这就是胶体的分散性。当加入电解质时，胶粒的电动电位降低趋近于零，扩散层减薄进而消失，使胶粒相聚成团，此时由溶胶转变为凝胶，这

就是胶体的凝聚性。胶体的凝聚性有助于土壤结构的形成。胶体的分散和凝聚主要与加入的电解质种类和浓度有关。

(1) 电解质种类

不同的电解质使胶体呈现不同的电动电位，一般一价离子>二价离子>三价离子。电动电位大的离子，分散性强，凝聚性弱；反之，则分散性弱，凝聚性强。土壤溶液中常见阳离子的凝聚力大小顺序为：$Fe^{3+}>Al^{3+}>Ca^{2+}>Mg^{2+}>H^+>K^+ \geqslant NH_4^+>Na^+$。一般讲，一价阳离子(如 K^+、Na^+、NH_4^+ 等)引起的凝聚是可逆的，由这类物质形成的团聚体是不稳定的。由 Ca^{2+}、Fe^{3+} 等二价、三价离子引起的凝聚是不可逆的，可形成稳定性强的团聚体。钙盐的凝聚力较强，又是重要的植物营养元素，且价格低廉易取得，在农业中常用作凝聚剂。例如，在我国南方一些烂泥田，土粒分散呈溶胶态，施用石膏或石灰后会使稀泥下沉，促使秧苗扎根返青。

(2) 电解质浓度

胶体的凝聚力随电解质浓度的增大而增强，即使凝聚力弱的一价离子，其浓度大时，也可使溶胶变为凝胶。反之，即使三价阳离子，如果浓度太小，也不能使处于分散状态的溶胶凝聚下来。农业生产上常采取烤田、晒垡、冻垡等措施增加土壤溶液中电解质的浓度，以促进胶体的凝聚，改善土壤的结构和一些不良的物理性质。

7.2　土壤胶体的吸附保肥性

7.2.1　土壤吸附性能概述

(1) 土壤吸附性能的概念

土壤吸附性能是指土壤胶体表面层中的浓度与溶液内部浓度不同的现象。土壤固相和液相界面离子或分子的浓度大于整体溶液中该离子或分子浓度的现象称为正吸附，反之则称为负吸附，这是土壤吸附性能的另一种表现。

土壤吸附性能是土壤的重要特性，它对于土壤的形成、土壤水分状态、植物营养和土壤肥力以及土壤污染自净能力等，均起着极为重要的作用。

(2) 土壤吸附性能的类型

按照吸附机理可以把土壤吸附性能分为交换性吸附、专性吸附和负吸附 3 种类型。

①交换性吸附。靠静电引力(库仑力)从溶液中吸附带反向电荷的离子或极性分子，在土壤固相表面被静电吸附的离子可与溶液中的其他离子进行交换。

②专性吸附。专性吸附是由非静电因素引起的土壤对离子的吸附，是指离子通过表面交换与晶体上的阳离子共享 1 个或 2 个氧原子，形成共价键而被土壤吸附的现象。

③负吸附。负吸附是指土粒表面的离子或分子浓度低于整体溶液中该离子或分子的浓度现象。

从严格意义上来说，化学沉淀不是界面化学行为，因此不是土壤吸附。但化学沉淀常作为一种吸附机理，以补充土壤对磷酸根等阴离子吸附机制的解释，所以有时与土壤吸附难以区分，故可作为土壤吸附性能的次要类型。

7.2.2　土壤胶体对阳离子的吸附作用

7.2.2.1　阳离子交换作用

(1) 阳离子交换作用的概念

在自然条件下，土壤胶体一般带负电荷，胶体表面靠静电作用力吸附着多种带正电荷的阳离子。这些被吸附的阳离子一般都可以被溶液中另一种阳离子交换而从胶体表面解吸。把这种可以交换的阳离子称为交换性阳离子，而把发生在土壤胶体表面的交换反应称为阳离子交换作用。可用下式表示：

$$NH_4^+\ NH_4^+ \quad\quad Ca^{2+}$$

$$K^+\ \boxed{土壤胶体}\ Na^+ \ +3Ca^{2+} \rightleftharpoons Ca^{2+}\ \boxed{土壤胶体}\ Ca^{2+}+2K^++2Na^++2NH_4^+$$

$$H^+\ Mg^{2+} \quad\quad H^+\ Mg^{2+}$$

(2) 阳离子交换作用的特征

①阳离子交换是一个可逆反应，能迅速达到平衡。但这种平衡是相对的动态平衡，如果溶液中的离子组成或浓度发生改变，胶体上的交换性离子就要与溶液中的离子产生逆向交换，已被胶体表面静电吸附的离子重新归还溶液中，直至建立新的平衡。这一原理在农业化学中有重要的实践意义。例如，植物根系从土壤溶液中吸收某阳离子养分后，降低了溶液中该阳离子的浓度，土壤胶体表面的离子就解吸、迁移到溶液中，被植物根系吸收利用。另外，可通过施肥、施用土壤改良剂以及其他土壤管理措施恢复和提高土壤肥力。

②阳离子交换遵循等价离子交换的原则，即等量电荷对等量电荷的反应。例如，用 1 个二价的 Ca^{2+} 去交换 2 个一价的 K^+，则 1 mol 的 Ca^{2+} 可交换 2 mol 的 K^+。同样，1 mol 的 Fe^{3+} 需要 3 mol 的 H^+ 或 Na^+ 来交换。

③阳离子交换符合质量作用定律。在一定温度下，对于任何一种阳离子交换反应，根据质量作用定律则有：

$$K=\frac{[产物1][产物2]}{[反应物1][反应物2]} \quad\quad (K 为平衡常数) \tag{7-1}$$

根据这一原理，离子价数较低、交换能力较弱的离子，如果提高其浓度，也可以交换出离子价数较高、吸附力较强的离子。这对施肥实践以及土壤阳离子养分的保持有重要意义。在土壤碱化过程中，中性钠盐的钠离子能交换土壤吸附性钙离子也是这个缘故。

(3) 阳离子交换能力

阳离子交换能力是指一种阳离子将胶体上另一种阳离子交换出来的能力。影响阳离子交换能力的主要因素有：

①离子电荷。在离子浓度相同时，溶液中离子的电荷价越高，受胶体的静电吸附力越大，交换能力越强。因此，阳离子的交换能力一般为 $M^{3+}>M^{2+}>M^+$。

②离子半径与水化度。同价离子的交换能力主要取决于离子的半径及水合度。一般情况下，离子的半径越大，单位表面积的电荷量（即电荷密度）越小，对极性水分子的吸引力越小。水合半径越小，交换能力较强；反之，离子半径小的，交换能力弱（表 7-2）。

表 7-2 离子价、离子半径、水合离子半径与离子交换能力的顺序

离　子	Li^+	Na^+	K^+	NH_4^+	Rb^+	Ca^{2+}	Mg^{2+}
离子半径(nm)	0.078	0.098	0.133	0.143	0.149	0.018	0.106
水合离子半径(nm)	1.008	0.790	0.537	0.532	0.509	1.330	1.000
离子交换能力	小←――――――→大						

在阳离子交换能力的序列中，H^+ 是个例外。因为，H^+ 的半径较小，水化程度极弱，且它的运动速率快，易被胶粒吸附，故其交换能力很强。土壤中主要阳离子交换能力强弱顺序是：$Fe^{3+}>Al^{3+}>H^+>Ca^{2+}>Mg^{2+}>K^+ \geqslant NH_4^+>Na^+$。

③离子浓度。阳离子交换反应受质量作用定律的支配。因此，对交换能力较弱的阳离子如其浓度足够高，也可以交换那些交换能力较强的阳离子。根据这一原理，可以通过施用石灰增加 Ca^{2+} 的浓度，从而达到改良土壤酸性的目的。施用铵态氮肥时，NH_4^+ 同样可以交换土壤胶体表面吸附态的 Ca^{2+}，而将 NH_4^+ 保存在胶粒表面，不至随水流失。

(4)阳离子交换量及影响因素

土壤阳离子交换量(CEC)是指 pH 值为 7.0 时每千克土壤所吸附的全部交换性阳离子的厘摩尔数，单位是 cmol(+)/kg。土壤阳离子交换量是衡量土壤肥力的主要指标，直接反映了土壤的保肥供肥性能和缓冲能力。一般认为，阳离子交换量在 20 cmol(+)/kg 以上为保肥力强的土壤；10~20 cmol(+)/kg 为保肥力中等的土壤；<10 cmol(+)/kg 土壤为保肥力弱的土壤。

影响土壤阳离子交换量的主要因素有：

①胶体类型。不同类型的土壤胶体，所带的负电荷量差异很大，其阳离子交换量也明显不同。有机胶体(腐殖质)土壤阳离子交换量最大；在层状铝硅酸盐矿质胶体中，2:1 型矿物的土壤阳离子交换量比 1:1 型矿物大得多；三氧化物胶体的土壤阳离子交换量很小(表 7-3)。

表 7-3 不同类型土壤胶体的阳离子交换量

土壤胶体	土壤阳离子交换量 [cmol(+)/kg]	土壤胶体	土壤阳离子交换量 [cmol(+)/kg]
有机胶体	200~500	伊利石	10~40
蛭石	100~150	高岭石	3~15
蒙脱石	60~100	三氧化物	2~4

②土壤质地。土壤质地越黏重，阳离子交换量越大。砂土的阳离子交换量为 1~5 cmol(+)/kg、砂壤土为 7~8 cmol(+)/kg、壤土为 15~18 cmol(+)/kg、黏土为 25~30 cmol(+)/kg。

③土壤 pH 值。pH 值是影响可变电荷的重要因素。随着土壤 pH 值的升高，土壤可变负电荷增加，土壤阳离子交换量增大。可见，在测定土壤阳离子交换量时，控制 pH 值是很重要的。

我国土壤的阳离子交换量呈现由南向北、由东向西逐渐增大的趋势。南北的差异主要

是由黏土矿物的组成不同所致，东西的差异则与土壤质地有关。北方土壤以蒙脱石、伊利石为主，阳离子交换量大，在 20 cmol(+)/kg 以上，高的可达 50 cmol(+)/kg 以上。南方红壤黏粒以高岭石及含水氧化铁(铝)为主，阳离子交换量一般较小，通常在 20 cmol(+)/kg 以下。

(5) 土壤盐基饱和度

土壤胶体上吸附的交换性阳离子可以分为两种类型：一类是致酸离子，如 H^+、Al^{3+}；另一类是盐基离子，如 K^+、Na^+、Ca^{2+}、Mg^{2+}、NH_4^+ 等。盐基饱和度是指土壤中交换性盐基离子总量占阳离子交换量的百分比。

$$盐基饱和度(\%) = \frac{交换性盐基总量}{阳离子交换量} \times 100 \tag{7-2}$$

当土壤胶体上吸附的阳离子全部是盐基离子时，土壤呈盐基饱和状态，称之为盐基饱和土壤。当土壤胶体吸附的阳离子仅部分为盐基离子，而其余部分为致酸离子时，该土壤呈盐基不饱和状态，称之为盐基不饱和土壤。

土壤盐基饱和度的高低与土壤酸碱性关系密切。一般而言，盐基饱和土壤具有中性或碱性反应，而盐基不饱和土壤则呈酸性反应。我国土壤的盐基饱和度呈现由北向南逐渐减小的趋势。在干旱、半干旱的北方地区，土壤的盐基饱和度大，土壤的 pH 值也较高；而在多雨湿润的南方地区，土壤盐基饱和度较小，土壤 pH 值也低。

盐基饱和度也是判断土壤肥力水平的重要指标。一般认为是很肥沃的土壤，盐基饱和度≥80% 的土壤，盐基饱和度为 50% ~ 80% 的土壤为中等肥力水平，而盐基饱和度<50% 的土壤肥力较低。

7.2.2.2　土壤胶体对阳离子的专性吸附

被专性吸附的阳离子主要是过渡金属离子。过渡金属离子具有较多的水合热，较易水解成羟基阳离子，使离子向吸附剂表面靠近时所需克服的能量降低，从而有利于与表面的相互作用。

产生专性吸附的土壤胶体物质主要是铁、铝、锰等的氧化物。这些氧化物的结构特征是，一个或多个金属离子与氧或羟基相结合，其表面由于阳离子键不饱和而水合，因而带有可离解的水合基或羟基。过渡金属离子可以与其表面上的羟基相作用，生成表面配合物。层状硅酸盐矿物在某些情况下对重金属离子也可以产生专性吸附，因为层状硅酸盐的边面上裸露的 Al—OH 和 Si—OH 与氧化物表面的羟基相似，因此具有一定程度的专性吸附能力。

被土壤胶体专性吸附的金属离子均为非交换态，不能参与一般的阳离子交换反应，只能被亲和力更强的金属离子置换或部分置换或在酸性条件下解吸。

阳离子的专性吸附受土壤 pH 值和胶体类型的影响。pH 值升高一般有利于吸附反应的进行。土壤各组分对阳离子专性吸附能力也有较大差别。例如，几种氧化物对锌离子吸附量的大小顺序为：钠水锰矿>非结晶形氧化铝>非结晶形氧化铁。同种氧化物因结晶程度不同，对阳离子的吸附量也有差别。一般来说，非结晶形氧化物专性吸附量较大。

由于专性吸附对微量金属离子具有富集作用，对控制土壤溶液中金属离子浓度具有重要意义。研究表明，在被铅污染的土壤中加入氧化锰，可以抑制植物对铅的吸收。因此，开展阳离子专性吸附研究对研究土壤重金属污染与转换、植物营养化学、指导合理施肥具有重要意义。

7.2.3　土壤胶体对阴离子的吸附与交换

土壤对阴离子的吸附既有与阳离子相似的地方，又有不同之处。例如，土壤胶体对阴离子有静电吸附和专性吸附作用，但由于土壤胶体大部分是带负电荷的，因此在多数情况下，阴离子常出现负吸附。阴离子在胶体表面所发生的吸附反应不仅影响土壤的理化性质，而且对阴离子态养分的供给和有毒阴离子的活性起着调节作用。

(1) 阴离子的静电吸附

土壤对阴离子的静电吸附，是土壤胶体带正电荷所引起的。产生静电吸附的阴离子主要是 Cl^-、NO_3^-、ClO_4^{2-} 等，被吸附的阴离子也可以与其他阴离子进行交换，但它们的交换作用比阳离子要弱得多。

与胶体对阳离子的静电吸附相同，这种吸附作用是由土壤胶体表面与离子之间的静电作用力控制，因此，凡是能够影响这种作用力的因素都可影响土壤胶体对阴离子的静电吸附。这些因素包括离子的性质和数量、土壤的特征以及环境条件(如溶液的 pH 值、电解质浓度、陪伴阳离子等)3 个方面。对于同一种土壤，当环境条件相同时，反向离子的价数越高，则吸引力越大；对于同价离子，离子的半径越小，则水合半径越大，二者间的吸引力就小；另外吸附量一般随离子浓度的增大有增大的趋势。随着 pH 值的降低，胶体表面的正电荷增加，负电荷减少，对阴离子的静电吸附增加。

(2) 阴离子的专性吸附

阴离子的专性吸附又称配位吸附，是指阴离子进入黏土矿物或氧化物表面的金属原子壳中，与配位壳中的羟基或水合基重新配位，并直接通过共价键或配位键结合在固体的表面。产生专性吸附的阴离子主要有 F^- 以及磷酸根、硫酸根、砷酸根、有机酸根等含氧酸根离子。这些阴离子可以在带正电荷的表面吸附，也可在带负电荷或不带电的表面吸附。专性吸附的阴离子是非交换态的，在离子强度和 pH 值固定的条件下，不能被静电吸附的离子置换，而只能被专性吸附能力更强的阴离子置换或部分置换。阴离子的专性吸附主要发生在铁(铝)氧化物的表面。研究表明，酸性土壤对磷的吸附量与土壤游离氧化铁(铝)的含量密切相关。

(3) 阴离子的负吸附

由于大多数土壤胶体带负电荷，对阴离子具有排斥作用，因而距离土壤胶体越近，排斥作用越强，从而导致近胶体表面的阴离子浓度较自由溶液中小(即自由溶液中阴离子浓度相对增大)的现象称为阴离子的负吸附。负吸附作用随阴离子价数的增加而增强，随陪伴阳离子价数的增加而减弱。例如，在钠质膨润土中，不同钠盐的陪伴阴离子的负吸附顺序为：$Cl^- = NO_3^- < SO_4^{2-} < Fe(CN)_6^{3-}$，在不同阳离子饱和的黏土与含相应阳离子的氯化物溶液的平衡体系中，Cl^- 的负吸附大小的次序为：$Na^+ > K^+ > Ca^{2+} > Ba^{2+}$。此外，负吸附也受土壤胶体数量、类型及胶体负电荷数量和密度的影响，如不同黏土矿物对阴离子的负吸附作用次序为：蒙脱石>伊利石>高岭石。然而，由于阴离子与土壤固相之间容易发生化学反应，常导致负吸附现象被掩盖。

7.3　土壤养分状况

根据高等植物对于正常生长必需的 17 种营养元素的需要量不同，将它们分为大量营养元素、中量营养元素和微量营养元素。大量元素一般占植物干物质量的百分之几十到千分之几，它们是碳、氢、氧、氮、磷、钾，共 6 种；中量元素占植物干物质量的百分之几到千分之几，它们是钙、镁、硫，共 3 种；微量元素的含量只占植物干物质量的千分之几到十万分之几，它们是铁、硼、锰、铜、锌、钼、氯、镍，共 8 种。在 16 种营养元素中除碳、氢、氧主要来自空气和水外，其余主要依靠土壤提供，我们把依靠土壤提供的营养元素称为土壤养分。土壤养分是土壤肥力的重要物质基础，也是植物营养元素的主要来源。因此，土壤养分的丰缺是评价土壤肥力的重要内容。

7.3.1　土壤中的大量元素

7.3.1.1　土壤氮素状况

土壤中的氮素是在土壤的形成和熟化培肥过程中逐渐积累起来的。其来源可概括为以下几方面：①施入土壤的化学氮肥；②施入土壤的植物残体，如绿肥、厩肥等有机肥；③生物固氮。

（1）土壤氮素含量

土壤耕作层全氮量一般为 0.4~3.8 g/kg，多数在 1.0 g/kg 以下，平均为 1.3 g/kg。从各地土壤耕作层的含氮量来看，以东北黑土地区最高，华南、西北和青藏地区次之，黄淮海平原地区和西北黄土高原地区最低。自然土壤的土壤全氮量高于农田，平均为 2.9 g/kg±1.5 g/kg，其表层土壤的全氮量自东向西随降水量的逐渐减少和蒸发量逐渐增大而逐渐降低，由北向南，随温度的升高呈现南北略高、中部略低的特征。

（2）土壤氮素形态

土壤中氮素的形态可分为无机态和有机态两大类。

①无机态氮。也称为矿质态氮，主要以 NH_4^+—H、NO_3^-—N、NO_2^-—O 的形式存在。土壤中的 NO_2^-—O 含量一般极低，不稳定，积累过多时会对作物产生毒害；NH_4^+—H 和 NO_3^-—O 都是水溶性的，称为速效态氮，可被植物直接吸收利用。NO_3^- 通常存在于土壤溶液中，易引起流失；而 NH_4^+ 被吸附保持在土壤胶体上，避免了流失。一般来说，土壤无机态氮的含量通常占全氮量的 1%~2%，最多不超过土壤全氮量的 5%。

②有机态氮。土壤中的氮主要以有机态氮形式存在，其含量约占土壤全氮量的 90%。根据有机氮的水溶性和水解性的难易程度又可分为以下 3 类。

a. 水溶性有机氮。水溶性有机氮主要包括一些结构简单的游离氨基酸、胺盐或酰胺类化合物。其中分子量小的可以被植物直接吸收利用，分子量较大的虽不能被植物直接吸收，但易于水解，并迅速释放铵离子，因此成为作物重要的速效氮来源。其含量一般不超过土壤全氮量的 5%。

b. 水解性有机氮。水解性有机氮通常是指用酸、碱或酶处理后能水解为较简单的易溶性含氮化合物或能生成铵离子可被植物直接吸收利用的有机氮，包括蛋白质类、核蛋白类、氨基糖类以及尚未鉴定的氮等。在微生物的作用下，它们分解后均可成为作物的氮源。其含量占土壤全氮量的50%~70%。

c. 非水解性有机氮。非水解性有机氮包括多醌物质与铵缩合而成的杂环状含氮化合物、糖类与铵的缩合物、蛋白质或铵与木质素缩合形成的复杂环状结构物质。其含量为土壤全氮量的30%~50%。由于其结构复杂而稳定，很难水解，因而，就其生物有效性来讲，远不及水溶性有机氮和水解性有机氮。

(3)土壤氮素转化

土壤中的含氮有机物只有一小部分是水溶性的，绝大部分以复杂的蛋白质、腐殖质以及生物碱等形态存在。其转化过程包括矿化过程、硝化过程、反硝化过程、生物固氮、氮素的晶格固定与释放、氨的挥发和氮的淋溶等。其矿化过程、硝化过程、反硝化过程在有机质一章已详细介绍，这里主要介绍氮素的晶格固定和生物固定。

①NH_4^+晶格固定。指NH_4^+陷入2:1型黏粒矿物晶架的孔穴内，暂时失去其生物有效性，转化为固定态铵的过程。这种作用主要发生在以蒙脱石、伊利石和蛭石为主的土壤中。

②生物固定。矿化过程生成的铵态氮、硝态氮和一些简单的氨基态氮(NH_2)，通过微生物和植物吸收同化，成为生物有机质的组成部分，称为无机氮的生物固定。

7.3.1.2　土壤磷素状况

(1)土壤磷素含量

我国大部分自然土壤的全磷含量变化范围处于0.2~1.1 g/kg，并且随风化程度的增大而有所降低，呈现从北向南、从西向东土壤含磷量递减的趋势。但由于磷的移动性弱，因而在同一地域内磷素含量也有局部差异。

(2)土壤磷素形态

土壤磷素的形态主要分为有机态和无机态两大类。

①无机态磷。土壤中的无机磷化合物比较复杂，种类繁多，主要以正磷酸盐形式存在。其数量占土壤中全磷量的2/3~3/4以上。按其溶解度可分两大类。

a. 难溶性磷酸盐。磷酸钙(镁)类(以Ca—P、Mg—P表示)，磷酸根在土壤中与钙、镁碱土金属离子，以不同比例结合形成一系列不同溶解度的磷酸钙、镁盐类。它们是石灰性或钙质土壤中磷酸盐的主要形态。在我国北方地区石灰性土壤中常见的磷酸盐有：磷灰石$Ca_5(PO_4)_3 \cdot F$、羟基磷灰石$Ca_5(PO_4)_3 \cdot OH$、磷酸三钙$Ca_3(PO_4)_2$和磷酸八钙$Ca_8(PO_4)_6 \cdot 5H_2O$、磷酸十钙$Ca_{10}(PO_4)_6 \cdot (OH)_2$，分子组成中钙磷比越大，稳定性越强，溶解度越小，对植物的有效性越低。

磷酸铁和磷酸铝类(以Fe—P、Al—P表示)：在酸性土壤中，大部分无机磷与土壤中的铁、铝结合生成各种形态的磷酸铁和磷酸铝类化合物。这类化合物有的呈凝胶态，有的呈结晶态。在土壤中常见的有粉红磷铁矿$Fe(OH)_2 \cdot H_2PO_4$和磷铝石$Al(OH)_2 \cdot H_2PO_4$，它们的溶解度极小。在积水土壤中，常有蓝铁矿$Fe_3(PO_4)_2 \cdot 8H_2O$，绿铁矿$Fe_3(PO_4)_2 \cdot Fe(OH)_2$存在。

闭蓄态磷(以O—P表示)：这类磷是指由氧化铁或氢氧化铁胶膜包被的磷酸盐。由于氧化铁或氢氧化铁的溶解度极小，因而被其所包被的磷酸盐溶解的机会就变得更小，很难发挥作用。在酸性土壤中，这种磷的含量可达 50% 以上，在石灰性土壤中也可达 15% ~ 30%，但包被的不是氧化铁一类的物质，而是钙质的不溶性化合物。

b. 易溶性磷酸盐。此类磷酸盐包括水溶性和弱酸溶性磷酸盐两种。水溶性磷酸盐主要是一价磷酸盐类，如磷酸一钙 $Ca(H_2PO_4)_2$ 为速效态，易被植物吸收利用。弱酸溶性磷酸盐（如 $CaHPO_4$）多存于中性至弱酸性土壤环境中，也属于有效态磷酸盐，但它不及水溶性磷酸盐的有效程度高。以上两种易溶性磷酸盐，它们在土壤中的含量一般很小，只有百万分之几至百万分之几十。

②有机态磷。一般在耕作土壤中有机磷含量占全磷量的 25% ~ 56%，在侵蚀严重的红壤中不足 10%，而东北地区的黑土有机磷含量较高，可达 70% 以上。一般黏质土有机磷含量比砂质土高。土壤中有机磷化合物主要有以下 3 种类型：

a. 植素类。植素及植酸盐是由植酸（又称环己六醇磷酸盐）与钙、镁、铁、铝等离子结合而成，在纯水中的溶解度可达 10 mg/kg 左右，pH 值越低，溶解度越大。多数植素须通过微生物的植素酶水解形成 H_3PO_4，才对植物有效。植素类磷占土壤有机磷总量的 20% ~ 50%，是土壤有机磷的主要类型之一。

b. 核酸类。是由微生物体中的核蛋白质分解出来的。核酸态磷占土壤有机磷总量的 5% ~ 10%，须经微生物作用分解为磷酸盐后才可为植物吸收。

c. 磷脂类。是一类不溶于水，而溶于醇或醚的含磷有机化合物。土壤中磷脂类化合物含量很低，不足有机磷总量的 1%。磷脂类化合物须经微生物分解转化为有效磷才能被植物利用。

以上几种有机态磷的总量约占有机磷的 70%，土壤还有 20% ~ 30% 的有机态磷不清楚，需进一步研究。土壤有机磷须经过矿化作用转化为无机磷才能被植物利用。

(3) 土壤磷素转化

土壤磷素转化包括难溶性磷释放和有效磷的固定。

①有效磷的固定。有效磷的固定形式主要有以下几种：

a. 化学固定。由化学作用引起的土壤中磷酸盐的转化：一种是在中性、石灰性土壤中水溶性磷酸盐和弱酸溶性磷酸盐与土壤中水溶性钙（镁）盐、吸附性钙（镁）及碳酸钙（镁）作用发生化学固定；另一种是在酸性土壤中，水溶性磷酸盐和弱酸溶性磷酸盐与土壤溶液中活性铁（铝）或交换性铁（铝）作用生成难溶性铁（铝）沉淀。

b. 吸附固定。土壤固相对溶液中磷酸根离子的吸附作用称为吸附固定，分非专性吸附和专性吸附。非专性吸附主要发生在酸性土壤中，由于酸性土壤 H^+ 浓度高，黏粒表面的 OH^- 质子化形成 $-O\langle{}^H_{H^+}$，经库仑力的作用，与磷酸根离子产生非专性吸附：

铁（铝）多的土壤易发生磷的专性吸附，磷酸根与氢氧化铁（铝）、氧化铁（铝）的 Fe—OH 或 Al—OH 与配位基交换，称为专性吸附。

（单键吸附）　　　（双键吸附）

c. 闭蓄态固定。指磷酸盐被溶度积很小的无定形铁、铝、钙等胶膜所包被的过程。

d. 生物固定。当土壤有效磷不足时就会出现微生物与作物争夺磷营养而发生生物固定。

②有机磷的有效化。土壤中绝大部分有机态磷化合物需经过磷细菌的作用，逐步水解释放磷酸后，才能供给植物吸收利用，其分解过程参见土壤有机质一章。

③无机态磷酸盐的有效化。指由无机态难溶性的磷酸盐转化为易溶性磷酸盐的过程。土壤在长期的风化和成土过程中，北方石灰性土壤中难溶性磷酸盐(如磷灰石)与土壤中存在的各种有机酸、无机酸作用，逐渐脱钙转化为易溶性磷酸盐类。如：

$$Ca_5(PO_4) \cdot F + H_2CO_3 \longrightarrow \underset{\text{磷酸三钙(酸溶性)}}{Ca_3(PO_4)_2} + 2CaCO_3 + 2HF$$
氟磷灰石

$$Ca_3(PO_4)_2 + H_2CO_3 \longrightarrow \underset{\text{磷酸二钙(弱酸溶性)}}{Ca_2(HPO_4)_2} + CaCO_3$$

$$Ca_3(PO_4)_2 + H_2CO_3 \longrightarrow \underset{\text{磷酸一钙(水溶性)}}{Ca(H_2PO_4)_2} + CaCO_3$$

南方酸性土壤中难溶性的磷酸盐主要是 O—P、Fe—P 及 Al—P，这些磷酸盐的溶度极小，转化为有效磷的难度较大。但在南方水田条件下，由于土壤通气性差，供氧不足，还原过程强烈，导致土壤氧化还原电位较低，使高价铁还原为低价铁，活性增大，最后生成碱性较强的 $FeCO_3$，使土壤 pH 值升高，促使土壤中的粉红磷铁矿 $Fe(OH)_2 \cdot H_2PO_4$ 进行水解，释放磷酸，从而提高了磷的有效性。如：

$$Fe(OH)_2 \cdot H_2PO_4 + OH^- \longrightarrow Fe(OH)_3 + H_2PO_4^-$$

另外，土壤的氧化还原电位下降后，高价铁还原为低价铁，由于磷酸低铁的溶解度较高，因此可增加磷的有效性。同时又有利于闭蓄态磷酸盐表面所包被的铁(铝)胶膜的溶解，促使封闭在胶膜中的磷酸盐的释放，提高其有效性。

7.3.1.3　土壤钾素状况

(1)土壤钾素含量

钾是地壳中含量较丰富的营养元素之一。我国各地土壤全钾含量差异很大，大多为 0.5~25.0 g/kg，平均钾含量 11.6 g/kg，总体呈南低北高、东低西高的趋势。

(2)土壤钾素形态

①水溶性钾。存在于土壤溶液中的钾离子是土壤中活动性最高的钾，是植物钾素营养的直接来源。它占土壤全钾量的比例最低，含量大多为 2~5 mg/kg。

②交换性钾。土壤胶体表面所吸附的并易被其他阳离子所置换的钾，是土壤中速效钾的主体。水溶性钾、交换性钾为植物可直接吸收利用的钾，两者占土壤全钾量的 0.1%~2%。

③非交换性钾。也称缓效性钾，是占据黏粒层间内部位置以及某些矿物(如伊利石)的六角晶穴中的钾。缓效钾是速效性钾的贮备库，其含量和释放速率因土壤而异。非交换性钾占土壤全钾量的 2%~8%。

④矿物钾。键合于矿物晶格中或深受晶格结构束缚的钾。矿物钾只有经过风化作用才能变为速效性钾，然而这个过程是相当缓慢的，只能看作是钾的库存。矿物态钾占土壤全钾量的 90%~98%。

(3) 土壤钾素转化

当土壤溶液中的钾被作物吸收或淋溶损失后，土壤表面吸附的钾就会向溶液中转移；当土壤溶液中的钾浓度提高，钾就向固相表面转移。在自然条件下，转化作用主要是朝向可溶性钾的补充，它可通过阳离子交换或矿物的酸溶作用进行。溶液钾与交换性钾之间的平衡是瞬间发生的，交换性钾与非交换性钾之间的平衡速率较慢，而矿物态钾的释放是非常缓慢的。

①钾的释放。指土壤中非交换性钾转变为交换性钾和水溶性钾的过程。释放的速效钾主要来自固定态及黑云母中的易风化钾。干燥、灼烧和冰冻对土壤中钾的释放有显著影响。高温(高于 100 ℃)灼烧(如烧土、熏泥等)能成倍增加土壤速效钾。在土壤的风化和成土过程中所产生的无机酸类以及有机质分解过程、根系分泌所产生的有机酸，也可以把含钾矿物中的钾释放出来。

②钾的固定。指速效钾转化为缓效钾的过程。当土壤中速效钾较多时，在一定条件下(如干湿交替、冻融交替等)，交换性钾进入 2:1 型黏土矿物晶架间六角形网穴中，在外力作用下，土壤干旱脱水引起收缩，K^+ 被陷入其中，暂时失去被交换的自由，转换成暂时被固定的缓效态钾。

7.3.2　土壤中的中量元素

7.3.2.1　土壤钙素状况

(1) 土壤钙素含量

我国土壤钙含量因成土母质、风化淋溶强度等条件的不同而差异明显。高温多雨湿润地区，不论母质含钙量如何，在漫长的风化、成土过程中，淋失后的土壤含钙量都很低，如红壤、黄壤的含钙量在 4 g/kg 以下，甚至仅为痕量。酸性至微酸性土壤往往缺钙；而在淋溶作用弱的干旱、半干旱地区，土壤含钙量通常在 10 g/kg，有的达 100 g/kg 以上。

(2) 土壤钙素形态

土壤中钙的存在形态可分为矿物态钙、交换性钙和水溶性钙 3 种。

①矿物态钙。是指存在于土壤矿物晶格中，不溶于水，也不易为溶液中其他阳离子所交换的钙。矿物态钙占全钙量的 40%~90%。

②交换性钙。是指吸附于土壤胶体表面的钙离子，是土壤中主要的交换性盐基之一，是植物可利用的钙。土壤中交换性钙含量很高，变幅也大，从小于 10 mg/kg 至 300 mg/kg。交换性钙占土壤全钙量的 5%~60%，一般在 20%~30%。

③水溶性钙。是指存在于土壤溶液中的钙离子。其含量因土而异，每千克土壤大致含有水溶性钙数十毫克至数百毫克，为镁的 2~8 倍，钾的 10 倍，是土壤溶液中含量最高的离子。

交换性钙和水溶性钙之和称为有效态钙，占土壤全钙量的 5%~60%，一般在 20%~

30%，水溶性钙一般只占有效态钙的 2% 左右。

(3) 土壤钙素转化

矿物态钙经化学风化以后，以钙离子形式进入土壤溶液，其中一部分为胶体所吸附成为交换态离子，另一部分以较简单的碳酸盐(方解石及白云石)、硫酸盐(石膏)等形态存在。硫酸钙通常存在于干旱地区土壤中，碳酸钙只存在于 pH 值 7.0 以上的土壤中。在 pH 值为 7.8 的土壤中，碳酸钙控制着土壤溶液中的钙浓度，并以游离碳酸钙或方解石出现。在 pH 值为 7.5~8.0 的土壤中，硫酸钙和碳酸钙可以同时存在。交换性钙与水溶性钙呈平衡状态，后者随前者的饱和度增加而增加，也随 pH 值的升高而增加。土壤交换性钙的释放取决于交换性钙的总量、交换性钙的饱和度、土壤黏粒的类型、吸附在黏粒上的其他阳离子的性质。

7.3.2.2　土壤镁素状况

(1) 土壤镁素含量

土壤全镁含量范围为 1~40 g/kg，平均为 5 g/kg，其含量主要受成土母质和风化条件等因素的影响。我国南方热带和亚热带地区，土壤全镁含量低，平均只有 3.3 g/kg，其中以粤西地区的土壤全镁含量为最低，一般在 1 g/kg 以下，而以紫色土全镁含量最高，达 22.1 g/kg；华中地区的红壤，高于华南地区的砖红壤和赤红壤；四川土壤的全镁含量平均为 5.1 g/kg，以红壤最低，平均为 2.3 g/kg；北方地区土壤全镁含量达 5~20 g/kg。

(2) 土壤镁素形态

①水溶性镁。是指存在于土壤溶液中的镁离子，其含量一般为每千克土壤含有水溶性镁几毫克至几十毫克，有的高达几百毫克，在土壤溶液中含量仅次于钙。

②交换性镁。是指被土壤胶体吸附的镁离子，是植物可以利用的镁。交换性镁含量与土壤的阳离子交换量、盐基饱和度以及矿物性质等有关。阳离子交换量大的土壤，交换性镁也高；交换性镁一般占交换性盐基的 10%~40%，多数在 30% 左右。

③非交换性镁(或称酸溶性镁、缓效性镁)。非交换性镁可作为植物能利用的潜在有效态镁，它比矿物态镁更具有实际意义，但它的成分和含义还不十分明确。非交换性镁含量占全镁含量的 10% 以下。

④矿物态镁。存在于原生矿物和次生黏土矿物中的镁称为矿物态镁。它是土壤中镁的主要来源，占全镁含量的 70%~90%。

此外，土壤中还存在少量的有机态镁。有机态镁主要以非交换态存在，只占全镁含量的 0.5%~2.8%。

(3) 土壤镁素转化

土壤中各种形态的镁之间的关系示意如下：

$$矿物态 \xrightarrow{\text{风化}} 非交换态 \underset{\text{缓慢}}{\rightleftharpoons} 交换态 \xrightarrow{\text{迅速}} 水溶态$$

矿物态镁在化学和物理风化作用下，逐渐发生破碎和分解，分解产物则参与土壤中各种形态镁之间的转化和平衡。交换性镁与非交换性镁之间存在着平衡关系，非交换性镁可以转化释放为交换性镁，交换性镁也可以转化为非交换性镁而被固定，土壤溶液中的镁与交换性镁之间也存在平衡关系，但其平衡速率较快。水溶性镁含量随交换性镁含量的升高和镁的饱和度增加而升高。

7.3.2.3　土壤硫素状况

(1) 土壤硫素含量

我国土壤全硫含量为 $100\sim500$ mg/kg。在我国南部和东部湿润地区，有机硫占土壤全硫量的比例较高，为 85%～94%，且常随土壤有机质含量而异；黑土和林地黄壤全硫含量也很高，分别为 336 mg/kg 和 337 mg/kg；红壤耕地土壤全硫含量仅为 105 mg/kg，在该地区，土壤无机硫仅占土壤全硫量的 6%～15%，并以易溶性硫酸盐和吸附态硫为主；在干旱的石灰性土壤区，则以无机硫占优势，一般为土壤全硫量的 39%～62%，且以易溶性硫酸盐和与碳酸钙共沉淀的硫酸盐为主。

(2) 土壤硫素形态

硫在土壤中以无机和有机两种形态存在。

①无机硫。土壤中的无机硫按其物理和化学性质可划分为以下 4 种形态：

a. 水溶态硫。是指溶于土壤溶液中的硫酸盐，如钾、钠、镁的硫酸盐。除干旱地区外，大多数土壤易溶硫酸盐的含量约占土壤全硫量的 25%以下，其中表土约占 10%以下。

b. 吸附态硫。是指吸附于土壤胶体上的硫酸盐。由于土壤硫酸盐受淋洗作用影响，常积累在表土以下，表土吸附态硫的含量通常仅占土壤全硫量的 10%以下，而底土含量有时可占全量的 1/3。

c. 与碳酸钙共沉淀的硫酸盐。是指在碳酸钙结晶时混入其中的硫酸盐与之共沉淀而形成的硫酸盐，是石灰性土壤中硫的主要存在形式。

d. 硫化物。土壤在淹水情况下，由硫酸盐还原而来(如 FeS)，以及由有机质嫌气分解而形成(如 H_2S)。

②有机硫。土壤中与碳结合的含硫物质。其来源有壤新鲜的动植物遗体、微生物细胞和微生物合成过程的副产品、土壤腐殖质。湿润地区在排水良好的非石灰性土壤上，大部分表土中的硫是有机形态的，有机硫一般约占全硫量的 95%。有机硫是土壤贮备的硫素。

(3) 土壤硫素转化

①无机硫的转化。包括硫的还原和氧化作用。

a. 无机硫的还原作用。硫酸盐(SO_4^{2-})还原为 H_2S 的过程。主要通过两个途径进行：一是由生物将 SO_4^{2-} 吸收到体内，并在体内将其还原，再合成细胞物质(如含硫氨基酸)；二是由硫酸盐还原细菌(如脱硫弧菌、脱硫肠状菌)将 SO_4^{2-} 还原为还原态硫。

b. 无机硫的氧化作用。生物固定还原态硫(如 S、H_2S、FeS_2 等)氧化为硫酸盐的过程。参与这个过程的硫氧化细菌利用氧化的能量维持其生命活动。影响土壤中硫氧化作用的因子有温度、湿度、土壤反应、微生物数量等。

②有机硫的转化。土壤有机硫在各种微生物作用下，经过一系列的生物化学反应，最终转化为无机(矿质)硫的过程。在好气情况下，其最终产物是硫酸盐；在嫌气条件下，则为硫化物。

7.3.3　土壤中的微量元素

(1) 土壤微量元素含量

土壤中微量元素的含量主要受成土母质的影响，同时成土过程又进一步改变了微量元素的含量，有时也会成为决定土壤微量元素含量的主导因素。一般基性岩浆岩母质上发育的土壤，Fe、Mn、Cu、Zn 含量较酸性岩浆岩母质上发育的土壤高；沉积岩母质上发育的土壤，B 含量高于岩浆岩母质上发育的土壤。南方强烈淋溶的砖红壤中，Fe 大量富集。黏质土壤的微量元素含量较高，而砂质土壤微量元素含量一般较低。土壤有机质可以与微量元素发生配位反应，使微量元素富集，因此富含有机质的表层土壤或有机土微量元素含量较高（表 7-4）。

表 7-4　土壤微量元素含量范围及主要来源

元素	含量（mg/kg）		土壤中的主要矿物来源	主要有效形态
	范围	平均		
Fe	变幅很大	—	氧化物、硫化物、铁镁硅酸盐类	Fe^{3+}、Fe^{2+} 及其水解离子
Mn	42～3000	710	氧化物、碳酸盐、硅酸盐	Mn^{2+} 及其水解离子
Zn	3～790	100	硫化物、氧化物、硅酸盐	Zn^{2+}
Cu	3～300	22	硫化物、碳酸盐	Cu^{2+}、$Cu(OH)^+$ 及 Cu^+
B	0～500	64	含硼硅酸盐、硼酸盐	$B(OH)_4^-$（即 $H_2BO_3^-$ 的水合离子）
Mo	0.1～6.0	1.7	硫化物、钼酸盐	MoO_4^{2-}，$HMoO_4^-$

注：引自朱祖祥，1983。

（2）土壤微量元素形态

①水溶态。通常指土壤溶液中或水浸提液中所含有的微量元素。这种形态的微量元素含量很低，每克土壤仅含有几纳克至几微克。水溶态微量元素主要是简单的无机阳离子及其水解离子，如 Fe^{3+}、Fe^{2+}、Zn^{2+}、Cu^{2+} 以及 $Fe(OH)_2^+$、$Fe(OH)^+$、$Mn(OH)^+$、$Zn(OH)^+$、$Cu(OH)^+$ 等与一些小分子有机物形成配合物，也可溶解于溶液中。

②交换态。指吸附在土壤胶体表面而可被溶液中的离子交换下来的那部分微量元素。一般土壤中交换态微量元素含量不高，少的每克土壤不足 1 μg，多的每克土壤可含几十微克。

③有机结合态。这类形态的微量元素主要是与土壤中的胡敏酸和富里酸形成的配合物。微生物将有机物分解后会释放出这类微量元素。

④矿物态。指存在于矿物晶格中的微量元素。土壤中含微量元素的矿物很多，但大多数矿物的溶解度都很低。在酸性条件下，大多数矿物溶解度有所上升，而有些微量元素（如钼）则是在碱性条件下易从矿物中溶解出来。

⑤与土壤中其他成分相结合、共沉淀而成为固相的一部分或被包被在新形成的固相中的微量元素，如 Fe、Mn、Cu、Zn 可以通过共沉淀或吸附作用与碳酸盐作用而被固定。当土壤中的铁、锰氧化物以胶膜、锈斑、结核或颗粒间胶结物形式存在时，对微量元素的吸附作用很强，也可产生共沉淀现象，以这些形态存在的微量元素不能被水浸提或交换出来。

7.4　土壤的供肥性

土壤的供肥性能是指土壤供应植物所必需的各种速效养分的能力，即能将缓效性养分迅速转化为速效性养分的能力，它直接影响植物的生长发育、产量和品质。了解土壤的供肥性对调节土壤养分和作物营养是非常重要的。

　　根据植物对各种营养元素吸收利用的难易程度，一般将土壤养分分为速效性养分和缓效性养分两大类。速效性养分又称活性养分、有效养分，即直接被植物吸收利用的养分，如水溶性的各种盐类等。缓效性养分大多呈复杂的有机化合物和难溶的无机化合物的状态存在，植物不能直接吸收利用。

7.4.1　土壤供肥能力的表现

　　从满足植物整个生长发育时期对养分的需要出发，土壤供肥能力主要表现为：土壤供应各种速效性养分的数量，各种缓效性养分转化为速效性养分的速率，各种速效性养分持续供应的时间。因此，从植物的角度来理解，土壤的供肥能力是指土壤中各种养分的供应数量、供应速率及供应时间与植物生理特点是否协调的综合表现。

　　(1)土壤中各种速效性养分的含量

　　土壤中各种速效性养分的含量是植物能直接吸收利用的养分含量，其含量反映了土壤的供肥能力。确定土壤供肥能力的速效性养分的含量指标常因植物类型、产量水平、生长发育时期、土壤类型及测定方法而有差异，因此必须通过大量的试验工作才能确定。

　　我国第二次土壤普查制订了全国耕地土壤养分分级标准（表7-5），可以作为参考。

表7-5　全国耕地土壤养分分级标准

项　目	一级	二级	三级	四级	五级	六级
有机质(g/kg)	>40	30~40	20~30	10~20	6~10	<6
全　氮(g/kg)	>2.0	1.5~2.0	1.0~1.5	0.75~1.0	0.50~0.75	<0.5
碱解氮(mg/kg)	>150	120~150	90~120	60~90	30~60	<30
全　磷(g/kg)	>1.0	0.8~1.0	0.6~0.8	0.4~0.6	0.2~0.4	<0.2
速效磷(mg/kg)	>40	20~40	10~20	5~10	3~5	<3
全　钾(g/kg)	>25	20~25	15~20	10~15	5~10	<5
速效钾(mg/kg)	>200	150~200	100~150	50~100	30~50	<30

　　注：引自中华人民共和国国土资源部，2007。

　　综合耕地土壤养分和施肥状况，一般一、二级土壤养分水平为高产田养分的参考指标，三、四级土壤养分水平为中产田养分的参考指标，五、六级土壤养分水平为低产田养分的参考指标。不同地区、不同作物有所差别。

　　土壤中微量元素的有效性取决于其有效态的含量见表7-6和表7-7。

表7-6　我国土壤有效硼、锰、铁、钼分级

级　别	很低	低	中等	高	很高	临界值
水溶性硼(mg/kg)	<0.25	0.25~0.50	0.51~1.00	1.01~2.00	>2.00	0.50
活性锰(mg/kg)	<50	50~100	101~200	201~300	>300	100
交换性锰(mg/kg)	<1.0	1.1~5.0	5.1~15	15~30	>30	0.50
有效铁(mg/kg)	<2.5	2.5~4.5	4.5~10.0	10~20	>20	4.5
有效钼(mg/kg)	<0.10	0.10~0.15	0.16~0.20	0.21~0.30	>0.30	0.15

　　注：引自金为民，2001；土壤水溶性硼用沸水提取，姜黄素比色；土壤活性锰用1 mol/L中性醋酸铵—对苯二酚提取；土壤交换性锰、铁用 DTPA 溶液(pH=7.3)提取；有效钼分级[$H_2C_2O_4$—$(NH_4)_2C_2O_4$ 提取]。

表 7-7　我国土壤有效锌、铜的分级

等级	石灰性、中性土壤 (DTPA pH=7.3 提取)		酸性土壤 (0.1mol/L HCl 提取)	
	锌	铜	锌	铜
很低	<0.5	<0.1	<1.0	<1.0
低	0.5~1.0	0.1~0.2	1.1~1.5	1.0~2.0
中等	1.1~2.0	0.2~1.0	1.6~3.0	2.1~4.0
高	2.1~5.0	1.1~1.8	3.1~5.0	4.1~6.0
很高	>5.0	>1.8	>5.0	>6.0
临界值	0.5	0.2	1.5	2.0

注：引自金为民，2001。

　　土壤养分的供应数量一般以了解速效性养分的数量为主，该种养分的全量对土壤供肥能力发展的趋向也有很大帮助。土壤中全量养分含量是持续地供应该种养分的基础，反映土壤供应该种养分的潜在能力，通常把它称作供应容量；速效性养分占全量的百分比，可说明养分转化供应能力，通常把它称作供应强度。如果供应容量大，供应强度也大，表示当前和此后养分的供应都较为充足而不致脱肥。如果两者都小，则表明当前和今后都必须考虑及时追肥。如果供应容量大，而供应强度小，说明养分转化能力差，则应通过采取中耕、松土、排灌等措施或改变酸碱反应，以促进养分的转化供应。如果供应容量小而供应强度大，则表明在此后一个阶段可能脱肥，要准备在补充肥料，以免脱肥。

　　(2)缓效性养分转化为速效性养分的速率

　　土壤中养分的转化速率高，则说明速效性养分供应及时，肥劲猛；如果土壤中养分的转速率低，则说明速效性养分供应不及时，肥劲缓，需改善土壤养分的转化条件或及时追施速效性肥料。

　　(3)速效性养分持续供应的时间

　　土壤中速效性养分持续供应的时间是土壤肥力在时间上的表现。如果养分持续供应的时间长，作物各个生育时期内都能供应较多的养分，肥效长而不易脱肥；如果养分持续供应的时间短，在作物各生育期，特别是中期和后期，养分供应数量不足，容易脱肥。因此，在生产中应当把不同时期内供应速效性养分数量的动态变化与作物各个生育期的要求联系起来加以考虑，并通过施肥和调节土壤水分加以调控。

7.4.2　土壤养分的有效化过程

　　土壤养分的有效化过程是一个对立矛盾的发展过程，如土壤中缓效性养分的分解释放和化学固定的矛盾，土壤胶体上养分物质的解吸和吸收保存的矛盾，同时，还要注意从总的方向上解决养分积累和消耗的矛盾，即围绕植物丰产的要求，在加强土壤养分积累的同时，不断地促进其分解和释放，增强土壤的供肥能力。

　　土壤中缓效性养分的有效化过程已在前文做了介绍，本节着重介绍土壤胶体吸附离子的有效化过程。土壤胶体上吸附的养分离子对植物的有效性不完全取决于该种吸附离子的绝对数量，而是在很大程度上取决于该离子解离和被交换的难易程度。

（1）交换性离子的饱和度效应

土壤胶体上交换性离子养分的有效性不仅取决于该离子的绝对数量，同时取决于该离子在交换性阳离子中的比例。某种阳离子在土壤胶体表面吸附的数量占阳离子交换量的百分数，称为该交换性离子的饱和度。该离子的饱和度越大，被交换到土壤溶液中的概率越大，其有效性就越高。

虽然 A 土壤的交换性钙含量低于 B 土壤，但 A 土壤中交换性钙的饱和度远大于 B 土壤，因此，钙离子在 A 土壤中的有效性要大于在 B 土壤中的有效性（表7-8）。

表 7-8　土壤阳离子交换与离子饱和度

土壤	CEC[cmol(+)/kg]	交换性钙[cmol(+)/kg]	饱和度(%)	钙的有效性
A	8	6	75	高
B	30	10	33	低

注：引自朱祖祥，1983。

我国俗语"施肥一大片，不如一条线"，反映了穴施基肥、追肥，条施种肥以及各地实行的坑种、渠田、大窝种植等集中施肥的经验。土壤中的交换性阳离子都有其最低饱和度。如果交换性阳离子的含量在最低饱和度以下，则难以利用；超过最低饱和度，就能被作物吸收；饱和度越高，则离子有效性越强。一般说来，各种交换性离子的最低饱和度要求为：钙大于镁，镁大于钾。而在同样饱和度下，有效性受不同黏土矿物的影响，高岭石黏土交换性离子的有效性一般大于蒙脱石型黏土。伊利石型黏土要视具体离子而定：如钙离子，部分吸附于晶体表面，故其有效性介于高岭石型和蒙脱石型之间；又如钾离子，其有效性比蒙脱石型的黏土小，这可能是与钾离子的层间固定有关。

（2）陪补离子效应

在土壤胶体上，一般同时吸附着多种阳离子，对其中某一种离子来说，其他离子都是它的陪补离子，这些离子养分的有效性与陪补离子的种类有关。陪补离子与土壤胶粒之间吸附力越大，则越能提高该种养分离子的有效性（表7-9）。

表 7-9　陪补离子对交换性钙有效性的作用

土壤	交换性阳离子组成	盆中幼苗干土(g)	幼苗吸钙量(mg)
甲	$40\%Ca^{2+}+60\%H^+$	2.80	11.15
乙	$40\%Ca^{2+}+60\%Mg^{2+}$	2.79	7.83
丙	$40\%Ca^{2+}+60\%Na^+$	2.34	4.36

注：引自金为民，2001。

陪补离子与该种阳离子吸附的先后次序也影响有效性。当胶体上钾的饱和度相同时，如先施铵盐后施钾盐，因为钾离子吸附在外，结合松弛，易于被交换释放，所以钾的有效性强；如先施钾盐而后施铵盐，则铵吸附在外，易于交换释放，从而降低了钾的有效性。所以，陪补离子的种类和吸附次序，对于施肥都有一定的参考价值。

7.4.3　影响土壤供肥性的因素

土壤是植物生长的营养基础。土壤三相组成之间的各种化学变化和由此产生的各种性质，都直接影响植物的根部营养和根系的生命活动。

(1) 土壤溶液的组成和浓度

土壤溶液是浓度非常稀薄的不饱和溶液，其组成和浓度经常随生物的活动、水气热条件、酸碱度和施肥等因素而发生变化。

在正常的土壤中，土壤溶液的总浓度一般为 200~1000 mg/kg，即很少超过 0.1%，相应的渗透压也小于 1 个大气压，可保证植物对水分和养分的正常吸收。但在盐碱土中或在施肥量过大处，土壤溶液浓度会超过 0.1%，甚至更高，使土壤溶液渗透压随之加大，当接近或超过植物根细胞的渗透压时，植物吸收水分和养料就发生困难，甚至造成生理干旱而死亡。

土壤溶液的浓度和组成与养分的有效性密切相关。在一定低浓度范围内，土壤养分离子的有效性随溶液浓度的升高而增强；在浓度较高时，随浓度升高而减弱。土壤溶液的组成不同，也会影响有关离子的有效性。如土壤中铁、铝等物质含量过多时，使磷固定，降低了磷的有效性。

(2) 土壤酸碱反应

土壤酸碱反应对土壤中多种化合物的形态转化有显著影响，因此也就直接影响各种养分的有效性。另外，土壤酸碱反应还会影响土壤微生物活性，从而影响土壤有机物质的转化，特别是氮、磷、硫等的转化及分解释放。有关土壤酸碱反应对养分有效性的影响见本书第 8 章。

(3) 土壤氧化还原电位

土壤中各种营养元素的化合物只有处于有效状态时才能被作物吸收利用。土壤氧化还原电位可以反映土壤的通气排水状况及微生物的活性，同时影响土壤中变价元素的状态及土壤养分的有效性。关于土壤氧化还原电位对养分有效性的影响将在本书第 8 章中详细讨论。

思考题

1. 简述土壤胶体、土壤阳离子交换、交换性阳离子、盐基饱和度、盐基不饱度的概念。

2. 简述硅氧四面体和铝氧八面体、硅氧四面体片和铝氧八面体片的结构。

3. 什么是 1 : 1 型和 2 : 1 型黏土矿物？高岭石组、蒙脱石组、水云母组矿物的性质如何？

4. 有机、无机胶体的结合机制和方式有哪几种？

5. 什么是永久电荷和可变电荷？它们的来源和性质如何？

6. 简述土壤胶体的双电层结构，影响土壤胶体凝聚和分散的因素有哪些？

7. 土壤吸收性能有几种类型？

8. 阳离子交换量的主要特征是什么？影响阳离子交换量的因素有哪些？

9. 什么是阴离子的静电吸附、负吸附和专性吸附？其影响因素有哪些？

10. 土壤离子交换与土壤养分的保持和养分有效性有何关系？

11. 土壤中的大量元素、中量元素、微量元素有哪些形态？其有效性如何？

12. 土壤供肥能力有哪些表现形式？简述土壤供肥容量、供肥强度的含义，其与土壤供肥性有何关系？

13. 简述交换性离子的饱和度效应和陪补离子效应。

第 8 章

土壤酸碱性和氧化还原反应

【内容提要】主要介绍土壤酸碱性、缓冲性和氧化还原反应产生的机制、影响因素、调节途径及其与土壤肥力、植物生长的关系。

土壤酸碱性、缓冲性和氧化还原反应是土壤极为重要的化学性质，与土壤的各种性质、微生物的活动以及植物的根部营养关系极为密切。研究和了解它们的性质及变化，对于了解土壤养分的供应状况及其对作物生长发育的影响有重要意义。

8.1 土壤酸碱性

土壤酸碱性是土壤最重要的化学性质之一，是土壤形成和熟化过程的良好指标。土壤酸碱性的变化能较好地指示生态系统发展状态，在植被恢复和环境治理中起着标志性的作用。

土壤酸碱性是土壤溶液的反应(即溶液中 H^+ 浓度和 OH^- 浓度比例不同)表现出来的性质。通常所说的土壤 pH 值，就代表土壤溶液的酸碱度。如土壤溶液中 H^+ 浓度大于 OH^- 浓度，土壤呈酸性反应；如 OH^- 浓度大于 H^+ 浓度，土壤呈碱性反应；两者相等时，则呈中性反应。但是，土壤溶液中游离的 H^+ 和 OH^- 的浓度又与土壤胶体上吸附的各种离子保持着动态平衡关系，所以土壤酸碱性是土壤胶体的固相性质和土壤液相性质的综合表现，因此研究土壤溶液的酸碱性，必须考虑土壤胶体和离子交换吸收作用，才能全面地说明土壤的酸碱情况和其发生、变化的规律。

8.1.1 土壤酸性反应

8.1.1.1 土壤酸性的来源

(1)土壤中 H^+ 的来源

①土壤中有机物的分解和植物根系、微生物的呼吸作用产生大量 CO_2，因 CO_2 溶于水形成 H_2CO_3，解离出 H^+。

$$H_2CO_3 \Longrightarrow H^+ + H_2CO_3^-$$

②土壤有机质及腐殖酸分解时产生的各种有机酸(如醋酸、草酸、柠檬酸等)都可解离

出 H^+。特别在通气不良以及在真菌活动下，有机酸可能积累很多。这是有机质丰富的森林土壤中酸性的主要来源。

$$有机酸 \longrightarrow H^+ + R—COO^-$$

③施入土壤中的一些生理酸性肥料，如硫酸铵 $[(NH_4)_2SO_4]$、氯化钾（KCl）和氯化铵（NH_4Cl）等水解产生 H^+。

④酸性污水灌溉、酸雨等也可增加土壤的酸性。

⑤水的解离。水的解离常数虽然很小，但由于土壤吸附 H^+ 而使其解离平衡受到破坏，将所有新的 H^+ 释放。

$$H_2O \rightleftharpoons H^+ + OH^-$$

（2）土壤中铝的活化

当土壤中铝硅酸盐黏土矿物表面吸附的 H^+ 积累到一定程度后，由于 H^+ 与矿物表面的氧原子间存在较强的作用力，从而使矿物晶体中原子间的力平衡被打破，矿物晶体不再稳定，部分铝氧八面体解体，使铝离子脱离八面体晶格的束缚变成活性铝离子。这些铝离子可通过阳离子交换作用进入土壤溶液，而溶液中的铝离子和阴离子所形成的盐类，很多是非中性盐类[如 $AlCl_3$、$Al_2(SO_4)_3$ 等]，它们经过水解作用产生 H^+。如：

$$Al^{3+} + H_2O \rightleftharpoons Al(OH)^{2+} + H^+$$
$$Al(OH)^{2+} + H_2O \rightleftharpoons Al(OH)_2^+ + H^+$$
$$Al(OH)_2^+ + H_2O \rightleftharpoons Al(OH)_3 + H^+$$

$Al(OH)_3$ 是弱碱，解离度很小，因而溶液中 OH^- 很少，所以反应基本上是由 H^+ 决定。土壤胶粒上吸附性铝有 Al^{3+} 和各种羟基铝离子的形态，上式中的 $Al(OH)^{2+}$ 和 $Al(OH)_2^+$，不过是羟基铝的最简单形式，实际存在的羟基铝离子还要复杂得多，如$[Al_6(OH)_{12}]^{6+}$、$[Al_{10}(OH)_{22}]^{8+}$ 等。

8.1.1.2　土壤酸性的类型

根据 H^+ 在土壤中所处的部位，可以将土壤酸性分为活性酸和潜在酸两种类型。

（1）活性酸

活性酸是指土壤溶液中 H^+ 的浓度直接表现的酸度，通常用 pH 值表示。pH 值是 H^+ 浓度的负对数值，是土壤酸碱性的强度指标。按土壤 pH 值可把土壤酸碱性分为若干级。《中国土壤》将我国土壤的酸碱度分为五级（表8-1）。

表8-1　土壤酸碱度的分级

土壤 pH 值	<5.0	5.0~6.5	6.5~7.5	7.5~8.5	>8.5
级　别	强酸性	酸　性	中　性	碱　性	强碱性

注：引自熊毅等，1987。

我国土壤 pH 值大多为 4.0~9.0，在地理分布上呈东南酸而西北碱的规律性，整体来看，呈现由北向南 pH 值逐渐减小，大致以长江为界（北纬 33°），长江以南的土壤多为酸性或强酸性，长江以北的土壤多为中性或碱性。

（2）潜在酸

潜在酸是指土壤胶体上吸附的 H^+、Al^{3+} 引起的酸度。它们只有通过离子交换作用进入土壤溶液时,才显示出酸性,是土壤酸性的潜在来源,故称为潜在酸。土壤潜在酸要比活性酸多得多,一般相差 3~4 个数量级。通常以 cmol(+)/kg 为单位。土壤潜在酸常用土壤交换性酸度或水解性酸度表示,由于两者在测定时所采用的浸提剂不同,因而测得的潜在酸的量也有所不同。

①交换性酸度。用过量的中性盐溶液(如 1 mol/L KCl、NaCl 或 0.06 mol/L BaCl$_2$)与土壤作用,将胶体表面上的大部分 H$^+$ 或 Al^{3+} 交换出来,再以标准碱液滴定溶液中的 H$^+$,这样测得的酸度称为交换性酸度或代换性酸度。

$$\boxed{土壤胶体}—H^+ + KCl \Longrightarrow \boxed{土壤胶体}—K^+ + HCl$$

$$\boxed{土壤胶体}—Al^{3+} + 3KCl \Longrightarrow \boxed{土壤胶体}—3K^+ + AlCl_3$$

$$AlCl_3 + 3H_2O \Longrightarrow Al(OH)_3 + 3HCl$$

应当指出,用中性盐溶液浸提而测得的酸量只是土壤潜性酸量的大部分,而不是它的全部。因为用中性盐浸提的交换反应是个可逆的阳离子交换平衡,交换反应容易逆转。交换性酸量在估算石灰用量进行调节土壤酸度时有重要参考价值。

②水解酸度。用弱酸强碱盐溶液(如 pH = 8.2 的 1 mol/L NaOAc)浸提土壤,从土壤中交换出来的 H$^+$、Al^{3+} 所产生的酸度称为水解酸度。由于醋酸钠水解,所得的醋酸的解离度很小,而且生成的 NaOH 又与交换性 H$^+$ 作用,得到解离度很小的 H$_2$O,所以使交换作用进行得更彻底。另外,由于弱酸强碱盐溶液的 pH 值大,也使胶体上的 H$^+$ 和 Al^{3+} 易于解离出来。所以土壤的水解酸度一般都高于交换酸度。

$$\boxed{土壤胶体}—H^+ + KCl \Longrightarrow \boxed{土壤胶体}—K^+ + HCl$$

$$\boxed{土壤胶体}—Al^{3+} + 3KCl \Longrightarrow \boxed{土壤胶体}—3K^+ + AlCl_3$$

$$AlCl_3 + 3H_2O \Longrightarrow Al(OH)_3 + 3HCl$$

从表 8-2 可见,土壤水解性酸度大于交换性酸度,改变土壤的酸度,必须中和土壤的总酸量,通常用水解酸度代表土壤的总酸量,改良酸性土施用石灰的量一般以水解酸度作为计算依据。

表 8-2　几种土壤中的交换性酸和水解性酸的比较

土壤类型	潜在酸[cmol(+)/kg 土]	
	交换性酸	水解性酸
黄　壤(广西)	3.62	6.81
黄　壤(四川)	2.06	2.94
黄棕壤(安徽)	0.20	1.97
黄棕壤(湖北)	0.01	0.44
红　壤(广西)	1.48	9.14

注:徐建明,2019。

活性酸和潜在酸是一个平衡系统中的两种酸。活性酸是土壤酸性的强度指标,而潜在酸则是土壤酸性的容量指标,二者可以互相转化,潜在酸被交换出来即成为活性酸,活性酸被胶体吸附就转化为潜在酸。

$$\boxed{土壤胶体}-Ca^{2+}+3H^+ \Longrightarrow \boxed{土壤胶体}-2H^++Ca^{2+}+H^+$$

（活性酸）　　　　　　　　　　　　　　（潜在酸）

8.1.2　土壤碱性反应

8.1.2.1　土壤碱性的来源

土壤碱性反应及碱性土壤形成是自然成土条件和土壤内在因素综合作用的结果。其中干旱的气候和丰富的钙质为碱性土壤的主要成因，过量地施用石灰、引灌碱质污水以及海水浸渍，也是某些碱性土壤形成的原因。

（1）气候因素

在干旱、半干旱地区，由于降水少，淋溶作用弱，岩石矿物和母质风化释放的碱金属和碱土金属的各种盐类（碳酸钙、碳酸钠等）不能彻底淋出土体，而在土壤中大量积累，这些盐类水解可产生 OH^-，使土壤呈碱性。如：

$$Na_2CO_3+2H_2O \Longrightarrow 2Na^++2OH^-+H_2CO_3$$
$$CaCO_3+H_2O \Longrightarrow Ca^{2+}+OH^-+HCO_3^-$$

（2）生物因素

高等植物的选择性吸收富集了钾、钠、钙、镁等盐基离子，不同植被类型的选择性吸收不同程度地影响着碱土的形成。荒漠草原和荒漠植被对碱土的形成起重要作用。

（3）母质的影响

母质是碱性物质的来源，如基性岩和超基性岩富含钙、镁等碱性物质，风化体含较多的碱性成分。此外，土壤不同质地和不同质地在剖面中的排列影响土壤水分的运动和盐分的运移，从而影响土壤碱化程度。

（4）土壤中交换性钠的水解

交换性钠水解呈强碱性反应，是碱化土的重要特征。碱化土形成必须具备：

①有足够数量的钠离子与土壤胶体表面吸附的 Ca^{2+}、Mg^{2+} 离子交换。交换反应为：

$$\boxed{土壤胶体}\overset{Mg^{2+}}{\underset{}{-}}Ca^{2+}+4Na^+ \overset{2Na^+}{\longrightarrow} \boxed{土壤胶体}-2Na^++Ca^{2+}+Mg^{2+}$$

②土壤胶体上交换性钠解吸并产生苏打盐类。

$$\boxed{土壤胶体}-Na^++H_2O \Longrightarrow \boxed{土壤胶体}-H^++NaOH$$

交换结果产生了 NaOH，使土壤呈碱性反应。但由于土壤中不断产生 CO_2，所以交换产生的 NaOH，实际上是以 Na_2CO_3 或 $NaHCO_3$ 形态存在的。

$$2NaOH+H_2CO_3 \Longrightarrow Na_2CO_3+2H_2O$$

或

$$NaOH+CO_2 \Longrightarrow NaHCO_3$$

除 Na^+ 外，K^+、NH_4^+ 等也可发生类似的水解，而使土壤碱化，不过它们所产生的碱性不如 Na^+ 强烈。

8.1.2.2　土壤碱性的表示方法

土壤碱性反应除常用 pH 值表示以外，总碱度和碱化度是另外 2 个反映碱性强弱的指标。

(1) 总碱度

总碱度是指土壤溶液或灌溉水中碳酸根和重碳酸根的总量。

$$总碱度 = CO_3^{2-} + HCO_3^- [cmol(+)/L] \tag{8-1}$$

土壤碱性反应是由于土壤中存在弱酸强碱的水解性盐类,其中最主要的是碳酸根和重碳酸根的碱金属(Na、K)及碱土金属(Ca、Mg)的盐类,如 Na_2CO_3、$NaHCO_3$ 及 $Ca(HCO_3)_2$ 等可溶性盐类在土壤溶液中出现时,会使土壤溶液的总碱度很高。总碱度可以通过中和滴定法测定,单位以 $cmol(+)/L$ 表示,也可分别用 CO_3^{2-} 及 HCO_3^- 占阴离子的质量百分比来表示。我国碱化土壤的总碱度占阴离子总量的50%以上,高的可达90%。总碱度一定程度上反映了土壤和水质的碱性程度,故可作为土壤碱化程度分级的指标之一。

(2) 碱化度(钠碱化度:ESP)

碱化度是指土壤胶体吸附的交换性钠离子占阳离子交换量的百分比,也称为土壤钠饱和度、钠碱化度、钠化率或交换性钠百分率。

$$碱化度(\%) = (交换性钠/阳离子交换量) \times 100 \tag{8-2}$$

土壤碱化度常被用来作为碱土分类及碱化土壤利用改良的指标和依据。我国将碱化层的碱化度>30%、表层含盐量<0.5%和pH>9.0的土壤定为碱土,而将土壤碱化度为5%~10%定为轻度碱化土壤,10%~15%为中度碱化土壤,15%~20%为强碱化土壤。

8.1.3　影响土壤酸碱性的因素

(1) 土壤胶体类型和性质

当土壤胶体上吸附的阳离子全部是致酸离子(H^+、Al^{3+})时,称为盐基完全不饱和态。此时土壤的pH值称为极限pH值。

土壤的极限pH值因土壤胶体类型而不同,例如,在同样的浓度下,蒙脱石的极限pH值为3.5左右,而高岭石则为4.5~5.0。土壤极限pH值越小,酸量越多。

表8-3为我国几种代表性土壤和黏粒矿物的极限pH值。

表8-3　土壤胶体的极限pH值

标　本	制备方法	浓度(%)	极限pH值
砖红壤	电渗析	7.56	4.94
红　壤	电渗析	7.78	4.51
黄棕壤	电渗析	7.37	3.86
蒙脱石	电渗析	1.48	3.56
高岭石	电渗析	4.29	4.82

注:引自林大仪等,2011。

另外,胶体种类不同,胶体上吸附的 H^+、Al^{3+} 的解离度不同,土壤的pH值也不同。根据胶体上吸附性 H^+、Al^{3+} 的解离度(即对土壤溶液提供 H^+ 的能力),可排成下列顺序:有机胶体>蒙脱石>含水云母和拜来石>高岭石>含水氧化铁(铝)。

（2）土壤盐基饱和度

盐基饱和度可用以反映土壤潜在酸量及活性酸强度。当土壤盐基饱和度不低于 80%时，胶体上吸附性阳离子常以 Ca^{2+} 为主（属于钙质土），其潜在酸量极微或不存在，土壤溶液中也不含活性酸，pH 值大多数在 7.0 左右，呈中性反应。反之盐基饱和度小的土壤（属于氢—铝质土），不仅潜在酸量大，而且有较多的活性酸。在一定范围内，土壤 pH 值随盐基饱和度增加而增高。这种关系见表 8-4。

表 8-4　土壤 pH 值与盐基饱和度的关系

土壤 pH 值	<5.0	5.0~5.5	5.5~6.0	6.0~7.0
土壤盐基饱和度(%)	<30	30~60	60~80	80~100

注：引自林大仪等，2011。

（3）土壤空气中的 CO_2 分压

石灰性土壤及以吸附性 Ca^{2+} 占优势的中性或微碱性土壤上，其 pH 值的变化与土壤空气中的 CO_2 分压有密切的关系。它们在 $CaCO_3$—CO_2—H_2O 平衡体系中有下列关系：

$$CO_2 + H_2O \overset{K_a}{\rightleftharpoons} 2H^+ + CO_3^{2-}$$

K_a 为碳酸的解离常数：

$$K_a = \frac{[H^+]^2[CO_3^{2-}]}{[CO_2]} \tag{8-3}$$

则

$$[CO_3^{2-}] = K_a \frac{[H^+]^2[CO_2]}{[H^+]^2} \tag{8-4}$$

$$CaCO_3 \overset{K_a}{\rightleftharpoons} Ca^{2+} + CO_3^{2-}$$

K_S 为碳酸钙的溶度积：

$$K_S = [Ca^{2+}][CO_3^{2-}] \tag{8-5}$$

则

$$K_S = [Ca^{2+}] \times K_a \frac{[CO_2]}{[H^+]^2}[H^+]^2 = \frac{K_a}{K_S}[Ca^{2+}][CO_2] \tag{8-6}$$

所以

$$2pH = K + p_{Ca} + p_{CO_2} \qquad \left(K = p\frac{K_a}{K_S}\right) \tag{8-7}$$

式中　　p_{Ca} 和 p_{CO_2}——分别代表该平衡体系中 Ca^{2+} 浓度和 CO_2 分压的负对数；

K——常数，其值一般为 $10.0~10.5$。

上述关系式表明，石灰性土壤空气中的 CO_2 分压影响 $CaCO_3$ 的溶解度和土壤溶液的 pH 值，CO_2 分压越大，pH 值越小。

在石灰性土壤的植物根际，由于受植物根及微生物活动产生的 CO_2 影响较为强烈，故其 pH 值多不超过 8.0，这对提高石灰性土壤中磷酸盐及某些微量元素的有效性是有利的。

（4）土壤含水量

土壤含水量通过影响离子在固相液相之间的分配、$CaCO_3$ 等盐类的溶解和解离以及胶粒上吸附性离子的解离度，从而影响土壤 pH 值。土壤的 pH 值一般随土壤含水量增加有升高的趋势，酸性土壤中这种趋势尤为明显，这可能与黏粒的浓度降低、吸附性氢离子与电极表面接触的机会减小有关；也可能因电解质稀释后，阳离子更多地解离进入溶液，导致 pH 值的升高。因此在测定土壤 pH 值时，应注意水土比。土水比越大，所测得的 pH 值越大。

（5）土壤氧化还原条件

淹水或施有机肥促进土壤还原的发展，对土壤 pH 值有明显的影响。这种影响的大小和速率与土壤原来的 pH 值及有机质含量有关。中国科学院南京土壤研究所测定显示，有机质含量低的强酸性土壤，淹水后 pH 值迅速上升。酸性土施加绿肥，淹水后前 3 d 其 pH 值上升很快，稍后略有下降。其原因主要是在嫌气条件下形成的还原性碳酸铁（锰）呈碱性，故溶解度较大。

碱性和微碱性土壤经淹水及施有机肥后，其 pH 值往往有所下降，这与有机酸和碳酸的综合作用有关。因此，尽管旱地的 pH 值差异很大，但在将其改为水田种植水稻的情况下，土壤 pH 值都趋向于中性。

8.1.4　土壤酸碱性对土壤肥力和植物生长的影响

（1）土壤酸碱反应对土壤养分有效性的影响

土壤酸碱反应对土壤矿物质和有机质分解起重要作用，影响土壤养分元素的释放、固定和迁移。土壤各种养分的有效性在不同的 pH 值条件下差异很大，如图 8-1 所示。

土壤酸碱反应对土壤中的多种化合物的形态转化有显著影响，因此也直接影响各种养分的有效性。土壤中磷的有效性受 pH 值影响很大，无论是化学沉淀反应、表面反应机制或闭蓄机制都受 pH 值变化的影响。土壤中的磷一般在 pH 值为 6.0~7.5 时有效性较高，在此反应范围内磷化合物通过与根系分泌的碳酸和有机质分解产生的有机酸反应转化为可溶性磷，提高了磷的有效性；当 pH<6.0 时，活性 Fe、Al 多，磷酸根易与它们结合形成不溶性沉淀，造成磷素的固定；当 pH>7.5 时，则发生明显的钙对磷酸的固定。

土壤的酸碱度对于钾的流失和固定也有一定的影响。由于酸度增加时，K^+ 多被 H^+ 所交换，使 K^+ 被利用的可能性增加，但随水流失的可能性也随之加大。在酸性较强的土壤中，存在着大量水合铝离子，吸附在黏土矿物的表面，阻塞了晶格六角形晶穴对 K^+ 的固定，提高了 K^+

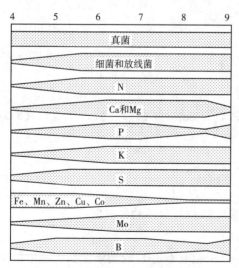

图 8-1　土壤 pH 值与养分有效性及微生物活动关系

（李天杰，2004）

的有效性。实验表明，当 pH 值为 6.5~7.5 时，有效钾的含量最高。

N、S、K 在微酸性、中性、碱性土壤中有效性最大；Ca、Mg 在酸性土壤中容易淋失。因此，土壤的酸性越强，这些元素淋失越多，因而对植物的供应越加不足。在 pH<6.0 的范围内，Ca、Mg 的有效性随 pH 值升高而提高，在 pH 值为 6.5~8.5 的土壤中有效性较高。

土壤 pH 值对土壤中各种微量元素的有效性也有很大的影响。一般说来，pH 值影响土壤中微量元素的形态，如 Fe、Mn、Zn、Cu 等，在碱性条件下均呈氢氧化物的形态，溶解度降低，虽可免于在土壤中淋失，但降低了有效性。而另一些元素则在碱性条件下增大了其溶解度，如 Mo 在碱性条件下转化为钼酸盐形态，溶解度增大，提高了有效性，但淋失量也相应增加。在 pH 值低时，Mo 与 Mg 形成难溶性化合物而变得无效，因此在强酸性土壤上有些植物（如柑橘）会发生缺钼现象；在极强酸性的土壤中，大量的 Al、Fe、Mn 化合物变为可溶性，常使植物受到毒害。随着土壤酸度的降低，它们的溶解度迅速降低，在石灰性土壤和碱性土壤中，植物又往往发生缺铁症状；Cu、Zn 的情况也相同。在土壤 pH 值 7.0 左右是临界点，pH 值大于此点时 Cu、Zn 的有效度极低；B 在强酸性土壤和 pH 值为 7.0~8.5 的石灰性土壤中有效性均较低。在 pH 值为 6.0~7.0 和 pH 值大于 8.5 的碱性土壤中有效性较高。总的来说，大多数土壤在 pH 值为 6.5 左右时其养分的有效性较高。

（2）土壤酸碱反应对土壤微生物活性的影响

微生物的活动对土壤 pH 值很敏感，pH 值对微生物的影响主要体现在影响土壤有机质的转化，尤其是 N、P、S 及其他灰分元素的分解释放与转化。土壤细菌和放线菌，均适于中性和微碱性环境，氨化作用适宜的 pH 值为 6.5~7.5，硝化作用适宜的 pH 值为 6.5~8.0，固氮作用适宜的 pH 值为 6.5~7.8。真菌适宜在酸性条件下活动，在 pH<5.0 的强酸土壤中，仍可对有机质进行矿化，但其活动产物多呈强酸性，有时不利于肥力的发展。此外，pH 值对土壤中的某些植物病原微生物的活性也有影响，如使土壤保持酸性可防止马铃薯的疮痂病等，而硝化细菌则受到抑制，从而影响氮素的转化。土壤 pH 值与微生物活性和养分有效性的关系，如图 8-1 所示。

（3）土壤酸碱反应对植物生长的影响

不同的植物适应不同的土壤 pH 值范围，有些植物对酸碱反应很敏感，如甜菜和紫花苜蓿只能生长在中性至微碱性土壤上；茶树、柑橘则要求酸性和强酸性土壤；盐蒿、碱蓬等适宜在碱土上生长。一般植物对土壤酸碱性的适应范围比较广，表 8-5 是一些主要栽培植物适宜的 pH 值范围。

表 8-5　主要栽培植物适宜的 pH 值范围

栽培植物	pH 值	栽培植物	pH 值	栽培植物	pH 值
水稻	5.0~6.5	豌豆	6.0~8.0	槐树	6.0~7.0
小麦	5.5~7.5	甘蓝	6.0~7.0	松	5.0~6.0
大麦	6.5~7.8	胡萝卜	5.3~6.0	刺槐	6.0~8.0
玉米	5.5~7.5	西红柿	6.0~7.0	白杨	6.0~8.0
棉花	6.0~8.0	西瓜	6.0~7.0	栎	6.0~8.0

（续）

栽培植物	pH 值	栽培植物	pH 值	栽培植物	pH 值
大豆	6.0~7.0	南瓜	6.0~8.0	红松	5.0~6.0
马铃薯	4.8~6.5	桃	6.0~7.5	桑	6.0~8.0
甘薯	5.0~6.0	苹果	6.0~8.0	桦	5.0~6.0
向日葵	6.0~8.0	梨、杏	6.0~8.0	泡桐	6.0~8.0
甜菜	6.0~8.0	茶	5.0~5.5	油桐	6.0~8.0
花生	5.0~6.0	栗	5.0~6.0	榆	6.0~8.0
苔子	6.0~7.0	柑橘	5.0~6.5	侧柏	6.0~7.5
紫花苜蓿	7.0~8.0	菠萝	5.0~6.0	柽柳	6.0~8.0

(4) 土壤酸碱反应对土壤理化性质的影响

土壤酸碱反应和环境条件(如地形、水分条件等)共同影响黏粒矿物生成的类型。例如，原生矿物白云母在碱性和微碱性条件下风化，生成伊利石，而其在 pH 值为 5.0 的酸性条件下则生成高岭石。

在碱土中交换性钠离子多(占 30% 以上)，土粒分散，结构易破坏。酸性土中，交换性氢离子多，盐基饱和度低，结构易破坏，物理性质不良。中性土中，Ca^{2+}、Mg^{2+} 较多，土壤的结构性和通气性等物理性质良好。

8.1.5　土壤酸碱性的调节与改良

8.1.5.1　土壤酸性的调节

研究表明，全球大约 50% 的耕地存在土壤酸化现象，其比例还在持续增加。我国酸化土壤呈现面积大、分布广及酸化程度高的特点，严重威胁粮食安全及农田可持续利用。土壤酸性主要由胶体吸附的交换性 H^+ 和 Al^{3+} 所控制，在改良土壤酸性时，不仅要中和活性酸，更重要的是中和潜在酸，才能从根本上改变酸性的强弱。通常施用石灰或石灰粉来调节改良。沿海地区可以用蚌壳灰、草木灰，它们既是良好的钾肥，同时也起中和酸性的作用；沿海的咸酸田在采用淡水洗盐的同时，也能把一些酸性物质除掉。研究表明，将生物炭添加在白浆土、潮土、灰漠土和棕壤土后，土壤的 pH 值均有不同程度的提高。

(1) 石灰在土壤中的转化

石灰施入土壤的化学反应有：与 CO_2 的作用和与土壤胶体上吸附性铝的交换作用。

在土壤空气中，因为 CO_2 的浓度往往比大气中的 CO_2 大几十倍甚至几百倍，CO_2 溶于水生成碳酸与石灰或石灰石粉发生反应。

$$CO_2 + H_2O \longrightarrow H_2CO_3$$
$$Ca(OH)_2 + 2H_2CO_3 \longrightarrow Ca(HCO_3)_2 + 2H_2O$$
$$CaCO_3 + H_2CO_3 \longrightarrow Ca(HCO_3)_2$$

石灰与酸性土壤胶体的作用如下：

$$\boxed{土壤胶体} - 2H^+ + Ca(OH)_2 \Longleftrightarrow \boxed{土壤胶体} - Ca^{2+} + 2H_2O$$

如果胶粒上是 Al^{3+}，则与石灰生成氢氧化铝而沉淀：

$$\boxed{土壤胶体}—2Al^{3+}+3Ca(OH)_2 \Longleftrightarrow \boxed{土壤胶体}—3Ca^{2+}+2Al(OH)_3$$

施用石灰除中和酸度、促进微生物活动以外，还为土壤增加了钙，有利于改善土壤结构，并减少磷被活性铁、铝离子的固定。

（2）石灰需要量

酸性土壤石灰需要量可通过交换性酸量或水解性酸量进行大致估算。还可根据土壤的阳离子交换量（CEC）及盐基饱和度（BSP）、土壤潜性酸量等进行估算求得。但是这种理论数字，应该按照当地的实际经验加以校正。依据阳离子交换量和盐基饱和度计算式为：

$$石灰需要量=土壤体积×容重×阳离子交换量×(1-盐基饱和度) \tag{8-8}$$

【例】某土壤 pH 值为 5.0，耕作层土壤为 2 250 000 kg/hm^2，土壤含水量为 20%，阳离子交换量为 10 $cmol/kg$ 土，盐基饱和度为 60%（即 H^+、Al^{3+} 等饱和度为 40%），试计算达到 pH=7.0 时，中和活性酸和潜性酸的石灰需要量（理论值）。

中和活性酸 pH=5.0 时，土壤溶液中 $[H^+]=10^{-5} mol/kg$ 土，则每公顷耕作层土壤中 H^+ 为：

$$2 250 000×20\%×10^{-5}=4.5 \text{ mol } H^+/hm^2$$

同理，pH=7.0 时，每公顷土壤中 H^+ 含量为：

$$2 250 000×20\%×10^{-7}=0.045 \text{ mol } H^+/hm^2$$

需要中和的活性酸量为：

$$4.5-0.045=4.455 \text{ mol } H^+/hm^2$$

若以 CaO 中和，其需要量为：

$$4.455×56/2=124.74 \text{ g}/hm^2$$

中和的潜性酸量为：

$$22 500×1/100×4=90 000 \text{ mol } H^+/hm^2$$

$$90 000×56/2=2 520 000 \text{ g}=2520 \text{ kg}/hm^2$$

在生产实践中，一般多根据田间试验的实际效果来确定石灰需用量，试验表明在 pH 值 4.5 左右的红壤土，每亩施生石灰 70 kg，大多数作物都有不同程度的增产，其中尤以大麦、金花菜和小麦的效果最明显（表 8-6）；在红壤中每亩施 50~100 kg 石灰，早稻、晚稻、大豆等作物一般可增产 10%~30%。

表 8-6 红壤旱地施用石灰对作物的效应

作 物	大麦	金花菜	小麦	大豆	豌豆	苕子	花生	小米	芝麻	甘薯
产量相对值（%）	极显著	314	257	144	144	123	118	109	103	100

注：引自熊毅，1987；以不施石灰的产量为 100，大麦不施石灰不能生长。

通常施用的石灰性物质的形态有 3 种，即 $CaCO_3$、CaO 和 $Ca(OH)_2$。这 3 种形态石灰粉剂的中和能力是不同的，CaO 最强，$Ca(OH)_2$ 次之，$CaCO_3$ 最弱。中和速率差异也很大，$Ca(OH)_2$ 最快，但不持久，$CaCO_3$ 最慢，但比较持久。在施用时还要注意石灰的细度，不要太细或太粗，施用时要与土壤充分搅匀，并注意施用时期。对于淋溶作用强的土壤，需每隔 3~4 年施一次。

8.1.5.2 土壤碱性的调节

调节土壤碱性的方法主要有以下几种。

①施用有机肥料。利用有机肥分解释放出的大量 CO_2、有机酸降低土壤 pH 值。

②施用硫黄、硫化铁及废硫酸或黑矾($FeSO_4$)等。利用它们在土壤中氧化或水解产生硫酸，硫酸再中和碳酸钠或胶体上钠离子造成的碱性。

③对碱化土、碱土，可施用石膏、硅酸钙。以钙将土壤胶体上的钠交换下来，并随水排出，从而降低土壤的 pH 值，改善土壤的理化性质。

$$\boxed{土壤胶体}—2Ha^+ + CaSO_4 \rightleftharpoons \boxed{土壤胶体}—Ca^{2+} + Na_2SO_4(淋洗排出)$$

石膏需用量可根据钠碱化度(ESP)进行计算，即所用化合物(石膏、氯化钙等)的剂量必须相当于要排走的交换性钠的量。ESP 的临界指标一般为 10，即 ESP 小于 10 可不发生明显不良作用。石膏用量 R 可按下式计算：

$$R = [(ESP_{初} - ESP_{后})/100] \times CEC \tag{8-9}$$

例如，某土壤初始的 ESP 为 35，CEC 为 25，则石膏需用量为：

$$R = [(35-10)/100] \times 25 = 6.25 \text{ cmol/kg} = 0.0625 \text{ mol/kg}$$

纯石膏 $CaSO_4 \cdot 2H_2O$ 的分子量为 172，按土层厚度 20 cm、容重 1.3 计算，每公顷石膏需用量为：

$$0.2 \times 10\ 000 \times 1.3 \times 1000 \times 0.0625 = 162\ 500 \text{ mol/hm}^2$$
$$162\ 500 \text{ mol/hm}^2 \times 172/2 = 13\ 975\ 000 \text{ g/hm}^2 = 13\ 975 \text{ kg/hm}^2$$

8.2 土壤氧化还原反应

土壤氧化还原反应是发生在土壤溶液中的又一个重要化学性质。氧化还原反应始终存在于岩石风化和母质成土的整个土壤形成发育过程中，对物质在土壤剖面中的移动和剖面分异、养分的生物有效性、污染物质的缓冲性和植物生长发育等带来深刻影响，特别是对稻田土壤，它是衡量土壤肥力的极为重要的指标之一。

8.2.1 土壤中的氧化还原体系

氧化还原反应中氧化剂和还原剂构成了氧化还原体系。氧化还原反应的实质是电子的转移过程，某一物质的氧化，必然伴随着另一物质的还原。一些物质失去了电子，它们本身被氧化；另一些物质得到电子，它们本身被还原，因此最容易发生氧化还原反应的是变价元素。

土壤中产生氧化还原反应的物质很多，有着多种氧化还原体系，主要有以下几种：

氧体系：

$$O_2 + 4H^+ + 4e \rightleftharpoons 2H_2O$$

氮体系：

$$NO_3^- + H_2O + 2e \rightleftharpoons 2OH^- + NO_2^-$$

铁体系：

$$Fe^{3+} + e \rightleftharpoons Fe^{2+}$$

锰体系：

$$MnO_2+4H^++2e \Longleftrightarrow Mn^{2+}+2H_2O$$

硫体系：

$$SO_4^{2-}+H_2O+2e \Longleftrightarrow SO_3^{2-}+2OH^-$$

$$SO_3^{2-}+3H_2O+6e \Longleftrightarrow S^{2-}+6OH^-$$

氢体系：

$$2H^++2e \Longleftrightarrow H_2$$

有机碳体系：

$$CO_2+8H^++8e \Longleftrightarrow CH_4+2H_2O$$

有机体系包括各种能起氧化还原反应的有机酸类、酚类、醛类和糖类等化合物。

土壤中主要的氧化剂来自大气中的氧，它进入土壤与土壤中的化合物发生作用，得到2 个电子而还原为 O^{2-}。土壤生物化学过程的方向与强度，在很大程度上取决于土壤空气和溶液中氧的含量。当土壤中的氧被消耗，其他氧化态物质如 NO_3^-、Fe^{3+}、Mn^{4+}、SO_4^{2-} 依次作为电子受体被还原，这种依次被还原的现象称为顺序还原作用。土壤中的主要还原性物质是有机质，尤其是新鲜未分解的有机质，它们在适宜的温度、水分和 pH 值条件下还原能力极强。土壤中由于存在多种多样氧化还原体系，并有生物参与，较纯溶液复杂。它们主要有以下一些共同特点：

①土壤中氧化还原体系有无机体系和有机体系两类。在无机体系中，重要的有氧体系、铁体系、锰体系、氮体系、硫体系和氢体系等。有机体系包括不同分解程度的有机化合物、微生物的细胞体及其代谢产物，如有机酸类、酚类、醛类和糖类等化合物。这些体系的反应有可逆的、半可逆和不可逆之分。例如，有机体系是半可逆的或不可逆的。

②土壤中氧化还原反应虽属化学反应，但很大程度上是由生物参与完成的。如 NH_4^+ 氧化成 NO_3^- 必须在硝化细菌参与下才能完成。虽然亚铁的氧化大多属纯化学反应，但土壤中常在铁细菌的作用下发生。

③土壤是一个不均匀的多相体系，即使同一田块不同点位都有一定的变异，因此，测定氧化还原电位时要选择代表性土样，最好多点测定求平均值。

④土壤中氧化还原平衡经常变动，不同时间、空间，不同耕作管理措施等都会改变氧化还原电位。严格地说，土壤氧化还原永远不可能达到真正的平衡。

8.2.2　土壤氧化还原电位

土壤是一个氧化物质与还原物质并存的体系，土壤溶液中氧化态物质与还原态物质的相对比例决定着土壤的氧化还原状况。随着土壤中氧化还原反应的不断进行，氧化态物质和还原态物质的浓度也在随时调整变化，进而使溶液电位也在相应地改变。这种由于溶液氧化态物质与还原态物质的浓度关系而产生的电位称为氧化还原电位（Eh），单位为 mV。

它们之间的关系为：

$$Eh = E^0 + RT/nF \times lg[氧化态]/[还原态]$$
$$= E^0 + 0.059/n \times lg[氧化态]/[还原态]$$

$$(8-10)$$

式中　　E^0——标准氧化还原电位，它是指在体系中氧化剂浓度和还原剂浓度相等时的电位，各体系的 E^0 值可在化学手册中查到；

　　　　n——氧化还原反应中的电子转移数量，方括号内表示两种物质的活度。

由上式可以看出，对于一个给定的氧化还原体系，由于 E^0 和 n 为常数，所以氧化还原电位主要由氧化剂和还原剂的活度比所决定。二者比值越大，即氧化剂的活度越高，则氧化还原电位就越大，说明氧化反应越强烈。实际上土壤中氧化态物质与还原态物质的相对浓度主要取决于土壤溶液的氧压或溶解态氧的浓度，这就直接与土壤的通气性相联系。故氧化还原电位可以作为评价土壤通气性的指标。

当测定一个体系中的氧化剂和还原剂的浓度后，即可以计算出该体系的氧化还原电位。

8.2.3　氧化还原状况对土壤肥力和植物生长的影响

(1) 土壤氧化还原电位范围对植物生长发育的影响

氧化还原状况与土壤的发生、发育和演变有着密切的关系，在不同的土壤类型中，氧化还原电位一般变动幅度在 100~800 mV，通气良好的表层较高，下层逐渐降低，在地下水饱和的土层中氧化还原电位有时为负值。

旱地土壤氧化还原电位变动范围一般为 200~750 mV，如果大于 750 mV，表明土壤完全处于好气状态。如果氧化还原电位低于 200 mV，则表明土壤水分过多，通气不良。旱地土壤的氧化还原电位为 400~700 mV 时，多数作物可以正常发育，过高过低均对植物生长不利。

水田土壤的氧化还原电位变动较大，在排水种植旱作物期间，其氧化还原电位可达 500 mV 以上，在淹水期间，可低至 -150 mV 以下。一般说水稻适宜在氧化还原电位 200~400 mV 的条件下生长。如果土壤的氧化还原电位经常处在 180 mV 以下或低于 100 mV，水稻分蘖就会停止，发育受阻。如果长期处于 -100 mV 以下，甚至会导致水稻死亡。

(2) 氧化还原状况对土壤肥力的影响

氧化还原状况主要影响土壤中变价元素的生物有效性。通常把氧化还原电位 300 mV 作为土壤氧化还原状况的分界线，大于 300 mV 时土壤呈氧化状态，低于 300 mV 则呈还原状态。当大于 750 mV 时，土壤在好气条件下，有机质分解快，易造成养分的大量损失。

土壤中各种营养元素的化合物处于有效状态时作物才能吸收利用。一般来说，这些营养元素的有效状态大多呈氧化态，只有氮素作物无论对还原态的铵态氮，或氧化态的硝态氮均可吸收利用，但硝态氮仍优于铵态氮。磷则以 $H_2PO_4^-$ 或 HPO_4^{2-}、PO_4^{3-} 态，硫以 SO_4^{2-} 态被吸收。这些营养元素能否以氧化态形式存在，则取决于土壤中氧化还原电位的高低，只有土壤的氧化还原电位保持在一定高的水平上才能使大部分营养元素呈氧化态，因为不同元素的标准氧化还原电位不同。

氮素的有效化过程主要是含氮有机物的矿质化过程，在 Eh 值 410 mV 以上时，继续转化为 NO_3^- 的硝化过程；氧化还原电位在 410 mV 以下时，大部分 NO_3^- 还原为 NO_2^-。如果氧化还原电位继续下降至 200 mV 时，氮素在强还原作用下就产生反硝化过程，产生脱氮作用，不仅氮的有效性降低而且导致氮素的损失。

磷的氧化态，包括 $H_2PO_4^-$、HPO_4^{2-}、PO_4^{3-} 对于作物都属于有效态，还原态磷则对植物无效。一般土壤的氧化还原电位影响 PO_4^{3-} 的变化，只有当氧化还原电位下降至 -400 mV 时磷才被还原为 H_3P，这不仅丧失了有效性而且对作物表现出毒害。当氧化还原电位下降到 -200 mV 时，$Fe(OH)_3$ 可还原为 Fe^{2+}，原来被 $Fe(OH)_3$ 吸附的磷，可能被解吸而提高利用率。

硫在土壤中的有效形态为 SO_4^{2-}，一般硫化物在正常的土壤氧化还原电位条件下均转化为 SO_4^{2-} 形式，但当土壤的氧化还原电位下降至 -200 mV 以下时，高价硫转化为低价硫，以 H_2S 形式出现，此时作物得不到硫的供应，同时出现毒害。但一般情况下，由于铁的标准氧化还原电位为 -110 mV，此时已出现大量的 Fe^{2+}，可与 H_2S 化合形成 FeS 沉淀，从而消除了 H_2S 和 Fe^{2+} 的毒害。

土壤中的铁、锰是氧化还原体系中的重要组成部分，铁、锰完全以高价化合物形态存在，溶解度极小，作物易缺铁而发生失绿症，也会因缺锰发生灰斑病。当氧化还原电位小于 200 mV 时，铁、锰化合物呈还原态，一些水稻秧苗会因 Fe^{2+} 浓度高而中毒受害。土壤颜色也由红棕色、黄褐色变为青灰色。铁在 pH 值为 7.0 时的标准氧化还原电位为 -110 mV，当氧化还原电位高于 -110 mV 时，一般呈 Fe^{3+} 的化合物，溶解度很小，因此在旱地特别是在石灰含量较高的土壤中，经常出脱绿现象。锰在土壤中随着氧化还原电位及 pH 值的改变而发生 3 种化合价的转化。当 pH 值为 7.0 时，锰的标准氧化还原电位为 420 mV，当氧化还原电位下降时，锰即还原为 Mn^{2+}，有效锰的数量随之增高。由于一般土壤的氧化还原电位均在 400 mV 以上，所以均存在一定数量的 Mn^{2+}，缺锰现象就不像缺铁现象那么严重。

其他微量元素特别是阳离子型的微量元素，一般均存在氧化态和还原态，还原态形式的溶解度都较大，因此只要维持土壤中有一定的新鲜有机质，就可保持它们的有效性。阴离子型的微量元素的有效性一般取决于土壤 pH 值。

当氧化还原电位降为负值后，某些土壤会产生并积累过量的 H_2S 和丁酸等物质，对水稻的含铁氧化还原酶的活动有抑制作用，影响其呼吸，减弱根系吸收养分的能力。在 H_2S 浓度高时，抑制植物根对磷、钾的吸收，甚至出现磷、钾从根内渗出。H_2S 和丁酸积累对抑制不同养分吸收程度的顺序为：$H_2PO_4^- $、$K^+$、$Si^{4+}$ > NH_4^+ > Na^+ > Mg^{2+}、Ca^{2+}。

同时，土壤的氧化还原状况还影响养分的存在形态，进而影响它的有效性。如土壤中的硝化过程及硝酸盐的积累是在氧化还原电位很高的好气条件下进行的。土壤通气不良时，易引起反硝化过程的发展，氧化还原电位与氮体系的关系见表 8-7。

表 8-7　土壤的氧化还原电位与氮体系的关系

氧化还原电位(mV)	480~750	340~480	200~340	0~200
氧化还原体系	硝酸盐	亚硝酸盐与硝酸盐	亚硝酸盐	氧化氮

NO_3^-—NO_2^-—NO—N_2 体系的存在，是在土壤通气不良条件下引起植物氮素缺乏的原因。在氧化还原电位 $-100 \sim 100$ mV 范围内，硫酸盐首先还原成金属的硫化物，再形成 H_2S，从而导致土壤中硫酸盐的损失。

由此可见，土壤中的氧化还原过程与土壤的通气条件直接有关，氧化还原电位可以反映土壤的通气排水状况及微生物的活性，同时也影响土壤中变价元素的状态及土壤养分的有效性，与土壤肥力和作物生长有密切关系。

8.2.4　土壤氧化还原状况的影响因素及其调节

8.2.4.1　土壤氧化还原状况影响因素

(1)土壤通气性

土壤通气状况决定土壤空气中氧的浓度。在通气良好的土壤中，土壤与大气间气体交换迅速，使得土壤中氧浓度较高，氧化还原电位较高。在排水不良的土壤中，通气孔隙少，大气与土壤间气体交换速率缓慢，氧的浓度降低，再加上微生物活动耗氧，氧化还原电位下降。所以对于同一种土壤，氧化还原电位可作为评价通气状况的相对指标。

(2)土壤中的易分解有机质

土壤中许多易分解有机质可作为微生物需要的营养和能量的来源。在嫌气分解过程中，微生物夺取有机质中所含的氧，形成大量各种各样的还原性物质。所以，在淹水条件下施用新鲜的有机肥料，土壤氧化还原电位剧烈下降。这种现象在绿肥田早稻苗期经常发生。

(3)土壤中的易氧化物质和易还原物质

土壤中的易氧化物质(如 Fe^{2+}、Mn^{2+} 等)含量高，说明该土壤还原性强，并且抗氧化平衡作用也强；反之，易还原物质(如 Fe^{3+}、Mn^{4+})含量较高时，抗还原能力也强。含铁、锰较多的土壤，渍水后氧化还原电位不易迅速下降，其原因是具有这种缓冲作用。

(4)微生物活动

微生物活动需要氧，这些氧可能是游离态的气态氧，也可能是化合物中的化合态氧。微生物活动越强烈，耗氧越多，放出大量 CO_2，使土壤溶液中的氧压降低或使还原态物质的浓度相对升高(氧化态化合物中的氧被微生物夺去后，就还原成还原态的化合物，因此氧化态物质浓度对还原态物质浓度的比值下降)，氧化还原电位降低。所以在土壤通气性基本一致条件下，可用土壤的氧化还原电位反映土壤微生物的活性。

(5)植物根系的代谢作用

植物根系在其生命活动过程中，能分泌有机酸等有机物质，使根际 pH 值降低。对于一般旱地作物，根际土壤的氧化还原电位较根外低数十毫伏；而水稻根系能分泌氧，则使根际土壤氧化还原电位高于根外土壤。

(6)土壤 pH 值

土壤 pH 值与氧化还原电位的关系很复杂，在理论上把土壤的 pH 值与氧化还原电位关系固定为 $\Delta Eh/\Delta pH = -59$ mV(即在通气不变条件下，pH 值每上升一个单位，氧化还原电位要下降 59 mV)，但实际情况并不完全如此。据测定，我国 8 个红壤性水稻土样本 $\Delta Eh/\Delta pH$ 平均约为 85 mV，变化范围为 $60 \sim 150$ mV；13 个红黄壤 $\Delta Eh/\Delta pH$ 平均约为 60 mV，接近 59 mV。一般土壤氧化还原电位随 pH 值的升高而下降。

8.2.4.2　土壤氧化还原状况调节

由于氧化还原状况的变化在渍水土壤(沼泽和水稻土)中表现最为强烈，因而从水稻土的发育来说，调节土壤氧化还原状况，有助于高肥力水稻土的形成。如在耕作还原条件下，土色较黑，排水落干后出现血红色的锈纹、锈斑，整个剖面有一定的层次排列，这是肥沃水稻土的剖面形态特征。

调节土壤氧化还原状况是水稻生产管理的重要环节，通常通过排灌和施用有机肥等来实现。在强氧化条件下，如所谓的"望天田"，要解决水源问题并增施有机肥料，以促进土壤适度还原；反之，在强还原条件的土壤，如"冷浸田""冬水田"等则应采取开沟排水、降低地下水位等措施，以创造氧化条件。对于一般水稻土，主要通过采取施用有机肥料和适当灌水的措施使土壤还原条件适度发展，然后根据水稻生长状况和土壤性质，进一步采取排水、烤田等措施。

8.3　土壤的缓冲性

8.3.1　土壤缓冲性的概念

土壤缓冲性是指土壤抗衡酸碱物质、减缓 pH 值变化的能力，是土壤的重要化学性质之一。它可以稳定土壤溶液的反应，使酸碱度的变化保持在一定范围内。如果土壤没有这种能力，那么微生物和根系的呼吸、肥料的加入、有机质的分解等将引起土壤反应的激烈变化，同时造成养分状态的变化，影响养分的有效性，作物将难以适应。

事实上，土壤不仅具有抵御酸碱物质、减缓 pH 值变化的能力，即具有对酸碱的缓冲性。从广义而言，土壤是一个巨大的缓冲体系，对营养元素、污染物质、氧化还原过程等同样具有缓冲性，具有抗衡外界环境变化的能力。这主要是因为土壤是一个包含固液气三相组成的多组分开放的生物地球化学系统，包含了众多的以多样化方式进行相互作用的不同化合物。土壤在固液界面、气液界面发生的各种化学、生物化学过程，常具有一定的自调节能力。所以从某种意义上讲，土壤缓冲性不只是局限于土壤对酸碱变化的一种抵御能力，而可以看作一个表征土壤质量及土壤肥力的指标。

高产肥沃土壤有机质丰富，缓冲性能较强，能为高产作物较好地调控土壤环境条件，以抵制各种不利因素的发展。相反，有机质贫乏的砂土缓冲性很小，自调节能力低，"饿不得、饱不得"，经不起外界水、热、酸碱反应等各种环境条件的变化。对这类土壤，通过采取多施有机肥，掺混黏土等措施，既可培肥土壤，也提高了其缓冲性能。

8.3.2　土壤酸碱缓冲性

(1) 土壤酸碱缓冲作用的机制

① 土壤胶体的阳离子交换作用是土壤产生缓冲性的主要原因。当土壤溶液中 H^+ 增加时，胶体表面的交换性盐基离子与溶液中的 H^+ 交换，生成了中性盐，使土壤溶液的 H^+ 的浓度基本上无变化或变化很小。

$$\boxed{土壤胶体}—M^+ + H^+ \Longrightarrow \boxed{土壤胶体}—H^+ + M^+$$

M 代表盐基离子，主要是 Ca^{2+}、Mg^{2+}、K^+ 等。

又如土壤溶液中加入 MOH，解离产生 M^+ 和 OH^-，由于 M^+ 和胶体上交换性 H^+ 交换，H^+ 转入溶液中，立即同 OH^- 生成极难解离的 H_2O，溶液的 pH 值基本不变。

$$\boxed{土壤胶体}—H^+ + MOH \Longleftrightarrow \boxed{土壤胶体}—M^+ + H_2O$$

一般胶体数量多、阳离子交换量大的土壤缓冲性强，所以黏质土及有机质含量高的土壤，比砂质土及有机质含量低的土壤缓冲性强；如两种土壤的阳离子交换量相同，则盐基饱和度越大，对酸的缓冲能力越强；相反盐基饱和度越小、潜在酸度越大的土壤，其对碱的缓冲能力越强。

②土壤溶液中的弱酸及其盐类的存在。土壤溶液中含有碳酸、硅酸、磷酸、腐殖酸、其他有机酸及其盐类，构成一个良好的缓冲体系，故对酸碱均有缓冲作用。

$$H_2CO_3 + Ca(OH)_2 \Longleftrightarrow CaCO_3 + 2H_2O$$

$$Na_2CO_3 + 2HCl \Longleftrightarrow H_2CO_3 + 2NaCl$$

硅酸盐矿物含有一定数量碱性金属和碱土金属离子，通过风化、蚀变释放钠、钾、钙、镁等元素，并转化为次生黏粒矿物，进而对土壤的酸性物质起缓冲作用。镁橄榄石（Mg_2SiO_4）的脱盐基、脱硅作用的缓冲机理如下式表示：

$$Mg_2SiO_4 + 4H^+ \Longleftrightarrow 2Mg^{2+} + Si(OH)_4$$

③土壤中两性物质的存在。土壤中存在许多两性物质，如蛋白质、氨基酸、胡敏酸、无机磷酸等。如氨基酸，它的氨基可以中和酸，羧基可以中和碱，因此对酸碱都有缓冲能力。

$$\begin{matrix} R—CH—COOH + HCl = R—CH—COOH \\ | \qquad\qquad\qquad\qquad | \\ NH_2 \qquad\qquad\qquad NH_3Cl(氨基酸氯化铵盐) \end{matrix}$$

$$\begin{matrix} R—CH—COOH + NaOH = R—CH—COONa + H_2O \\ | \qquad\qquad\qquad\qquad\quad | \\ NH_2 \qquad\qquad\qquad\quad NH_2(氨基酸钠) \end{matrix}$$

④酸性土壤中铝离子的缓冲作用。在极强酸性土壤中（pH<4.0），铝离子以 $Al(H_2O)_6^{3+}$ 形态存在，加入碱性物质使土壤溶液 OH^- 增多时，Al^{3+} 周围的6个水分子中就有1~2个水分子解离出 H^+，以中和加入的 OH^-。用下式表示：

$$2Al(H_2O)_6^{3+} + 2OH^- \longrightarrow [Al_2(OH)_2(H_2O)_8]^{4+} + 4H_2O$$

当土壤溶液中 OH^- 继续增加时，Al^{3+} 周围的水分子将继续解离出 H^+ 加以中和，而使溶液 pH 值不发生剧烈变化。同时羟基铝的聚合作用将继续进行，反应式为：

$$4Al(H_2O)_6^{3+} + 6OH^- \longrightarrow [Al_4(OH)_6(H_2O)_{12}]^{6+} + 12H_2O$$

当土壤 pH>5.0 时，Al^{3+} 就会相互结合而产生 $Al(OH)_3$ 沉淀，并失去其缓冲能力。

(2)土壤酸碱缓冲容量和滴定曲线

土壤缓冲能力一般用缓冲容量来表示，即土壤溶液改变一个单位 pH 值时所需的酸或碱的量，是表征土壤酸碱缓冲能力强弱的指标。土壤缓冲容量可用酸碱滴定法测定，即在土壤悬液中连续加入标准酸(碱)液，测定 pH 值的变化，以纵坐标表示 pH 值，横坐标表示滴加的酸量或碱量，绘制滴定曲线，又称缓冲曲线。从曲线图上可以看出该土壤缓冲能力及缓冲作用的最大范围，并可推算其缓冲容量。图8-2是红壤盐悬液（1 mol KCl）的滴定曲线，从图中可知，一个土壤的缓冲能力在各滴定阶段上是不相同的。曲线越陡(斜率越大)，表示缓冲能力越小；曲线越接近水平(斜率越小)缓冲能力越大。该悬液起始 pH 值为 3.80，在 pH 值 4.06~4.43 时表现最强缓冲力；
当滴定碱量超过 53 cmol/kg 时，曲线陡升，表示
其缓冲能力陡降。因此，当悬液滴定到 pH 值为
5.5~6.0 时，所消耗的碱量可作为该红壤交换酸
量的计算依据，并可据此计算石灰需要量。

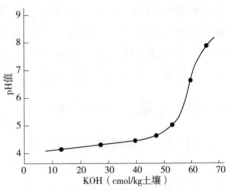

图 8-2　红壤盐悬液的滴定曲线

（林大仪等，2011）

(3) 影响土壤酸碱缓冲性的因素

①土壤无机胶体。土壤的无机胶体种类不同，
其阳离子交换量不同，缓冲性也不同。土壤胶体
的阳离子交换量越大，缓冲性也越强。在无机胶
体中缓冲性由大变小的顺序为：蒙脱石>伊利石>
高岭石>含水氧化铁(铝)。

②土壤质地。从不同土壤质地来看，黏土>壤土>砂土，黏粒含量高的土壤，其阳离子
交换量也大。

③土壤有机质。土壤有机质虽仅占土壤总质量的百分之几，但腐殖质含有大量的负电
荷，对阳离子交换量贡献大。通常表土的有机质含量较底土高，表土的缓冲性也较底土强。

8.3.3　土壤氧化还原缓冲性

土壤氧化还原缓冲性是指当少量的氧化剂和还原剂加入土壤后，其氧化还原电位不会
发生剧烈变化，即土壤所具有抗衡氧化还原电位变化的能力。

在理论上，对一种物质的氧化还原缓冲性可以通过下面公式推导加以说明：

$$Eh = E^0 + RT/nF \times lg[氧化态]/[还原态] \tag{8-11}$$

假定氧化态活度为 x，氧化态与还原态总浓度为 A，则还原态的浓度为 $A-x$。当氧化
态的浓度略有增加时，氧化还原电位的增高为：

$$\frac{dEh}{dx} = \frac{RT}{nF} \times \frac{A}{x(A-x)} \tag{8-12}$$

dEh/dx 的倒数可作为土壤氧化还原缓冲性的一个
指数，称为缓冲指数。

$$\frac{dx}{dEh} = \frac{nF}{RT} \times \frac{x(A-x)}{A} = \frac{nF}{RT} x \left(1 - \frac{x}{A}\right) \tag{8-13}$$

从式(8-12)可见，某种物质的总浓度越高，缓冲指
数越强。在 $A=2x$ 时，即当氧化态与还原态的活度为 1
时，其缓冲性最强。对于不同物质，值大者的缓冲性
强，这种关系可从图 8-3 中看出。在曲线两端，当加入
少量的氧化剂或还原剂时，氧化还原电位即有显著变
化，而越向中间变化越小，在氧化态和还原态各占 50%
时的变化接近于零。这与酸碱缓冲性的情况相似。值得
指出的是，因土壤中的情况复杂，理论推导式(8-13)难
于简单的用于土壤。这是因为：第一，土壤是一个由多

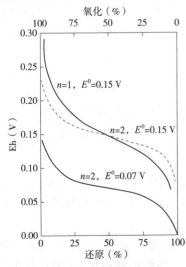

**图 8-3　不同氧化还原物质 Eh 值
与氧化或还原程度(%)的关系**

（熊顺贵，2005）

种氧化还原物质组成的混合体系，其氧化还原电位不仅与各种物质的比例有关，而且与氧化还原反应速率有关，特别在有机质含量高的土壤，可出现氧化还原缓冲反应滞后现象。第二，与酸碱反应一样，氧化还原反应也存在固相的参与，这就使反应速率更慢。尽管如此，但只要实验条件一致，仍然可以对不同氧化还原状况土壤进行相互比较。

8.3.4 土壤污染物缓冲性

(1)土壤污染物缓冲性的概念

土壤污染物缓冲性是指土壤抵御污染物侵入的能力，具体为侵入单位数量污染物所造成土壤中该物质的浓(活)度变化量。

如果用 B 表示土壤缓冲性，Δx 表示某种物质浓(活)度变化，ΔA 表示环境变化，则缓冲性用下式表示：

$$B = \frac{\Delta x}{\Delta A} \tag{8-14}$$

如果分别用 Δt^0、Δt、ΔW、ΔY 表示温度、时间、水分和外源物数量的变化，则由单一外界因素的变化引起的土壤缓冲性由下列式子表示：

$$Bt^0 = \frac{\Delta x}{\Delta t^0} \qquad Bt = \frac{\Delta x}{\Delta t} \qquad Bw = \frac{\Delta X}{\Delta W} \qquad BY = \frac{\Delta X}{\Delta Y} \tag{8-15}$$

若求缓冲性相对含量，以温度变化引起土壤某元素活度变化为例，表示为：

$$B1\% = \frac{\Delta x \times 100}{\Delta t \times x} \tag{8-16}$$

但在田间，季节性水分温度变化时，土壤缓冲性由下列综合因素表示：

$$B = \frac{\Delta x}{\Delta t^0 \times \Delta t \times \Delta W \times \Delta Y} \tag{8-17}$$

这里，Δx 是计算土壤对污染物缓冲特性的重要参数。

(2)影响土壤重金属缓冲性因素

①土壤 pH 值。研究表明，随 pH 值上升，镉的平衡浓度下降，土壤对镉的缓冲性上升，并证明土壤对镉的缓冲能力不是无止境的，低 pH 值时，以交换吸附反应为主，高 pH 值时(pH>6.0)，以交换吸附，专性吸附，沉淀反应共同作用，pH=10.0 时，除上述反应外，还有有机质配位作用参与。

②碳酸盐含量。研究表明，随 $CaCO_3$ 含量增加，土壤溶液中镉的平衡浓度减少，土壤对镉的缓冲性增加，在不含 $CaCO_3$ 或 $CaCO_3$ 含量少的土壤中，$CaCO_3$ 对镉的缓冲作用以吸附、专性吸附、沉淀反应共同存在。

③机械组成。土壤质地越黏重，对重金属的缓冲性越强。黏粒组成以 2∶1 型矿物为主的土壤对重金属的缓冲性强，而氧化铁(铝、锰)含量高，黏粒组成以 1∶1 型矿物为主的土壤对重金属缓冲性弱。

④有机质。有机质含量高，CEC 值大，熟化程度好的土壤对重金属的缓冲性越强。

思考题

1. 分析土壤酸碱性产生的原因。
2. 试述土壤酸碱性类型及其影响因素。如何调节土壤的酸碱性？
3. 我国土壤酸碱反应在地理分布上有何规律性？为什么？
4. 试述土壤氧化还原状况与植物生长的关系。如何调节土壤氧化还原状况？
5. 试述土壤缓冲作用的机理及其影响因素。
6. 影响土壤重金属缓冲性的因素有哪些？

第 9 章

土壤的形成、分布与分类

【内容提要】主要介绍五大成土因素与人为因素对土壤形成发育的影响，主要成土过程及其相应的发生层次，土壤剖面发育，中国现行土壤分类系统以及中国土壤分布规律；简要介绍中国土壤系统分类与中国现行土壤分类系统的异同。

土壤是成土母质在一定的水热条件和生物作用下，经过一系列物理、化学和生物化学的作用而形成的。在这个过程中，成土母质与成土环境之间发生了一系列的物质、能量的交换和转化，形成了层次分明的土壤剖面，成为具有肥力特性的自然体——土壤。

9.1　土壤形成因素

9.1.1　成土因素学说

土壤形成因素学说是现代土壤学理论最重要的组成部分之一。19 世纪末，俄国土壤学家道库恰耶夫对俄罗斯大草原土壤进行了调查，提出了成土因素学说，即土壤是地理景观的一面镜子，是一个独立的历史自然体；土壤是在母质、气候、生物、地形和时间的综合作用下形成的，这五大成土因素始终是同时地、不可分割地影响着土壤的发生和发展，同等重要和不可相互代替地参加了土壤的形成过程，制约着土壤的形成和演化；土壤分布由于受成土因素地理分布规律的影响而呈现地理规律性。

20 世纪 40 年代，美国著名土壤学家詹尼（Hans Jenny）在其《成土因素》一书中补充和发展了道库恰耶夫的成土因素学说，提出了以下函数：

$$S = f(cl, o, r, p, t, \cdots) \tag{9-1}$$

式中　S——土壤；

　　　cl——气候；

　　　o——生物；

　　　r——地形；

　　　p——母质；

　　　t——时间；

　　省略号——其他尚未确定的因素。

20 世纪 80 年代初，詹尼又在《土壤资源——起源与性状》一书中，从土壤生态系统、土壤化学、土壤物理等方面丰富了这一概念，视土壤为生态系统的组成部分，提出了土壤的发生系列，包括气候系列、生物系列、地形系列、母质系列和时间系列等。詹尼把这种研究方法和函数式称为"clorpt"，并把它作为"soil"的同义词使用。

此外，一些国内外土壤学者还提出了土壤形成的深层因素(内生性因素)的新见解，即土壤形成受到来自地壳极深部的内生地质现象(如火山、地震、新构造运动等)的影响，这些地质现象产生于地表下数百米至数千米处。内生性因素虽然不是对所有土壤的形成起作用，但有时却起着不同于地表因素的特殊作用。

随着农业生产的发展和科学技术的进步，人为因素对土壤形成的干预日益深刻和广泛，它在农业土壤的发展变化上已成为一种具有特殊重大作用的因素。

9.1.2　成土因素

9.1.2.1　母质因素

母质是土壤形成的物质基础，是土壤的"骨架"，也是土壤中植物所需矿质养分的最初来源。母质与土壤之间存在着"血缘"关系，它对土壤的形成过程和土壤属性均有很大的影响。这些影响明显表现在母质的机械组成、矿物成分和化学成分方面。

(1)成土母质的机械组成

土壤的机械组成主要是由母质的机械组成决定的。例如，发育于残积物上的土壤质地较粗；河流冲积母质上发育的土壤多有砂黏夹层；黄土母质由于本身的机械组成特点是以粉壤质为主，且上下一致，在此母质上形成的土壤其质地也必然保留了黄土母质的特性。

(2)成土母质的矿物成分和化学成分

母质的矿物成分和化学成分影响成土过程的速率、性质和方向。例如，在温暖湿润的气候条件下，花岗岩风化形成的土壤中，抗风化能力很强的石英含量较高，而盐基成分(Na_2O、K_2O、CaO、MgO)含量较低，在强淋溶下，极易完全淋失，使土壤呈酸性反应；而玄武岩、辉绿岩等风化产物，因黏粒和盐基含量丰富，土壤多为中性。同一地区，母质性质上的差异往往导致成土类型也发生差异。例如，在我国亚热带地区石灰岩上发育的土壤，因新的风化碎屑及富含碳酸盐的地表水源源不断流入土体，延缓了土壤中盐基成分的淋失和脱硅富铝化作用的进行，从而发育成较年幼的石灰(岩)土，而酸性岩上发育的则为红壤。

不同成土母质所形成的土壤，其养分情况有所不同。例如，钾长石风化后所形成的土壤含有较多的钾，而斜长石风化后所形成的土壤则含有较多的钙，辉石和角闪石风化后所形成的土壤含有较多的铁、镁、钙等元素。

不同成土母质发育的土壤其矿物组成也有较大的差别。以原生矿物组成来说，基性岩母质发育的土壤含角闪石、辉石、黑云母等抗风化能力弱的深色矿物较多，而酸性岩母质发育的土壤则含石英、正长石、白云母等抗风化能力强的浅色矿物多。从黏粒矿物来说，母质不同也可产生不同的次生矿物。例如，在相同的成土环境下，盐基多的辉长岩风化产物形成的土壤常含有较多的蒙皂石，而酸性花岗岩风化产物所形成的土壤常可形成较多的高岭石。

此外, 层次不均一的母质对土壤形成、土壤性状和肥力状况的影响较均质母质更为复杂, 它不仅直接影响土体的机械组成和化学组成, 更重要的是造成水分在土体中的运行状况, 从而影响土体中物质的迁移。例如, 就下行水来说, 上轻下黏型的母质体会在两层交界处产生水分和物质的相对富集。但是, 如果土层有倾斜, 则又往往于两层之间形成土内径流, 进而形成一个淋溶作用很强的土壤间层。

一般来说, 成土过程进行得越久, 母质与土壤的性质差异越大, 但母质的某些性质仍会长期保留在土壤中。

9.1.2.2 气候因素

气候支配着成土过程的水热条件, 水分和热量不但直接参与母质的风化过程和物质的地质淋溶过程, 而且更重要的是在很大程度上控制着植物和微生物的生长, 影响土壤有机物质的积累和分解, 决定着营养物质生物循环的速率和范围。

(1)气候对土壤风化作用的影响

母岩和土壤中矿物质的风化速率直接受热量和水分控制。德国土壤学家拉曼(C. V. Ramann)曾提出了"风化因子"的概念: 风化因子 = 风化天数 × 水解离度。风化天数指日平均气温在 0 ℃ 以上的全年天数。根据这种概念, 赤道带的风化强度约 3 倍于温带, 9~10 倍于极地寒冷带(表9-1), 因而热带与寒带的成土速率有很大的差异。这就解释了热带地区岩石风化速率和土壤形成速率、风化壳和土壤厚度比温带和寒带地区都要大得多的原因(图9-1)。

表 9-1 拉曼的"风化因子"

气候带	年均土温 (℃)	水的相对解离度	0 ℃ 以上风化天数 (d)	"风化因子"值	
				绝对值	相对值
极 地	10	1.7	100	170	1
温 带	18	2.4	200	480	2.8
赤道带	34	2.5	300	1620	9.5

注: 引自林培, 1991。

(2)气候对土壤有机质的影响

有机物质的分解和腐殖化是湿度和温度共同影响的结果。各气候带水热条件的不同造成植被类型的差异, 导致土壤有机质的积累, 分解状况及有机质组成成分和品质的不同, 其规律性较为明显。一般规律表现为, 在温度保持不变, 其他条件类似的情况下, 降水量大, 植物体的年为长量大, 每年进入土壤中的有机物质也就多, 反之则少。例如, 在我国中温带地区, 自东而西为黑土→黑钙土→栗钙土→棕钙土→灰钙土, 随降水量的降低, 有机质含量逐渐降低。

但从温度来说, 在一定范围内, 随着温度的升高, 土壤微生物活动也随之活跃, 因而, 土壤有机质的分解过程加快。例如, 在我国温带地区, 自北而南为棕色针叶林土→暗棕壤→棕壤→褐土, 土壤有机质含量随温度的升高而降低。

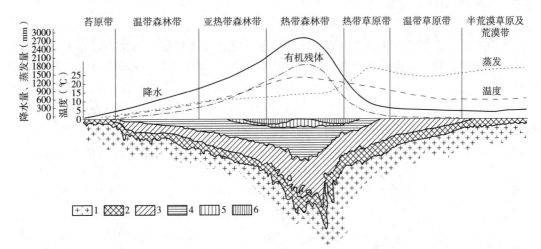

1. 基岩；2. 碎屑带；3. 伊利石–蒙脱石带；4. 高岭石带；5. 赫岩、氧化铝；6. 铁盘、氧化铝和氧化铁。

图 9-1　不同温度带地表风化壳分异规律

(李天杰，2004)

上述气候因素与土壤有机质的关系，一般也适用气候与土壤全氮含量的关系。

（3）气候对土壤中物质迁移的影响

一般来说，土壤中物质的迁移随着水分和热量的增加而增加。我国自西北向华北逐渐过渡，土壤中的钾、钠、钙、镁等盐类的迁移能力不断加强，它们在土体中的分异也愈加明显。由华北向东北过渡，除钾、钠、钙、镁等盐基淋失外，铁、铝等有自土壤表层下移的趋势。由华北向华南过渡，除钾、钠、钙、镁等盐基淋失外，铁、铝等在土壤表层积累，硅遭到淋溶。

（4）气候对土壤黏土矿物类型的影响

在我国温带湿润地区，硅酸盐和铝硅酸盐原生矿物缓慢风化，土壤黏土矿物一般以伊利石、蒙脱石、绿泥石和蛭石等 2∶1 型铝硅酸盐黏土矿物为主；亚热带湿润地区，硅酸盐和铝硅酸盐原生矿物风化比较迅速，土壤黏土矿物一般以高岭石或其他 1∶1 型铝硅酸盐黏土矿物为主；而在高温高湿的热带地区，硅酸盐和铝硅酸盐原生矿物风化剧烈，土壤黏土矿物一般以二三氧化物（R_2O_3）为主。当然，这是从宏观地理气候的角度看问题，在实际工作中，还应注意母质条件对土壤黏土矿物类型的影响。

研究气候对土壤发生、发育的影响，不仅要探求土壤与近代气候之间的联系，还要探求土壤与古气候以及它们历史之间的联系，特别是在研究那些未曾受到冰川作用、未被冰水和海水淹没地域的土壤时，则必须考虑气候在过去深刻的变迁。

9.1.2.3　生物因素

生物因素是影响土壤发生发展的最活跃因素。由于生物的生命活动，把大量的太阳能引入成土过程，使分散在岩石圈、水圈和大气圈中的营养元素有了向土壤聚积的可能，从而创造出仅为土壤所固有的肥力特性，并推动了土壤的形成和演化，所以从一定意义上说，没有生物的作用，就没有土壤的形成过程。土壤形成的生物因素包括植物、土壤动物和土壤微生物的作用。

(1)植物

植物对成土作用的作用主要体现在土壤与植物之间物质和能量的交换过程上。植物特别是高等绿色植物,对分散在母质、水体和大气中的营养元素进行选择性吸收,利用太阳能进行光合作用,合成有机质,把太阳能转化为化学能,再以有机残体的形式聚积在母质表层。然后,主要经过微生物的分解、合成作用或进一步的转化,使母质表层的营养物质和能量逐渐地丰富起来,改造了母质,推动了土壤的发展。

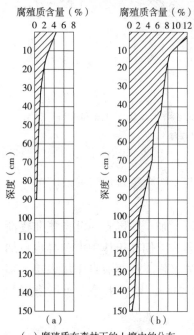

(a) 腐殖质在森林下的土壤中的分布
(b) 腐殖质在草本植被下的土壤中的分布

**图 9-2　在森林和草本植被下
土壤中腐殖质的分布**

(李天杰,1983)

由于木本植物与草本植物形成的有机质在性质、数量和积累方式等方面存在不同,因而它们在成土过程中的作用也不相同。木本植物的组成以多年生为主,每年形成的有机质只有小部分以凋落物的形式堆积于土壤表层之上,形成枯枝落叶层。有机质的积累主要来自地上部分凋落物的分解,因此形成的腐殖质层较薄,腐殖质在土壤剖面中的分布往往是自表土向下急剧减少(图 9-2),而且形成腐殖质的 HA/FA 比值低。

由于木本植物中阔叶林和针叶林的有机残体在组成上不同,故二者的成土作用也不同。针叶林的凋落物中含单宁、树脂类物质多,这些物质在真菌的分解下产生多种酸性较强的物质,加上针叶林的灰分含量较低,且以 SiO_2 为主,产生的酸性物质不能被中和,形成的土壤酸性较强;阔叶林的凋落物所含单宁和树脂类较少,含钙、镁等灰分元素丰富,在阔叶林下形成的土壤酸性较弱。当然,这个比较是在其他条件相同的前提下进行的。

草本植物每年都有大量的有机残体进入土壤,数量巨大的死亡根系残留于土壤就地分解,这样草根层就逐渐形成深厚的腐殖质层。腐殖质在土壤剖面中的分布自表土向下逐渐减少(图 9-2),这是它与木本植物很大的不同之处。草本植物的有机体所含单宁、树脂少,含纤维素多,其灰分和氮素含量大大超过木本植物。故在草本植物下形成的土壤一般呈中性或微碱性,土壤腐殖质以胡敏酸为主,品质较高,使土壤易形成团粒结构。

此外,植物在土壤形成中的作用,还表现在植物根系对土壤结构形成的作用和凭借根系分泌的有机酸分解原生矿物并使之有效化;植被可以改变环境条件,特别是水热条件,从而对土壤形成过程产生影响。

(2)土壤动物

土壤动物残体作为土壤有机质的来源,参与了土壤腐殖质的形成和养分的转化。土壤动物的活动可疏松土壤,促进团聚结构的形成。土壤动物种类的组成和数量在一定程度上是土壤类型和土壤性质的标志,可作为评价土壤肥力的指标。

(3) 土壤微生物

土壤微生物在土壤形成和对土壤肥力的作用是非常复杂和多种多样的，它们在物质的生物循环和能量转化中所起的作用是极为重要的。土壤微生物一方面分解有机质，释放其所含有的各种养料，为植物吸收利用；另一方面合成腐殖质，发展土壤胶体性能。固氮微生物能够固定大气中的游离氮素，化能细菌能够分解释放矿物中的矿质营养元素，从而增加土壤含氮量和矿质养分的有效率。

总之，绿色植物以及存在于土壤中的各种动物、微生物，构成了一个完整的土壤生态系统，它们之间相互依赖和作用，在土壤形成与肥力的发展中起着多种多样的、不可代替的重要作用。

9.1.2.4　地形因素

在成土过程中，地形是影响土壤和环境之间进行物质、能量交换的重要条件。其主要作用表现为：

(1) 地形对地表水热再分配的影响

由于海拔、坡向和坡度不同，引起降水、太阳辐射吸收和地面辐射的不同，致使土壤矿物质和有机质的分解、合成、淋溶、积累以及土壤剖面的发育各有所异。

地形支配着地表径流，在很大程度上也决定地下水的活动情况。在平坦的地形上，接受降水相似，土壤湿度比较均匀稳定；在波状起伏地形的丘陵顶部或斜坡上部，则因径流发达，又无地下水涵养，故常呈局部干旱且干湿度变化剧烈；在洼陷地段，不仅有周围径流及侧渗水流入，而且地下水位往往较高，常有季节性局部积水或滞涝现象。因此，这些不同地形部位的成土过程是不同的。

(2) 地形对母质再分配的作用

由于地形条件的不同，岩石风化产物或其他地表沉积体会产生不同的侵蚀、搬运与堆积。不同的地形部位可能有不同类型的母质，如山地上部或台地，其母质主要是残积母质；坡地和山麓地带的母质多为坡积物；山前平原的冲积扇地区，成土母质多为洪积物；在河流阶地、泛滥地和冲积平原、湖泊周围、海滨附近地区，相应的母质为冲积物、湖积物和海积物。

(3) 地形对土壤发育的影响

由于地壳的上升或下降，或由于局部侵蚀基准面的变化，不仅影响土壤的侵蚀与堆积过程，而且会引起水文状况及植被等一系列的变化，从而使土壤形成过程逐渐改变，使土壤类型发生演替。例如，随着河谷地形的演化，在不同地形部位上可构成水成土壤(河漫滩，潜水位较高)→半水成土(低级阶地，土壤仍受潜水的一定影响)→地带性土(高阶地，不受潜水影响)发生系列。随着河谷的继续发展，土壤也相应地由水成土壤经半水成土壤演化为地带性土壤(图 9-3)。

通常把在相同气候、母质、成土年龄下，由于地形和排水条件上差异引起的具有不同特征的一系列土壤称为土链。

9.1.2.5　时间因素

土壤形成的母质、气候、生物和地形等因素的作用程度或强度，都随着时间的延长而

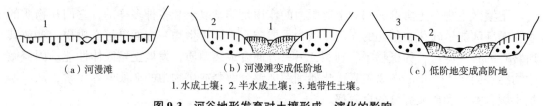

　　（a）河漫滩　　　　　　（b）河漫滩变成低阶地　　　　（c）低阶地变成高阶地

1. 水成土壤；2. 半水成土壤；3. 地带性土壤。

图9-3　河谷地形发育对土壤形成、演化的影响

（张凤荣，2016）

加深。因此，土壤也随着时间的进展而不断地变化发展。具有不同年龄、不同发生历史的土壤，在其他因素相同的条件下，必定属于不同类型的土壤。

　　土壤年龄分为绝对年龄和相对年龄。绝对年龄是指该土壤在当地新鲜风化层或新母质上开始发育时起迄今所经历的时间，通常用年来表示。绝对年龄可以通过地质学上的地层对比法、孢粉分析法、放射性^{14}C测定法等进行近似测算。相对年龄则是指土壤的发育阶段或土壤的发育程度，无具体年份，一般用土壤剖面分异程度加以确定。在一定区域内，土壤的发生土层分异越明显，剖面发育度就越高，相对年龄就越大；反之相对年龄小。通常所说的土壤年龄是指相对年龄。

　　在野外土壤调查中，通常按照土壤剖面分异明显与否、各发生层次组合及其复杂程度来判断土壤的发育程度。一般说来，在地形平坦的地方，土壤发育程度较高，而在易受侵蚀的山坡地区，土壤发育程度往往较低。

9.1.2.6　人为因素

　　人类活动对土壤形成的影响与其他自然因素有着本质的不同。第一，人类活动对土壤的影响是有目的、定向的。人类在逐渐认识土壤发生发展客观规律的基础上，定向培肥土壤，使土壤肥力特性发生巨大变化，朝着更有利于农业生产需要的方向发展，其演变速率和强度都远远大于自然演化过程。例如，在盐碱土地区，通过采取平整地面、挖沟排水、控制地下水位、灌水洗盐、大量施用有机肥料、合理耕作等措施，使原来的积盐过程朝脱盐过程方向发展，在较短的时间改造成稳产高产田；通过采取耕作、施肥、施石灰、掺客土等农业措施，可直接影响土壤发育以及土壤的物质组成和理化性质。第二，人类活动是社会性的，受社会制度和社会生产力的制约。在不同的社会制度和不同的生产力水平下，人类活动对土壤的影响及其效果有很大的不同。第三，人类活动对土壤的影响具有两重性，可以产生正效应，提高土壤肥力，也可产生负效应，造成土壤退化。例如，滥垦滥伐可引起水土流失、土壤沙化和土地的退化；工业三废的排放可对土壤造成污染等。

9.2　土壤形成过程

　　自然土壤是在母质、气候、生物、地形和时间等自然成土因素综合作用下形成的。从土壤发生学的角度看，土壤形成过程也就是土壤肥力发生和发展的过程。

9.2.1　物质的地质大循环与生物小循环

物质的地质大循环与生物小循环过程矛盾的统一是自然土壤形成的基本规律(图9-4)。

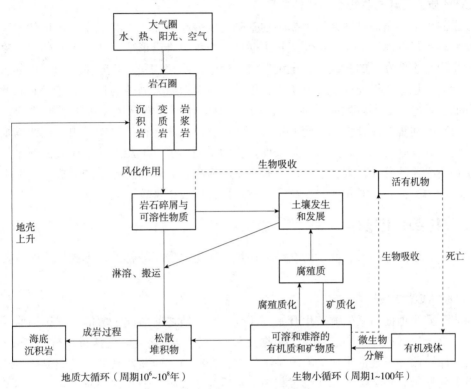

图 9-4　地质大循环与生物小循环

(张凤荣, 2016)

(1)物质的地质大循环

物质的地质大循环是指地面岩石的风化产物通过各种不同的物质运动形式,最终流归海洋,经过长期的地质变化,成为各种海洋沉积物,以后由于地壳运动或海陆变迁,露出海面又成为岩石,并再次进行风化,成为新的风化壳——母质的过程。这是时间极长且涉及范围极广的过程。

岩石风化作用导致了原生矿物的破坏和次生矿物的形成,特别是形成了大量的黏土矿物,这是土壤的基本组成部分之一。由于风化产物中原生矿物的破坏,导致了矿质养分的释放,并初步发展了对水分、空气的通透性和一定的吸收保蓄性。

(2)物质的生物小循环

物质的生物小循环是指有机质在土体中不断分解和合成的作用。植物从土壤中吸收养分,形成植物体,后者又可供动物生长。当这些动植物有机体死亡后,在微生物的作用下,一部分转化为矿质养分,供植物生长再利用;另一部分有机质则形成腐殖质,使矿质养分及氮素在土壤中累积起来。这样,在有机质的不断分解和合成过程中,腐殖质不断得到累积,改善了土壤的物理性质和化学性质,使土壤的通透性与保蓄性之间的矛盾得到了协调，促进了土壤肥力的形成和发展，形成了能满足植物对空气、水分、养料需要的良好环境。生物小循环涉及的空间小、时间短，促进了植物营养元素的积累，使土壤中有限的植物营养元素得到无限的利用。

(3)地质大循环与生物小循环的关系

物质的生物小循环是在地质大循环的基础上发展起来的，没有地质大循环就不可能有生物小循环；仅有地质大循环而无生物小循环，土壤也难以形成。地质大循环和生物小循环共同作用是土壤发生的基础。在土壤形成过程中，两种过程是相互渗透和不可分割同时同地进行的。地质大循环仅仅形成了成土母质，虽然地质大循环的作用造成了矿质营养元素的释放，但同时又可以发生矿质营养元素的淋溶作用；岩石风化产物所形成的成土母质，尽管具有初步的通透性和一定的保蓄性，但它们之间还很不协调，未能创造满足植物生长所需要的良好的水、肥、气、热条件。生物小循环可以不断地从地质大循环中累积一系列生物所必需的营养元素，正是由于有机质的累积、分解和腐殖质的形成，才发生并发展了土壤肥力，使岩石风化产物脱离了母质阶段，形成了土壤。

9.2.2　主要成土过程

根据土壤形成中物质、能量的交换、迁移、转化、累积的特点，土壤形成的主要过程如下：

(1)原始成土过程

从岩石露出地面由微生物着生开始到高等植物定植之前形成土壤的过程称为原始成土过程，它是土壤形成作用的起始点。根据过程中生物的变化，可把该过程分为3个阶段：首先是岩漆阶段，出现的生物为自养型微生物，如绿藻、硅藻及其共生的固氮微生物，将许多营养元素吸收到生物地球化学过程中；然后为地衣阶段，在这一阶段各种异养型微生物(如细菌、黏液菌、真菌、地衣)共同组成的原始植物群落着生于岩石表面和细小孔隙中，通过生命活动促使矿物进一步分解，使细土和有机质不断增加；最后是苔藓阶段，生物风化与成土过程的速率大大加快，为高等绿色植物的生长准备了肥沃的基质。在高山冻寒气候条件的成土作用主要以原始成土过程为主。原始成土过程可以与岩石风化同时同步进行。

(2)有机质积聚过程

有机质积聚过程是指在植物作用下，有机质在土体上部积累的过程。它是土壤形成中最为普遍的一种成土过程。有机质积累过程使土体发生分化，往往在土体上部形成一暗色的腐殖质层。由于植被类型、盖度以及有机质的分解情况不同，有机质积聚的特点也各不相同。在半干旱和半湿润的温带草原、草甸或森林草原等生物气候条件下，土壤中进行的是腐殖化过程，腐殖质层深厚，土层松软，其腐殖质组成以胡敏酸为主；在森林植被条件下，土壤中进行的是粗腐殖质化过程，其腐殖酸组成以富里酸为主，腐殖质层也较薄，其上部是半分解的枯枝落叶层；在沼泽、河湖岸边的低湿地段，由于过度潮湿的水文地质条件，湿生、水生生物的有机残体不易被分解，土壤中进行的是泥炭化过程。

(3)黏化过程

黏化过程是指土体中黏土矿物的生成和聚集过程。包括淀积黏化和残积黏化。前者主要是指在风化和成土作用形成的黏粒，由土体上层向下悬迁至一定深度发生淀积，从而使该土层的黏粒含量升高，质地变黏；后者是指原生矿物进行土内风化形成的黏粒，未经迁移，原地积累所导致的黏化。黏化过程往往使土体的中、下层形成一个相对较黏重的层次，称黏化层。

(4)钙积过程与脱钙过程

钙积过程是指碳酸盐在土体中的淋溶、淀积过程。在干旱、半干旱气候条件下，由于土壤淋溶较弱，大部分易溶性盐类被降水淋洗，钙、镁部分淋失，部分残留在土壤中，土壤胶体表面和土壤溶液多为钙(镁)饱和。土壤表层残存的钙离子与植物残体分解时产生的碳酸根离子结合，形成溶解度大的重碳酸钙；重碳酸钙在雨季随水向下移动，至一定深度，由于水分减少和二氧化碳分压降低，重新形成碳酸钙淀积于剖面的中部或下部，形成钙积层。

与钙积过程相反，在降水量大于蒸发量的生物气候条件下，土壤中的碳酸钙将转变为重碳酸钙溶于土壤水而从土体中淋失，使土壤变为盐基不饱和状态，称为脱钙过程。

对于已经部分脱钙的土壤，由于自然(如生物表层吸收积累、风带来的含钙尘土降落或含碳酸盐地下水上升)或人为施肥(如施用石灰、钙质土粪等)，而使土壤含钙量增加的过程，通常称为复钙过程。

(5)盐化过程和脱盐过程

盐化过程是指各种易溶性盐分在土壤表层和土体上部聚集，形成盐化层的过程。

盐渍土由于降水或采取人为灌水洗盐、挖沟排水、降低地下水位等措施，可使其所含的可溶性盐逐渐下降或迁到下层或排出土体，这一过程称为脱盐过程。

(6)碱化过程和脱碱过程

碱化过程是指土壤吸收性复合体为钠离子饱和的过程，又称为钠质化过程。碱化过程可使土壤呈强碱性反应($pH > 9.0$)，土壤物理性质极差，作物生长困难，但含盐量一般不高。

脱碱过程是指通过淋洗和化学改良，使土壤碱化层中的钠离子及可溶性盐类减少，胶体的钠饱和度降低的过程。在自然条件下，碱土 pH 值较高，可使表层腐殖质扩散淋失，部分硅酸盐矿物发生破坏，形成含有 SiO_2、Al_2O_3、Fe_2O_3、MnO_2 等物质的碱性溶液，其中 SiO_2 留在土表使表层变白，而铁锰氧化物和黏粒可向下移动淀积，部分氧化物还可胶结形成结核。这一过程的长期发展，可使表土变为微酸性，质地变轻，原碱化层变成微碱性，此过程为自然的脱碱过程。

(7)白浆化过程

白浆化过程是指土体中出现滞水造成铁锰还原淋溶而使某一土层漂白的过程。在较冷凉湿润地区，由于质地黏重、冻层顶托等原因易使大气降水或冻融水常阻滞于土壤表层，在有机质这个强还原剂参与下，引起铁(锰)还原并随侧渗水漂洗出上层土体，这样，土壤表层逐渐脱色，形成一个白色土层——白浆层。因此，白浆化过程也可称为还原性漂白过程。白浆层盐基、铁、锰严重漂失，土粒团聚作用削弱，形成板结和无结构状态。

(8) 灰化、隐灰化和漂灰化过程

灰化过程是指在土体上部，特别是在亚表层中的相对富集，而在土体下部二三氧化物相对富集的过程。该过程主要发生在寒温带、寒带针叶林植被条件下，针叶林凋落物富含鞣质、树脂等多酚类物质，母质中盐基含量较少，凋落物经微生物作用后产生酸性较强的富里酸及其他有机酸。有机酸溶液在下渗过程中，使矿物中的铝硅酸盐蚀变分解析出铝、铁、锰等金属离子，并与有机酸形成配合物，随下渗水向下淋溶。它们在土体下部遇到高盐基状态或水分被土壤吸收而淀积于土体下部形成二三氧化物和腐殖质相对富集的红棕色淀积层，称为灰化淀积层；在土体的上部形成一个二氧化硅相对富集的灰白色淋溶层，称为漂白层。

当灰化过程未发展到明显的灰化层出现，但已有铁、铝、锰等物质的酸性淋溶有机螯迁淀积作用，称为隐灰化(或准灰化)过程。实际上这是一种不明显的灰化作用。

在热带和亚热带山地的凉湿气候下产生了酸性淋溶，使表土的矿物受到酸性蚀变破坏，但土体质地比较黏重，易产生上层滞水，由酸性蚀变而释放的铁、锰被还原，并随侧渗水流带出土体，出现灰白色土层，这种过程称为漂灰过程。这一过程实际上是铁锰还原淋溶与酸性水解相结合作用的结果。在形成的漂灰层中铝的量减少不明显，而铁的量减少明显，黏粒也无明显下降。

(9) 潜育化和潴育化过程

潜育化过程指的是土体中发生的还原过程。由于土壤长期渍水，有机质进行嫌气分解产生较多的还原性物质，使高价的铁，锰强烈还原，从而形成一呈蓝灰或青灰色的还原层次，称为潜育层。该过程主要出现在排水不良的水稻土和沼泽土中，往往发生在土体的下部。

潴育化过程是指土壤形成中的氧化还原过程。主要发生在直接受地下水浸润的土层中。由于地下水位常呈周期性的升降，土体中干湿交替比较明显，使土壤中氧化还原反复交替，从而引起土壤中变价铁、锰物质的淋溶和淀积，使土体内出现锈纹、锈斑、铁锰结核和红色胶膜的土层，称为潴育层。

(10) 富铝化过程

富铝化过程是指土体中脱硅、富铁(铝)的过程。在湿热的生物气候条件下，原生铝硅酸盐矿物发生强烈的水解，释放盐基物质，使风化液呈弱碱性，可溶性盐、碱金属和碱土金属盐基及硅酸大量流失，从而造成铁铝在土体内相对富集的过程。因此它包括两方面的作用，即脱硅作用和铁(铝)相对富集作用。所以一般也称为脱硅富铝化过程。

(11) 熟化过程

熟化过程是指人类定向培育土壤肥力的过程。在耕作条件下，通过耕作、培肥与改良，促进土壤水、肥、气、热诸因素的不断协调，使土壤向有利于作物生长的方向发展的过程。通常把旱作条件下的定向培肥熟化过程称为旱耕熟化过程，而把淹水耕作条件下的定向灌排、培肥土壤的过程称为水耕熟化过程。

(12) 退化过程

退化过程是指因自然环境不利因素和人为利用不当而引起土壤肥力下降、植物生长条件恶化和土壤生产力减退的过程。

9.3　土壤剖面形态

9.3.1　土壤剖面、发生层和土体构型

土壤在各种自然因素和人为因素影响下产生了各自的属性，这些属性的内在特征综合表现为肥力，而外在特征则反映于土壤剖面形态或土体的构型。所以，土壤剖面也必然随土壤类型的分化而体现其各自特征。在鉴定土壤类别时，对土壤剖面构型的观测，就成为不可缺少的手段。

(1)土壤剖面、发生层

土壤剖面是一个具体土壤的垂直断面，一个完整的土壤剖面应包括土壤形成过程中所产生的发生学层次及母质层。

在成土因素(包括人为因素)作用下，土体内部同外界因素发生着一系列物质和能量的交换，作为土壤形成物质基础的母质，发生了实质性的改变。其中，母质原有组成在理化性质、矿物学性质和生物学性质的改变，使土体逐渐发生了分异，形成了外部形态特征各异的层次。这种在土壤形成过程中所形成的剖面层次称为土壤发生层，它们与残留于土壤剖面中的母质的层次性具有根本的不同，应区别开来。作为一个土壤发生层，至少应能被肉眼识别。土壤发生层的形态识别特征主要有颜色、质地、结构及新生体等。土壤发生层分化越明显，即上下土层之间差异越大，表示土体的非均一性越显著，土壤的发育度越高。

(2)土体构型

土体构型是指各土壤发生层有规律的组合、有序的排列状况，也称土壤剖面构型，是土壤剖面的重要特征。土体构型是由特定的、有内在联系的发生层组成，是鉴别土壤分类单元的基础。

土壤剖面的外部形态是其内部特性的外部表现，是土壤形成过程产生的结果。各种具体的成土过程，都相应地形成一个模式土层(该过程的典型土层)。因此，每一类土壤都有它特有的土体构型。在野外对土壤剖面进行逐层观察，记录土壤形态变化，就构成一个完整的土壤剖面实体的全貌变化。从这些变化中，可以了解土壤中物质移动积累的实况。

9.3.2　基本的土壤发生层

9.3.2.1　自然土壤的土体构型

依据土壤剖面中物质累积、迁移和转化的特点，一个发育完全的土壤剖面，从上到下一般由最基本的 3 个发生层组成，即 A 层、B 层、C 层，也即有机质层、淀积层和母质层。每层又可进行细分(图 9-5)，各层分述如下。

(1)有机质层(A 层)

一般出现在土体的表层，是土壤剖面中最为重要的发生学层次，不论是自然土壤还是耕作土壤，不论发育完全的剖面还是发育较差的剖面，都具有 A 层。依据有机质的聚集状态，可以将土壤有机质细分为腐殖质层、泥炭层和枯枝落叶层，分别用 A、H、O 表示。

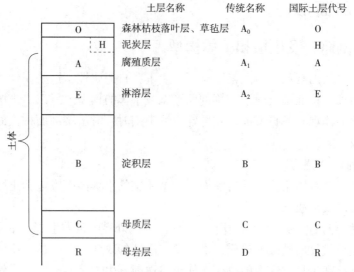

图 9-5　土壤剖面构型的一般综合图示

(李天杰, 2004)

(2) 淋溶层(E 层)

由淋溶作用使物质发生迁移和损失的土层,由于硅酸盐黏粒、铁和铝的损失,使抗风化矿物(石英)中的砂和粉砂含量较高。它以较低含量的有机质和较淡的颜色区别于 A 层、H 层、O 层。传统的代号为 A2 层,国际土层代码为 E。

(3) 淀积层(B 层)

淀积层是土壤物质积累的层次。淀积的物质可以来自土体的上部,也可以来自土体的下部及地下水(地下水上升带来的水溶性或还原性物质,因土体中部环境条件改变而发生淀积),还可以来自人们施用石灰、肥料等来自土体外部的物质。因淀积的土壤物质成分的不同,常需在词尾加小写字母加以限定,以表示淀积的是何种土壤物质。如果淀积的是氧化铁类物质,则用 Bs 表示;如果淀积的是氧化铁(锰)构成的锈纹锈斑质,则用 Bg 表示;如果淀积的是碳酸钙类物质,则用 Bk 表示;如果淀积的是次生黏土矿物,则用 Bt 表示。

(4) 母质层(C 层)

母质层位于构成土体 A 层、E 层、B 层的下部。一般说来,C 层由疏松物质组成。

(5) 母岩层(R 层)

母岩层是位于其他土壤发生层之下的坚硬岩石层。允许根系在其中发育的砾石层被认为是母质层,而不是母质层。

严格地讲,母质层和母岩层均不属于土壤发生层,因为它们的特性并非由土壤发生过程所产生。但是,它们是土壤发育的原始物质基础,对土壤发生过程具有重要的影响且它们之间的界限也是逐渐过渡常是模糊不清的。由此可见,母质层和母岩层也是土壤发生发育不可分割的组成部分,也应作为土壤剖面的重要内容加以列出。

以上介绍的 A、B、C 三层只是土壤中的基本发生层，此外还有过渡土层，它们是兼有两种主要发生层特性的土层，其用两个大写字母联合表示，如 AB、AE、EB 等，第一个字母表示占优势的主要土层。此外，为了使主要土层名称更加确切，可在大写字母后附加组合小写字母。词尾字母的组合反映同一主要土层内同时发生的特性。如 Btg，不仅表示该层有黏化现象，但一般不应超过两个词尾。

9.3.2.2 农业土壤的土体构型

农业土壤的土体构造状况是人类长期耕作栽培活动的产物，是在不同的自然土壤剖面上发育而来的，因此也是比较复杂的。在农业土壤中，旱地和水田由于长期利用方式、耕作、灌排措施和水分状况的不同，明显地显示不同的层次构造(图 9-6)。

(1)旱地土壤的土体构型

旱地土壤一般可分为 4 层：耕作层(表土层)、犁底层(亚表土层)、心土层和底土层。

①耕作层(Ap)。又称表土层或熟化层，是耕作土壤的重要发生层之一，也是受人类耕作生产活动影响最显著的层次。有机质含量高，颜色深，疏松多孔，理化性质好。

②犁底层(P)。位于耕作层之下，由于长期受农机具压力的影响，土层紧实，呈片状或层状结构。此层有托水托肥作用，但会妨碍根系伸展和土体的通透性，影响耕作层与心土层间的物质能量交换传递，所以破除犁底层增加耕作层厚度是深耕改土的重要任务。

③心土层(B)。位于耕作层或犁底层以下，较紧实，有不同物质的淀积现象。此层温度、湿度比较稳定，通透性较差，微生物活动微弱，植物根系有少量分布，有机质含量极低，该层是土体中保水保肥的重要层次，也是作物生长后期供应水肥的主要层次，应予足够重视。

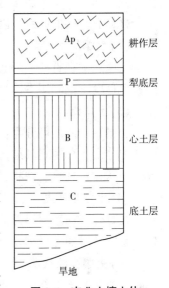

图 9-6 农业土壤土体构造示意

(引自南京大学等，1980)

④底土层(C)。位于心土层以下，受外界气候、作物和耕作措施的影响很小，但受降水、灌排和水流影响很大，一般把此层称为生土层，即母质层。但底土层的性状对整个土体水分的保蓄、渗漏、供应、通气状况、物质转运、土温变化都仍有一定程度的影响。

(2)水田土壤的土体构型

水田土壤由于长期种稻，受水浸渍，并经历频繁的水旱交替，形成了不同于旱地的剖面形态和土体构型。水田土壤一般可分为：耕作层(水耕熟化层)，代号 W；犁底层，代号 Ap2；渗育层，代号 Be；水耕淀积层，代号 Bshg；潜育层(青泥层)，代号 G；母质层，代号 C。详见水稻土一节。

上述农业土壤的层次分化是农业土壤发育的一般趋势，由于农业生产条件和自然条件的多样性，使农业土壤的土体构型也呈复杂状况，有的层次分化明显，有的则不明显或不完全。各层厚度差异也较大，因此田间观察时，应据具体情况进行划分。

9.3.3　土壤剖面形态要素及其描述

在野外观察土壤剖面，分层描述和采集土壤标本，需记录的项目主要包括土壤颜色、质地、结构、紧实度、孔隙状况、干湿度、土壤新生体、土壤侵入体。

(1) 土壤颜色

土壤颜色可以反映土壤的化学成分和矿物组成，是土壤的重要形态之一。土壤颜色一般情况下采用肉眼观察，如需精确判断，必须使用门赛尔土壤比色卡(Munsell color charts)。门赛尔颜色标记的排列顺序是色调(Hue)—明度(Value)—彩度(Chroma)。门赛尔颜色的完整表示方法应是颜色名称+门赛尔颜色标记，例如，亮红棕(5YR 5/6)。色调值后空一印刷字符，后接写明度，在明度与彩度之间用斜线分隔号分开。土壤颜色与土壤水分含量有直接的联系，因此应记录土壤干湿状况下所表现的颜色。

(2) 土壤质地

土壤质地在野外一般通过用手捻搓的感觉来判断，一般根据干燥时压块的硬度或搓面的粗糙程度、湿时用手搓片或搓条的粗细及弯曲时断裂程度进行分类。

(3) 土壤结构

土壤结构品质可分为：弱结构，即可观看出结构体，但一触即碎；中结构，即结构体可从中分出，分别观其结构形状；强结构，即结构体坚固，手中观察不碎。结构体形状可分为片状、棱柱状、柱状、块状、团粒结构。

(4) 土壤紧实度

在野外，一般用小刀插入土壤中视用力的大小来衡量。土壤按紧实度常分为松散、疏松、紧实、坚实等级别。

(5) 土壤孔隙状况

一般常在土壤剖面上和较大的结构体表面上观察土壤孔隙的大小和数量，观察孔隙的同时，还需看有无裂隙。土壤按孔隙大小常分为细孔隙、中孔隙、大孔隙等；按数量可分为少量、中量、多量。还可形象地加以说明，如海绵状、穴管状、蜂窝状孔隙等。

(6) 土壤干湿度

在野外，通过手感的凉湿程度及用手挤压土壤时的渍水状况加以判断。常分为5级：干、稍润、润、潮、湿。

(7) 土壤新生体

土壤新生体是指成土过程中土壤物质经淋移、转化和聚积形成的新产物，是土壤重要的形态特征，也是某些土壤类型的标志。土壤新生体的形态和组成也很复杂。它来源于化学和生物两方面。常见的有盐霜、盐结皮，点状、霜状、假菌丝体、结核等各种形状的碳酸钙和硫酸钙新生体，锈纹、锈斑及各种形状结核的铁(锰)氧化物，粪粒、腐根痕、动物穴和虫孔等。

(8) 土壤侵入体

土壤侵入体是指侵入土壤的物体，而不是土壤形成过程中所产生的特殊物质，如贝壳、砖瓦块、炭屑、煤渣等。土壤侵入体能够反映土壤的利用状况和人类活动对土壤的影响程度。

除以上土壤的宏观形态特征外，目前土壤微形态的研究也已成为土壤科学的一个新的分支科学，并在土壤改良、土壤耕作、土壤矿物、土壤侵蚀、土壤微生物、古土壤学等分支学科中得到广泛的应用，成为土壤科学研究不可缺少的方面。

为了将现代土壤的发展史复原，利用古地理、地质、地貌资料的复合总体对现代土壤的残遗特征和性质进行研究，具有极为重要的价值和意义。残遗特征是指现代土壤的一切与目前成土条件不相符合的性质。例如，通气良好的土壤中的铁锰结核，与现代植物群落生产率不相符合的腐殖质积蓄等。研究埋藏土、残遗土土层以及经常散布在整个剖面的残遗特征，对于了解土壤的历史发展过程具有重要价值，是恢复以往环境条件的一把"钥匙"。

9.4　土壤分类

土壤分类（soil classification）是认识土壤的基础，是进行土壤调查、土地评价、土地利用规划和因地制宜推广农业技术的依据。

9.4.1　土壤分类的基本概念

(1) 土壤分类

土壤分类是指根据土壤性质和特征对土壤进行分门别类，也就是建立一个符合逻辑的多级系统，每一个级别中可包括一定数量的土壤类型，从中容易寻查各种土壤类型，将存在共性的土壤划分为同一类。

(2) 单个土体

单个土体（pedon）是指土壤这个空间连续体在地球表层分布的最小体积，如图 9-7 所示，一般统计的平面面积为 1~10 m² 不等。在这个范围内，其土壤剖面的发生层次是连续的、均一的，当然这是一种人为的统计划分。

(3) 土壤个体

在一定面积内，一群单个土体都具有统计相似性，所以将其称为聚合土体（polypedon），也

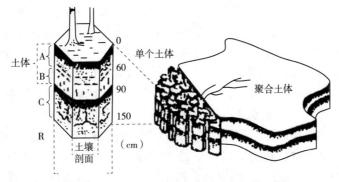

图 9-7　土壤剖面、单个土体和聚合土体示意

（龚子同，1999）

是一个土壤实体(soil body)。聚合土体是进行土壤分类的基层单位，如土种或土系等。从一个土壤个体到另一个土壤个体通常是逐步变化的，某一土层是逐步加厚或变薄的，也可以突变，即某一层突然消失或某几个土层发生变化，有时整个土壤个体发生变化。

9.4.2　中国土壤分类概况

我国近代土壤分类研究工作始于20世纪30年代。当时借鉴的美国学者马伯特(C. F. Marbut)的土壤分类制，对我国近代土壤分类有启蒙作用。50年代后，采用苏联的土壤地理发生分类制。1958年首次在全国范围内开展土壤普查，对农业土壤进行了广泛的研究。1978年，提出了《中国土壤分类暂行草案》，1979年开始了第二次全国土壤普查工作。后经多次修改，于1992年出版了《中国土壤分类系统》(表9-2)。下面所要介绍的中国土壤分类系统就是此分类系统，它代表了全国土壤普查的科学水平。

在美国土壤系统分类的影响下，从1984年开始，由中国科学院南京土壤研究所牵头，进行了中国土壤系统分类的研究。通过研究和不断地修改补充，于1999年3月出版了《中国土壤系统分类：理论·方法·实践》。在2001年又推出了它的第3版。这个分类方案主要参照美国土壤系统分类的思想原则、方法和某些概念，并吸收西欧、苏联土壤分类中的某些概念与经验，是针对中国土壤而设计的以土壤本身性质为分类标准的定量化分类系统，属于诊断分类体系。自2008年起，我国开展了基于中国土壤系统分类的基层单元土族—土系的系统性调查研究，用超过10年的时间，系统清查了我国土系资源，建立了近5000个土系并出版了《中国土系志》，将土壤分类工作推向了新的阶段。

土壤分类研究虽有很大的进展，但至今还没有一个公认的土壤分类原则和系统。在国际上，影响最大的三大分类制分别为美国土壤系统分类、联合国土壤图例系统(FAO/Unesco)和世界土壤资源参比基础(WRB)，其中以美国土壤系统分类为代表。国内并存中国土壤分类系统和中国土壤系统分类两大体系。总的趋势是：接受诊断分类思想和方法的越来越多。随着土壤科学的发展，人们对土壤的认识逐步趋同，土壤分类也将逐渐趋于统一。

9.4.2.1　中国土壤分类系统

(1)分类单元及其划分原则

《中国土壤分类系统》从上至下采用土纲、亚纲、土类、亚类、土属、土种、变种七级分类单元，其中土纲、亚纲、土类、亚类属高级分类单元，土属为中级分类单元，土种为基层分类的基本单元，以土类、土种最为重要。现将各级分类单元的划分依据分述如下。

①土纲。土纲为最高级土壤分类单元，是土壤重大属性差异和土类属性共性的归纳和概括，反映了土壤不同发育阶段中，土壤物质迁移和累积所引起的重大属性的差异。如铁铝土纲，是在湿热条件下，在脱硅富铁铝化过程中产生的黏土矿物以1:1型高岭石和二三氧化物为主的一类土壤。把具有这一特性的土壤(砖红壤、赤红壤、红壤和黄壤等)归结在一起称为1个土纲。我国将土壤共划分12个土纲。

②亚纲。亚纲是指在同一土纲中，根据土壤形成的水热条件、岩性及盐碱的重大差异划分的类型。如淋溶土纲分成湿暖淋溶土亚纲、湿暖温淋溶土亚纲、湿温淋溶土亚纲、湿寒温淋溶土亚纲，它们之间的差别在于热量条件；又如，钙层土纲中的半湿温钙

层土亚纲和半干温钙层土亚纲，它们之间的差别在于水分条件。一般地带性土纲可按水热条件来划分；而初育土纲可按其岩性特征进一步划分为土质初育土亚纲和石质初育土亚纲。

③土类。土类是土壤高级分类的基本单元。它是在一定的自然或人为条件下产生独特的成土过程及其相适应的土壤属性的一类土壤。同一土类的土壤，成土条件、主导成土过程和主要土壤属性相同。每一个土类均要求：具有一定的特征土层或其组合，如黑钙土不仅具有腐殖质表层，而且具有碳酸钙积累的心土层；具有一定的生态条件和地理分布区域；具有一定的成土过程和物质迁移的地球化学规律；具有一定的理化属性和肥力特征及利用改良方向。

④亚类。亚类是在土类范围内的进一步划分，除反映主导成土过程以外，还反映其他附加的成土过程。一个土类中有代表它典型特性的典型亚类，即它是在定义土类的特定成土条件和主导成土过程作用下产生的；也有表示一个土类向另一个土类过渡的亚类，它是根据主导成土过程之外的附加成土过程来划分的。如黑土土类，其主导成土过程是腐殖质累积过程，由此主导成土过程所产生的典型亚类为普通黑土；而当地势平坦，地下水参与成土过程，则在心底土中形成锈纹、锈斑或铁锰结核，它是潜育化过程，但这是附加的成土过程，根据它划分出来的草甸黑土就是黑土向草甸土过渡的一个亚类。

⑤土属。土属是土壤分类系统中的中级分类单元，是基层分类的土种与高级分类的土类之间的重要"接口"，是具有承上启下功能的分类单位。土属主要根据成土母质的成因、岩性及区域水分条件等地方性因素的差异进行划分的。对于不同的土类或亚类，所选择的土属划分具体标准不同。如山西棕壤亚类根据成土母质的差异分为麻砂质棕壤(花岗片麻岩发育的)、硅质棕壤(石英砂岩发育的)、砂泥质棕壤(砂页岩发育的)、灰泥质棕壤(碳酸岩发育的)、黄土质棕壤(Q_3 马兰黄土发育的)、红黄土质棕壤(Q_2、Q_1 红黄土发育的)等土属。盐土可根据盐分类型可划分为硫酸盐盐土、硫酸盐—氯化物盐土、氯化物盐土、氯化物—硫酸盐盐土等。

⑥土种。土种是土壤基层分类的基本单元，是根据土壤剖面构型和发育程度进行划分的。同一土种要求：景观特征、地形部位、水热条件相同；母质类型相同；土体构型(包括厚度、层位、形态特征)一致；生产性和生产潜力相似，而且具有一定的稳定性，在短期内不会改变。土种主要反映了土属范围内量上的差异，而不是质的差别。可根据土层厚度、腐殖质厚度、盐分含量、淋溶深度、淀积程度等这些量或程度上的差别划分土种。如山地土壤可根据土层厚度、砾石含量划分土种，盐化土壤可根据盐分含量及缺苗程度来划分土种，冲积平原土壤(如潮土)可根据土壤剖面的质地层次变化来划分土种。

⑦变种。又称亚种，它是土种的辅助分类单元，是根据土种范围内由于耕作层或表层性状的差异进行划分。如根据表层耕性、质地、有机质含量和耕作层厚度等进行划分。变种经过一定时间的耕作可以改变，但同一土种内各变种的剖面构型一致。

中国土壤分类系统的高级分类单元主要反映了土壤发生学方面的差异，而低级分类单元则主要考虑土壤在其生产利用方面的不同。

(2)命名方法

中国土壤分类系统采用连续命名与分段命名相结合的方法(表9-2)。土纲和亚纲为一段，以土纲名称为基本词根，加形容词或副词前缀，构成亚纲名称，即亚纲名称是连续命名，如钙层土土纲中的半干温钙层土，含有土纲与亚纲名称；土类和亚类又成一段，以土类名称为基本词根，加形容词或副词前缀，构成亚类名称，如淋溶褐土、石灰性褐土、潮褐土。而土属名称不能自成一段，多与土类、亚类连用，如黄土状石灰性褐土是典型的连续命名法。土种和变种也不能自成一段，必须与土类、亚类、土属连用，如黏壤质(变种)厚层黄土性草甸黑土，但各地命名方法情况有所差别。

表 9-2　中国土壤分类系统

土　纲	亚　纲	土　类	亚　类
铁铝土	湿热铁铝土	砖红壤	砖红壤
			黄色砖红壤
		赤红壤	赤红壤
			黄色赤红壤
			赤红壤性土
		红壤	红壤
			黄红壤
			棕红壤
			山原红壤
			红壤性土
	湿暖铁铝土	黄壤	黄壤
			漂洗黄壤
			表潜黄壤
			黄壤性土
淋溶土	湿暖淋溶土	黄棕壤	黄棕壤
			暗黄棕壤
			黄棕壤性土
		黄褐土	黄褐土
			黏磐黄褐土
			白浆化黄褐土
			黄褐土性土
	湿暖温淋溶土	棕壤	棕壤
			白浆化棕壤
			潮棕壤
			棕壤性土

（续）

土　纲	亚　纲	土　类	亚　类
淋溶土	湿温淋溶土	暗棕壤	暗棕壤
			白浆化暗棕壤
			草甸暗棕壤
			潜育暗棕壤
			暗棕壤性土
		白浆土	白浆土
			草甸白浆土
			潜育白浆土
	湿寒温淋溶土	棕色针叶林土	棕色针叶林土
			漂灰棕色针叶林土
			表潜棕色针叶林土
		漂灰土	漂灰土
			暗漂灰土
		灰化土	灰化土
半淋溶土	半湿热半淋溶土	燥红土	燥红土
			褐红土
	半湿暖温半淋溶土	褐　土	褐　土
			石灰性褐土
			淋溶褐土
			潮褐土
			堘　土
			燥褐土
			褐土性土
	半湿温半淋溶土	灰褐土	灰褐土
			暗灰褐土
			淋溶灰褐土
			石灰性灰褐土
			灰褐土性土

（续）

土　纲	亚　纲	土　类	亚　类
半淋溶土	半湿温半淋溶土	黑　土	黑　土
			草甸黑土
			白浆化黑土
			表潜黑土
		灰色森林土	灰色森林土
			暗灰色森林土
钙层土	半湿温钙层土	黑钙土	黑钙土
			淋溶黑钙土
			石灰性黑钙土
			淡黑钙土
			草甸黑钙土
			盐化黑钙土
			碱化黑钙土
	半干温钙层土	栗钙土	暗栗钙土
			栗钙土
			淡栗钙土
			草甸栗钙土
			盐化栗钙土
			碱化栗钙土
			栗钙土性土
	半干暖温钙层土	栗褐土	栗褐土
			淡栗褐土
			潮栗褐土
		黑垆土	黑垆土
			黏化黑垆土
			潮黑垆土
			黑麻土

（续）

土　纲	亚　纲	土　类	亚　类
干旱土	干温干旱土	棕钙土	棕钙土
			淡棕钙土
			草甸棕钙土
			盐化棕钙土
			碱化棕钙土
			棕钙土性土
	干暖温干旱土	灰钙土	灰钙土
			淡灰钙土
			草甸灰钙土
			盐化灰钙土
漠　土	干温漠土	灰漠土	灰漠土
			钙质灰漠土
			草甸灰漠土
			盐化灰漠土
			碱化灰漠土
			灌耕灰漠土
	干暖温漠土	灰棕漠土	灰棕漠土
			石膏灰棕漠土
			石膏盐磐灰棕漠土
			灌耕灰棕漠土
		棕漠土	棕漠土
			盐化棕漠土
			石膏棕漠土
			石膏盐磐棕漠土
			灌耕棕漠土

（续）

土　纲	亚　纲	土　类	亚　类
初育土	土质初育土	黄绵土	黄绵土
		红黏土	红黏土
			积钙红黏土
			复盐基红黏土
		新积土	新积土
			冲积土
			珊瑚砂土
		龟裂土	龟裂土
		风沙土	荒漠风沙土
			草原风沙土
			草甸风沙土
			滨海风沙土
	石质初育土	石灰(岩)土	红色石灰土
			黑色石灰土
			棕色石灰土
			黄色石灰土
		火山灰土	火山灰土
			暗火山灰土
			基性岩火山灰土
		紫色土	酸性紫色土
			中性紫色土
			石灰性紫色土
		磷质石灰土	磷质石灰土
			硬磐磷质石灰土
			盐渍磷质石灰土
		石质土	酸性石质土
			中性石质土
			钙质石质土
			含盐石质土
		粗骨土	酸性粗骨土
			中性粗骨土
			钙质粗骨土
			硅质粗骨土

（续）

土　纲	亚　纲	土　类	亚　类
半水成土	暗半水成土	草甸土	草甸土
			石灰性草甸土
			白浆化草甸土
			潜育草甸土
			盐化草甸土
			碱化草甸土
	淡半水成土	潮　土	潮　土
			灰潮土
			脱潮土
			湿潮土
			盐化潮土
			碱化潮土
			灌淤潮土
		砂姜黑土	砂姜黑土
			石灰性砂姜黑土
			盐化砂姜黑土
			碱化砂姜黑土
			黑黏土
		林灌草甸土	林灌草甸土
			盐化林灌草甸土
			碱化林灌草甸土
		山地草甸土	山地草甸土
			山地草原草甸土
			山地灌丛草甸土
水成土	矿质水成土	沼泽土	沼泽土
			腐泥沼泽土
			泥炭沼泽土
			草甸沼泽土
			盐化沼泽土
			碱化沼泽土
	有机水成土	泥炭土	低位泥炭土
			中位泥炭土
			高位泥炭土

（续）

土　纲	亚　纲	土　类	亚　类
盐碱土	盐　土	草甸盐土	草甸盐土
			结壳盐土
			沼泽盐土
			碱化盐土
		滨海盐土	滨海盐土
			滨海沼泽盐土
			滨海潮滩盐土
		酸性硫酸盐土	酸性硫酸盐土
			含盐酸性硫酸盐土
		漠境盐土	漠境盐土
			干旱盐土
			残余盐土
		寒原盐土	寒原盐土
			寒原草甸盐土
			寒原硼酸盐土
			寒原碱化盐土
	碱　土	碱　土	草甸碱土
			草原碱土
			龟裂碱土
			盐化碱土
			荒漠碱土
人为土	人为水成土	水稻土	潴育水稻土
			淹育水稻土
			渗育水稻土
			潜育水稻土
			脱潜水稻土
			漂洗水稻土
			盐渍水稻土
			咸酸水稻土
	灌耕土	灌淤土	灌淤土
			潮灌淤土
			表锈灌淤土
			盐化灌淤土

（续）

土　纲	亚　纲	土　类	亚　类
人为土	灌耕土	灌漠土	灌漠土
			灰灌漠土
			潮灌漠土
			盐化灌漠土
高山土	湿寒高山土	草毡土（高山草甸土）	草毡土（高山草甸土）
			薄草毡土（高山草原草甸土）
			棕草毡土（高山灌丛草甸土）
			湿草毡土（高山湿草甸土）
		黑毡土（亚高山草甸土）	黑毡土（亚高山草甸土）
			薄黑毡土（亚高山草原草甸土）
			棕黑毡土（亚高山灌丛草甸土）
			湿黑毡土（亚高山湿草甸土）
	半湿寒高山土	寒钙土（高山草原土）	寒钙土（高山草原土）
			暗寒钙土（高山草甸草原土）
			淡寒钙土（高山荒漠草原土）
			盐化寒钙土（高山盐渍草原土）
		冷钙土（亚高山草原土）	冷钙土（亚高山草原土）
			暗冷钙土（亚高山草甸草原土）
			淡冷钙土（亚高山荒漠草原土）
			盐化冷钙土（亚高山盐渍草原土）
		冷棕钙土（山地灌丛草原土）	冷棕钙土（山地灌丛草原土）
			淋淀冷棕钙土（山地淋溶灌丛草原土）
	干寒高山土	寒漠土（高山漠土）	寒漠土（高山漠土）
		冷漠土（亚高山漠土）	冷漠土（亚高山漠土）
	寒冻高山土	寒冻土（高山寒漠土）	寒冻土（高山寒漠土）

注：引自全国土壤普查办公室，1998。

9.4.2.2　中国土壤系统分类

（1）中国土壤系统分类的特点

中国土壤系统分类与我国以前的土壤分类相比，具有以下特点：

①以诊断层和诊断特性为基础。有严格的定量指标和明确的边界，还有一个完整的检索系统，反映了当前国际土壤分类的潮流和方向（定量化），也便于土壤分类的自动检索。

②面向世界与国际接轨。首先采用国际上已经成熟的诊断层和诊断特性，如果是新创的，也依据同样的原则和方法来划分；其次土壤分类的各级单元的划分，也按谱系式分类的方法来划分，高级单元基本上可与美国土壤系统分类（ST制）、联合国土壤图例系统（FAO/Unesco）和世界土壤资源参比基础（WRB）对应。增加了人为土，细分了干旱土和始成土。在土壤命名上，采用了连续命名法，并非常注意我国语言的特点而尽量简化，以便于国际交流。

③充分体现我国的特色。我国地域辽阔，土壤类型众多，我国土壤的许多特点是其他国家所不具备的。首先是人为土壤。该系统根据我国的实情，提出了灌淤表层、堆垫表层、肥熟表层和水耕表层系列，建立了包括灌淤土、堆垫土、肥熟土和水稻土在内的人为土纲。其次是我国拥有逾$200×10^4$ km^2的季风亚热带土壤，其具有强淋溶和相对弱风化的特点，对亚热带土壤建立了低活性富铁层，并据此划分出富铁土纲。再次是西北内陆干旱土，土壤不仅有世界各干旱区的土壤类型，而且有我国特有的寒性、盐积、超盐积和盐盘干旱土等类别，是世界干旱土分类研究的天然标本库，划出了干旱表层和盐盘，这对干旱土纲的分类具有重要意义。最后是"世界屋脊"——青藏高原土壤，具有类似于极地而又不同于极地土壤的特点，对于高山土壤，除划分出草毡表层外，分别作为寒性干旱土和寒冻雏形土两个亚纲划分出来。

（2）诊断层和诊断特性

诊断层是指用以识别土壤类别，在性质上有一系列定量说明的土层。如果用于分类目的的不是土层，而是具有定量规定的土壤性质（形态的、物理的、化学的），则称为诊断特性。诊断特性和诊断层之不同在于所体现的土壤性质并非一定为某一土层所特有，而是可出现于单个土体的任何部位，常是泛土层的或非土层的。诊断层和诊断特性是现代土壤分类的核心。没有诊断层和诊断特性，就谈不上定量分类。诊断层最早在美国《第七次土壤分类草案》（1960年）中提出，后在美国《土壤系统分类学》（*Soil Taxonomy*）（1975）一书中加以完善。《中国土壤系统分类》共设了有机表层、草毡表层、暗沃表层等11个诊断表层，漂白层、舌状层、雏形层等20个诊断表下层，盐积层和含硫层2个其他诊断层以及有机土壤物质、岩性特征、石质接触面等25个诊断特性。

另外，《中国土壤系统分类》还把在性质上已发生明显变化，但尚未达到诊断层或诊断特性规定指标，而在土壤分类上具有重要意义，即足以作为划分土壤类别依据的称为诊断现象（主要用于亚类一级）。目前已建立了有机现象、草毡现象、灌淤现象等20个诊断现象。

（3）中国土壤系统分类的原则

中国土壤系统分类为多级分类，共6级，即土纲、亚纲、土类、亚类、土族、土系。前四级为高级分类级别，后两级为基层分类级别。现就高级分类级别的分类、命名原则简述如下（表9-3）。

①土纲。土纲为土壤最高分类级别。根据主要成土过程产生的或影响主要成土过程的诊断层或诊断特性划分。根据主要成土过程产生的性质划分为：有机土、人为土、灰土、干旱土、盐成土、均腐土、铁铝土、富铁土、淋溶土；根据影响主要成土过程的性质（如土壤水分状况、母质性质）划分为：潜育土和火山灰土。

表 9-3　中国土壤系统分类表(土纲、亚纲、土类)

土 纲	亚 纲	土 类
有机土	永冻有机土	落叶永冻有机土、纤维永冻有机土、半腐永冻有机土
	正常有机土	落叶正常有机土、纤维正常有机土、半腐正常有机土、高腐正常有机土
人为土	水耕人为土	潜育水耕人为土、铁渗水耕人为土、铁聚水耕人为土、简育水耕人为土
	旱耕人为土	肥熟旱耕人为土、灌淤旱耕人为土、泥垫旱耕人为土、土垫旱耕人为土
灰 土	腐殖灰土	简育腐殖灰土
	正常灰土	简育正常灰土
火山灰土	寒性火山灰土	寒冻寒性火山灰土、简育寒性火山灰土
	玻璃火山灰土	干润玻璃火山灰土、湿润玻璃火山灰土
	湿润火山灰土	腐殖湿润火山灰土、简育湿润火山灰土
铁铝土	湿润铁铝土	暗红湿润铁铝土、黄色湿润铁铝土、简育湿润铁铝土
变性土	潮湿变性土	钙积潮湿变性土、简育潮湿变性土
	干润变性土	钙质干润变性土、简育干润变性土
	湿润变性土	腐殖湿润变性土、钙积湿润变性土、简育湿润变性土
干旱土	寒性干旱土	钙积寒性干旱土、石膏寒性干旱土、黏化寒性干旱土、简育寒性干旱土
	正常干旱土	钙积正常干旱土、盐积正常干旱土、石膏正常干旱土、黏化正常干旱土、简育正常干旱土
盐成土	碱积盐成土	龟裂碱积盐成土、潮湿碱积盐成土、简育碱积盐成土
	正常盐成土	干旱正常盐成土、潮湿正常盐成土
潜育土	永冻潜育土	有机永冻潜育土、简育永冻潜育土
	滞水潜育土	有机滞水潜育土、简育滞水潜育土
	正常潜育土	有机正常潜育土、暗沃正常潜育土、简育正常潜育土
均腐土	岩性均腐土	富磷岩性均腐土、黑色岩性均腐土
	干润均腐土	寒性干润均腐土、堆垫干润均腐土、暗厚干润均腐土、钙积干润均腐土、简育干润均腐土
	湿润均腐土	滞水湿润均腐土、黏化湿润均腐土、简育湿润均腐土
富铁土	干润富铁土	黏化干润富铁土、简育干润富铁土
	常湿富铁土	钙质常湿富铁土、富铝常湿富铁土、简育常湿富铁土
	湿润富铁土	钙质湿润富铁土、强育湿润富铁土、富铝湿润富铁土、黏化湿润富铁土、简育湿润富铁土

（续）

土　纲	亚　纲	土　类
淋溶土	冷凉淋溶土	漂白冷凉淋溶土、暗沃冷凉淋溶土、简育冷凉淋溶土
	干润淋溶土	钙质干润淋溶土、钙积干润淋溶土、铁质干润淋溶土、简育干润淋溶土
	常湿淋溶土	钙质常湿淋溶土、铝质常湿淋溶土、简育常湿淋溶土
	湿润淋溶土	漂白湿润淋溶土、钙质湿润淋溶土、黏盘湿润淋溶土、铝质湿润淋溶土、酸性湿润淋溶土、铁质湿润淋溶土、简育湿润淋溶土
雏形土	寒冻雏形土	永冻寒冻雏形土、潮湿寒冻雏形土、草毡寒冻雏形土、暗沃寒冻雏形土、暗瘠寒冻雏形土、简育寒冻雏形土
	潮湿雏形土	叶垫潮湿雏形土、砂姜潮湿雏形土、暗色潮湿雏形土、淡色潮湿雏形土
	干润雏形土	灌淤干润雏形土、铁质干润雏形土、底锈干润雏形土、暗沃干润雏形土、简育干润雏形土
	常湿雏形土	冷凉常湿雏形土、滞水常湿雏形土、钙质常湿雏形土、铝质常湿雏形土、酸性常湿雏形土、简育常湿雏形土
	湿润雏形土	冷凉湿润雏形土、钙质湿润雏形土、紫色湿润雏形土、铝质湿润雏形土、铁质湿润雏形土、酸性湿润雏形土、简育湿润雏形土
新成土	人为新成土	扰动人为新成土、淤积人为新成土
	砂质新成土	寒冻砂质新成土、潮湿砂质新成土、干旱砂质新成土、干润砂质新成土、湿润砂质新成土
	冲积新成土	寒冻冲积新成土、潮湿冲积新成土、干旱冲积新成土、干润冲积新成土、湿润冲积新成土
	正常新成土	黄土正常新成土、紫色正常新成土、红色正常新成土、寒冻正常新成土、干旱正常新成土、干润正常新成土、湿润正常新成土

注：引自徐建明，2019。

②亚纲。亚纲是土纲的辅助级别，主要根据影响现代成土过程的控制因素所反映的性质(如水分状况、温度状况和岩性特征)划分。例如，人为土纲按水分状况划分为水耕人为土和旱耕人为土；干旱土纲按温度状况划分为寒性干旱土和正常干旱土；新成土纲按岩性特征划分为砂质新成土、冲积新成土和正常新成土。此外，个别土纲由于影响现代成土过程的控制因素差异不显著，所以直接按主要成土过程发生阶段所表现的性质划分。如灰土纲的腐殖灰土和正常灰土。

③土类。土类是亚纲的续分，多根据反映主要成土过程强度、次要成土过程或次要控制因素的表现性质划分。例如，正常有机土亚纲中反映泥炭化过程强度的高腐正常有机土、半腐正常有机土和纤维正常有机土土类；正常干旱土亚纲中根据钙化、石膏化、盐化、黏化、土内风化等次要过程划分为钙积正常干旱土、石膏正常干旱土、盐积正常干旱土、黏化正常干旱土和简育正常干旱土等土类。根据次要控制因素的表现性质划分的有：反映母质岩性特征的钙质干润淋溶土、钙质湿润富铁土、钙质湿润雏形土、富磷岩性均腐

土等；反映气候控制因素的寒冻冲积新成土、干旱冲积新成土、干润冲积新成土和湿润冲积新成土。

④亚类。亚类是土类的辅助级别，主要根据是否偏离中心概念，是否具有附加过程的特性和是否具有母质残留的特性划分。代表中心概念的亚类为普通亚类，具有附加过程特性的亚类为过渡性亚类，如灰化、漂白、黏化、龟裂、潜育、斑纹、表蚀、耕淀、堆垫、肥熟等；具有母质残留特性的亚类为继承亚类，如石灰性、酸性、含硫等。

⑤土族。土族是土壤系统分类的基层分类单元，是在亚类的范围内主要反映与土壤利用管理有关的土壤理化性质发生明显分异的续分单元。同一亚类的土族划分是地域性（或地区性）成土因素引起土壤性质变化在不同地理区域的具体体现。不同类别的土类划分土族所依据的指标各异。供土族分类选用的主要指标是剖面控制层段的土壤颗粒大小级别、不同颗粒级别的土壤矿物组成类型、土壤温度状况、土壤酸碱性、盐碱特性、污染特性，以及人为活动赋予的其他特性等。

⑥土系。土系是最低级别的基层分类单元。它发育在相同母质上，由若干剖面性态特征相似的单个土体组成的聚合土体所构成，其性状的变异范围较窄，在分类上更具直观性和客观性。同一土系的土壤成土母质、所处地形部位及水热状况均相似，在一定剖面深度内，土壤特征土层的种类、性态、排列层序和层位，以及土壤生产利用的适宜性大体一致。如第四纪红色黏土发育的富铁土，由于所处地形或受侵蚀及植被状况的影响，其剖面的不同特征土层（如低活性富铁层、聚铁网纹层、铁锰胶膜斑淀层、泥砾红色黏土层等）的层位高低和厚薄不一，土壤性状均有明显差异，按土系分类的标准，可分别划分相应的土系单元。又如，由冲积母质发育的雏形土或新成土，由于所处地形、距河流远近以及受水流大小的影响，其剖面中不同性状沉积物的质地特征、土层的层位高低和厚薄不一，同样按土系分类依据的标准，分别划分出相应的土系等。一般来说，凡是符合土系划分原则的诊断土层和特征性状都可以作为土系划分的指标，供鉴别土系之用的诊断土层包括各种诊断层、岩性、特定母质土层（如质地土层）、障碍土层、特殊土层，包括土层厚度、层位和层序。

(4)命名原则

中国土壤系统分类采用分段连续命名，即土纲、亚纲、土类、亚类为一段的连续命名法，在此基础上加上颗粒粒径级别、矿物组成、土壤温度状况等构成土族名称，而其下的土系则另列一段，单独命名。名称结构以土纲名称为基础，其前叠加反映亚纲、土类和亚类性质的术语，以分别构成亚纲、土类和亚类的名称。性质的术语尽量限制为 2 个汉字，这样土纲名称一般为 3 个汉字，亚纲为 5 个汉字，土类为 7 个汉字，亚类为 9 个汉字。个别类别由于性质术语超过 2 个汉字或采用复合名称时，可略高于上述数字。如斑纹简育湿润淋溶土（亚类），属于淋溶土（土纲）、湿润淋溶土（亚纲）、简育湿润淋溶土（土类）。各级类别名称一律选用反映诊断层或诊断特性的名称，部分选用有发生意义的性质名称或诊断现象名称。如为复合亚类，在两个亚类形容词之间加连接号"—"，如石膏—盐盘盐积正常干旱土。土纲的名称均为世界上常用的名称。命名中亚纲、土类、亚类一级中有代表性的类型，分别称为正常、简育和普通加以区别。简育（haplic）指构成这一土类应具备的最起码的诊断层或诊断特性，而无其他附加过程。土族命名可采用亚类名称前以土族主要分异特性连续命名,如石灰淡色潮湿雏形土(亚类),其土族可分别命名为黏质蒙脱温性石灰淡色潮湿雏形土、黏质蒙脱混合型温性石灰淡色潮湿雏形土、壤质水云母型温性石灰淡色潮湿雏形土等。土系命名可选用该土系代表性剖面(单个土体)点位或首次描述该土系的所在地的标准地名直接定名或以地名加上控制土层的优势质地定名,如陈集系、固镇系、陈集黏土系、固镇砂土系等。对某些具有识别性特征土层的土系,可以地名加上主要土体构型定名,如泰和网纹底红黏土,潘店夹黏壤土等。

另外,中国土壤系统分类也是一个检索分类,各级类别是通过有诊断层和诊断特性的检索系统确定的。使用者如能按照检索顺序,自上而下逐一排除那些不能符合某种土壤要求的类别,就能找出它的正确分类位置。因此土壤检索系统既要包括各级类别的鉴别特征,又要包括它们的检索顺序。

在土壤信息全面数字化的浪潮中,土壤分类发展呈现如下特点:①中国土壤系统分类从高级单元走向基层分类(土族、土系化),构建与土壤综合功能密切相关的土壤基层单元分类标准;②从传统分类走向数字土壤分类,实现土壤分类的定量化、数字化、信息化;③从传统分类走向功能分类,建立面向土壤功能和服务生产实践的分类体系。

中国现行土壤分类系统与中国土壤系统分类的大致对应关系见表 9-4。

表 9-4　中国两个土壤分类系统中主要分类单元的对应关系

中国土壤地理发生分类 (1998)	中国土壤系统分类 (2001)	中国土壤地理发生分类 (1998)	中国土壤系统分类 (2001)
砖红壤	暗红湿润铁铝土 简育湿润铁铝土 富铝湿润富铁土 黏化湿润富铁土 铝质湿润雏形土 铁质湿润雏形土	黄褐土	黏盘湿润淋溶土 铁质湿润淋溶土
赤红壤	强育湿润富铁土 富铝湿润富铁土 简育湿润铁铝土	棕壤	简育湿润淋溶土 简育湿润雏形土
红壤	富铝湿润富铁土 黏化湿润富铁土 铝质湿润淋溶土 铝质湿润雏形土	栗褐土	简育干润雏形土
黄壤	铝质常湿淋溶土 铝质常湿雏形土 富铝常湿富铁土	褐土	简育湿润雏形土 简育干润淋溶土 简育干润雏形土
黄棕壤	铁质湿润淋溶土 铁质湿润雏形土 铝质常湿雏形土	暗棕壤	冷凉湿润雏形土 暗沃冷凉淋溶土

（续）

中国土壤地理发生分类 （1998）	中国土壤系统分类 （2001）	中国土壤地理发生分类 （1998）	中国土壤系统分类 （2001）
棕色针叶林土	漂白滞水湿润均腐土 漂白冷凉淋溶土	泥炭土	正常有机土
黑土	简育湿润均腐土 黏化湿润均腐土	白浆土	漂白滞水湿润均腐土 漂白冷凉淋溶土
黑钙土	暗厚干润均腐土 钙积干润均腐土	盐土	干旱正常盐成土 潮湿正常盐成土
栗钙土	简育干润均腐土 钙积干润均腐土 简育干润雏形土	碱土	潮湿碱积盐成土 简育碱积盐成土 龟裂碱积盐成土
棕钙土	钙积正常干旱土 简育正常干旱土	滨海盐土	潮湿正常盐成土
灰钙土	钙积正常干旱土 黏化正常干旱土	水稻土	水耕人为土 除水耕人为土以外其他类别 中的水耕亚类
灰漠土	钙积正常干旱土 简育正常干旱土 灌淤干润雏形土	灌淤土	灌淤旱耕人为土 灌淤干润雏形土 灌淤湿润砂质新成土 淤积人为新成土
棕漠土	正常干旱土	菜园土	肥熟旱耕人为土 肥熟土垫旱耕人为土 肥熟富磷岩性均腐土
冲积土	冲积新成土	高山草甸土	草毡寒冻雏形土 暗沃寒冻雏形土
潮土	淡色潮湿雏形土 底锈干润雏形土	亚高山草甸土	草毡寒冻雏形土 暗沃寒冻雏形土
砂姜黑土	砂姜钙质潮湿变性土 砂姜潮湿雏形土	高山草原土	寒性干旱土
草甸土	暗色潮湿雏形土 潮湿寒冻雏形土	亚高山草原土	寒性干旱土
沼泽土	有机正常潜育土 暗沃正常潜育土 简育正常潜育土	高山寒漠土	寒冻正常新成土

（续）

中国土壤地理发生分类 （1998）	中国土壤系统分类 （2001）	中国土壤地理发生分类 （1998）	中国土壤系统分类 （2001）
风沙土	干旱砂质新成土 干润砂质新成土	紫色土	紫色湿润雏形土 紫色正常新成土
黄绵土	黄土正常新成土 简育干润雏形土	石质土	石质正常新成土
红色石灰土	钙质湿润淋溶土 钙质湿润雏形土 钙质湿润富铁土	粗骨土	石质湿润正常新成土 石质干润正常新成土
黑色石灰土	黑色岩性均腐土 腐殖钙质湿润淋溶土	火山灰土	简育湿润火山灰土 火山渣湿润正常新成土

注：引自张凤荣，2016。

9.5 土壤分布

我国地域辽阔，世界上所分布的主要土壤类型，在我国几乎都能见到。尽管土壤类型繁多，但在地理上都具有明显的地带分布规律性。

土壤分布的地带性包括水平地带性、垂直地带性和区域分布。

9.5.1 土壤分布的水平地带性

土壤分布的水平地带性是指土壤分布与热量的纬度地带性和湿度的经度地带性的关系，大地形(山地、高原)对土壤的水平分布也有很大的影响。

（1）土壤分布的纬度地带性

土壤分布的纬度地带性是指土壤随纬度不同而出现变化。随着地球接受太阳辐射能自赤道向两极递减，所有的岩石风化、植被景观也都呈现有规律的变化，使土壤的形成发育也相应发生这种沿纬度有规律的变化，从而使土壤的分布表现明显的纬度地带性。

（2）土壤分布的经度地带性

土壤分布的经度地带性是指土壤随经度不同而出现的变化。由于距离海洋的远近及大气环流的影响而形成海洋性气候、季风气候以及大陆干旱气候等不同的湿度带，这种湿度带基本平行于经度，而土壤也随之发生规律的分布，称为土壤分布的经度地带性。

我国土壤水平地带性分布规律，主要受水热条件的控制。我国的气候具有明显的季风特点，冬季受西北气流控制，寒冷干燥，夏季受东南和西南季风的影响，温暖湿润。东南季风不仅影响东部沿海而且深入内陆，西南季风除影响青藏高原外，还可影响长江中下游地区。因此，热量由南向北递减，湿度由西北向东南递增，故由北而南依次表现为寒温带、温带、暖温带、亚热带、热带气候，由东南向西北则出现湿润、半湿润、半干旱和干旱四个地区。纬度不同，距海洋远近不同及地形不同，引起水热条件的分异，从而形成了我国土壤水平地带的分布规律。一是东部沿海的湿润海洋土壤地带谱，二是西部的干旱内陆性地带谱。

东部湿润海洋土壤带谱，由北而南依次分布着棕色针叶林土→暗棕壤与漂灰土→棕壤→黄棕壤→红壤与黄壤→赤红壤→砖红壤。西部干旱内陆性土壤带谱，由东向西，在温带分布着黑土→黑钙土→栗钙土→棕钙土→灰漠土→灰棕漠土；在暖温带则分布着棕壤→褐土→栗褐土→黑垆土与黄绵土→灰钙土→棕漠土，如图 9-8 所示。

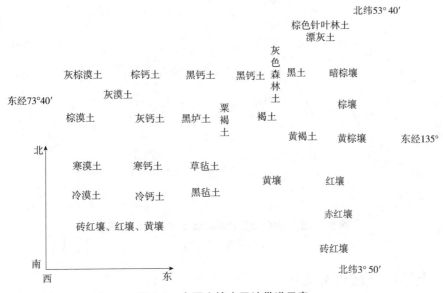

图 9-8　中国土壤水平地带谱示意
（席承藩，1998）

9.5.2　土壤分布的垂直地带性

土壤分布的垂直地带性是指土壤随地势的增高而呈现的土壤演替规律。土壤垂直地带性分布是山地生物气候多伴随地势改变而造成。随地形海拔的升高，水热条件发生有规律的变化，岩石风化、自然植被等也发生相应的变化，从而造成土壤分布有规律的变化。

山地土壤由基带土壤自下而上依次出现一系列不同的土壤类型，构成一个山地土壤垂直带谱。山体的大小与高低、山地所在的地理位置、坡向与坡度等都影响土壤的发育分布，因而土壤垂直带谱的类型和结构是复杂多样的。

土壤的垂直带谱因山体所处的气候带和山体的高度而有差异。如位于半湿润暖温带的河北雾灵山，土壤的垂直带谱从下往上为褐土→淋溶褐土→棕壤→山地草甸土；而同位于半干旱暖温带的甘肃云雾山，土壤的垂直带谱从下往上则为黑垆土→栗钙土→褐土→山地草甸土。

随着山体高度的增加，相对高差越大，山地垂直结构带谱越完整。喜马拉雅山珠穆朗玛峰，为世界最高峰，具有最完整的土壤垂直带谱，从基带往上分布着红黄壤→山地黄棕壤→山地酸性棕壤→山地漂灰土→亚高山草甸土→高山草甸土→高山寒冻土→冰雪线，为世界所罕见。

山地坡向对土壤垂直带谱结构的影响在我国有十分明显的反映。有些大的山系正好是土壤地带的分界线，如秦岭太白山跨北亚热带与暖温带的半湿润区，其南坡与北坡的土壤垂直带谱明显不同(图9-9)，南坡基带土壤为黄棕壤，而北坡基带土壤为褐土或塿土，其建谱土壤以山地棕壤为主，其带幅虽然相差不大，但其下限则明显有别，南坡海拔1300 m，而北坡海拔1500 m，其上的山地暗棕壤与山地草甸土也呈同样规律的升降。

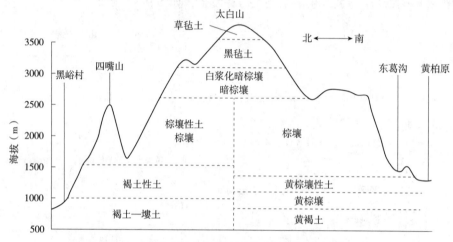

图 9-9　秦岭太白山主峰南北坡土壤垂直分布示意

(席承藩，1998)

9.5.3　土壤的区域性分布

土壤分布的区域性是指在土壤的水平地带性和垂直地带性内，由于中(小)地形、水文地质条件、成土母质等自然条件不同，其土壤类型有别于地带性土壤类型，显示土壤的区域性。这种区域分布按区域面积可分为中域分布和微域分布两种。

土壤的中域分布是由于中地形的影响，引起水热条件和土壤组成物质的重新分配，使土壤分布按不同地形部位呈有规律的组合。根据土壤组合的特点，土壤的中域分布可分为枝形、扇形、盆形(或同心圆状)土壤组合3种。

土壤的微域分布是指在较小的区域内，由于小地形、地下水或地表水、植被等条件的差异，而使土壤类型出现较为复杂的组合形式，多以土壤复域出现。如盐碱土区的"云彩地"。

土壤分布有时受局部的地形、母质和水文地质条件的影响，出现非地带性的现象，这些土壤称为隐域性土，如草甸土、沼泽土、盐碱土。成土时间短的土壤称泛域土，如风沙土和冲积土。

思考题

1. 为什么说五大成土因素对土壤形成的影响是同等重要，不可相互替代？
2. 什么是地质大循环和生物小循环？它们的关系如何？

3. 主要成土过程有哪些？

4. 什么是土壤剖面、土壤发生层以及土体构型？

5. 简述中国现行土壤分类系统的分类单元、命名方法。

6. 中国土壤系统分类有哪些特点？

7. 简要说明土壤地理发生分类与土壤系统分类的差异。

8. 什么是土壤的水平地带性和垂直地带性？它们的关系如何？

第 10 章

淋溶土、半淋溶土

【内容提要】主要讲述淋溶土纲和半淋溶土纲各土类的分布、成土条件、成土过程、土壤剖面形态特征、土壤主要性状及其利用改良。

淋溶土是湿润气候区具有淋溶特征(碳酸钙被充分淋溶、土体黏化、盐基不饱和并具有一定的风化淋溶度和铁的游离度)的土壤。淋溶土包括棕色针叶林土、漂灰土、灰化土、暗棕壤、白浆土、棕壤、黄棕壤和黄褐土等土类。

半淋溶土是弱度淋溶的土壤，其共性是碳酸钙已在土壤剖面中发生淋溶与积累，有黏粒的淋溶与淀积。半淋溶土包括灰色森林土、黑土、灰褐土、褐土和燥红土等土类。

10.1 棕色针叶林土、暗棕壤、白浆土与黑土

棕色针叶林土与暗棕壤分别是我国寒温带和温带的主要森林土壤和地带性的淋溶土。两土类分布区是我国重要的林木生产基地。白浆土是发育在温带湿润、半湿润区森林或草甸植被下，形成于一定地形和母质条件的淋溶土，具有特有的漂白层。黑土是温带湿润、半湿润区草甸植被下形成的半淋溶土，以深厚的腐殖质层和通体无石灰反应为特征。

10.1.1 棕色针叶林土

棕色针叶林土是在寒温带针叶林下，经过铁、铝冻融回流淀积(夏季表层解冻时，螯合、配合态的铁、铝随下行水流淋溶淀积；秋季表层结冻时，夏季淋溶物随上行水流表聚)等成土过程形成的棕色淋溶土。

10.1.1.1 棕色针叶林土的分布与成土条件

(1)分布

棕色针叶林土主要分布于亚洲东北部和北美洲西北部的原始针叶林区。在我国，该土类主要分布在东北地区，北靠黑龙江畔，隔江与东西伯利亚棕色针叶林土相邻，南达牛汾台与索伦—阿尔山地区，西北部至额尔古纳河，东北部约至呼玛。集中分布在大兴安岭北段，以楔形向南段延伸，最后以岛状退缩至一些中山的顶部。在长白山分布在海拔 1200～1700 m 范围内，在小兴安岭出现于海拔 800 m 以上的山峰。此外，在新疆阿尔泰山的西北

部，川西和滇北的高山、亚高山山地土壤垂直带谱中也有分布。

（2）成土条件

①气候。棕色针叶林土分布区属于寒温带大陆性季风气候，寒冷湿润。年平均气温低于-4 ℃，平均气温在 0 ℃以下的时间长达 5～7 个月，≥10 ℃年积温 1400～1800 ℃，无霜期约 80 d。土壤冻结期长，冻深达 2.5～3.0 m，并有岛状永冻层存在。年降水量 450～750 mm，冬季积雪厚度可达 20 cm 以上，湿润度约为 1.0。

②植被。棕色针叶林土分布区的自然植被为明亮针叶林伴有暗色针叶林。明亮针叶林的主要树种为兴安落叶松、樟子松；暗色针叶林的主要树种为云杉和冷杉，混有少量白桦、山杨等阔叶树。地被灌草层主要有兴安杜鹃、杜香、越橘和各种蕨类，草本植物主要有大叶樟、红花鹿蹄草等。

③地形。棕色针叶林土分布区的地形一般为中山、低山和丘陵，坡度较为和缓。

④母质。棕色针叶林土的成土母质多为岩石风化的残积物和坡积物，少量洪积物。质地粗松，风化程度低，土层浅薄，混有岩石碎块。

10.1.1.2　棕色针叶林土的成土过程、剖面特征与理化性质

（1）成土过程

①针叶林毡状枯枝落叶层和粗腐殖质层形成过程。针叶林及树冠下的灌木和藓类，每年有大量枯枝落叶等植物残体凋落于地表。枯枝落叶中灰分元素含量低，呈酸性，主要靠真菌的活动进行分解，形成富里酸。由于土体下部存在冻层，阻碍水分将枯枝落叶的分解的产物淋失。真菌只能在每年的 6～8 月的较短时期内进行分解活动，每年的枯枝落叶都不能在当年全部分解。这样年复一年的积累，便在最上层形成了毡状枯枝落叶层。在枯枝落叶层下则形成分解不完全的粗腐殖质层，甚至积累成为半泥炭化的粗腐殖质层。

②有机酸配位淋溶过程。在温暖多雨的季节，真菌分解针叶林枯枝落叶时，形成含有酸性强、活性较大的富里酸类的下渗水流。含富里酸类的下渗水流对土壤盐基和矿质铁、铝进行配位淋溶，使土壤盐基饱和度降低，土壤呈酸性。但因气候寒冷，淋溶时间短，淋溶物质受冻层的阻隔，淋溶作用并不显著，与此相伴生的淀积作用也不明显。

③铁、铝回流与聚积过程。当冬季到来时，土体表层首先冻结，中下部温度高于地面温度，在上下土层温差的影响下，本已下移的可溶性铁、铝等水溶性胶体物质随上升水流重返表层。由于地表已冻结，铁、铝等化合物脱水析出，以难溶解的凝胶状态集聚于表层土壤中，遇到土体中的石块和砾石时，即附着于其底面，故棕色针叶林土的土体中石块底面常附着大量暗红棕色胶膜。

（2）剖面特征

土层较浅薄，一般在 40 cm 左右。土体构型：O（Oi，Oe）—Ah—AB—（Br）—C。

①有机层（O）。包括枯枝落叶层（Oi）和半腐层（Oe）2 个亚层。Oi 层：厚 0～2 cm，由未分解的枯枝落叶组成，常混有藓类；其下为 Oe 层：厚 2～10 cm，由半分解的植物残体组成。

②腐殖质层（Ah）。厚约 10 cm，有机质含量 40～80 g/kg，不稳定的团块结构，灰棕色（7.5YR 6/2），较疏松，多木质粗根，局部可见白色真菌菌丝体，向下层呈逐渐过渡。

③过渡层（AB）。厚约 6 cm，灰棕色（7.5YR 5/2），质地多为中壤，核块状结构，含

有石块，石块底部可见少量铁锰胶膜，较紧实，有木质粗根。

④淀积层(Br)。厚度变化较大，一般为10~30 cm，亮黄棕色(10YR 7/6)，核块状结构，较紧实，根极少。土层薄处，含有大量砾石，层内或砾石面上可见铁锰和腐殖质胶膜及SiO_2粉末，一般无明显的黏粒淀积。

⑤母质层(C)。浊棕色(7.5YR 5/4)或同母岩颜色，以石块为主，在石块底面，大都可见铁锰和腐殖质胶膜。

(3)理化性质

①土壤质地。全剖面含有石砾，质地多为轻壤—重壤，黏粒有下移趋势，但不显著。

②有机质含量。Ah层可达80 g/kg以上，向下急剧下降，可降至30 g/kg以下。腐殖质组成以富里酸为主，HA/FA<1。

③容重和孔隙度。表层因有机质含量高而容重小，Ah层的容重仅0.9~1.0 g/cm^3，总孔隙度64%~74%。随深度增加，容重增加而总孔隙度降低。

④pH值与盐基饱和度。各层水浸pH值为4.5~5.5。盐基饱和度：Ah层为20%~60%，B层一般>50%；在交换性Al^{3+}含量高的土壤中，盐基饱和度可下降到50%以下。

⑤黏土矿物组成。上层以高岭石、蒙脱石为主，下层以水云母、绿泥石、蛭石为主，矿物发生了明显的酸性蚀变。

⑥养分状况。由于土温低，又呈粗有机质状态，营养成分多以有机态存在，有效性低。

10.1.1.3　棕色针叶林土的亚类划分

根据主要成土过程在程度上的差异及附加成土过程的有无，棕色针叶林土土类划分为棕色针叶林土、漂灰棕色针叶林土和表潜棕色针叶林土3个亚类。

10.1.1.4　棕色针叶林土的利用改良

棕色针叶林土分布区是我国重要的木材生产基地。由于气候寒冷潮湿、无霜期短、地表多起伏、地势较高、土层浅薄、土壤酸度大、活性铝含量高，该区不适合大力发展农业，而以发展林业、培育中径级用材林为主。

为了充分、合理地利用森林土壤资源，对于枯损量已超过生长量的成过熟林，应根据土壤地力和林冠下幼树的数量，采取小面积块状皆伐或带状间隔皆伐方式，尽快进行采伐更新；对于采伐迹地或火烧迹地，也要及时更新造林，以保持原有土壤蓄水及自然生产的能力。在林间空地、居民点附近和交通便利的无林荒地，及地势平坦、土层较厚的地方，可以发展林区耐低温蔬菜的生产或因地制宜地开辟林间牧场，发展特种畜牧业，还可种植药材等经济作物，进行多种经营。

10.1.2　暗棕壤

暗棕壤也称暗棕色森林土，是在温带湿润气候区针阔混交林下，经过弱酸性的腐殖质积累和轻度的淋溶淀积过程发育而成的淋溶土。

10.1.2.1　暗棕壤的分布与成土条件

(1)分布

暗棕壤主要分布在亚洲东北部和北美西部棕色针叶林土带以南的广大针阔混交林区。

在我国，暗棕壤分布范围很广，是东北地区分布面积最大的土类，主要分布在大兴安岭东坡、小兴安岭、张广才岭和长白山山地。

暗棕壤在其他地区呈现垂直分布，在喜马拉雅山分布于海拔 3200~3300 m，在横断山分布于海拔 3200~4000 m，在秦岭的南坡分布于海拔 2200~3200 m，在鄂西神农架分布于海拔 2200~3200 m。

（2）成土条件

①气候。暗棕壤分布区属于温带湿润季风气候，冬季严寒而漫长，春秋两季短暂，夏季湿度大、温度低，山体经常为云雾所笼罩。年平均气温为−1~5 ℃，最热的 7 月月平均气温 15~20 ℃，≥10 ℃年积温 2000~3000 ℃，无霜期 115~135 d，土壤冻深 1.0~2.5 m，最深可达 3 m，冻结时间 120~200 d。年降水量 600~1100 mm，干燥度<1.0。

②植被。暗棕壤分布区的原生植被是以红松为主的针阔混交林，林下灌木和草本植物生长繁茂。针叶树种主要有红松、沙松、鱼鳞云杉、红皮冷杉等耐阴半耐阴树种；阔叶树种主要有白桦、黑桦、枫桦、蒙古柞、春榆、胡桃楸、黄波罗、水曲柳等。灌木主要有毛榛子、山梅花、刺五加、卫矛、丁香等。此外，林中还有攀缘植物，如猕猴桃、山葡萄、五味子等。草本植物主要有薹草、木贼、轮叶百合、银线草等。长期采伐、火烧后，形成以山杨、白桦等为主的次生阔叶林或杂木阔叶林，林下灌草更加繁茂。

③地形。暗棕壤所处的地形多为中山、低山和丘陵，海拔一般为 500~1000 m。

④母质。暗棕壤的成土母质为各种岩石的残积物、坡积物、洪积物及黄土，以花岗岩残坡积母质分布范围为最广，在小兴安岭北部有新近纪的陆相沉积母质。

10.1.2.2 暗棕壤的成土过程、剖面特征与理化性质

（1）成土过程

①腐殖质积累过程。暗棕壤分布区的自然植被为针阔混交林，林下有繁茂的草本植被。因雨热同季，生物累积作用十分强烈，每年都有大量（4~5 t/hm^2）的枯枝落叶残留于地表。又因该区气候冷凉潮湿，微生物分解作用微弱，使土壤表层积累了大量的有机质，土壤有机质含量高达 100~200 g/kg。由于阔叶树的加入和影响，森林归还物的灰分含量较棕色针叶林有所增高，且由于灰分中钙、镁等盐基离子较多，足以中和有机质分解过程中释放的有机酸。因此，暗棕壤腐殖质层的盐基饱和度较高，土壤不至于产生强烈的酸性淋溶过程。

②盐基和黏粒的淋溶与淀积过程。暗棕壤区的年降水量一般为 600~1100 mm，而且 70%~80%的降水集中在夏季（7 月和 8 月），使暗棕壤的淋溶淀积过程得以发生，具体表现为：K^+、Na^+、Ca^{2+}、Mg^{2+}盐基离子及其盐类的淋洗淋失；黏粒向下的淋溶和淀积；表层和亚表层土壤中的铁在雨季嫌气条件下被还原成亚铁向下淋溶，在淀积层重新被氧化而沉淀并包被在土壤结构体表面，使淀积层土壤呈棕色。

③隐灰化过程。土壤溶液中来源于有机残落物和岩石矿物风化产生的硅酸，因冻结作用而以无定型 SiO_2 粉末形式析出，附着于土壤结构体表面，称为隐灰化过程。暗棕壤有机质、SiO_2、R_2O_3 沿剖面的分布如图 10-1 所示。

（2）剖面特征

暗棕壤土体构型：O—Ah—AB—Bt—C。

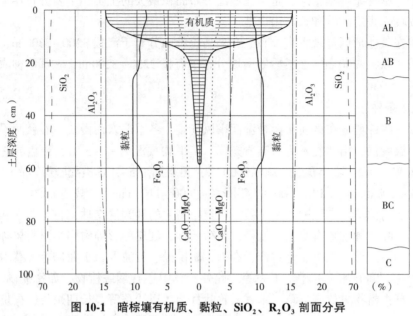

图 10-1 暗棕壤有机质、黏粒、SiO₂、R₂O₃ 剖面分异

(李天杰, 1983)

①枯枝落叶层(O)。厚度 4~5 cm，主要由针阔乔木、灌木的枯枝落叶和草本植物的残体组成，有大量的白色真菌菌丝体。有些剖面可以将该层划分为 Oi、Oe 两个亚层。

②腐殖质层(Ah)。厚度 8~15 cm，平均 10 cm 左右，棕灰色，团粒状或屑粒状结构，有大量根系且多为草本植物根系，有蚯蚓、蚂蚁聚居。

③过渡层(AB)。厚度不等，一般小于 20 cm，灰棕色，较 Ah 层紧实。

④黏粒淀积层(Bt)。厚度 30~40 cm，棕色，质地黏重，紧实，核状结构，在结构体表面有不明显的铁锰胶膜。

⑤母质层(C)。石砾表面可见铁锰胶膜。

(3)理化性质

①土壤质地。多为壤质，从表层向下石砾含量逐渐增多，黏粒在 B 层有所增加，但与棕壤相比并不十分明显。

②有机质含量。Ah 层有机质含量较高，可达 100~200 g/kg，向下锐减，Ah/Bt 的腐殖质含量比为 3：1。表层 HA/FA>1.5；淀积层 HA/FA<1(0.5~0.6)，活性胡敏酸和富里酸的含量随剖面深度的增大而升高。

③pH 值及交换性能。Ah 层 pH 值为 6.0，下层 5.0 左右，随剖面深度的增加而降低。Ah 层阳离子交换量为 25~35 cmol/kg，盐基饱和度为 60%~80%，随剖面深度的增加而降低，与 pH 值变化规律大致相同。

④铁、铝和黏粒的迁移。土体中铁和黏粒有明显的淋溶淀积，铝的移动不明显。Ah 层 SiO_2/R_2O_3 多在 2.5 以上，SiO_2/Al_2O_3 则在 3.2 以上；Bt 层 SiO_2/R_2O_3 多在 2.7，SiO_2/Al_2O_3 则为 3.4；底土层硅铁铝率和硅铝率又有所增大。

⑤黏土矿物组成。暗棕壤黏土矿物以水化云母为主，并含有一定量的蛭石和高岭石。

10.1.2.3　暗棕壤的亚类划分

根据主要成土过程在程度上的差异及附加成土过程的有无，暗棕壤土类划分为暗棕壤、白浆化暗棕壤、草甸暗棕壤、潜育暗棕壤和暗棕壤性土 5 个亚类。

10.1.2.4　暗棕壤的利用改良

暗棕壤分布区是我国最为重要的林木生产基地，盛产红松，在我国国民经济发展中占有极其重要的地位，以面积最大（占东北地区总面积的 42%）、木材蓄积量最高而著称。为此，必须对暗棕壤进行科学合理的利用，充分发挥其在社会、经济和生态等诸多方面的功能和作用。

①要合理采伐，注重森林在保护生态环境中的作用。根据地形部位和林木长势，确定不伐、择伐或皆伐方式，具体做法是：山顶幼林不伐，陡坡（>25°）、石塘林择伐（采伐强度不大于 40%），其他地段的采伐强度不大于 70%，并遵守"留小、伐老、种新"原则，防止过度采伐而引起水土流失。

②对于大面积采伐迹地和火烧迹地，应迅速开展抚育更新，适地适树种植。要科学采用人工种植方法，结合天然更新，尽快恢复其成林状态，但要注意适地适树。

③可适度发展种植业。由于暗棕壤区的气候条件基本满足了农作物和蔬菜中早熟品种对水热条件的需求，可适度发展小麦、马铃薯、甘蓝、白菜、萝卜等农产品种植，以解决当地人口生活所需。

④可以走多种经营全面发展的道路。大力发展养蚕、养蜂、林下种植食用菌和名贵药材等副业，也是推动该地区经济发展的重要途径。此外，还可以合理开发旅游资源。如长白山，本身就是一条亮丽的风景线。

10.1.3　白浆土

白浆土是在温带湿润半湿润气候区森林或草甸植被下，于微倾斜岗地的上轻下黏母质上，经过白浆化等成土过程形成的具有暗色腐殖质表层、白浆层及暗棕色的黏化层的淋溶土。

10.1.3.1　白浆土的分布与成土条件

(1) 分布

白浆土在世界范围内主要分布于美国、加拿大、俄罗斯、德国、法国和日本；在我国，白浆土主要分布于小兴安岭和长白山等山地的两侧，且以东侧居多。在行政区划上，白浆土主要分布在黑龙江和吉林两省的东北部。

(2) 成土条件

①气候。白浆土分布区属于温带湿润季风气候，冬季寒冷干燥，夏季温暖湿润。年平均气温 $-1.6 \sim 3.5 \, ℃$，$\geqslant 10 \, ℃$ 年积温 $1900 \sim 2800 \, ℃$，无霜期 $87 \sim 154 \, d$，土壤冻深 $1.5 \sim 2.0 \, m$，表层冻结期 $150 \sim 170 \, d$。年降水量 $500 \sim 900 \, mm$，$70\% \sim 75\%$ 的降水集中于夏季，作物生长期降水量可达 $360 \sim 500 \, mm$，湿润度 $0.73 \sim 1.02$。

②植被。白浆土的原始植被具有多样性，岗地为针阔混交林，但由于人为砍伐和林火，逐渐为次生杂木林、草甸及沼泽化草甸等植被类型所取代。目前，白浆土分布区的植被类型主要有红松、落叶松、白桦、山杨、柞树等森林群落，沼柳、辽东桤木等灌丛群

落，以及薹草、小叶樟等草甸草本植物群落。

③地形。白浆土分布区的地形也具有多样性，从岗地到平地乃至洼地均有分布。主要地貌类型有岗地、高河漫滩、高阶地、山间谷地、山间盆地和山前洪积扇等。

④母质。白浆土的成土母质主要是第四纪河湖相沉积物，质地黏重，且具有上轻(壤土)下重(黏土)的双层性特征。

10.1.3.2 白浆土的成土过程、剖面特征与理化性质

(1)成土过程

白浆土的形成过程由潴育淋溶、黏粒机械淋溶淀积和草甸腐殖化过程组成，是3个具体过程的复合，被称为白浆化过程。

①潴育淋溶过程。由于河湖相母质的双层性及季节冻层的存在，使上层土壤在融冻或雨季处于滞水还原状态，其中的铁、锰被还原，随水移动，少部分随侧渗水淋出土体，大部分在水分含量降低时重新氧化，以铁锰结核或胶膜形式沉积在原地。由于铁、锰的不断被侧向淋洗和在土层中的非均质分布，使土壤亚表层脱色而成为灰白色的白浆层，这个过程通常称为潴育淋溶过程。

②黏粒机械淋溶淀积过程。在湿润季节，黏粒为水所分散，并随下渗水产生机械悬浮性位移，在土壤中下部水分减少处，附着于土壤结构体表面。

③草甸腐殖化过程。白浆土分布区由于雨热同季，利于植物生长和土壤有机质的积累，腐殖质层有机质含量可达60~100 g/kg，矿质养分也十分丰富。图10-2为白浆土腐殖质、铁子和黏粒沿剖面的分布。

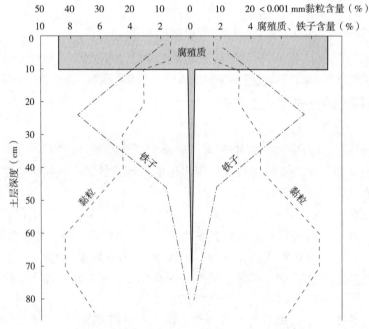

图10-2 白浆土腐殖质、铁子和黏粒的剖面分异

(李天杰，1983)

（2）剖面特征

白浆土的土体构型：Ah—E—Bt—C(Cr 或 Cg)。

①腐殖质层(Ah)。厚度 10~20 cm，棕灰色(10YR 4/1)，中壤至重壤，屑粒或团粒状结构，疏松，根系的 80%~90% 分布于此层。有的剖面含有少量铁锰结核。向下呈明显整齐过渡。

②白浆层(E)。厚度 20 cm 左右，淡灰色(10YR 7/1)，湿时呈橄榄黄色(5Y 6/3)，雨后常会流出白浆。中壤至重壤，片状或鳞片状结构，湿润状态下结构不明显，紧实。有较多的白色 SiO_2 粉末，植物根系很少，有机质含量低，常常低于 10 g/kg。潜育白浆土中有大小不等的铁锰结核或锈斑。向下呈明显整齐过渡。

③黏化层(Bt)。厚度 120~160 cm，一般分为 3 个亚层：Bt2 为典型黏化层，Bt1、Bt3 为过渡层。浊黄棕色(10YR 5/3)至浊黄棕色(10YR 4/3)，棱块状结构，俗称"蒜瓣土"或"棋子土"，结构面上有大量黏粒胶膜，棕褐色铁锰、腐殖质胶膜及 SiO_2 粉末，有少量的铁锰结核，潜育白浆土则有锈斑。质地黏重，多为轻黏土至中黏土，有的达重黏土，紧实，透水性不良，植物根系极少。

④河湖相母质层(C)。通常在 200 cm 以下出现，质地黏重，浊黄棕色(10YR 4/3)或黄棕色(10YR 5/6)，Cg 因受潜育化影响而呈灰色(5Y 6/1)。

（3）理化性质

①机械组成与土壤质地。白浆土的机械组成以粗粉粒(0.05~0.01 mm)和黏粒(<0.001 mm)为最多，黏粒在剖面上的分布是：表层(Ah 层及 E 层)为 100~200 g/kg，B 层(Bt 层和 BC 层)多为 300~400 g/kg。白浆土质地较黏重，Ah 层及 E 层的土壤质地多为重壤土，个别可达轻黏土，Bt 层以下多为轻黏土，有些可达中黏土或重黏土。在结构面或裂缝中，其<0.001 mm 黏粒所表示的黏化率 Bt/Ah>1.2，高者达 2.0 以上。

②有机质含量及组成。有机质含量在土体中表现为上下高中间低的趋势。自然荒地 Ah 层的有机质含量为 60~100 g/kg，E 层只有 10 g/kg；开垦为农田后的头 3 年，土壤有机质含量锐减，开垦 30 年后，降至 30 g/kg 左右。Ah 层的土壤腐殖质组成以胡敏酸为主，HA/FA>1，E 层和 Bt 层 HA/AF<1。

③容重、孔隙度和透水率。白浆土容重：Ah 层为 1.0 g/cm³ 左右，E 层为 1.3~1.4 g/cm³，Bt 层可达 1.4~1.6 g/cm³。孔隙度除 Ah 层可达 60% 左右外，E 层和 Bt 层急剧降低，仅为 40% 左右。白浆土的透水性各层变化很大(图 10-3)，Ah 层的透水速率快，为 6~7 mm/min，E 层透水极弱，透水率仅为 0.2~0.3 mm/min，Bt 层以下几乎不透水，因此，白浆土的水分多集中在 Bt 层以上。由于 Ah 层浅薄，容水量有限，1 m 以内土体的容水量仅为 148~264 mm，而黑土为 284~476 mm。因此，白浆土怕旱又怕涝，是农业生产的一个重要不利因子。

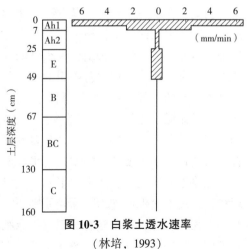

图 10-3　白浆土透水速率
（林培，1993）

④pH 值及交换性能。pH 值为 6.0~6.5，各层差异不显著；交换性能受腐殖质和黏粒分布的影响很大，但总的趋势是 Ah 层和 Bt 层高，交换性阳离子以 Ca^{2+}、Mg^{2+} 为主，有少量的交换性 K^+ 和 Na^+。盐基交换量和盐基饱和度：Ah 层为 20~30 cmol/kg 和 70%~90%，Bt 层为 21~29 cmol/kg 和 80%~90%，E 层为 10~15 cmol/kg 和 70%~85%，基本上表现上、下大，中间小的特点。

⑤化学组成、元素迁移与蚀变。土体全量化学组成在剖面上有明显的分异，Ah 层和 E 层 SiO_2 含量较 Bt 层高，而 Al_2O_3、Fe_2O_3 含量较低，Bt 层以下 Al_2O_3、Fe_2O_3 含量明显增高，硅铁铝率呈上层大、下层小的变化趋势。黏粒含量和化学组成在剖面上下差异不明显，SiO_2/R_2O_3 为 2.55~3.65，表明在白浆土形成过程中，黏粒下移并未受到破坏。白浆土铁的游离度较高，游离铁/全铁(Fe_d/Fe_t)可达 20%~43%，说明铁有较多的蚀变，且表层高于底层。铁的活化度也较高，无定形态铁/游离铁(Fe_o/Fe_d)为 40%~70%，说明铁在土壤剖面中有一定的移动。

⑥黏土矿物组成。以水化云母为主，伴有少量的高岭石、蒙脱石和绿泥石。

⑦养分状况。白浆土全氮量，Ah 层最高，荒地为 4~7 g/kg，耕地下降到 3 g/kg 左右，E 层可急剧降至 1 g/kg 以下。全磷量较低，Ah 层为 1 g/kg，E 层为 0.7 g/kg。全钾量较高，Ah 层为 21.6 g/kg，E 层为 22.97 g/kg，Bt 层为 22.8 g/kg。锌、锰、硼、钼等微量元素均以 Ah 层最高，但总储量处于较低水平。

10.1.3.3 白浆土的亚类划分

根据主要成土过程在程度上的差异及附加成土过程的有无，白浆土土类划分为白浆土、草甸白浆土和潜育白浆土 3 个亚类。

10.1.3.4 白浆土的利用改良

白浆土是吉林和黑龙江的主要耕地土壤之一，占两省耕地总面积的 9%~10%。白浆土较黑土产量低，增产潜力大，改良和利用好这类土壤，对提高两省农业总体生产水平具有重要意义。

白浆土腐殖质层较薄，土体构造不良，水分物理性质差，养分总储量偏低且分布不均。因此，在农业生产中，需要因土用地，合理布局。垄作花生是当地较成熟的用地方式。白浆土土层浅、土性冷，实行花生起垄种植，可以增加土壤通气透水性、提高地温和抗旱抗涝能力。低洼地种稻也是很好的利用方式，白浆土种稻可以趋利避害。白浆土较低的通透性有利于节约用水；稻田的还原条件可以促进铁的还原，有利于磷酸铁溶解，进而提高土壤磷的有效性；种稻还利于土壤有机质的积累。在瘠薄缺水的白浆土上可以发展经济林，具体做法是：开深沟(1.5~2.0 m)建条田以排水降渍，挖大穴(直径和深度均大于70 m)施足肥，果树高栽(高培土防渍水)。岗地白浆土在利用中要做好水土保持工作，潜育白浆土在利用中要注意排水，可采取明沟或暗管方式。

白浆土的质地构型是上砂下黏，可以通过深翻改土，增加耕作层厚度，减少旱涝包浆现象，提高土壤保肥能力。深翻原则：①深度以 50 cm 左右为宜，表土不能翻入底土，白浆不要翻作表土；②增施有机肥或压绿肥，确保当季增产；③平田整地，开降渍沟；④以立冬施工为好，有利于冬冻风化土壤，春翻不宜深。白浆土的土质还可以通过种植绿肥和施用石灰的方式进行改良。种植绿肥能够增加土壤有机质，改善土壤结构；施用石灰能够改善土壤结构，调节土壤酸碱度，提高土壤磷的有效性。

10.1.4　黑土

黑土是在温带湿润或半湿润季风气候区草原化草甸植被下，经历腐殖质积累和淋溶过程形成的，具有深厚腐殖质层、黏化 B 层或风化 B 层、通体无石灰反应、呈中性的半淋溶土。

10.1.4.1　黑土的分布与成土条件

（1）分布

黑土在世界范围内主要分布于美国、俄罗斯、巴西和阿根廷。在我国黑土集中分布在北纬 44°~49°、东经 125°~127°之间，以黑龙江、吉林两省的中部最多；黑土分布区的东部、东北部至长白山、小兴安岭山麓地带，南部至吉林公主岭，西部与黑钙土接壤；在辽宁、内蒙古、河北和甘肃也有小面积分布。

（2）成土条件

①气候。黑土区属于温带湿润半湿润大陆性季风气候，雨热同季。年平均气温 0~6.7 ℃，≥10 ℃年积温 2000~3000 ℃，无霜期 110~140 d，有季节性冻层存在，冻层深度 1.5~2.0 m，北部可达到 3 m，冻层延续时间长达 120~200 d。年降水量 500~600 mm，多集中在 4~9 月，占年降水量的 90%左右，干燥度 0.75~0.90。

②植被。黑土分布区的自然植被是草原化草甸、草甸或森林草甸。主要植物有大叶章、地榆、裂叶蒿、野豌豆、野火球、风毛菊、唐松草、野芍药、野百合、柄状薹草等。每年 5~6 月春暖花开时，各种植物的花朵争相斗艳，犹如一个天然大花园，当地称为"五花草塘"。草原盖度可达 100%，草丛高度 50 cm 以上，一般在 50~120 cm，年产干草一般在 7500 kg/hm² 以上。局部水分较多时，有沼柳灌丛出现。地势较高、水分含量较低的地段，则出现榛子灌丛，当地称为"榛柴岗"。

③地形。黑土分布区的地形多为受到新构造运动影响的、间歇性上升的高平原或山前倾斜平原，海拔 200~250 m，波状起伏，坡度一般 3°~5°，俗称"漫川漫岗"。

④母质。黑土的成土母质主要为第四纪沉积物，质地从砂砾到黏土，以更新世的黏土和亚黏土母质分布最广。一般无碳酸盐反应。

10.1.4.2　黑土的成土过程、剖面特征与理化性质

（1）成土过程

①腐殖质累积过程。黑土在温带湿润半湿润气候条件下，草原化草甸植被生长繁茂，形成相当大的地上、地下生物量，年累积量可高达 15 000 kg/hm²。至漫长而寒冷的冬季，微生物的分解作用受到抑制，致使土壤中累积的生物量得不到充分分解而以腐殖质形态累积于土壤中，从而形成了深厚的腐殖质层（一般厚度 30~70 cm，厚者可达 100 cm 以上）。开垦前，黑土表层土壤有机质含量可高达 50~80 g/kg。

②淋溶和淀积过程。因质地黏重和季节性冻层影响，黑土的透水性较弱。夏秋多雨时期，土壤水分较丰富，致使铁、锰还原成为可以移动的低价离子，随下渗水与有机胶体、

灰分元素等一起向下淋溶，在淀积层以胶膜、结核、斑纹等新生体的形式淀积下来。土壤中一部分硅铝酸盐经水解产生的 SiO_2，也常以 SiO_4^{4-} 溶于土壤溶液中，待水分蒸发后，便以无定形的 SiO_2 白色粉末析出，附着于 B 层结构体表面。

(2)剖面特征

黑土的土体构型：Ah—AB—Brq—C。

①腐殖质层(Ah)。厚度一般为 $30\sim70$ cm，厚者在 100 cm 以上。黑色，潮湿时松软，黏壤土，团粒结构，水稳性团粒含量一般在 50% 以上，土体疏松多孔，pH 值为 $6.5\sim7.0$，无石灰反应。

②过渡层(AB)。厚度不等，一般为 $30\sim50$ cm。暗灰棕色，黏壤土，小块状结构或核状结构，可见明显的腐殖质舌状淋溶条带，有黄色或黑色的填土动物穴，无石灰反应，pH 值约为 6.5。

③淀积层(Brq)。厚度不等，一般为 $50\sim100$ cm，颜色不均一，黏壤土，棱块状结构，紧实，通常是在灰色背景下，有大量黄色或棕色的铁锰锈纹、锈斑、结核，结构体表面可见胶膜及 SiO_2 粉末，pH 值为 7.0 左右，无石灰反应。

④母质层(C)。黄土状沉积物。

(3)理化性质

黑土主要性状指标在剖面上的分异情况如图 10-4 所示。

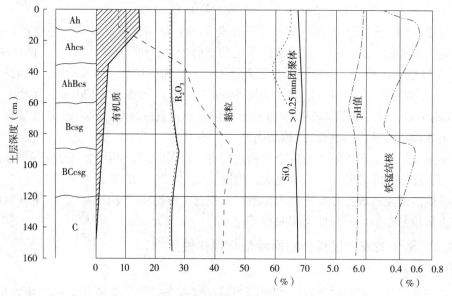

图 10-4　黑土的理化性质沿剖面分布(黑龙江逊克)

(李天杰，1983)

①机械组成与土壤质地。黑土的机械组成比较均一，以粗粉砂和黏粒所占比例最大，各占 30%~40% 左右。质地黏重，一般为壤土或黏壤土，通常上层土壤质地较轻，下层质地较重，黏粒有明显的淋溶淀积现象。黑土的机械组成受母质的影响很大，黄土母质以粉砂、黏粒为主，红黏土母质，黏粒含量则明显升高。

②有机质含量。黑土的有机质相当丰富，自然土壤有机质含量 50~100 g/kg，腐殖质类型以胡敏酸为主，HA/FA>1，胡敏酸钙结合态所占比例较大，通常可占 30%~40%。开垦后土壤有机质含量逐渐降低，一般只有自然土壤的 1/2。

③土壤结构。黑土结构良好，自然土壤表层土壤以团粒为主，其中水稳性团粒含量一般在 50% 以上。开垦后随种植时间的延长，黑土的团粒结构变小，数量变少。

④容重和孔隙度。黑土容重为 1.0~1.4 g/cm³，随着团粒结构的破坏，耕垦后土壤容重有增大的趋势。黑土总孔隙度一般为 40%~60%，毛管孔隙度所占比例较大，为 20%~30%，通气孔隙度占 20% 左右。因此，黑土透水性、持水性、通气性均较好。

⑤pH 值及交换性能。黑土呈微酸性至中性反应，pH 值为 6.5~7.0，剖面分异不明显，通体无石灰反应；腐殖质层阳离子交换量一般为 30~50 cmol/kg，以钙、镁为主，盐基饱和度 80%~90%。

⑥化学组成及元素迁移。黑土的化学组成较为均匀，硅铁铝率为 2.6~3.0，铁锰氧化物在剖面上略有分异，淀积层有增加的趋势。

⑦黏土矿物组成。黑土的黏土矿物组成以伊利石、蒙脱石为主，含有少量的绿泥石、赤铁矿和褐铁矿。不同粒级的次生黏土矿物组成比例有所差别。

⑧养分状况。黑土养分含量丰富，表层全氮含量 1.5~2.0 g/kg，全磷含量约 1.0 g/kg，全钾含量 13 g/kg 以上，C/N 一般为 10。

10.1.4.3　黑土的亚类划分

根据黑土主导成土过程在程度上的差异、附加成土过程的有无及属性上的差异，黑土土类划分为黑土、草甸黑土、白浆化黑土、表潜黑土 4 个亚类。

10.1.4.4　黑土的利用改良

黑土分布区是我国重要的商品粮生产基地。黑土具有良好的自然条件和较高的土壤肥力，生产潜力大。但黑土开垦为农田后，耕作层裸露，直接遭受风雨袭击和频繁耕作影响，土壤结构受到破坏，孔隙急剧减少，土壤板结，容易产生径流，又因本区农田耕作粗放，极易产生水土流失，往往造成大量面蚀和沟蚀，使大量营养物质转移到农田生态系统外。所以，在黑土农业利用中：

①要加强农田生态防护和农田基本建设，改良农业生产条件。要在综合规划的基础上，在广大农田区营造防护林，使大地方田化，并做好林、渠、路全面规划和农田内部规划，建立高效的人工农业生态系统及旱涝保收的高产稳产农田。实行多种作物轮作、轮耕制。黑土区天然存在的沼柳灌丛和榛子灌丛是自然界造就的、抑制黑土风蚀的屏障，要予以保护。

②要严防水土流失。针对地形起伏较大、坡长较长的黑土耕作区，要严防水土流失。此类耕作区需要修建过渡梯田或水平梯田，并进行生物护梗，以实现等高耕作、等高种植，防止发生严重的水土流失。侵蚀严重的耕地要退耕还林还草。沟蚀严重的耕地，应封沟育林，并采用工程治理措施有效拦蓄水土。

③要搞好黑土的培肥。开垦为耕地的黑土有机质含量仅为 20~40 g/kg，较自然黑土（50~80 g/kg）降低了 1/2 左右，耕作黑土的腐殖质组成中活性胡敏酸的含量也有所降低。因此，需要加强对耕作黑土的培肥，强调增施有机肥，提倡推广秸秆还田，做好配方施肥

和平衡施肥。

④要注意保墒耕作与灌排配套，适时早播。春季抗旱保墒，力争一次保全苗是增产的关键性措施。保墒方式首选秋耕秋耙(秋翻、秋耙、秋施肥、秋起垄，随后镇压)，其次是春季顶浆打垄(早春土壤化冻 10~15 cm 时，顶浆打垄，并立即镇压)。另外，黑土区局部地段因夏秋季雨水集中，有时会出现内涝，影响小麦收获。因此，要加强黑土区的农田水利工程建设，修建小型水库，以扩大水浇地面积，提高黑土区的抗旱能力；低洼黑土耕作区要修建排水工程，以加强对涝灾的抵御能力。

⑤要防止污染退化。需要加强城市垃圾治理，利用生物措施防止农业病虫害，及时清理农田地膜，防止黑土地的污染退化。

⑥要调整农业产业结构，走"粮—经—饲"三元化发展道路也是黑土利用的良好途径。可以适当减少劣质品种粮食的种植面积，增加经济作物种植面积，扩大饲料作物和牧草的种植比例。科学合理地进行农业产业结构调整，既不影响农业经济的发展，又能减轻黑土退化的压力。

10.2　棕壤与褐土

棕壤与褐土是分布于我国暖温带湿润、半湿润、半干旱地区的地带性森林土壤。由于都发育在温带落叶阔叶林的生物气候条件下，它们的发生特征有很大相似性。如物质的生物循环都比较强盛，黏化现象非常典型，二者在我国东部地区经常呈复域分布。但是在某些发生特征上它们又有很大的不同。棕壤分布区气候较为湿润，属淋溶土纲，土壤呈微酸性，没有钙化过程；褐土分布区为半湿润气候，属半淋溶土纲，具有明显的钙化过程。这种差异，主要是母岩和母质带来的影响，棕壤主要发育在酸性母岩上，褐土发育在钙质母岩上。气候条件的不同也在一定程度上加大了这两种土类的分化。在山地垂直带谱中，棕壤常处于褐土之上。

10.2.1　棕壤

10.2.1.1　棕壤的分布与成土条件

(1)分布

棕壤又称棕色森林土，广泛分布在中纬度的近海地区，如欧洲的英国、法国、德国、瑞典，以及巴尔干半岛等地，大西洋西岸的美国东部地区，亚洲的中国、朝鲜和日本，大洋洲和非洲南部也有分布。我国棕壤主要分布于暖温带湿润和半湿润地区，在辽东半岛、山东半岛和苏北一带呈南北带状集中分布。在水平带谱上，北与暗棕壤、白浆土相连，南接黄棕壤，西连褐土。

(2)成土条件

棕壤在世界各地分布很广，成土条件较为复杂。我国的棕壤是在暖温带季风气候落叶阔叶林下发育的。棕壤分布区年平均气温 6~14 ℃，≥10 ℃年积温 3200~4500 ℃，无霜期 160~230 d，降水量 600~800 mm，个别地区达 1000 mm 甚至更高，干燥度 0.5~1.0。受季风气候影响，夏季高温多雨，冬季寒冷干燥。原生植被为落叶阔叶林，以辽东栎和麻栎为代表，也有针阔混交林。棕壤地区的母岩以花岗岩、片麻岩等酸性岩石为主，也可以见到其他类型的岩浆岩和变质岩，沉积岩为非钙质的砂页岩等。母质主要是残坡积物，冲洪积物也较常见，第四纪黄土也是成土母质之一。地貌类型多样，中低山及丘陵、平原都有。

10.2.1.2 棕壤的成土过程、剖面特征与理化性质

(1) 成土过程

棕壤形成过程的基本特点是：具有明显的黏化过程、一定的淋溶过程和较强烈的物质的生物循环过程。

①黏化过程。由于棕壤地区具有温暖湿润的气候条件，土壤矿物发生了强烈的黏化作用，无论残积黏化还是淀积黏化都比较明显。在残积黏化过程中，长石、云母矿物多风化为水云母、蛭石等黏土矿物，也有蒙脱石、高岭石的形成，整个土体中均有黏化作用进行，因而一般棕壤质地较黏重。在一定的淋溶作用下，表层土壤中的黏粒随水分下移，在一定部位的结构体表面及空隙中淀积，形成黏粒胶膜等新生体。

②淋溶过程。棕壤在发育过程中，较为湿润的气候带来一定的淋溶作用。易溶性盐类和碳酸盐淋溶比较彻底，铁、锰物质也有明显的季节性淋溶，在土体下部形成铁锰胶膜、斑块、凝团等，有时甚至可以形成铁子和结核。淀积黏化的发生，是淋溶作用的必然结果(图 10-5)。在中下部土体的土壤薄片中，铁、锰形成物和黏粒形成物普遍存在。棕壤中的铁、锰表现强烈的释放和迁移，硅铝仅仅开始有移动，因而它的风化和淋溶过程既不如热带亚热带的地带性土壤在高温高湿条件下那样强烈，也没有寒温带针叶林下发生的灰化过程。土体中一般没有明显的淋溶层，通体盐基饱和度也比较高。

③物质的生物循环过程。棕壤生物循环过程比较强烈。森林植被每年产生大量枯叶落叶，为生物循环提供了丰富的物质来源。温暖湿润的气候使微生物比较活跃，有机质不断转化，腐殖化过程和矿质化过程都十分显著，发育了一个不太厚的枯枝落叶层和腐殖质含量高的表层。因阔叶林的凋落物含有丰富的盐基物质，虽然分解后有一定的淋失，但盐基物质补充较快，盐基与土壤中的 H^+ 结合，使土壤酸性得到中和，因而棕壤多呈微酸性到中性，盐基饱和度较高。

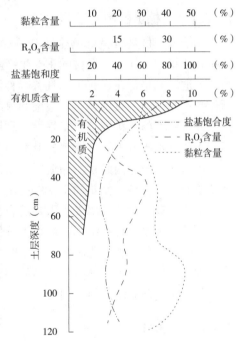

图 10-5 棕壤有机质、盐基饱度、R_2O_3 和黏粒含量分布(辽宁千山)

(熊毅等，1978)

(2) 剖面特征

棕壤典型的土体构型为：O—Ah—Bt—C 型。

①枯枝落叶层(O)。一般只有几厘米到十几厘米，耕作棕壤中没有这一层次。

②腐殖质层(Ah)。一般厚度约为 20cm，有机质含量高，多在 50~90 g/kg，暗棕色。常

为砂壤土、壤土，多具良好的团粒结构，疏松多孔。耕作土壤中有机质含量约为 10 g/kg。

③黏化层(Bt)。一般有几十厘米。黏粒含量明显高于 Ah 层，棕色，多为黏壤土或黏土。核状结构或棱块状结构，紧实，植被根系少，结构体表面常见铁锰胶膜和黏粒胶膜。

④母质层(C)。黏粒含量高，与 Bt 层往往呈过渡关系，分化不明显，常见棱柱状结构。

(3)理化性质

剖面色调以棕色为主，也有黄棕、黄、红棕等颜色。除表层质地稍轻外，一般整个土体都比较黏重。全剖面无石灰反应，中性到微酸性反应，pH 值为 5.5~7.0。土壤阳离子交换量多在 15 cmol/kg 以上，交换性盐基以 Ca^{2+}、Mg^{2+} 为主，盐基饱和度一般大于 70%，耕作土壤由于复盐基作用，盐基可以达到饱和。SiO_2 通体分布较均匀。K_2O 和 MgO 有一定的表聚现象。黏土矿物以水云母为主，含有少量的蛭石、高岭石等。

10.2.1.3　棕壤的亚类划分

棕壤土类主要包括棕壤、白浆化棕壤、潮棕壤和棕壤性土 4 个亚类。

10.2.1.4　棕壤的利用改良

棕壤分布区具有良好的生态条件，生物资源丰富，其自然肥力较高，是我国发展农业、林业果木、柞蚕、药材的重要生产基地。因此要因地制宜，合理利用土地。在平地丘陵区，适宜栽培棉花、花生、甘薯等喜温作物，以及高粱、大豆、玉米等中晚熟品种的大田作物；在山地，发展林业、蚕桑和果品业，形成多层次的林果生态景观。同时还要抓好水土保持和增施有机肥等，搞好综合利用。

①防止水土流失。在棕壤各亚类中，均具有一定的坡度，同时该地区的降水大多在夏季集中降落，土体内又存在黏淀层，阻挡水分下渗，导致水土流失严重。因此，在利用中必须搞好水土保持，修筑梯田，保持水土。

②增施有机肥。棕壤多为重要的农林生产基地，有机质含量下降较快，可通过施用有机肥、秸秆还田或种植绿肥，增加土壤的有机质含量，使作物高产稳产。

③合理施用化肥。化肥增产效果明显，尤其是氮肥和磷肥。棕壤吸收容量大，保肥力高，因此施用氮肥利用率高。棕壤的游离铁含量较高，土壤中的有效磷易被固定，有效磷含量低，施用磷肥增产效果明显。

10.2.2　褐土

10.2.2.1　褐土的分布与成土条件

(1)分布

褐土又称褐色森林土，集中分布在亚热带地中海型气候区和欧亚大陆东部的暖温带季风气候区，前者如地中海沿岸地带、北美的西部沿海区、澳大利亚东部，后者则主要在我国东部。我国褐土集中分布在太行山地、关中平原、汾河谷地、华北平原及鲁中山地。在垂直带谱中，褐土位于棕壤之下。在水平带谱上，它位于栗钙土与黄棕壤之间。

褐土分布的地中海型气候区，受副热带高压和西风带控制，夏季炎热干旱，冬季温暖多雨，年降水量 700~800 mm。这种气候类型除地中海地区外，在南北纬 30°~40°的大陆西岸多有分布，自然植被为硬叶常绿灌木林，也可向森林或草原类型过渡。

（2）成土条件

我国东部的暖温带季风气候区，气候变化主要受副热带高压和蒙古冷高压影响，夏季高温多雨，冬季寒冷干燥。年降水量 500~700 mm，降水集中于夏季，干燥度 0.9~1.5。年平均气温 9~14 ℃，≥10 ℃年积温 3400~4400 ℃，无霜期 180~250 d。褐土分布区的气候条件大致与棕壤分布区相似，但也有一定差异，主要表现在温度较高、降水较少、夏季较为炎热，一年中有明显的干季。这种气候条件与地中海型气候在季节上明显不同，如地中海型气候降水集中于冬季，我国季风气候区降水集中于夏季；但年平均气温、年降水量、明显的干湿季节的变化等都非常相似，因而发育了相同的土壤——褐土。褐土分布区天然植被以夏绿阔叶林为主，伴有灌丛或草原植被。喜钙的树种(如侧柏、柿、核桃等)长势优于其他乔木。褐土分布区的地貌类型多样，山地、丘陵、平原、盆地都有。成土母质主要为富含钙质的岩石风化产物及黄土和黄土状沉积物。

10.2.2.2　褐土的成土过程、剖面特征与理化性质

（1）成土过程

褐土形成的基本特点是具有明显的黏化过程与钙化过程。

①黏化过程。褐土的气候条件与棕壤分布区相似，因而黏化作用明显。它的黏化过程中既有残积黏化作用，也有淀积黏化作用。成土母质在风化及成土过程中，形成水云母、蛭石、蒙脱石，甚至高岭石等黏土矿物。褐土与棕壤相似，心土层黏粒含量明显高于表土层。

②钙化过程。钙化过程是褐土的另一主导成土过程。母质中含大量碳酸钙类化合物，给土壤的钙化过程提供了丰富的物质来源。碳酸盐类的大量存在，也延缓和减弱了淋溶过程。钙化过程也深受气候条件影响。本区的落叶阔叶林及旱生植被生物代谢产量大，在温暖的气候条件下矿质化作用比较强，生物归还率较高，大量的盐基物质特别是 Ca^{2+} 补充也加强了钙化过程。受大气环流、降水、地表水与地下水、人工施肥等影响，土壤表层经常还受到复钙作用，也是钙化过程的一种常见的形式（图 10-6）。

褐土的腐殖化过程比棕壤要弱一些，主要是气候条件偏旱，一年中微生物活动比较旺盛，有机质多处于好气分解过程，因而表层腐殖质积累不多。

（2）剖面特征

褐土的典型土体构型一般为：Ah—Bt—Bk—C 型。

①腐殖质层（Ah）。具有粒状结构、疏松、质地较下层轻、植物根系多等特征，但厚度及有机质含量差异大。一般在郁闭林下可达几十厘米，有机质含量高(100 g/kg 左右)，表层还有枯枝落叶层形成。灌草植被下腐殖质层明显变薄，有机质含量也较低。开垦为农田的 Ah 层已不具腐殖化特征，成为有机质含量在 10 g/kg 左右的耕作层。

②黏化层（Bt）。黏化层是褐土的特征土层之一。质地黏重，黏粒含量高，常大于25%。厚度一般较大，多在 50~80 mm，厚者可达 1 m 以上。多具核状或块状结构，有的也发育为棱柱状结构。

③Bk 层。这是褐土的另一特征土层。土壤质地较 Bt 层轻，黏粒含量降低，也有受母质影响质地黏重的。碳酸盐含量高，大于 20 g/kg，有的碳酸盐含量可达 150 g/kg 以上。

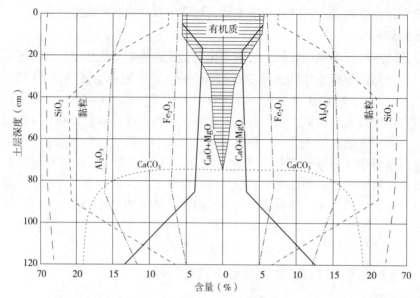

图 10-6　褐土的有机质、黏粒、R₂O₃ 及碳酸钙沿剖面分布(山西沁源)

(李天杰，1998)

可以看到碳酸盐淀积形成的假菌丝体、碳酸盐粉末、砂姜(碳酸盐结核)，有的甚至可以形成钙磐。

④母质层(C)。质地各异，黄土母质质地较轻，石灰岩、页岩风化母质质地重，砂岩风化产物既黏砂性又强，在某些残积物和坡洪积物母质中，有些还含有数量不等的砾石。冲积物发育的潮褐土和部分淋溶褐土，有的可以见到淋溶或潴育化过程形成的锈斑。

(3)理化性质

剖面的主要色调是褐色，受黏化作用影响，土体中部经常有一个质地黏重的层次——黏化层。pH 值为 7.0~8.5，土壤呈中性—微碱性反应。盐基饱和度比棕壤高，多在 80% 以上。除淋溶褐土和部分潮褐土外，由于富含碳酸盐，基本都有程度不同的盐酸反应。土壤阳离子交换量较高，约为 40 cmol/kg，且以交换性 Ca^{2+}、Mg^{2+} 为主。褐土的黏土矿物组成主要为水云母，其次为蛭石，蒙脱石和高岭石较少。自然土壤的有机质含量较高，营养元素较丰富，特别是钠和钾含量较高，有效性也好。由于土体中大量碳酸钙的存在，使磷的有效性大大降低，因而耕作褐土要注意磷肥的使用。

10.2.2.3　褐土的亚类划分

褐土主要包括褐土、淋溶褐土、石灰性褐土、潮褐土、褐土性土 5 个亚类。

10.2.2.4　褐土的利用改良

褐土分布区除作为粮食和经济作物的生产基地外，也是重要的果品生产基地，如苹果、梨、杏、柿和枣等。褐土在利用改良时要发展灌溉和做好水土保持工作，同时要注意保墒耕作、地面覆盖和节水灌溉，改良途径：①开展水土保持，发展水利灌溉；②采取旱作农业的土壤耕作措施；③合理施肥，提高土壤肥力水平；④因土种植，发展土壤潜力优势；⑤适当发展畜牧业与林果业。

10.3 黄棕壤与黄褐土

黄棕壤与黄褐土是北亚热带湿润常绿阔叶林与落叶阔叶林的淋溶土壤，属于温带棕壤、褐土与亚热带黄壤、红壤之间的过渡地带性土壤。两种土类主要分布于我国黄河以南长江以北，北纬 27°~33° 的东西狭长地带。黄棕壤一般位于黄棕壤—黄褐土区东部湿润区，淋溶作用较强，而黄褐土则分布于黄棕壤—黄褐土区西部半湿润区，淋溶程度较弱。

10.3.1 黄棕壤

10.3.1.1 黄棕壤的分布与成土条件

（1）分布

黄棕壤分布于北亚热带及中亚热带的北纬 27°~33° 地区，主要分布在江苏、安徽等地的长江两侧，浙北的低山、丘岗、阶地，江西、湖北海拔 1100~1800 m 的中山上部，四川、云南、贵州等海拔 1000~2700 m 的中山区，河南的伏牛山南坡和大别山、桐柏山海拔 1300 m 以下的山地。该土类区的北部为棕壤、褐土，南部为红壤、黄壤，山地上部为棕壤，下部为黄壤，是过渡地带性土壤。

（2）成土条件

该土类是我国亚热带及中亚热带生物气候条件下形成的地带性土壤。该土类分布区因受东南季风的影响，四季分明，夏季湿润多雨，秋季干燥少雨。地形为岗地、阶地及中山的上中部。母质主要为第四纪黄土、花岗岩、花岗片麻岩、砂页岩的残积坡积物，其次为石英岩等残积坡积物。自然植被类型有落叶、常绿阔叶或针叶混交林。丘岗多为次生灌木和松杉林，部分已开垦种植农作物。

10.3.1.2 黄棕壤的成土过程、剖面特征与理化性质

（1）成土过程

黄棕壤的形成同时具有棕壤的黏化作用和红壤、黄壤的富铝化作用两种特征，表明其在发生上具有明显的南北过渡性。在温暖湿润的气候下，土壤中原生矿物分解比较强烈，易于形成次生黏土矿物，故黏化作用明显。而硅酸盐矿物由于受到破坏及淋溶作用较强，易于形成次生黏土矿物。由于硅酸盐矿物受到破坏及淋溶作用，三氧化物在土壤中迁移聚集，富铝化作用得到发展。此外，由于有机物质分解较快，土壤中积累不多，盐基物质多被淋失，故土壤反应一般呈酸性，黏粒的下移，使心土层质地明显黏重，甚至形成黏盘（黏粒含量超过 30%）（图 10-7）。

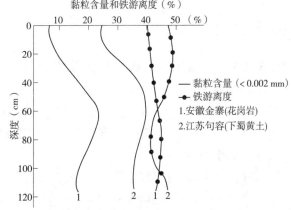

图 10-7 黄棕壤中黏粒和铁游离度沿剖面分布
（张凤荣，2016）

(2)剖面特征

黄棕壤的典型剖面构型为：O—Ah—Bt—C。

①枯枝落叶层(O)。在地表有枯枝落叶层。

②腐殖质层(Ah)。呈暗灰棕色，厚度10~20 mm，因植被而异，在针叶林下较薄，在混交林下较厚，在灌丛草类下最厚。该层为粒状、团块状结构，疏松、多孔，向下逐渐过渡到心土层。

③黏化层(Bt)。呈醒目的棕色，一般为棱块状和块状结构，结构体表面为棕色或暗棕色胶膜所覆盖，有时有铁锰结核，质地黏重。

④母质层(C)。在地形平缓处，由于心土层黏重，透水性差，剖面可呈现潜育特征。如母质为下蜀黄土，则该层可出现石灰结核。

(3)理化性质

土壤有机质含量20~42 g/kg；土壤反应为微酸性到酸性，在下蜀黄土母质上发育的黄棕壤其pH值较高；盐基饱和度较高，阳离子交换量为7~20 cmol(+)/kg；土壤质地越向下越细，表明黏粒的向下移动；黏粒的硅铝率为2.5~2.8，硅铝铁率为2.1~2.3；黏土矿物有水云母、蛭石、高岭石等，在下蜀黄土上发育的黄棕壤还含有一些蒙脱石。

10.3.1.3　黄棕壤的亚类划分

黄棕壤分为黄棕壤和黄棕壤性土2个亚类。

10.3.1.4　黄棕壤的利用改良

黄棕壤多分布在低山丘陵、农业历史悠久的地区，所处地理位置兼具北亚热带与暖温带的气候特点，生物种类繁多。土壤质地一般较黏重，保肥性能尚好，通透性能差，土性冷凉，作物不易早发壮苗。除钾素外，有机质、全氮养分及速效磷含量均较低。

平原丘陵区可作为农业生产基地，适于稻、麦、棉和油料等作物的生长，要适时深翻炕晒，结合施用各种有机肥，改善土性；丘陵区可种植茶、桑，发展果园，采用等高种植，进行带状间作；对林荒地宜采取治坡改梯的工程措施，封山育林、抽槽换土或挖穴植树，尽快增加覆盖，增强土壤涵养水分的能力，同时注意发展优势树种和特产作物。

10.3.2　黄褐土

10.3.2.1　黄褐土的分布与成土条件

(1)分布

黄褐土是我国北亚热带向暖温带过渡的地带性土壤。其分布及成土条件与黄棕壤相同，主要分布于鄂北、豫南的第四纪黄土丘岗及阶地。

(2)成土条件

黄褐土分布区的气候主要受北亚热带东南季风的影响，冬季寒冷干燥，年平均气温14.6~15.8 ℃。年降水量800~1100 mm，多集中在6~8月，年平均蒸发量1300~2000 mm，无霜期210~240 d。这种干湿交替、雨量充沛、雨热同季的气候因素，为黄褐土的形成提供了基本条件。

黄褐土是在下蜀黄土母质上发育的土壤，地形多为丘陵、垄岗。黄褐土分布区的原始植被已荡然无存，均为人工林和次生林木所代替。黄褐土绝大多数已开垦为耕地，少数为人工林和疏林草地。

10.3.2.2 黄褐土的成土过程、剖面特征与理化性质

(1) 成土过程

黄褐土是褐土与黄棕壤的过渡类型，既有褐土的成土过程特点，又有黄棕壤的弱富铝化过程。黄褐土的成土母质不同，黏粒下移积聚的情况也有所不同。通过黏化过程、铁锰的淋溶与积聚过程、弱的富铝化过程，形成其自身的特性。特别是第四纪黄土母质，在湿热的气候条件下，进行着较强烈的残积与淋溶黏化作用，形成黏重而紧实的黏化层，称为黏磐层，成为黄褐土的典型特征。黏化层和黏磐层在干湿交替的作用下，产生干缩湿胀，还可形成棱柱状或核块状结构，黏磐层是黄褐土的障碍层次，也是黄褐土低产的主要原因。

原生矿物经过充分风化形成次生黏粒矿物的同时，释放大量盐基离子，如 K^+、Na^+、Ca^{2+}、Mg^{2+}等，这些离子随下渗水向土体下层淋溶，产生较为强烈的淋溶过程，所以黄褐土整个土体仅有极少量的碳酸钙存在。黄褐土的黏土矿物除高岭石、蛭石和伊利石外，还有一些蒙脱石。由于黏聚层和母质黏重滞水，内部排水不良，有助于铁锰还原与累积，故其形成的铁锰结核粒大量多，在黏聚层上往往有结核层。由于地区性淋溶作用强弱存在差异，黄褐土的 pH 值、硅铁铝率显示规律性的变化：北亚热带东部较西部降水量大，淋溶强，表层土壤 pH 值较低，硅铁铝率也较小；反之，北亚热带北部则淋溶弱。

黄褐土处于北亚热带的北缘，温度和湿度低于铁铝土纲的地区，但又高于半淋溶土纲的褐土区，黏粒部分仅有轻微破坏，硅稍淋失而铁铝略有积聚，有弱富铝化过程。

(2) 剖面特征

黄褐土的典型剖面构型为：Ah——Bts—Ck。

①腐殖质层 (Ah)。一般厚度为 20~25 cm，呈棕色或红棕，碎块状结构，质地为壤土—粉砂黏壤土。植物根系较多，疏松，有少量铁锰结核，与下层呈平直状模糊过渡。

②黏化层 (Bts)。暗黄棕或暗灰，棱块或棱状状结构，表面覆盖着暗棕色铁锰—黏粒胶膜，内部夹有铁子，质地一般为壤质黏土—粉砂质黏土，黏重滞水，孔隙壁有少量纤维状光性定向黏粒。

③母质层 (Ck)。暗黄橙，常出现砂姜体，呈零星或成层分布，大小形状不一，还有呈"钙包铁"或呈中空的方解石晶体。

(3) 理化性质

黄褐土 CaO 含量高于黄棕壤但低于褐土，说明黄褐土的淋溶作用较黄棕壤弱，但比褐土强，硅铝铁率、硅铝率和硅铁率全剖面差异不显著。

黄褐土与黄棕壤的差异也反映在黏粒的化学含量组成上。如黄褐土 Al_2O_3 的含量较低，为 26.72%~27.52%，而黄棕壤则为 31.44%~39.54%，说明黄棕壤富铝化作用比黄褐土强，这从两者硅铝率的差异更能说明，黄褐土的硅铝率为 3.22~3.30，而黄棕壤仅为 2.15~2.55。黄褐土质地黏重，通透性差，雨后地表易积水上浸，难于耕作。

黄褐土的理化性质沿剖面分布状况如图 10-8 所示。

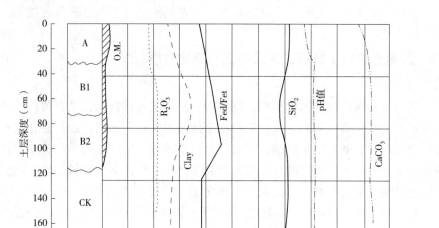

图 10-8　黄褐土的理化性质沿剖面分布状况(河南南阳)
(张凤荣，2016)

10.3.2.3　黄褐土的亚类划分

根据黄褐土的成土条件、发育过程和剖面特征，将黄褐土分为黄褐土、黏磐黄褐土、白浆化黄褐土和黄褐土性土 4 个亚类。

10.3.2.4　黄褐土的利用改良

①因地制宜兴修水利，调整作物布局。在地形平缓而又有水源保证的区段，应重点兴修农田水利，抓好塘、库、坝、渠配套建设，扩大水浇地面积，减少甘薯种植面积，发展玉米和水稻等高产作物种植，实行水旱轮作。

②修筑梯地，深耕结合施有机肥。根据坡度、坡形和坡向，修筑不同大小和形状的梯地，可以控制或减少地面径流，稳定土层厚度。在此基础上，实行深耕结合增施有机肥和推广秸秆还田，可以逐步增厚熟土层，改善土壤通透性，提高蓄水抗旱能力，增强地力。

③合理轮作，间(套)作绿肥作物，用地养地结合。在保证粮棉油作物种植面积的同时，合理轮作，间(套)作绿肥或豆科作物，既是解决黄褐土分布区有机肥源就地取材的重要途径，也是培肥岗地土壤的重要措施。

④因土配方施肥。黄褐土一般不缺钾素，但在水旱轮作高产区或耗钾作物(如甘薯、烟草)区，因长期重视施用氮肥而基本不施钾肥，因此采用增磷补氮加钾施肥措施更能获得增产效果，但配肥比例必须根据土壤养分丰缺状况和不同作物需要而异。

⑤发展多种经营。对于某些地形部位高、坡度较大、水土流失严重、土体浅薄、石质性强的黄褐土，以及一些黏盘层位高，肥力低下不宜农作的黄褐土，应采取水土保持措施，积极发展多种经营。

思考题

1. 为什么棕色针叶林土未发生典型的灰化过程，而仅发生了隐灰化过程？
2. 棕色针叶林土、暗棕壤、白浆土的成土条件和成土过程有何异同？
3. 简述白浆土低产的原因及改良措施。
4. 棕壤与褐土的成土过程有何差异？为什么会存在这种差异？
5. 黄棕壤与黄褐土的成土过程有何差异？
6. 为什么黑土无钙积层？

第 11 章

铁铝土

【内容提要】主要介绍铁铝土纲的成土条件和成土过程，红壤、黄壤、砖红壤和赤红壤等土类的地理分布、土壤特征、分类及利用改良等内容。

铁铝土是湿润热带和亚热带地区，具有富铁铝化作用的土壤总称，是中更新世或晚更新世以前，陆地表面未受冰川和新冲积物影响，在高阶地上高度风化发育的古老自成型土壤。

我国华南地区高温多雨的气候为该地区土壤的发育带来极为有利的条件，因而本区土壤具有十分强烈的生物小循环过程和淋溶作用，使土壤发育演化到顶极阶段——富铝化阶段，导致土壤表现明显的酸性特征。该地区光热条件好，生物资源充足，是我国重要的粮食产区，也是多种经济林木、水果、药材的重要产地，在我国土地资源中占有重要的位置。

11.1 铁铝土的成土条件与成土过程

铁铝土主要包括红壤、黄壤、赤红壤、砖红壤等土壤类型。《中国土壤分类系统暂行草案》将它们都划归于富铝土纲，以后又称铁铝土纲。这些地带性土壤集中分布在亚热带和热带地区，由北向南大体依次分布红壤和黄壤、赤红壤、砖红壤（图 11-1）。

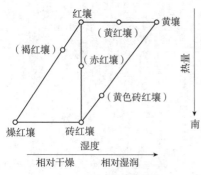

图 11-1 热带亚热带各种森林土壤之间的发生关系

（熊毅等，1987）

(1) 成土条件

铁铝土是热带、亚热带地区的地带性土壤，广泛分布在世界上纬度较低的地区，如亚洲东南部、非洲中部、北美洲南部及南美洲北部，大洋洲北部也有分布。我国铁铝土分布集中，主要发育在长江以南的热带、亚热带地区，包括华东、华南、云贵高原和四川盆地等地区。

铁铝土分布地区的主要气候特点是高温多雨、干湿季节分明，气候类型在华南地区主要为亚热带季风湿润气候和热带季风气候。年平均气温一般在 15 ℃以上，除黄壤分布区稍低外，≥10 ℃年积温多数超过 5000 ℃，年降水量大部分在 1000 mm 以上，降水集中于夏季，干燥度<1。在铁铝土中，黄壤分布区温度较低而降水量较大；红壤分布区气温较高，降水量也较大；砖红壤区气温最高，降水量也大；赤红壤的气温和降水量则介于红壤与砖红壤之间。

本区由北向南由于气候条件变化，植被也有一定差异。从亚热带常绿阔叶落叶混交林到亚热带常绿阔叶林、亚热带常绿针阔混交林，再到热带季雨林和热带雨林。一般而言，红壤和黄壤分布在亚热带生物气候带，赤红壤分布在南亚热带和热带，砖红壤分布于热带。因此，最南部的砖红壤分布区呈现雨林特点，树木高大郁闭，具多层结构，林中有丰富的藤本植物和附生植物。红壤和黄壤分布区林木高度和郁闭度远较热带雨林低，铁铝土植被类型也不尽相同，红壤分布区以常绿阔叶林为主，黄壤分布区则常见针阔混交林和山地湿性常绿林，赤红壤分布区为季雨林，其特点介于热带雨林和亚热带常绿阔叶林之间，具有过渡性质。

铁铝土在我国南方地区分布面积广大，地形复杂多样，母质、母岩种类也比较多。除西端横断山脉较为高大外，区内地貌以低山丘陵为主，长江、珠江等大河流域由冲积平原形成，云贵高原和四川盆地也在本土壤类型区内。在山地，黄壤一般分布于红壤之上，主要归因于山地海拔越高，气温越低，相对湿度越大，降水量也有所增加。由于红壤经常分布在地势有一定起伏、排水良好的地区，而黄壤则分布在地势和缓、光照不良、较为封闭的潮湿地区，因而红壤和黄壤经常呈现复区分布。

区内岩石类型比较多，岩浆岩以花岗岩、流纹岩、玄武岩等为主，变质岩多为千枚岩、片麻岩等类型，沉积岩则常见红砂岩、石灰岩等。在湿热的气候条件下，本区广泛发育第四纪红色风化壳，有些地区风化壳厚度可达百米以上。

(2) 成土过程

在湿热的气候条件下，铁铝土具有明显脱硅富铝化过程和旺盛的生物小循环过程。

①脱硅富铝化过程。脱硅富铝化过程是湿热气候条件下地质大循环的一部分，也是铁铝土成土过程的基础。土壤中以硅酸盐为主的原生矿物在高温高湿的环境下，遭受强烈风化，不断地先转化为 2∶1 型的黏土矿物，再转化为高岭石为主的 1∶1 型的黏土矿物，最后形成简单的铁(铝)氧化物。这些产物中的硅酸和盐基，随着土壤中的水分不断被淋移、移出土体或沿土体向下淋溶。淋溶初期土壤溶液中富含盐基离子，土壤呈中性和碱性环境，致使硅和盐基淋溶作用强盛；当硅酸和盐基物质不断淋失后，含水氧化铁(铝)便相对富集，土壤逐步转化为酸性条件。在酸性条件逐渐取代碱性条件后，含水氧化铁(铝)在土壤溶液中溶解移动，既有随着毛管水向上的移动，也有随着重力水向下的移动。若气候变干，氧化铁脱水后形成以赤铁矿为主的矿物，使土壤呈现以红色为主的色调，这就是红土化过程。在适宜的条件下，氧化铁在土体下部聚积可以形成坚硬的铁磐层。因此，在铁铝土里，从黄壤、红壤到赤红壤，再到砖红壤，脱硅富铝化过程不断加强，而其中的黄壤，还有一个典型的黄化过程。如前所述，黄壤分布区海拔较高，地形闭塞，较红壤区温度低而湿度大，多雨雾，使土壤处于一种较为持续稳定的潮湿状态。土壤中的矿物极易发生水合、水解作用，土壤中风化作用形成了水化度较高的含水氧化铁(铝)。因此黄壤剖面中经

常出现一种明亮的鲜黄色、蜡黄色或黄棕色的层次。这一层次厚薄不一，可以出现在 A 层和 B 层不同部位，但以 B 层为多。

②生物小循环过程。铁铝土分布区气候高温多雨，植被繁茂，土壤内微生物种类多、数量大、繁殖快，因而使土壤的物质生物循环过程十分明显，具有产量高、积累多、分解快、循环迅速的特点。由于植被类型和环境条件的差异，生物富集情况差别较大，不同的植被类型归还量不同，其中以常绿落叶阔叶混交林归还量最高，常绿阔叶林和灌草丛居中，针叶林最低。

11.2 红壤与黄壤

11.2.1 红壤与黄壤的分布

红壤与黄壤大致分布在同一水平地带。在我国它们主要发育在亚热带常绿阔叶林地区，处于铁铝土分布区的北部，主要包括江西、湖南、贵州、四川、重庆等地，福建、浙江、云南、广东、广西等地分布面积也较大，江苏、安徽、湖北、西藏甚至海南的中部山地也有黄壤分布。东起台湾岛东部，西至横断山脉及雅鲁藏布江谷地，北以长江中下游为界，向南跨过北回归线，红壤和黄壤大体呈带状东西横亘于我国南部地区，集中分布在北纬 24°~32° 的广大地区。在中亚热带北缘，红壤、黄壤向北与黄棕壤相接，向南则逐渐演变为赤红壤。黄壤在垂直带谱上常位于红壤之上。

11.2.2 红壤与黄壤的土壤特性

(1)剖面特征

在湿热的气候条件下，红壤、黄壤一般土壤剖面完整，层次分明。由于生物富集作用强，A 层有腐殖质积累，林下土壤还经常有 O 层存在。

①Ah 层。呈暗红色，多为团粒结构，疏松，容重小，植物根系发达。A 层有机质含量因土地利用方式不同变化很大。在以森林为主的自然植物被下，由于生物产量高，虽然有机质分解较快，但腐殖质仍有较强的积累，所以表层有机质含量一般多在 50 g/kg 以上，个别黄壤分布区甚至可达 200 g/kg。但植被一经破坏，有机质迅速下降至 20 g/kg 左右，侵蚀严重的地区甚至不足 10 g/kg。长期耕种的农田，有机质含量一般都较低。在亚热带气候条件下，所形成的腐殖质质量不高，分子结构简单，芳香度小，分子量小，以富里酸为主。

②B 层。为淀积层，经常表现为铁铝的聚积层，是脱硅富铁铝化的产物，常有铁子、铁锰胶膜、结核等新生体形成。在这一层次的下部，还经常见到红白交织的网纹层。由于风化过程强烈，原生矿物已彻底分解，黏粒矿物大量生成。所以红壤、黄壤类土壤一般质地较为黏重。黄壤与红壤相比，由于其特殊的地形气候及植被条件，其富铝化程度相对较低，黏化程度也略差，因而黏粒含量稍低。红壤与黄壤中的黏土矿物有明显差异。红壤以 1:1 型的高岭石为主，还有少量的以赤铁矿为主的次生氧化物，三水铝石很少。黄壤多以 2:1 型的蛭石为主，高岭石、伊利石次之，也有三水铝石出现。

③C 层。为红色风化壳和各种岩石的风化产物。在长期的地质大循环过程中，风化壳

发育得相当完全。由于黄壤多数发育在中山地区，土层较平原地区的红壤薄且质地偏轻，C 层以中壤和重壤为多。土壤中除含有一部分未风化的原生矿物外，C 层中黏土矿物蛭石含量高，甚至伊利石有时成为主要矿物，说明黄壤的富铝化过程较红壤弱。

(2)理化性质

红壤与黄壤都属于酸性土，pH 值较低。据统计，红壤 pH 值为 5.0~5.5，黄壤 pH 值为 4.5~5.5，当然，各亚类间 pH 值还有一定差异。从表层向下，它们的 pH 值有下降的趋势，即下层土壤酸性更强一些。土壤中不仅活性酸较强，而且由于土壤溶液中富含交换性铝离子，潜性酸也很强。盐基饱和度普遍很低，一般在 20% 左右；而耕种土壤因受复盐基影响，耕作层盐基饱和度明显升高，有时甚至可达饱和的程度。

本区气温较高，水分条件好，矿质化作用快，淋溶过程强，所以耕地养分较为贫乏。由于氮素含量与有机质含量呈正相关，某些有机质含量高的土壤氮素仍然较为丰富，但磷、钾元素普遍缺乏，速效养分缺乏更为明显。例如，红壤全磷量仅为 0.66 g/kg，全钾多在 20 g/kg 以下，有效磷平均含量 3.3 mg/kg，严重缺乏，速效钾仅 87 mg/kg。微量元素中仅铁、锰含量较高，硼、锌、钼等含量普遍不足。

11.2.3　红壤与黄壤的亚类划分

(1)红壤的亚类划分

红壤分为红壤、黄红壤、棕红壤、山原红壤和红壤性土 5 个亚类。

(2)黄壤的亚类划分

黄壤分为黄壤、漂洗黄壤、表潜黄壤和黄壤性土 4 个亚类。

11.2.4　红壤与黄壤的利用改良

(1)红壤的利用改良

①加强水土流失的监测与预警。关于红壤的水土流失，应重点加强小流域水土流失动态监测及技术研发，促进小流域农业可持续发展，土壤侵蚀变化的规律及其影响因素的模型构建，深入研究人工次生林的森林覆盖率、植被盖度与水土流失的关系；加强"3S"技术在小流域水土流失动态监测中的深层次应用，构建水土流失监测信息动态实时发布系统等。水土流失的治理要与促进区域特色农产品的产业化、绿色化发展紧密结合，要让农民取得良好的经济效益，提高农民参与实施的积极性。

②研发红壤酸化长期阻控技术。应加强对高强度农业利用等因素长期影响下土壤的酸化加速机制的研究，建立一系列长期定位观测试验站，作为长期持续的研究平台；在土壤酸化调控方面，要特别关注具有潜在酸化趋势土壤的酸化阻控研究，研发新技术、新措施，减缓土壤的酸化进程，将化学方法、物理方法、生物学方法与农艺措施相结合，建立综合调控技术，实现对红壤加速酸化的长效控制。

③深化红壤耕地有机质提升技术。有机质作为土壤中的重要物质组成部分，能促进土壤良好结构的形成，从而改善土壤通气性、透水性、耕作性和保水性，增强抗侵蚀能力，这对红壤旱作物尤其重要。增施有机肥，配合无机肥是培肥地力、提高肥料养分利用率、提高作物产量的重要手段；对于 pH 值小于 5.0 的土壤应适当施用石灰等碱性物质或改良

剂。结合信息技术研发适于不同区域和不同作物的精准平衡施肥模型或施肥系统，提高肥料利用效率和减少养分流失也是必不可少的途径；还要继续加强新型高效肥料和肥料增效剂产品的研发等。

（2）黄壤的利用改良

①施用有机肥料。施用保蓄水分、养分能力较好的猪粪，养分含量较高的热性有机肥（羊、鸡、鸭粪，人粪尿及牛、马粪尿等），是改良、熟化、培肥黄壤的重要措施。

②客土掺砂，改良质地。采取施用绿色砂页岩风化产物的客土掺砂改良办法，可以达到改良土壤、增加养料、降低酸度(土壤 pH 值)的效果。

③施用石灰。在冬季深耕、增施有机肥料的基础上，配合施用石灰，对于降低土壤酸度，改良土壤结构，加速缓效态、迟效态肥料养分分解，提高土温均有良好效果。

④合理种植。首先，种植紫云英、苕子、田菁、草木樨、紫花苜蓿等绿肥植物培肥土壤；其次，在黄壤上种植豆科作物或玉米间种黄豆也可提高土壤肥力；最后，在有水源条件的地方，黄壤旱改水种植水稻，也可起到降酸、培肥、改良土壤的作用。

11.3 砖红壤与赤红壤

11.3.1 砖红壤与赤红壤的分布

砖红壤与赤红壤是我国最南部的地带性土类，主要发育在南亚热带和热带。从地理纬度上看，赤红壤大致分布在北纬 22°～25° 地区，砖红壤集中分布在北纬 22° 以南地区，但在雅鲁藏布江谷地，因受特殊地形和气候影响，其分布沿谷地向北延伸至北纬 29° 附近。总面积约 21.7×10^4 km²。东起台湾，西至云南，在横断山脉转弯向北再向西至西藏东南部，沿我国南部呈一向南凸出的狭长弧形展开。

一般来说，砖红壤在南，赤红壤在北，再向北便与红壤和黄壤相接。这种地带性的分布规律，在本区东部特别明显。在本区西部，受地形和局部气候干扰，虽然土壤分布不完全按照东西方向排列，但大致仍然符合"南砖北赤"的规律。

11.3.2 砖红壤与赤红壤的土壤特性

在强烈的富铝化过程作用下，土壤通体呈红色，湿度较大地区或层次的土壤色调转黄，一般 A 层颜色偏暗。土体一般都比较深厚，土质较黏。Ah 层屑粒状结构，多植物根系，疏松，有机质含量高，但腐殖质的质量较差，以富里酸为主。Bms 层为铁、铝的聚积层，土质较 A 层紧实黏重，块状结构。土体内含有大量的新生体，如暗色胶膜、铁质结核、铁管、铁子等，有时甚至可以形成铁盘。有些剖面下部还形成网纹层，黄、红、白各色相间分布。B 层以下为过渡层次，然后下接母质层，因而它的土体构型可用 Ah—Bms—BC—C 型表示。但赤红壤由于富铝化过程比砖红壤弱，它的 B 层不如砖红壤发育充分。

在强烈的淋溶作用下，砖红壤与赤红壤都呈强酸性反应。pH 值为 4.5～5.0。土壤盐基饱和度很低，一般在 20% 以下。铁(铝)的氧化物相对富集，游离态的氧化铁随着季节变化上下移动，从而使 B 层针铁矿等含铁矿物大量生成。淋溶作用也使交换性铝相对增多，土壤表现较强的酸性。本区土壤中的原生矿物强烈分解，黏土矿物大量生成，黏土矿物以高岭石为主，其他矿物有三水铝石、针铁矿、赤铁矿、伊利石等。赤红壤与砖红壤相比，高岭石、三水铝石含量较低，而伊利石含量较高。

砖红壤与赤红壤养分含量都不高且养分不平衡，这主要是由矿质化过程快、淋溶作用强造成的。表层土壤多数铁、锰丰富，速效钾含量不高，有效磷较低，微量元素中缺硼、钼。

11.3.3　砖红壤与赤红壤的亚类划分

（1）砖红壤的亚类划分

砖红壤分为砖红壤、黄色砖红壤 2 个亚类。

（2）赤红壤的亚类划分

赤红壤在地理分布上介于红壤与砖红壤之间，它的富铝化过程和生物积累过程比其分布纬度偏北的红壤强，比其分布纬度偏南的砖红壤弱。它分为赤红壤、黄化赤红壤和赤红壤性土 3 个亚类。

11.3.4　砖红壤与赤红壤的利用改良

（1）砖红壤的利用改良

①兴修水利，平整土地，克服干旱与冲刷。砖红壤地区，多属丘陵地形，植被少，既缺水又怕水。春、夏雨水集中，降水强度大，常造成表土严重侵蚀，土肥大量流失，致使土壤肥力低。秋、冬少雨，干旱较为严重。因此，必须因地制宜兴修山塘、水库，拦蓄雨水，既可防止土肥流失，又可供旱季使用；山垄和低洼地，为防止雨季受涝和山洪，需开挖排水沟、在水源低、地势高的滨湖丘陵区，沿山岗修建渠道，引水上山，实行电力灌溉。平整土地，修建梯田，是红壤丘陵区发展灌溉，提高土壤水肥性能的重要措施。

②施用石灰，中和土壤酸性，增施钾肥。砖红壤是在温暖气候条件下形成的，一般 PH 值为 4.5~6.5。在过酸的土壤中，微生物不活跃，养分分解困难。施用石灰和草木灰，不仅可以中和土壤酸度，还可以供给植物生长所需要的钙、镁等元素，促进土壤有益微生物的繁殖和活动，间接调节土壤速效氮、磷的供给，同时还能使红壤中可溶性铝盐沉淀，消除其毒害。石灰如与绿肥、厩肥混合施用，增产效果更为显著。玄武岩性砖红壤速效磷含量高，全钾含量低，对其增施钾肥是非常必要的。

③种植绿肥，增施有机肥料。大力发展畜牧业储积厩肥的同时，还可以大力种植绿肥作物，是改土增产的有效措施。绿肥翻入土中可以改良土壤结构，增加养分。耕作层加深改善了土壤吸水性能，提高了土壤的保水保肥能力。

④农林结合，综合治理。要大面积利用改良红壤地，必须把治山、治水、治田结合起来。它们是互相联系、互相影响、互相促进的。植树造林可以蓄水，调节小气候，保持水土，实现高产稳产。农林结合，综合治理是砖红壤地实现稳产高产的重要措施。

（2）赤红壤的利用改良

①加强保护性种植措施。大面积山丘赤红壤资源有着发展热带经济作物的优势，生产潜力极大。在开发利用上，应从全局出发，实行区域种植，重点发展以种植热带、亚热带水果为主，并根据不同的生态环境及土壤条件，建立各种优质水果生产基地。

②在土壤改良上重点解决干旱和瘦瘠两大问题。赤红壤性土往往侵蚀严重，土体薄，林木立地条件差，生物积累量少，肥力较低，在开发利用上应采取封山育林，恢复植被，控制水土流失。在此基础上，营造耐瘠耐旱的马尾松、大叶相思、黑松等能源林。局部土体深厚的地段，可垦殖果园，发展杨梅、菠萝等水果；但应加强水土保持工程建设，修筑高标准鱼鳞坑及水平梯田，配合幼龄果树套种，推广免耕法，增加地面覆盖，防止果园水土流失；增施有机肥及矿质肥，调节土壤养分平衡。

思考题

1. 黄壤的黄化过程是怎样产生的？
2. 为什么红壤与黄壤要特别注意水土保持和植被的保护？
3. 红壤与黄壤土壤资源在土地利用上具有怎样的重要性？
4. 在本章的各土类中，富铝化过程有怎样的差异？

第 12 章

钙层土

【内容提要】主要介绍钙层土各土类的分布、成土条件、成土过程、剖面特征、主要土壤性质及利用改良。钙层土是指碳酸钙在土壤剖面中存在明显积累的土壤，包括的土类有黑钙土、栗钙土、栗褐土、黑垆土。

12.1 黑钙土与栗钙土

12.1.1 黑钙土

黑钙土是在温带半干旱半湿润气候草甸草原植被下，经历腐殖质积累过程和碳酸钙淋溶淀积过程，形成的具有黑色腐殖质表层，下部有钙积层或石灰反应的土壤。

12.1.1.1 黑钙土的分布与成土条件

（1）分布

黑钙土是欧亚大陆分布相当广泛的土类，在地理分布上表现明显的纬度地带性。黑钙土在我国主要分布于黑龙江、吉林两省和内蒙古自治区的东部，即松嫩平原、大兴安岭东西两侧和松辽分水岭地区。东北以呼兰河为界，西达大兴安岭西侧，北至齐齐哈尔以北地区，南至西辽河南岸。在昭苏盆地、燕山北麓、阴山山脉、祁连山脉东部的北坡、青海东部山地、天山北坡及阿尔泰山南坡等山地土壤的垂直带谱中也有分布。

（2）成土条件

①气候。黑钙土分布区冬季寒冷，夏季温和。年平均气温 $-2 \sim 5\ ℃$，$\geqslant 10\ ℃$ 年积温 $1500 \sim 3000\ ℃$，无霜期 $80 \sim 120\ d$；年降水量 $350 \sim 500\ mm$，年蒸发量 $800 \sim 900\ mm$，干燥度 >1。春季干旱，多风，大部分降水集中在夏季，春旱较为严重，对于农业生产十分不利，年平均风速 $2.5 \sim 4.5\ m/s$，大兴安岭西侧风速尤大，黑钙土开垦后在无农田防护林的条件下，土壤风蚀沙化十分普遍。

②植被。黑钙土的自然植被属于草甸草原植被，主要植物有狼针草、大针茅、羊草、线叶菊、地榆、披碱草等；草丛高度 $40 \sim 70\ cm$，盖度 $80\% \sim 90\%$。每公顷产干草 $2250\ kg$。黑钙土分布区是我国重要的农产区，主栽作物有玉米、大豆、小麦、甜菜、马铃薯、向日

葵等。

③地形。大兴安岭西侧主要是低山、丘陵、台地，且以丘陵为主，是大兴安岭向内蒙古高原的过渡，海拔 1000~1500 m；大兴安岭东侧地形地貌主要是岗地(丘陵)，海拔 150~200 m。

④母质。黑钙土主要的母质类型有冲积母质、洪积母质、湖积物、黄土及少量的各类岩石的残积物、坡积物等。大兴安岭西侧黑钙土的母质质地相对较粗，土壤易发生风蚀沙化。

12.1.1.2 黑钙土的成土过程、剖面特征与理化性质

(1)成土过程

黑钙土的成土过程是腐殖质累积和钙积过程构成的复合过程。

①腐殖质的积累过程。黑钙土处于温带湿润向半干旱气候过渡区，植被为具有旱生特点的草甸草原植被，草本植物地上部分干重可达 1200~2000 kg/hm²，地下植物根系多集中于表层(0~25 cm 土层内约占95%以上)。植物根系的这种分布决定了腐殖质累积与分布的特点。

多数草甸草本植物的生长从春季解冻开始到晚秋土壤冻结时停止。因晚秋温度较低，微生物活动很弱，有机质不能被很好地分解矿化；冬季漫长寒冷，微生物分解有机质的活动基本停止；只有在第二年春季解冻，气温升高，微生物活动繁盛时才有可能分解有机质，但早春由于土壤冻融，土壤湿度较大，有机质矿化速率较慢。因此，黑钙土土壤有机质积累较多。腐殖质层向下则呈舌状过渡或指状过渡。

②碳酸盐的淋溶与淀积过程。黑钙土分布区降水较少，渗入土体的重力水流只能对钾、钠等一价盐基离子进行充分淋溶淋洗，而对于钙、镁等二价盐基离子只能部分淋溶。即这些盐基离子可与土壤中的 CO_2 形成重碳酸盐类，如 $Ca(HCO_3)_2$、$Mg(HCO_3)_2$ 等，被下渗水淋溶到一定的土体深度后，由于水分减少或 CO_2 分压降低，重碳酸盐重新释放 CO_2 而淀积，即

$$Ca(HCO_3)_2 \rightarrow CaCO_3 \downarrow + CO_2 \uparrow$$

由于碳酸盐在剖面中的移动和淀积，形成石灰斑或各种形状的石灰结核，这是黑钙土剖面重要的发生学特征。

(2)剖面特征

黑钙土的剖面层次分异十分清楚。典型的剖面构型为 Ah—AhB—Bk—Ck。

①腐殖质层(Ah)。厚度 30~50 cm，黑色或暗灰色，黏壤土，多富含细砂，粒状或团粒状结构，不显或微显石灰反应，pH 值 7.0~7.5，向下呈舌状逐渐过渡。

②过渡层(AhB)。厚度 30~40 cm，灰棕色，黏壤土，小团块状结构，有石灰反应，pH 值 7.5 左右，可见鼠穴斑。

③石灰淀积层(Bk)。厚度 40~60 cm，灰棕色，块状结构，砂质黏壤土，土体紧实，可见到白色石灰假菌丝体、结核、斑块淀积物，有明显的石灰反应，pH 值 8.0 左右。

④母质层(Ck)。多为第四纪中更新世(Q_2)黄土状亚黏土，黄棕色，棱块状结构，含少量碳酸盐，有石灰反应。

(3)理化性质

质地多为砂壤土到黏壤土，粉砂含量 30%~60%，黏粒含量 10%~35%，黏粒在剖面中部有聚积现象，可以认为黑钙土有弱黏化现象。值得注意的是黑钙土的黏粒聚积层与其钙积层分布层位基本一致。黑钙土表层具有水稳性团粒结构，通气性、适水性、保肥性、耕性均较好。

有机质含量在自然土壤多为 50~70 g/kg，耕作土壤明显降低，仅为 20 g/kg 左右。由东到西黑钙土腐殖质层逐渐变薄，含量逐渐降低。黑钙土腐殖质组成见表 12-1。

表 12-1 黑钙土腐殖质组成

地 点	深度 （cm）	有机碳 （g/kg）	腐殖酸碳 （g/kg）	胡敏酸碳 （g/kg）	胡敏素碳 （g/kg）	富里酸碳 （g/kg）	胡敏酸/ 富里酸
吉林农安	0~20	5.9	12.5	2.3	3.6	9.1	0.64
	20~55	4.4	12.6	1.9	2.5	8.2	0.76
甘肃天祝	0~33	22.1	76.9	4.9	17.2	54.8	0.28
	33~60	14.3	43.1	6.6	7.7	28.8	0.86
	60~83	10.8	33.3	6.1	4.7	22.5	1.30
内蒙古 呼伦贝尔	0~50	11.3	32.4	7.4	3.9	21.1	1.89
	50~80	7.8	11.3	3.6	4.2	3.5	0.86
	80~125	1.4	5.8	0.6	0.8	4.4	0.75

注：引自全国土壤普查办公室，1998。

盐基交换量较高，多为 20~40 cmol/kg，盐基饱和度在 90% 以上，以钙、镁为主，pH 值表层为中性，向下逐渐过渡到微碱性。

SiO_2、Fe_2O_3、Al_2O_3 在剖面分异不明显，上下均一。但 CaO、MgO 在剖面中有一定的分异，由上至下逐渐增多。黏土矿物以蒙脱石为主。

营养元素中氮、钾较为丰富，有效磷含量较低，微量元素中有效铁、锰、锌较少，有时出现缺素症。

12.1.1.3 黑钙土的亚类划分

根据黑钙土腐殖质积累过程和钙积过程所表现的强度和有关的附加过程，黑钙土土类划分为黑钙土、淋溶黑钙土、石灰性黑钙土、草甸黑钙土、淡黑钙土、盐化黑钙土和碱化黑钙土 7 个亚类。

12.1.1.4 黑钙土的利用改良

黑钙土分布区表层土壤质地较轻，易发生干旱，有机质含量逐年下降，腐殖质含量偏低，这些问题是造成黑钙土肥力较低的重要原因。

黑钙土因分布区内人均占有耕地较多，耕作管理粗放，加之风沙、干旱（草甸黑钙土除外）、内涝等自然灾害的威胁，粮食单产水平较低，肥力虽不及黑土，但区内地势平坦，光照充足，土壤适宜性较广，是我国主要商品粮基地，同时也是一种潜在肥力较高的土壤，增产潜力很大。今后在利用改良上应采取如下措施：

①防止春旱夏涝，改善土壤水分状况。黑钙土分布区气候较为干旱，特别是春季多风

少雨，十春九旱，土壤墒性不好，作物生长期常到受干旱的威胁。因此，应结合农田基本建设，发展灌溉设施。靠近江河水源充足的地区，可以发展自流灌溉，部分低平地带可以发展水田。此外，春季应采取抗旱保墒措施。在生产实践中，黑钙土分布区群众也积累了很多利用改良经验，如秋翻秋耙、春季顶浆打垄，适时早种、抗旱坐水播种、一犁铰种等抗旱保墒措施，可因地制宜加以推广应用。

②增施肥料，培肥地力。黑钙土地区一经开垦，土壤有机质矿化速率较快，含量明显降低，造成地力下降。目前，秸秆还田、发展绿肥及施用有机肥成为调控黑钙土养分供应，维系黑钙土永续利用的主要措施。在地广人稀的地区，发展绿肥，既培肥了地力，又促进了畜牧业的发展。研究表明，旋耕/深翻的轮耕还田模式促进了耕作层土壤大团聚体形成和土壤结构稳定，显著提高土壤团聚体碳库和对土壤有机碳的贡献，为东北黑钙土分布区较适宜的玉米秸秆还田模式之一。黑钙土普遍缺磷，适当增施磷肥并采用氮磷配施，能取得明显增产效果。

③植树造林，改变农业生态环境。本区多风干旱，森林覆盖率低，生态环境差，从长远战略观点出发，应大力发展林业，有计划地搞好农田林网建设。国家实施的"三北"防护林工程，已为本区林业建设奠定了基础。本区退化、沙化的黑钙土地带应建立林—草—田复合生态系统，这样不但可以防治黑钙土风蚀退化，还可带来明显的经济效益和社会效益。

12.1.2　栗钙土

12.1.2.1　栗钙土的分布与成土条件

(1) 分布

栗钙土为温带干草原地区的地带性土壤，其在我国主要分布于内蒙古高原东部—中南部、呼伦贝尔高原西部、鄂尔多斯高原东部和大兴安岭东南麓的丘陵平原地区，以及山西北部，向西一直延伸到新疆北部的额尔齐斯、布克谷地与山前阶地，在阴山、贺兰山、阿尔泰山、准噶尔界山、天山以及昆仑山的垂直地带谱和山间盆地中也有广泛分布。

(2) 成土条件

栗钙土分布区具有半干旱的气候特点，年平均气温-2~6 ℃，≥10 ℃年积温 1600~3000 ℃，无霜期 120~180 d，年降水量 250~450 mm。因其分布范围广泛，分布区气候有明显的地区性差异：东部地区受季风影响，70%降水量集中于夏季，冻春两季少雪；而新疆栗钙土地区受西风影响，降水年内分配较均匀。栗钙土所处地形主要为丘陵缓坡、高平原、低山盆地和山间谷地。成土母质主要是黄土状沉积物、各种岩石风化产物、河流冲积物、风沙沉积物、湖积物等。自然植被是以针茅、羊草、糙隐子草等禾草伴生中旱生杂类草、灌木与半灌木组成的干草原类型，为我国北方主要的放牧场。目前已有部分土地开垦，主要是一年一熟的雨养农业。由于降水偏少，降水年际变幅大，干旱是该区粮食生产的主要限制因素。加之该区耕作粗放，农田建设水平低，风蚀、水蚀破坏严重，土壤资源退化明显。

12.1.2.2　栗钙土的成土过程、剖面特征与理化性质

(1) 成土过程

其成土过程基本与黑钙土相同，主要是腐殖质积累过程、钙积过程以及残积黏化过

程。由于降水较少，土壤干旱，因而植被多为旱生草本植物，无论是植株高度，还是盖度、生物量均比草甸草原低，而且微生物分解较强，使有机质积累量、腐殖质层厚度不及黑钙土，团粒结构也不及黑钙土。草原植被吸收的灰分元素中除硅外，钙和钾占优势，对腐殖质的性质及钙在土壤中的富集有深刻影响。同时由于气候干旱，土壤淋溶作用较弱，所以石灰积聚的层位更高，积聚量更大。有些地段出现层状灰白色钙积层——白干土层。当然，石灰质积聚的厚度及碳酸钙含量与母质及成土年龄有关。

季风气候区内蒙古东部的栗钙土，雨热同季造成水热条件有利于矿物风化及黏粒的形成，剖面中部有弱黏化现象，主要是残积黏化，与钙积层的部位大体一致，但往往受钙积层掩盖而不被注意，所以也称为隐黏化。而处于新疆的栗钙土则无此特征。

(2) 剖面特征

栗钙土的剖面由栗色的腐殖质层、灰白而紧实的钙积层和母质层组成，即 Ah—Bk—C 或 Ah—Bkt—C。

①腐殖质层(Ah)。厚 25~50 cm，暗棕色至灰黄棕色，砂壤至砂质黏壤土，粒状或团块状结构，可见大量活根及半腐解残根，常有啮齿动物穴，向下过渡明显。

②石灰淀积层(Bk)。厚 30~50 cm，灰棕至浅灰色。砂质黏壤至黏壤土，块状结构，坚实，植物根系稀少，石灰淀积物多呈网纹、斑块状，也有假菌丝或粉末状。向下逐渐过渡。

③母质层(C)。因母质类型而异，洪积、坡积母质多砾石。石块腹面常有石灰膜；残积母质呈杂色斑纹，有石灰淀积物；风积及黄土母质较疏松均一，后者有石灰质。

(3) 理化性质

栗钙土的有机质含量比黑钙土少，腐殖质层的厚度也不及黑钙土，有机质含量一般为 20~50 g/kg，腐殖质层厚度一般为 25~45 cm。胡敏酸的积累也相当多，HA/FA 为 0.8~1.2，使土壤的颜色呈栗色，富含钙质，故称栗钙土。栗钙土缺乏黑钙土所特有的腐殖质舌状逐渐下渗的特点，往往向下腐殖质含量急剧降低。栗钙土的钙积层层位也比黑钙土高得多，多呈网纹、斑块状，也有假菌丝状或粉末状。向下逐渐过渡。主要亚类碳酸钙剖面分布如图 12-1 所示，反映淋溶程度的差异及潜水的影响。表层 pH 值为 7.5~8.5，有随深度而增大的趋势。盐化、碱化亚类可达 8.5~9.5。除盐化亚类外，栗钙土易溶盐基本淋失，内蒙古地区栗钙土中的石膏基本淋失，但在新疆的栗钙土 1 m 以下底土中石膏聚集现象相当普遍。反映东部季风区的淋溶作用较强。黏土矿物以

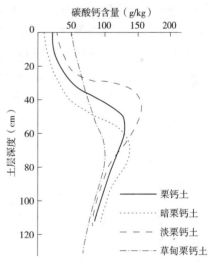

图 12-1　栗钙土主要亚类
碳酸钙剖面分布
(张凤荣, 2016)

蒙脱石为主，其次是伊利石和蛭石，受母质影响有一定差别。黏粒部分的 SiO_2/R_2O_3 为 2.5~3.0，SiO_2/Al_2O_3 为 3.1~3.4，表明矿物风化蚀变微弱，铁、铝无移动。

12.1.2.3　栗钙土的亚类划分

栗钙土分为暗栗钙土、栗钙土、淡栗钙土、草甸栗钙土、盐化栗钙土、碱化栗钙土和栗钙土性土 7 个亚类。

12.1.2.4　栗钙土的利用改良

栗钙土利用存在的主要问题是积温低，降水偏少且年际变幅大，干旱是主要限制因素，加上农业耕作管理粗放、滥垦、过牧、乱挖药材及鼠害等，从而导致水土流失、风蚀沙化、土壤贫瘠、盐碱化、草场退化，耕地表层有机质含量减少，土壤肥力下降，产量低而不稳。应针对栗钙土的自然条件、土壤性质和存在问题，并考虑经营利用的历史和经济发展的需要，确定利用方向和改良措施。

①因地制宜合理利用。总的利用方向应以牧为主，适当发展旱作农业与灌溉农业。栗钙土虽属农牧兼宜型土壤，但雨养旱作农业受到降水限制，考虑历史和现状，暗栗钙土应以农为主，农牧林结合；栗钙土以牧为主，牧农林结合，严重侵蚀的坡耕地应退耕还牧；草甸栗钙土应农牧结合；其他亚类均以牧为主。

②发展径流牧业，建立饲料基地，推广舍饲牧业。栗钙土区植被为干草原类型，产草量较低且年际和季节间变化大。应严格控制载畜量，防止超载过牧，应有计划地发展畜牧业，合理放牧，使其自然更新。应加强人工管理，充分利用降水资源，发展径流牧业，在适宜地段建设人工草地，种植优良高产牧草，改良退化草场，提高植被盖度，防止土壤沙化、退化，逐步建立饲料基地，发展舍饲牧业，改变逐水草放牧的方式。

③坡耕地修筑梯田或地埂，广辟水源，扩大灌溉面积。土层已变薄的坡耕地，应退耕还林还草；土层厚的坡耕地，应修筑水平梯田，不适宜修梯田的土壤，可修筑地埂，以防水土流失，破坏土壤资源。在有条件地区，积极打井或修水库蓄水，扩大灌溉面积；同时要增施农家肥，迅速恢复和提高土壤肥力。

④建设适合当地立地条件的防护林体系，改善生态环境。在坡度大的地区应以造林为主，发展牧草，防风固土保水；沟底、沟边林灌结合，减少地表径流；沟坡、梁地以种植牧草为主，增加植被盖度，也可实行等高带状轮作，粮草隔带种植或粮草轮作，以草护坡，保持水土。坡度较小平缓地带，重点建设基本农田，发展粮食生产。但在有紧实钙积层的土地，应以灌木为主体，不宜栽植乔木。

⑤防治鼠害。鼠害破坏草原也是栗钙土地区不容忽视的问题。草原上鼠类以牧草为食，抑制牧草的生长发育。同时，鼠类挖出的土常埋压牧草，破坏草场，降低产草量，易导致土壤沙化。为此，要坚持灭鼠，使鼠害控制在最低程度，保证牧草正常生长，提高草场生产力。

12.2　栗褐土与黑垆土

12.2.1　栗褐土

栗褐土曾名黑褐土、灰褐土、黄绵土和黑垆土等，在第二次全国土壤普查(1979—1985 年)中，于 1984 年昆明土壤分类会议上定名为栗褐土。

12.2.1.1 栗褐土的分布与成土条件

(1) 分布

栗褐土主要分布于晋西北、冀西北山间盆地和土石丘陵、内蒙古东南缘和辽西的黄土丘陵平川地带。该区土壤与褐土(强度黏化、中等钙积)、栗钙土(强度钙积、弱度黏化)、黄绵土(几乎无黏化、钙积)和黑垆土(颜色灰暗且黏化、钙积不明显)具有明显的区别。

(2) 成土条件

栗褐土处于暖温带半干旱半湿润森林草原向温带干草原的过渡的干旱灌丛草原的生物气候带,具有明显的大陆性气候特征。年平均气温 4~9 ℃,≥10 ℃年积温 2200~3500 ℃,年降水量 300~500 mm,年蒸发量 1500~2500 mm,以春夏两季蒸发量最多。冀西北、晋北气候干旱,风多风大,侵蚀强烈。此区与其气候相适应的为灌丛草原植被,中南部有榆、槐、酸枣、荆条、虎榛子、绣线菊、白草等,北部多为柠条、沙棘、本氏针茅、白羊草、铁杆蒿等旱生植物,盖度 40%~60%,植被低矮稀疏,为黄土侵蚀地貌的灌丛草原景观。成土母质除黄土外,山地有花岗片麻岩、玄武岩、砂页岩和碳酸盐岩类残积—坡积物,山前地带及山间盆地多为洪积物,河流阶地多为黄土状沉积物。所处地形为海拔 700~1400 m 的低山丘陵,大部分地表为黄土覆盖,经强烈的水蚀风蚀,成为我国黄河中游、海河上游水土流失最严重的地区,塬、梁、峁、沟、坪等黄土地貌十分发育。

12.2.1.2 栗褐土的成土过程、剖面特征与理化性质

(1) 成土过程

其成土过程主要为"三个微弱"过程,即微弱的腐殖质累积、微弱的黏化以及微弱的钙积。因旱生灌丛草原生物量低于栗钙土和褐土分布区且分解快,因而表现有机质低合成和强矿化的微弱腐殖质累积,0~20 cm 土层中腐殖质的含量为 8~12 g/kg。

栗褐土区虽有温热、多雨同季的水热条件,但较之褐土分布区高温高湿同时出现的水热条件,尚有一定的差距。因而黏粒的淋溶淀积,无论从数量还是深度上均较褐土弱,黏化过程以残积黏化为主。又因母质风化度低,B/A 的黏粒比不到 1.2,因而表现为微弱的隐黏化。

栗褐土多发育于富含碳酸钙的黄土母质,在温热、多雨同季条件下,使土体产生一定的淋溶淀积作用。由于干旱、侵蚀的影响,钙移动受到一定限制,无论碳酸钙移动的数量,还是钙积的形态,均较栗钙土差,虽然通体石灰反应强烈,但无钙积层形成,碳酸钙含量上下分异不明显,仅剖面中下部有少量霜状、点状或假菌丝状出现。

(2) 剖面特征

栗褐土的土体构型为:Ah—B(t)(k)—C 或 Ap—B(t)(k)—C。栗褐土仅有微弱发育,但仍可分出腐殖质层、微弱发育的黏化层和钙积层。表层有机质含量一般为 8~10 g/kg,少数可达 12 g/kg 左右,在侵蚀较重的情况下低至 8 g/kg 以下。土壤养分含量极低。黏化过程较弱。在 B 层或 B 层之下,有少量点状或假菌丝状的碳酸钙淀积新生体。钙淋溶深度可达 1 m 左右(图 12-2)。

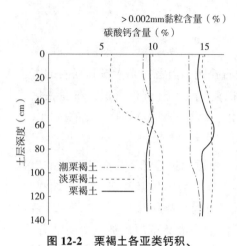

> 0.002mm黏粒含量（%）
碳酸钙含量（%）

图 12-2　栗褐土各亚类钙积、
黏化情况比较

（山西省土壤普查办公室，1992）

（3）理化性质

通体石灰反应强烈，碳酸钙含量 50～150 g/kg，pH 值 8.2～8.5，淀积层的碳酸钙含量与表层相比高1%～5%。栗褐土质地多为砂壤至轻壤，结构性较差，表层为屑粒状，心底土层多为块状，土体发育较褐土差。硅铁铝二三氧化物在剖面中无明显变化，黏土矿物以水云母为主。

12.2.1.3　栗褐土的亚类划分

根据土壤剖面的发育程度和附加过程形成的剖面特征，将栗褐土划分为栗褐土、淡栗褐土和潮栗褐土。

12.2.1.4　栗褐土的利用改良

栗褐土分布区为半干旱一年一熟杂粮旱作区。主要存在的问题是耕作粗放，土壤侵蚀严重，土壤干旱、瘠薄，产量低而不稳。主要应采取农、林、牧综合治理与开发，合理调整农业内部结构，大力发展林业和牧业，建设基本农田，保持水土，抗旱保墒。

①保持水土，营造农田防护林，建设基本农田，是发展该区农业生产的唯一出路。结合小流域治理，采取工程、生物、耕作综合配套措施，改善生态条件。在河流阶地上合理开发水资源，扩大水浇地，采取集约种植，建设园田化农田。在沟谷地带，截沟打坝、引洪淤地，建设旱涝保收的沟坝地。丘陵沟壑区土壤侵蚀较严重，应采取农、林、牧综合治理，对于坡度大的坡地，应优先种草后育林，坡度小的，应搞好以水保为中心的基本农田建设。残塬应营造乔灌农田防护林，保塬固沟，防止沟头延伸。低山缓坡地开挖蓄水聚肥丰产沟，或水平阶，并以改土培肥为中心，增加有机肥投入，做到用养结合，提高肥力，应用农艺综合配套措施，建设稳产高产田块。坡度在 25°以上的坡耕地应还林还牧，封山育林、育草，保护现有的林木及草坡，乔灌结合营造用材林、能源林和经济林等水土保持林。

②雨养农业采取综合配套措施。针对该区的生态环境特点，以蓄水保墒和减少蒸发为中心，进行平田整地、修边垒堰、深耕耙耱、加厚土层、增施有机肥料、科学使用化肥、培养地力，以及选用抗旱良种、扩大地膜覆盖栽培。大力推行径流农业和节水农业，使耕作措施与抗旱实用技术通过组装配套，形成系统化、整体化、科学化的综合技术体系。总体上要有效提高旱地抗旱能力和降水利用率。

③大力发展经济林木和畜牧业。该区未开发利用的土壤资源很丰富，加之黄土覆盖层深厚，适于发展温带干鲜经济林木，如枣、核桃等，还可以种植药材，如黄芪、党参等。荒山荒坡土体深厚的应植树造林，土体较薄的应育草发展牧业；缓坡荒地可采取等高带状实行粮草和粮油轮作、间作，增加地表覆盖，减轻土壤侵蚀，逐步恢复并建立良性循环的生态系统，充分发挥土壤资源的优势，更好地促进该地区农业经济发展。

12.2.2　黑垆土

12.2.2.1　黑垆土的分布与成土条件

(1) 分布

黑垆土因具有深厚的黑色垆土层而得名，主要分布于我国陕北、晋西北、陇东、陇中宁夏及内蒙古南部等地区。

(2) 成土条件

黑垆土属暖温带半干旱、半湿润季风气候，年平均气温 7~11 ℃，≥10 ℃年积温 2600~3500 ℃，年降水量 300~600 mm，干燥度 1.25~2.00。黑垆土分布区自然植被多为生长稀疏、耐干旱和生殖力强的草本植物，在阴坡和沟坡地分布有灌丛草甸。常见的植物有铁杆蒿、艾蒿、唐松草、白羊草、酸枣、虎榛子、黄刺玫、丁香、扁核木等，基本上仍属于草原植物类型。目前，黑垆土基本已耕垦，天然植被仅见于地边、田埂。所处地形多为侵蚀较轻的黄土塬区、河谷川台地及盆地、谷地的高阶地，在黄土丘陵沟壑区，仅在一些残塬、梁峁顶部、分水鞍及沟掌等地尚有零星残留。成土母质主要为第四纪风成黄土。黑垆土是西北黄土高原肥力较高、产量比较稳定的土壤，可种植小麦、玉米、谷子，还可种植少量棉花。土壤干旱问题仍然是该区农业生产面临的主要问题。

12.2.2.2　黑垆土的成土过程、剖面特征与理化性质

(1) 成土过程

其成土过程主要有腐殖质累积过程、碳酸钙淋溶与淀积过程、弱度残积黏化过程和堆积覆盖过程。由于黄土疏松多孔，植物根系可伸展到土体深处，有机质累积不仅限于表层，并可均匀分布于较深的土层中，形成的腐殖质与土壤中的钙离子结合，以薄膜形式包被于土粒和微团聚体表面，富集于孔隙壁上，因而形成了深厚暗灰色的腐殖质层，即黑垆土层，有机质累积层可达 1 m 以上。但由于通透性好，有机质分解快，有机质含量较低，通常只有 10~15 g/kg。其深厚均匀而含量较少的腐殖质的形成，还与近代黄土的连续沉积有密切的关系。在黑垆土层形成的漫长历史过程中，生草过程与黄土风积同步进行，使黑垆土层不断得到加厚。黄土母质富含碳酸钙，在成土过程中发生不同程度的淋溶和淀积，形成假菌丝状、霜粉状或结核状的钙积新生体，但一般比较微弱。由于受水热条件的限制，黑垆土风化程度较低，黏化作用较弱，B/A 的黏粒比不超过 1.2，仅为隐黏化且以残积黏化为主，黑垆土南部分布区比北部分布区黏化明显。因耕作、土粪堆垫及黄土的不断沉积，导致黑垆土的覆盖现象普遍存在。

(2) 剖面特征

黑垆土由覆盖熟化层、黑垆土层(腐殖质层)、石灰淀积层和母质层组成。由于历史上长期耕种、施肥和黄土覆盖，形成了厚度一般为 20~60 cm 的覆盖熟化层，最厚可达 1 m 左右，进一步可细分为耕作层(Ap1)、犁底层(Ap2)和老耕层(Apb)。黑垆土层(Ahb)厚 50~80 cm，最厚可达 1 m 以上，有腐殖胶膜，结构面和孔壁有较多假菌丝状和霜粉状石灰新生体。石灰淀积层(Bk)厚度不等，假菌丝状和霜粉状石灰新生体少，而石灰结核增多。石灰淀积层的厚度从北向南增厚，石灰结核体也增多。

(3)理化性质

黑垆土的颗粒组成以粗粉砂为主，约占 1/2 以上。腐殖质层的砂粒和粗粉砂显著减少，细粉砂和黏粒都不同程度增加，而黄土覆盖层的颗粒组成与黄土母质相接近。容重 1.1~1.4 g/cm³，孔隙度 48%~52%，凋萎系数 6%~7%，田间最大持水量 20%~25%，如按 2 m 土层内田间持水量(以土壤容积%)计，可储蓄 550 mm 的水。由此可见，黑垆土具有土层深厚、质地适中、疏松多孔、通透性好、蓄水力强、适耕期长、性热易发苗等良好性状。

黑垆土腐殖质层和覆盖层的有机质含量相近，一般为 10~15 g/kg，石灰淀积层和母质层的有机质含量显著下降，通常都在 6 g/kg 以下。虽然黑垆土有机质含量不高，但总储量是丰富的。耕作层胡敏酸比富里酸含量低，黑垆土层的富里酸含量比耕作层低。全剖面 HA/FA 为 0.75~2.0，以与钙结合的腐殖质为主。

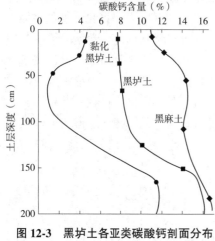

图 12-3　黑垆土各亚类碳酸钙剖面分布
(李天杰，1983)

黑垆土的碳酸钙含量为 70~170 g/kg，覆盖层和腐殖质层因受淋溶，碳酸钙含量较少(图 12-3)，南部林区可低于 10 g/kg，至石灰淀积层增加到 150 g/kg 以上。土壤呈微碱性反应，pH 值为 7.5~8.5，一般没有盐化和碱化特征。阳离子交换量 10~15 cmol(+)/kg，主要缺氮和有效磷。黑垆土的 SiO_2/R_2O_3 为 5.5~7.0，SiO_2/Al_2O_3 为 6.5~8.0；黏粒的 SiO_2/R_2O_3 为 2.6~3.0，SiO_2/Al_2O_3 为 3.0~4.0，

但受地域影响，其比率都是由北向南降低。黏土矿物以伊利石为主，含有少量蒙脱石、绿泥石和高岭石。上述特征表明黑垆土的风化和成土过程是较弱的，一定程度上表现黄土母质的特征。

12.2.2.3　黑垆土的亚类划分

黑垆土划分为黑垆土、黏化黑垆土、潮黑垆土和黑麻土 4 个亚类。

12.2.2.4　黑垆土的利用改良

黑垆土是黄土高原地区肥力较高的土壤类型。该地区光热资源丰富，年降水量虽然少，但土层深厚，质地适中，土壤养分含量较高，蓄水性能好。农业生产中主要存在的问题是气候干旱，土壤水分不足，坡地水土流失严重，广种薄收，重用轻养，土壤瘠薄，产量低下。今后在利用改良上应采取如下措施：

①建设防护林带，保持水土。对大平小不平的塬面，应平整土地，在塬畔、沟边筑埂，并种植柠条、紫穗槐等灌木，保持水土；塬面上建设防护林带，调节气候，改善农田生态环境；沟坡造林，护沟保坡，固沟保塬。陡坡地应退耕种植紫花苜蓿等豆科牧草和饲料作物，既可增加有机肥来源，又可促进畜牧业的发展。缓坡地应修筑水平梯田，建设基本农田。

②加强土壤管理，用养结合，增施有机肥，合理施用化肥。黑垆土有机质含量不高，

土壤有效氮磷养分不足，尤其缺少有效磷，氮磷比例失调，产量不高，必须用养结合，增施农家肥料，提高土壤有机质含量，改善结构，培肥地力；重视氮肥与磷肥配合施用，推广化肥深施和配方施肥，提高化肥利用率。

③加强抗旱耕作，采用麦草和地膜覆盖，蓄水保墒。黑垆土虽土体深厚，蓄水容量大，但由于耕作粗放，耕作层浅薄，且有明显犁底压实层，透水性差，保墒能力低，因此应精耕细作，破除犁底压实层，增厚活土层，不但可促进土壤熟化，释放土壤养分，而且能使大部分降水渗入土体保蓄，以利秋雨春用。夏闲地采用麦糠或麦草覆盖，可提高保墒效果和水分利用率，对瓜类、烤烟和玉米等作物，使用地膜覆盖可增温保墒，提高产量。推行深耕、早耕、镇压、耙糖、中耕等整套旱作农业增产措施，采取雨后及时耙糖保墒，立秋后耙耕保墒，冬季碾地，早春顶凌耙地，以减少蒸发、保蓄水分。

思考题

1. 黑钙土、栗钙土、栗褐土和黑垆土腐殖化过程有何异同？
2. 栗褐土的成土过程有何特点？
3. 黑钙土和栗钙土的钙积层有哪些差异？

第 13 章

干旱土和漠土

【内容提要】主要介绍干旱土、荒漠土的分布、成土条件、成土过程、剖面特征、土壤的主要理化性质以及利用改良。

在我国的西北地区，随着降水量逐渐减少，植被盖度越来越低，自然植被由干草原向荒漠化和荒漠过渡，在高原、丘陵、盆地及冲积平原、高阶地等不同区域，形成了干旱土壤和荒漠土壤。干旱土土纲包括棕钙土、灰钙土；漠土土纲包括灰漠土、灰棕漠土和棕漠土。

13.1 棕钙土与灰钙土

13.1.1 棕钙土

棕钙土是由干草原向荒漠化过渡的土壤，介于钙层土与漠土之间，是具有薄腐殖质层、棕带微红土层和灰白色钙积层的土壤。腐殖质层碳酸钙含量低，而钙积层的碳酸钙含量很高。

13.1.1.1 棕钙土的分布与成土条件

（1）分布

棕钙土主要分布于内蒙古高原和鄂尔多斯高原西部，新疆准噶尔盆地的两河流域及天山北坡山前洪积扇上部。在狼山、贺兰山、祁连山、天山、准噶尔界山、昆仑山等垂直带也有分布。它是草原向荒漠过渡的一种地带性土壤。

（2）成土条件

棕钙土发育的地理环境是半荒漠地带。主要气候特点：东部夏季多雨，冬春干旱；西部则夏季温和，干旱而短促，冬季寒冷多雪而漫长，属温带干旱大陆气候类型。年平均气温 2~7 ℃，≥10 ℃年积温 1400~2700 ℃，年降水量 150~280 mm，干燥度 2.5~4.0。棕钙土植被由蒿属植物—小蓬—猪毛菜组成，盖度 15%~20%。一些地方伴生地肤、狐茅、阿魏等植物。棕钙土的母质类型多种多样，有黄土状沉积物、冲积—洪积母质、残积母质等。

13.1.1.2　棕钙土的成土过程、剖面特征与理化性质

（1）成土过程

棕钙土在成土过程中具有两个主要特征：一是具有干草原土壤成土过程的特点，即腐殖质累积与碳酸钙淋溶淀积过程；二是有荒漠土壤成土过程的某些特点，即微弱黏化与铁质化过程。总的看来，以草原成土过程为主。

①腐殖质累积过程。由于棕钙土的干旱程度进一步增加，荒漠化作用显著增强，导致土壤腐殖质层浅薄，有机质含量较低。

②碳酸钙淋溶淀积过程。由于降水量较低，碳酸钙淋溶较浅，钙积层出现部位高，一般在腐殖质层以下发生淀积。碳酸钙含量可高达 100 g/kg。在碳酸钙淀积的同时石膏积累也随之发生，在剖面的中下部可见石膏新生体。

（2）剖面特征

棕钙土的土体构型为：A—Bw—Bk—Cyz。

（3）理化性质

腐殖质层（A）一般 10~25 cm 土层，有机质含量 10~20 g/kg，胡敏酸与富里酸比值大于 1.0，浅棕色，块状结构，有石灰反应；土壤容重 1.3~1.4 g/cm³。总孔隙度 40% 左右。土壤含量水率 5%~12%。过渡层（Bw）极薄，甚至不明显。钙积层（Bk）灰白色，其淀积形状以层状为主，一般出现在 15~20 cm 处，最深可达 30 cm，紧实，有强烈的石灰反应。母质层（Cyz）一般质地较粗，结构不明显，在底土层（一般 70 cm 以下）有石膏聚集和可溶性盐类淀积，部分还有碱化现象存在，具有碱化层和较高的碱化度。棕钙土总的特点是土层较薄，土壤质地较粗，细砂、粉砂含量较高，并混杂有砾石，黏粒含量较低，由于环境干旱，土体多呈干燥状态，土壤易发生风蚀。棕钙土各亚类碳酸钙的剖面分布如图 13-1 所示。

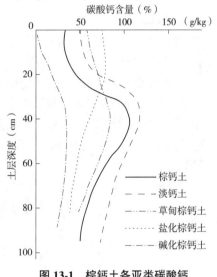

图 13-1　棕钙土各亚类碳酸钙
的剖面分布

（张凤荣，2016）

13.1.1.3　棕钙土的亚类划分

根据棕钙土成土过程和附加成土过程，棕钙土可分为棕钙土、淡棕钙土、草甸棕钙土、盐化棕钙土、碱化棕钙土和棕钙土性土 6 个亚类。

13.1.1.4　棕钙土的利用改良

棕钙土发育的地理环境是半荒漠地带，主要用于畜牧业生产，是良好的放牧基地。在使用时要防止土壤进一步荒漠化，严格控制放牧强度，减少人为活动对植被和土壤表层结构的破坏。在有灌溉条件的地区可以发展小面积的农耕地。

13.1.2　灰钙土

灰钙土是在暖温带干旱草原地区，由草原向漠境过渡的一种地带性土壤。

13. 1. 2. 1　灰钙土的分布与成土条件

(1)分布

灰钙土在我国主要分布于黄土高原最西部、河西走廊东段、银川平原、新疆伊犁河谷两侧的山前平原。

(2)成土条件

灰钙土分布地带的气候比较温暖干旱,其特征是夏天温暖而较干,冬春温和而较湿。年平均气温5~9 ℃,≥10 ℃年积温2000~3400 ℃,年平均降水量180~350 mm。灰钙土的植被类型属于干旱草原,以多年生旱生禾草、强旱生小半灌木及耐旱蒿属植物为主。地表植被盖度一般为20%~60%。灰钙土分布在谷地两侧洪积—冲积平原和山前丘陵地带上,成土母质为黄土和黄土状母质。少部分灰钙土发育在由红色页岩风化产物形成的洪积—冲积母质土,质地为黏土。

13. 1. 2. 2　灰钙土的成土过程、剖面特征与理化性质

(1)成土过程

灰钙土的成土过程以弱腐殖化、土壤通体钙化为主要特征。其有机质的积累和碳酸钙的淀积明显减弱。

①有机质积累。灰钙土有一定的有机质积累。由于夏季温度高,降水少,植被稀疏,绿色植物地上和地下根系产量只有栗钙土的25%,因而有机质积累很少,平均含量为10.9 g/kg。

②碳酸钙的淀积。灰钙土地区的降水量虽少,但多以阵雨降落,导致碳酸钙仍能在剖面上下移动,一般在30~50 cm处能观察到假菌丝状聚积的碳酸钙,有时则形成斑块状淀积层。

③硫酸钙和易溶性盐的淋溶和淀积。在大部分灰钙土剖面中,无明显的淀积层,但少数土壤在钙积层以下可见到硫酸钙和易溶性盐淀积或结晶。

(2)剖面特征

灰钙土剖面发育微弱,但仍可分为腐殖质层、过渡层、钙积层、母质层等,层次过渡不明显。腐殖质层平均厚度约15 cm,呈灰黄棕色或淡灰棕色。表层(0~3 cm)由于强烈的干湿交替,形成2~3 cm厚海绵气孔状的结皮层。过渡层呈浅灰棕色,较紧实。钙积层位于腐殖质层以下,在土壤剖面的中下部的孔壁和结构面上,碳酸钙以假菌丝状或斑点状沉淀。钙积层以下为母质,部分剖面可见易溶性盐淀积和石膏新生体,在草甸灰钙土上还可见到锈纹、锈斑。

(3)理化性质

灰钙土土体呈灰棕色、黄棕色及棕色。腐殖质层较薄,厚度10~20 cm,表层有机质含量10~25 g/kg,碳氮比8~12,腐殖质组成中HA/FA常小于1。表层土壤阳离子交换量5~11 cmol(+)g/kg,土壤胶体为Ca^{2+}所饱和,交换性Ca^{2+}、Mg^{2+}占92%~98%,而交换性Na^+占阳离子交换量的5%以下。无碱化现象,pH值偏高,一般为8.5~9.0。石灰含量较高,为120~200 g/kg,多呈假菌丝状和眼斑状。矿物成分在剖面中移动不明显。

13. 1. 2. 3　灰钙土的亚类划分

根据灰钙土的发育过程和附加成土过程,可分为灰钙土、淡灰钙土、盐化灰钙土、草

甸灰钙土 4 个亚类。

13.1.2.4　灰钙土的利用改良

在暖温带干旱草原地区发育的灰钙土是草原向漠境过渡的一种地带性土壤,其水分条件比棕钙土好些,为半农半牧地区。灰钙土分布区生态环境脆弱,无灌溉条件的地区主要以植被和土壤表层结构保护为主,应避免人为活动造成土壤进一步沙化。在水分充足的地区适宜多种作物种植,如麦类、豆类、玉米、棉花、粟、胡麻、烟草等。

13.2　灰漠土、灰棕漠土与棕漠土

13.2.1　灰漠土

灰漠土曾称灰漠钙土、荒漠灰钙土,由于无钙积层,现改称灰漠土,是漠境边远地区细土平原上形成的土壤。灰漠土分布区地面不具明显砾幂,存在弱的石灰淋溶作用。

13.2.1.1　灰漠土的分布与成土条件

(1) 分布

灰漠土在我国集中分布于新疆北部的准噶尔盆地和天山北麓山前倾斜平原的古老冲积平原,在甘肃、宁夏、内蒙古也有分布。灰漠土分布区的东部北段接棕钙土,南接灰钙土,西部与灰棕漠土和风沙土相连,北部直抵我国国界。

(2) 成土条件

灰漠土形成于温带荒漠生物气候下,夏季炎热干旱,冬季寒冷多雪,春季多风。年平均气温 4~9 ℃,≥10 ℃年积温 3000~3600 ℃。年平均降水量 140~200 mm,年平均蒸发量 1600~2100 mm,干燥度 4~6。植被以耐旱性强的小灌木为主,如博乐蒿、假木贼、猪毛菜、琵琶柴、四合木、骆驼刺、芨芨草、红柳、白刺、苦豆子、矮蒲苇等。母质有黄土母质、冲积—洪积红土母质、冲积黄土母质。

13.2.1.2　灰漠土的成土过程、剖面特征与理化性质

(1) 成土过程

灰漠土主要成土过程有黏化和铁质化过程、土壤有机质的弱积累过程、盐碱化过程与灌耕熟化过程。灰漠土的成土过程既具有荒漠土成土过程的特点,又具有草原土壤成土过程的某些雏形特征。

①黏化和铁质化过程。在温带漠境地区,土壤水热状况的强烈变化促使灰漠土表下层产生了黏化和铁质化过程,形成了褐棕色紧实层(残积铁质黏化层)。在雪水或春夏降水作用下,产生了黏粒的机械淋洗和铁铝两性胶体的淋溶,使黏粒自表层向表下层有微弱移动。不同漠土中黏粒变化如图 13-2 所示。

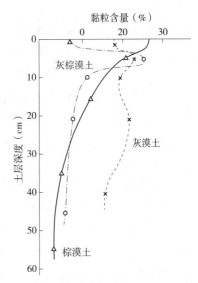

图 13-2　漠土的黏粒剖面分布
(中国科学院南京土壤
研究所,1980)

②土壤有机质的弱积累过程。灰漠土的有机质含量比其他漠土稍高，表层有机质含量变化范围为 5.3~17.2 g/kg。富里酸含量高于胡敏酸。

③盐碱化过程。灰漠土部分有盐化和碱化过程。灰漠土中可溶性盐量可高达 15 g/kg，钠碱化度可达 15%以上，碱化层厚度达 20~40 cm。

④灌耕熟化过程。灰漠土开垦后，进入灌耕熟化阶段。主要表现在生物积累作用增强，耕种 30 年后的灰漠土具有机质含量比开垦前升高 10%~20%；耕作层土壤腐殖化过程增强，胡敏酸含量增加，HA/FA 接近 1。

(2)剖面特征

发育比较完善的灰漠土具有如下发生层次：

①荒漠结皮层。地表面常有一些黑褐色地衣和藻类，厚度 2~3 cm，呈浅棕色或棕灰色，干而松脆，多海绵状孔隙。

②片状—鳞片状层。厚度 4~5 cm，略显棕色，呈片状—鳞片状结构，松脆，多小孔。

③褐棕色紧实层。厚度 8~10 cm，比较紧实，呈块状或棱块状结构。

④可溶性盐和石膏聚集层。多位于地表 40 cm 或 60 cm 以下，有明显灰白色盐斑、粉状或晶粒状石膏。

(3)理化性质

灰漠土的颗粒组成虽因母质来源及沉积环境不同而异，但总的来看，除发育在洪积扇中下部的薄层灰漠土外，一般不含砾石，粗砂含量也很少超过 2%；而粉砂和黏粒含量都比较高。黏粒含量在剖面中部多有明显增高。碳酸钙含量 50~150 g/kg，石膏通常聚集在 40~100 cm，最高含量一般为 20~30 g/kg。灰漠土部分有碱化特征，碱化度常可达 10%~30%或更高。但由于大多数灰漠土盐基交换量很低，所以交换性钠含量一般仅为 1~4 cmol/kg。

13.2.1.3 灰漠土的亚类划分

根据灰漠土的主导和附加成土过程划分为灰漠土、钙质灰漠土、草甸灰漠土、盐化灰漠土、碱化灰漠土和灌耕灰漠土 6 个亚类。

13.2.1.4 灰漠土的利用改良

温带荒漠生物气候条件下形成的灰漠土土壤有机质含量和阳离子交换量相对较高。由于干旱少雨，大部分灰漠土用来放牧，在水源充足、地势平坦的地区可以发展灌溉农业，但此农业发展对灌溉条件依赖度非常高，兴修水利发展灌溉是发展农牧业的重要措施。水源一般来自高山冰雪融水，必须注意开源节流。放牧区需要控制放牧强度，注意用养结合。深翻暴晒可以破除土壤表层板结现象，为根系生长提供良好的环境，可改善土壤透水性，增加有效水储量(海春兴等，2017)。同时，需要防止土壤盐碱化和风沙化，有条件的地区要结合土壤盐碱化治理，采取排水洗盐等措施降低土壤盐碱度。

13.2.2 灰棕漠土

灰棕漠土也称灰棕色荒漠土，是在极端干旱条件下形成的土壤。地表常见黑褐色漆皮的砾幂，表层多为多孔结皮，石灰表聚明显。

13.2.2.1　灰棕漠土的分布与成土条件

（1）分布

灰棕漠土分布在温带荒漠地区，在我国新疆准噶尔盆地、内蒙古的中北部地区有广泛分布。

（2）成土条件

灰棕漠土是在温带大陆性干旱荒漠气候条件下形成的，主要特征是夏季炎热干旱，冬季严寒少雪，春、夏多风，气温年日差较大，夏季极端最高气温达 40~45 ℃，冬季极端最低气温 -36~-33 ℃；≥10 ℃年积温 3000~4100 ℃，年降水量 50~110 mm。植被主要为旱生和超旱生的灌木、半灌木，如梭梭、麻黄、假木贼、戈壁藜等，盖度一般在 5% 以下。灰棕漠土广泛发育在砾质洪积—冲积扇、剥蚀高地及风蚀残丘上。成土母质主要为砾质洪积物或石质坡积—残积物。

13.2.2.2　灰棕漠土的成土过程、剖面特征与理化性质

（1）成土过程

①砾质化过程。在漠境干旱地区，土壤以物理风化为主，化学风化较弱，土壤中细粒本身较少。另外，在成土过程中形成的有限细粒物质，不断遭受大风吹蚀，致使砾石和砂粒在土壤表层的比例越来越大，粗骨性越来越强。

②残积盐化、石灰表聚及石膏聚积过程。在干旱少雨、蒸发强烈的气候条件下，土体中可溶性盐分、石膏不断聚集，可溶性盐分总量可达 10~30 g/kg，石灰 80~200 g/kg。

③亚表层铁质黏化过程。灰棕漠土虽然粗骨性强，但亚表层的黏化现象仍相当明显。其黏粒含量往往显著高于上、下土层。另外，产生铁质化。

④生物积累过程微弱。有机质含量仅为 3~5 g/kg，在剖面中无明显聚积层。腐殖质碳只占有机碳总量的 25% 左右，HA/FA 仅为 0.3~0.5。

（2）剖面特征

发育较好的灰棕漠土，一般可分为砾幂层、多孔结皮层、紧实层等发生层次，有的表层还有石膏聚积层。

①砾幂层。一般由粒径 1~3 cm 的砾石镶嵌排列而成，其间隙多由小石砾和粗砂填充。厚 2~3 cm，表面光洁，可见黑褐色的漆皮。

②多孔结皮层。厚度 2~3 cm，多含有少量小砾石。

③紧实层。厚度 3~7 cm，较紧实，块状结构，结构面上常有白色盐霜。石膏积聚层厚度 10~30 cm，常含大量砾石。

（3）理化性质

灰棕漠土颗粒组成的粗骨性强，砾石含量常高达 200 g/kg，细土部分中砂粒含量多为 500~900 g/kg，而且一般自紧实层以下粗骨性越来越强。石灰在剖面上部聚集十分明显。0~10 cm 的碳酸钙含量常比下层高出 1~2 倍以上。表层有机质含量多低于 5 g/kg，除钾素外，其他养分相当贫乏。除钙含量在石灰和石膏聚集层明显增高外，各种矿质元素在土壤剖面中基本未发生移动。

13. 2. 2. 3 灰棕漠土的亚类划分

灰棕漠土划分为灰棕漠土、石膏灰棕漠土、石膏盐磐灰棕漠土和灌耕灰棕漠土 4 个亚类。

13. 2. 2. 4 灰棕漠土的利用改良

温带荒漠生物气候条件下降水量极少，地表植物稀少。灰棕漠土区是骆驼活动的主要区域，可以适度发展骆驼养殖。草场要加强人工管理，严禁过度放牧，注意用养结合。有条件的地区要结合土壤盐碱化治理采取排水洗盐等措施降低土壤盐碱度。水分条件不足的地区应主要以植被和土壤表层结构保护为主，避免人为活动造成土壤进一步沙化。

13. 2. 3 棕漠土

棕漠土为棕色荒漠土的简称，它是暖温带极端干旱生物气候条件下发育形成的具有荒漠地带性土壤。以其具有漆黑的砾幂，不明显的孔状结皮和较明显的红棕色紧实层及高盐磐聚积层而有别于其他漠境土壤。

13. 2. 3. 1 棕漠土的分布与成土条件

（1）分布

我国棕漠土主要分布于新疆天山—甘肃马鬃山一线以南，嘉峪关以西，昆仑山以北的戈壁平原地区。

（2）成土条件

棕漠土是在暖温带极端干旱的荒漠气候条件下发育而成的地带性土壤。夏季极端干旱而炎热，冬季比较温和，降雪极少。≥10 ℃年积温多为 4000~4500 ℃。年平均气温 10~14 ℃。无霜期 180~240 d。大部分地区年降水量低于 50 mm，年蒸发量 2500~3000 mm。棕漠土的化学风化很弱，风蚀作用十分强烈，土壤表层细土被吹走，残留的砂砾便逐渐形成砾幂，造成棕漠土的粗骨性和沙化。棕漠土分布地区植被稀疏简单，多为肉汁、深根、耐旱的小半灌木和灌木荒漠类型。以麻黄、戈壁藜、红砂、泡泡刺、假木贼、霸王、合头草、沙拐枣等为主，盖度常低于 1%。棕漠土的成土母质主要有洪积—冲积细土母质、沙砾质洪积物、石质残积物和坡积—残积物。

13. 2. 3. 2 棕漠土的成土过程、剖面特征与理化性质

（1）成土过程

棕漠土的成土过程主要有石灰表聚和强烈的石膏与盐类积累过程、较弱的残积黏化作用和较强的铁质化作用、微弱的腐殖质累积过程和现代积盐过程等 4 个过程。

①石灰表聚和强烈的石膏与盐类积累过程。气候干旱，蒸发量大，使碳酸钙在表层产生聚积现象。同时，土壤剖面中下部都有不同程度的石膏和易溶性盐积累，有的甚至出现很厚的石膏层和盐磐层。

②较弱的残积黏化作用和较强的铁质化作用。棕漠土的干热程度远较灰漠土和灰棕漠土强烈，所以其残积黏化现象相对较弱，不仅黏化层较薄，层位也较高，而铁质化作用相对增强。

③微弱的腐殖质累积过程。漠土分布地区植被盖度很小，每年能为土壤提供的有机物质少，加之干热的气候条件，又促使这些有机物质迅速分解和矿化，土壤中积累的腐殖质数量极为有限。

④现代积盐过程。由于大量河水引入灌区，导致地下水位逐渐抬升，盐分表聚，从而使棕漠土产生了附加的次生盐化过程。在盐化过程的同时，也有一定的草甸化过程。

(2)剖面特征

棕漠土一般都具有以下 3 个发生层次：

①微弱的孔状结皮层。孔状结皮的形成是在土壤表层暂时湿润后随即迅速变干，促使钙、钠的重碳酸盐转变为碳酸盐并释放 CO_2，从而造成土壤表层出现许多小孔隙。

②红棕色铁质染色坚实层。位于表层下。该层细土粒增加，厚度一般小于 10 cm，活性铁、全铁及黏粒含量都比较高，常显铁质染色现象，垒结紧实，呈块状或棱块状结构。

③石膏和易溶盐聚积层。处于红棕色坚实层下。古老地貌上发育的棕漠土有明显的石膏层，厚度 10~30 cm，最厚可达 40 cm。石膏与盐类胶结在一起形成石膏盐磐层。

(3)理化性质

粗骨性强是棕漠土的重要物理特性。发育在石砾母质上的棕漠土，砾石含量常高达 20%~50%；细粒部分中，以砂粒占绝对优势，黏粒含量多低于 150 g/kg。只有发育在具有薄层细土物质上的棕漠土，剖面上、中部才有厚数十厘米的砂壤土或稍黏重的土层。由于生物积累很少，除草甸棕漠土和经人工长期培肥的灌耕棕漠土外，其余各亚类的有机质含量，一般仅 5~9 g/kg，全氮、全磷及碱解氮等含量也很低，保肥性能很差，交换性盐基总量 3~5 cmol(+)/kg。除铁在表层略有聚积、钙在石膏层明显增加外，硅、铝等元素在剖面中基本无移动，剖面上下层的硅铝率和硅铁铝率均变化很小。

13.2.3.3　棕漠土的亚类划分

棕漠土可划分为棕漠土、盐化棕漠土、石膏棕漠土、石膏盐磐棕漠土、灌耕棕漠土 5 个亚类。我国荒漠土 3 个土类之间的关系如图 13-3 所示。

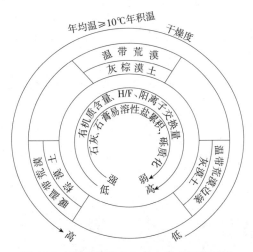

图 13-3　我国荒漠土 3 个土类之间的关系

（朱鹤健等，2019）

13. 2. 3. 4 棕漠土的利用改良

棕漠土是暖温带极端干旱生物气候条件下发育形成的具有荒漠地带性土壤，由于极少的降水量，生态环境极其脆弱，地表植被很难生长，应严格减少人为活动对地，特别是对土壤结皮的扰动和破坏。如果水分条件允许一些区域可以营造防护林网，为草本植物和粮食作物生长做好前期基础工作。有条件的地区要注意增施有机肥提高土壤肥力，对于水分条件良好的地区有必要时可以采用客土法提升土壤黏粒含量，提高土壤保水保肥能力。

<h2 style="text-align:center">思考题</h2>

1. 简述棕钙土、灰钙土、荒漠土壤成土过程的差异，并说明为什么会有这些差异。
2. 简述棕钙土、灰钙土、荒漠土的剖面构型特征差异。
3. 如何合理开发利用我国棕钙土和灰钙土土壤资源？

第 14 章

初育土

【内容提要】主要介绍初育土中黄绵土、风沙土、新积土以及紫色土、石灰岩土的分布、成土条件与土壤特性，介绍各土壤类型形成发育主要的限制因素及利用改良措施。

初育土壤是指土壤剖面发育微弱，土壤特性分异较差，母质特征明显，剖面构型为 A—C 型或 A—R 型的土壤。初育土的形成主要受局部母质、地形、植被和小气候的影响，与生物气候地带性关系不密切，属初育土纲。

根据成土母质特点，初育土纲又可分为发育于疏松母质的土质初育土和发育于基岩风化产物上的石质初育土两个亚纲。土质初育土亚纲包括黄绵土、新积土和风沙土等土类；石质初育土亚纲包括石质土、火山灰土、紫色土、石灰（岩）土、粗骨土和磷质石灰土等土类。

14.1　黄绵土、风沙土与新积土

14.1.1　黄绵土

14.1.1.1　黄绵土的分布与成土条件

（1）分布

黄绵土曾称黄土性土、绵土等，是黄土高原地区分布最广的土类和最主要的旱作土壤。广泛分布于水土流失严重的黄土丘陵沟壑区，主要是陕西的北部和中部、甘肃的东部和中部、山西西北和东南部，以及宁夏的南部，青海、内蒙古与河南也有零星分布。黄绵土与栗褐土、褐土、栗钙土、灰钙土等地带性土壤交错出现。

（2）成土条件

黄绵土地处温带、暖温带半干旱、干旱地区，年平均气温 7~16 ℃，年降水量 200~500 mm，集中于 7~9 月，多暴雨，年蒸发量 800~2200 mm，干燥度大于 1。自然植被为森林草原和草原，乔木主要是阔叶树种，有栎类、榆、刺槐，间有油松、柏木等，多为次生、旱生中幼年林，林相残败；草本主要为禾本科草类以及冷蒿、胡枝子、甘草等，生长较稀疏。地形为黄土丘陵和这些黄土地貌区的川台地、涧地等非地下水浸润区。母质为第四纪风成黄土。土层深厚,一般厚度 10 ~ 20 m,最深达 60 m。黄绵土分布区地形支离破碎,坡度大,降水集中,植被稀疏,加之黄土抗蚀能力弱,是造成土壤强烈侵蚀的主要原因。

14. 1. 1. 2　黄绵土的成土过程、剖面特征与理化性质

(1)成土过程

黄绵土的形成主要包括弱腐殖质积累过程、耕种熟化过程和土壤侵蚀过程。

①弱腐殖质积累过程。在自然草本和灌木疏林植被下发育的黄绵土,当地形平坦时,侵蚀减弱,表层具有枯枝落叶层,形成有机质层。

②耕种熟化过程和土壤侵蚀过程。在耕种条件下,一方面进行着耕种熟化,另一方面又发生着土壤侵蚀。土壤形成处在熟化—侵蚀—熟化循环往复的过程中,特别是由于气候干旱和生物过程不强,延缓了剖面的发育,所以土壤始终处在幼年发育阶段,剖面无明显淋溶淀积层。

(2)剖面特征

黄绵土的剖面土体构型为 A—C 型。在自然植被下,具有有机质层,其林地比草地有机质含量高,颜色为灰棕色或暗灰棕色,粒状、团块状结构,其下为母质层,碳酸钙有轻度的淋溶淀积。

在塬地、台地等平坦地形,侵蚀轻微,经耕种熟化,土壤有微弱发育,表土有机质含量较高,呈淡灰棕色,碳酸钙有轻度的淋溶淀积,心土层有少量斑点状或假菌丝状石灰新生体,剖面由耕作层、亚耕层、心土层和母质层组成,全剖面为强石灰反应。

在侵蚀较强的地形部位,全剖面显黄土母质特性,颜色、质地、结构均一,土质疏松绵软,通体强石灰反应。剖面由耕作层和母质层组成,耕作层比较薄,一般 15 cm 左右,有的陡坡耕地不足 10 cm,碎块状结构,耕作层以下为黄土母质层。除耕作层比较疏松外,表土与底土无明显过渡界限。

(3)理化性质

①颗粒组成。黄绵土的颗粒组成与黄土母质相近,以粉粒颗粒为主,同一剖面各层颗粒组成变化不明显,仅表层因侵蚀、耕作的影响稍有差异,但地域性差异显著,由北向南、由西向东黏粒含量逐渐升高,这与黄土颗粒组成的地域分异规律是一致的。

②水分及土温性质。黄绵土疏松多孔,容重小,耕作层容重一般为 $1.0 ~ 1.3$ g/cm^3,总孔隙度 55% ~ 60%,通气孔隙度最高可达 40%。黄绵土透水性良好,蓄水能力强,有效水范围宽,2 m 土层内可蓄积有效水 400 ~ 500 mm,田间持水量 13% ~ 25%,凋萎系数 3% ~ 8%,土壤有效水含量可达 8% ~ 17%。黄绵土质地轻、颜色浅、比热小,因而土温变幅大,属温性—中温性土壤,一般阳坡土温高出阴坡 1.5 ~ 2.5 ℃。坡向对土壤水热状况,以及黄绵土地区的作物布局、播种时间选择和出苗生长状况都有重要的影响。

③化学性质。黄绵土的有机质含量:耕地一般为 3 ~ 10 g/kg,疏林地、草地表层一般在 10 ~ 20 g/kg,高的可达 40 ~ 50 g/kg。腐殖质组成以富里酸为主,HA/FA 为 0.3 ~ 0.9。黄绵土氮素含量低,磷、钾全量较丰富,但有效性差,锌、锰较缺。黄绵土呈弱碱性反应,pH 值为 8.0 ~ 8.5,碳酸钙含量 90 ~ 180 g/kg,上下土层比较均匀,阳离子交换量 5 ~

12 cmol(+)/kg，保肥能力较弱，且由南向北逐减。

黄绵土的矿物组成与化学组成和黄土母质近似，矿物组成以石英、长石为主，各层变化不明显；其次是云母和碳酸盐矿物。黏土矿物以伊利石和绿泥石为主，含有一定量的云母。黏粒的硅铁铝率为 2.8~2.9，硅铝率为 3.5~3.7。由于土壤发育微弱，上下层变化不显著。

14.1.1.3　黄绵土的亚类划分

由于黄绵土发育微弱，剖面土层分异不明显，从而缺少其他土壤发生层，因此暂划黄绵土 1 个亚类。

14.1.1.4　黄绵土的利用改良

①退耕还林还牧。黄绵土分布区地形破碎，坡度大，坡耕地多，尤其陡坡耕地比重大。陡坡种植作物不仅产量低，还加剧了水土流失。应本着"米粮上塘下川，林果下沟上岔，草灌上坡下坬"的原则综合治理。坡度大于 15°的坡耕地要退耕还林还草，防治水土流失。

②抓好工程治理。工程治理措施主要包括修筑水平梯田、隔坡梯田、高埂隔田、淤坝地、水平沟、护沟埂等，做到水不出田，泥不下坡。工程措施要与生物措施相结合。

③发展灌溉，推行抗旱耕作技术。在有条件的地区应大力发展灌溉，加强水利设施的建设和配套，逐步推行喷灌、滴灌等技术。旱地应在建设梯田、坝地的基础上，积极推广节水农业及采取其他抗旱耕作保墒措施，如旱耕、深松、适时耕耘、镇压、覆盖等，做到降水就地入渗拦蓄，增强土壤蓄水、抗旱能力。

④合理耕作、施肥，培肥土壤。应有计划地分年施用有机肥料，秸秆还田。采用有机和无机肥料结合，增施氮、磷肥和硼、锰微量元素肥科。改进轮作倒茬制度，把豆科作物、牧草绿肥纳入轮作。

14.1.2　风沙土

14.1.2.1　风沙土的分布与成土条件

(1)分布

风沙土是干旱、半干旱地区在砂性母质上发育形成的仅有 A—C 层的疏松幼年土壤。风沙土在我国主要分布于北部的干旱、半干旱地区，大致位于北纬 36°~49°，处于黑钙土、栗钙土、棕钙土和漠土地带内，包括黑龙江、辽宁、内蒙古、河北、山西、陕西、宁夏、甘肃、青海、新疆等地，构成我国著名的"三北"风沙区。其他如栗褐土、褐土等分布区也有零星分布。

(2)成土条件

风沙土主要处于温带半干旱、干旱、极端干旱的草原、荒漠草原及荒漠地带，部分处于海滨。大陆性气候明显，干旱少雨，蒸发量大。东部地区年降水量 250~450 mm，西部地区多在 150 mm 以下，有些地区不足 50 mm。东部干燥度 1.5~4.0，塔里木盆地干燥度可高达 20~60。年平均气温 0~8 ℃，气温变化大，年平均温差 30~50 ℃，日温差 10~20 ℃。风沙土区常年多风且大风日持续时间长。风多、风大是风沙土形成的基本动力。

风沙土地区的自然植被为草原、荒漠草原和荒漠，多以根系发达、耐旱、耐瘠、抗风沙的灌木、半灌木和沙生植物为主。植物低矮稀疏，主要有梭梭、沙拐枣、沙蒿、沙蓬、柽柳、沙柳、锦鸡儿、胡杨、白草等。滨海风沙土区主要植物有海桐花、节竹、滨藜、厚藤等。

风沙土的母质是松散的风成沙，其来源既有岩石就地风化产物，也有河流冲积物、洪积物、湖积物、海积物和坡积物。有些地区下伏基岩岩石疏松，极易风化。这些砂质沉积物和疏松的砂页岩，为风沙土的形成提供了丰富的沙源。在起沙风力的作用下，砂粒开始移动，形成沙地特有的风沙地貌——各种形状和类型的沙丘。

14.1.2.2　风沙土的成土过程、剖面特征与理化性质

(1) 成土过程

①风蚀、堆积过程。通过风的吹扬作用，将地表碎屑物质吹起并携带搬运，当风速减弱或遇到障碍物时，沉积下来。

②生草化过程。风沙土分布区植被多为深根、耐旱的木质化灌木、小灌木，地上部分每年死亡。由于气候干旱，枯枝落叶分解十分微弱。尽管植被稀疏，但对固定土壤起着十分重要的作用。风沙土的形成始终贯穿着风蚀沙化的风蚀过程和植被固沙的生草化过程，两者互相对立且循环往复以推动风沙土的形成与变化。风沙土成土过程常被风蚀、沙埋作用所打断，很不稳定，因此土壤发育十分微弱，很难发育为成熟、完整的剖面。风沙土的形成大致分为以下 3 个阶段。

a.流动风沙土阶段。风沙母质含有一定的养分和水分，为沙生先锋植物的滋生提供了条件，但因风蚀、沙压强烈，植物难以定植和发展，生长十分稀疏，植被盖度小于 10%。常受风蚀移动，土壤发育极其微弱，基本保持母质特征，为成土过程的最初阶段。

b.半固定风沙土阶段。随着植物的继续繁殖和发展，盖度增大，常为 10%~30%，风蚀减弱，地面生成薄的结皮或生草层，表层变紧并被腐殖质染色，剖面开始分化，表现一定的成土特征。

c.固定风沙土阶段。沙生植物进一步发展，盖度继续增大，通常大于 30%，除沙土植物外，还渗入了一些地带性植物成分，生物成土作用较为明显，土壤剖面进一步分化，土壤表层更紧，形成较厚的结皮层或腐殖质染色层，有机质有一定的积累，细土粒增加，有弱度发育的团块状结构形成，土壤理化性质有所改善，具备了一定的土壤肥力。固定风沙土的进一步发展，可形成相应的地带性土壤。

(2) 剖面特征

风沙土剖面一般由薄而淡的腐殖质层和深厚的母质层组成，剖面构型为 A—C 型或 C 型。腐殖质层(A)为生草结皮层(或称腐殖质染色层)，厚度 10~30 cm，地表有厚度 0.5~1.0 cm 的褐色结皮层，棕色或灰棕色，砂土或砂壤土，弱块状结构。母质层(C)深厚，浅黄色，单粒结构。

(3) 理化性质

①物理性质。由于风力的分选作用，风沙土的颗粒组成均一，粒径>0.02 mm 的粗砂和细砂含量一般为 800 g/kg 以上。流动风沙土的表层为疏松的干沙层，厚度一般为 5~20 cm，荒漠土分布区可超过 1 m，土壤含水量低于 1%。干沙层以下水分比较稳定，土壤含

水量为 2%~3%，对耐旱沙生先锋植物的定植有利。由于植物吸收与蒸腾，半固定和固定风沙土上层土壤含水量降低，致使土壤储水量普遍下降，导热性强，热容量小，昼夜温差大，对植物的生长极为不利。

②化学性质。风沙土有机质含量低，一般为 1~6 g/kg，腐殖质组成以富里酸为主，HA/FA 小于 1。阳离子交换量一般为 2~6 cmol(+)/kg，保肥供肥力差，土壤贫瘠。pH 值为 6.5~8.5。碳酸钙和盐含量地域差异明显，东部草原地区一般无石灰反应，西部地区有盐分积累，特别是荒漠地区有的已开始出现盐分和石膏聚积层。矿物组成中，石英、长石等轻矿物占 80% 以上，重矿物含量较低，但种类较多，主要是角闪石、绿帘石、石榴子石和云母类矿物。

14.1.2.3　风沙土的亚类划分

风沙土亚类划分主要根据区域成土条件差异分为荒漠风沙土、草原风沙土、草甸风沙土和滨海风沙土 4 个亚类。前两个亚类有地带性差异，草甸风沙土主要发育在受地下水影响的地区。

14.1.2.4　风沙土的利用改良

①保护自然植被。对于风沙土区首先要保护好现有植被，严禁滥垦、滥伐、滥樵和过度放牧，逐步恢复自然植被。

②开展植树种草，营造人工植被。流动风沙土应播种沙蒿等沙生植物，设置草沙障。半固定、固定风沙土应草灌结合，以沙生草本植物和灌木为主。丘间沙地可种植沙柳、锦鸡儿等乔木、灌木树种；沙区农田应营造防风林带。根据因地制宜、因害设防的原则，实行草灌乔结合，合理设置林网结构，控制沙漠化发展。要综合治理，通过采取建立人工植被或保护和恢复天然植被等生物措施，采用固、阻、输、导等机械工程手段，结合化学方法，在发生沙害的地表建造具有一定结构和强度的固结层，防治沙害。

③因地制宜地发展牧业与农业。沙区的滩地、绿洲分布较广，水资源较丰富，地下水埋藏浅，水质较好，可发展灌溉农业，建立沙区农副产品基地。有些地区盛产药材和经济作物，应开展多种经营；同时，积极发展经济林。风沙区有大量的旱耕地，干旱缺水，风蚀严重，产量很低，应退耕还牧，建立人工草场，发展畜牧业。发展能源林，开发风能、太阳能等替代能源。

④土壤改良。针对风沙土土质砂、结构差、养分低、干旱、风蚀等特点，对农田应抓好土壤改良和培肥地力，增施有机肥料，扩种深根绿肥，改进轮作倒茬制度，氮磷肥配合施用，少量多次施肥。在有条件的地区可客土改沙、引洪漫淤、引水拉沙，变沙地为良田。种植抗风、耐旱、耐沙作物，采用防蚀抗旱耕作制度，如免耕、少耕、覆盖、沟田种植等。

14.1.3　新积土

14.1.3.1　新积土的分布与成土条件

(1) 分布

新积土为新近冲积、洪积、坡积、塌积、海积或人工堆垫而成的土壤，广泛分布于全国各地，主要分布于河流两岸的河漫滩、低阶地及沙洲，以河流中下游面积较大。堆垫土的分布与人工改土造田或矿山土地复垦有关，分布零散。

(2) 成土条件

新积土由自然力及人为作用将松散物质堆积而成，其形成主要受地形条件和母质特性的影响。多分布于地势相对低平的地段，如河床、河漫滩、冲积平原、洪积扇、谷地和盆地。成土物质来源十分复杂，主要的成土母质是河流冲积物、坡积物、洪积物、淤积物等。新积土成土时间短，未形成稳定的植物类型，在水分条件较好的河滩地及低阶地，可见到少量植物，如芦苇、赖草及柳树等。

14.1.3.2　新积土的剖面特征与理化性质

(1) 剖面特征

新积土由于成土时间短暂，土壤发育不明显，剖面一般没有明显的发生层次，剖面构型为 A—C 型。新积土的剖面性状与其母质类似：一是剖面大多具有明显的质地层次；二是不同地区或同一区域内有效土层的厚度差异很大。

(2) 理化性质

受所处地区自然条件以及人为活动的影响，新积土的性质有明显差异。分布于西北、华北、东北地区西部的石灰性新积土，富含碳酸钙，呈石灰性反应，pH 值 8.0~8.5；由中性和酸性基岩风化产物形成的新积土以及华南、西南地区的新积土，一般无石灰反应，pH 值 4.7~6.5。

新积土的质地因沉积物质的来源不同而不同，如黄土分布区的新积土质地多为粉砂质黏壤土，南方红壤分布区的新积土质地则多为黏土。另外，新积土的质地受沉积规律的影响很大。主流带多为砂质土(有的为砾质土)，静水区多沉积黏质土，其间多为壤质土或砂黏间层土。

14.1.3.3　新积土的亚类划分

按照物质沉积过程的差异，新积土划分为新积土、冲积土和珊瑚砂土 3 个亚类。

14.1.3.4　新积土的利用改良

新积土的类型较多，土壤属性及所处自然条件变化较大，故其利用现状比较复杂。针对新积土存在的问题，宜采取以下措施：

①筑堤防洪护岸。分布于河滩以及洪积扇地区的新积土，很易遭受河洪和山洪的侵蚀或淹没，沿河两岸应修建护岸堤坝。山麓洪积扇地区，宜建防洪或导洪工程，同时在上游地区做好水土保持治理工作。

②改善土壤质地，增厚土层。有条件的地区，人工修建引洪工程淤地，是改善新积土质地、增厚土层的有效措施。例如，黄土高原的沟道和小型川地、涧地，修建拦洪坝，坝内淤积的土壤比较肥沃，常是当地的高产田。

③发展灌溉，培肥土壤。河滩地新积土，接近河道，可引水或提水灌溉。山麓洪积扇地区的新积土，可根据条件，引山泉或开发地下水进行井灌，扩大灌溉面积。现有新积土农田，宜采用秸秆还田、多施有机肥料、种植绿肥及合理施用化肥等措施，提高土壤肥力。

④因地制宜，发展农副产业。土层深厚、质地适宜、有灌溉条件的新积土，宜作农

田，种植粮食作物、油料作物、果树；受河流洪涝灾害威胁处，宜结合工程措施，营造护岸林；土壤质地砂性或风沙威胁处，宜造防风固沙林；洪积扇地区砾质较多处，可挖坑种树，发展经济林；不适宜发展农林的草地，一般可作为天然放牧地，合理轮牧，发展畜牧业。

14.2 紫色土、火山灰土与石灰（岩）土

14.2.1 紫色土

14.2.1.1 紫色土的分布与成土条件

（1）分布

紫色土一般指亚热带和热带气候条件下由紫色砂页岩发育形成的一种岩性土。紫色土在我国分布主要分布于四川、江西、贵州、湖南、广西等地，尤以四川盆地最多。在秦岭以南的低山丘陵区也有条带和斑块状分布。

（2）成土条件

紫色土处于亚热带的湿热气候区，年平均气温 15~20 ℃，≥10 ℃年积温 4200~5800 ℃，年平均降水量 800~1200 mm。自然植被有常绿阔叶林、常绿针叶林、竹林和亚热带草丛。成土母质是紫色砂页岩。主要地貌类型为丘陵山地，地形起伏明显，坡度较大，水土流失十分严重。

14.2.1.2 紫色土的成土过程、剖面特征与理化性质

（1）成土过程

①强烈的物理风化。紫色岩节理发育，固结性差，岩性松软，吸热性强，在亚热带生物气候条件下，母岩的物理风化十分强烈。从岩石暴露地面开始，大约 10 年之内即可风化成土。

②碳酸钙的不断淋溶和"复钙"。紫色土中除少数由酸性紫色砂页岩发育形成的之外，绝大多数都含有数量不等的碳酸钙。这些碳酸钙在热带、亚热带生物气候条件下，虽遭到不同程度的淋失，但因土层不断被侵蚀和堆积，仍保留着相当数量游离的碳酸钙，延缓其成土过程，致使长期达不到富铝化阶段。

③微弱的化学风化作用。紫色土中，除石英外还有大量长石、云母等原生矿物；母岩和土壤的矿物组成相近，黏粒矿物以水云母和蒙脱石类为主，这些特征都说明了紫色土的化学风化微弱。

④微弱的有机质积累。紫色土地表植被稀少，加之侵蚀较重，故土壤中有机质积累作用十分微弱。

（2）剖面特征

紫色土通体呈紫色，剖面层次分异较差，没有明显的腐殖质层，剖面构型为 A—AC—C 型。在坡地平缓的草地或林地下，表层以下可见具有胶膜核块状结构的心土层。

（3）理化性质

紫色土的质地随母岩类型而异，以砂质黏壤土居多，土体中多含有半风化的母质碎

屑。大部分紫色土都有石灰反应，pH 值 7.5～8.5，还有部分紫色土无明显的石灰反应。有机质含量一般比较低，氮素普遍不足，磷、钾丰富，速效磷含量低。

14.2.1.3　紫色土的亚类划分

根据土壤的 pH 值及碳酸钙含量，将紫色土划分为酸性紫色土、中性紫色土和石灰性紫色土 3 个亚类。

14.2.1.4　紫色土的利用改良

相对于红壤、黄壤等同地带的其他地带性土壤来说，紫色土养分水平较高，酸性弱，土壤肥力较高，是我国南方地区，特别是四川、贵州、云南等地的重要耕作土壤。四川被称为"天府之国"，其原因就在于有大面积的紫色土。但是，大面积的紫色土多分布在丘陵坡地，水土流失严重，土层浅薄，有机质和氮素含量低。水土流失是紫色土分布区限制生产力提高的主要因素。因此紫色土的开发利用应以保持水土为重点，在利用中保护，寓保护于利用之中。同时，利用紫色土分布区水热条件较好和土壤磷、钾含量较丰富的特点，注意施用氮肥，增施有机肥，充分发挥生产潜力，发展柑橘、竹、油桐等经济林树种，提高经济效益。

14.2.2　火山灰土

14.2.2.1　火山灰土的分布与成土条件

火山灰土是发育于第四纪火山喷发碎屑物、粉尘状堆积物和熔岩风化母质上的土壤。在我国总面积不大，但分布零散，随火山的分布在全国 12 个省份都有分布。火山灰土主要分布于黑龙江五大连池、吉林长白山、云南腾冲和海南等地。

14.2.2.2　火山灰土的成土特点、剖面特征与理化性质

(1) 成土特点

火山灰土的母质为已垒结、疏松多孔的玻璃碎屑、粉尘渣及浮石等，物理风化强烈，易于就地形成土壤。但是受火山喷发的影响，土壤处于初级阶段，土壤具有粗骨性。在亚热带地区，土壤具有弱脱硅富铁铝化和生物富集的特点。

(2) 剖面特征

火山灰土剖面构型为 A—C 型或 A—AC—C 型。Ah 层颜色暗棕。AC 层暗棕灰色，仍较疏松，火山碎屑物明显增多。C 层色杂，常为半风化浮石碎块或新鲜火山喷发物。在南方地区，有时心土层可见铁锰胶膜斑点，甚至有铁锰结核出现。

(3) 理化性质

火山灰土相对质量密度很低，毛管孔隙度很高，持水性能很强，黏粒含量很低，颗粒组成以细粉砂和粗粉砂为主，并含有大量火山砾石。

火山灰土由于成土时间短，矿物风化程度弱且成土矿物组成丰富，因而养分含量较高。土壤呈微酸性至中性反应，盐基饱和度 60%～90%。

14.2.2.3　火山灰土的亚类划分

火山灰土的亚类划分各国差异较大。我国将火山灰土分为火山灰土、暗火山灰土及基

性岩火山灰土 3 个亚类。

14.2.2.4　火山灰土的开发利用

我国火山灰土分布区域广，自然条件多样，加之土壤自然肥力较高，可因地制宜地多途径开发利用。

①适度开发旅游资源。在东北地区的五大连池、长白山和宽甸盆地等火山群集中区，地理景观独具一格，是理想的"天然火山博物馆"，也是国内外享有盛誉的旅游胜地和疗养场所，可进行适度开发，但要注意加强管理，制定特殊的保护措施。

②发展林果业。火山灰土砾石多，孔隙多，土壤肥沃，适合深根性木本植物生长，发展林果业是火山灰土的重要利用方式。但在利用过程中，必须注意保护土壤资源，因土制宜，因势利导。

③扩种豆科饲草绿肥，促进畜牧业发展。火山灰土地区土壤比较肥沃，灌草生长茂盛，可利用难开垦为耕地的闲荒地，变野生杂草为人工牧草，提高草地载畜量，发展畜牧业。

④搞好水利设施配套建设。解决水田、旱作及果树用水，充分发挥火山灰土的生产潜力。

火山灰岩是重要的矿产资源，在建筑行业具有广泛的用途。

14.2.3　石灰(岩)土

14.2.3.1　石灰(岩)土的分布与成土条件

(1)分布

石灰(岩)土是在热带、亚热带地区石灰岩经溶蚀风化形成的初育土，广泛分布于岩溶地区，如贵州、四川、湖北、湖南、云南、广西、陕西、广东、安徽、江西和浙江等地，常与赤红壤、红壤、黄壤形成组合分布。

(2)成土条件

我国石灰(岩)土类型多样，这与我国岩溶的发育程度和地层时代不同有关。我国南方自震旦纪至三叠纪各地质年代地层均有碳酸盐岩类出露，在高温多雨的气候条件下，地面径流对岩体起着溶蚀和冲刷作用，形成各种岩溶地貌。石灰(岩)土是随着岩溶的发育，酸不溶物质的残积、植物凋落物的积累和腐殖质化以及营养元素富集等成土过程形成的。

14.2.3.2　石灰(岩)土的成土过程、剖面特征与理化性质

(1)成土过程

①石灰岩的溶蚀风化与碳酸钙、碳酸镁的淋溶。碳酸盐岩类一般含碳酸钙和碳酸镁达 800 g/kg 以上，在水分与二氧化碳长期的溶解作用下，钙、镁不断淋洗迁移，部分含铁、铝的黏土矿物残留下来，形成岩溶与碳酸盐风化壳。

②碳酸钙的淋溶与富集。在富含钙质的水文条件及喜钙植物的综合影响下，石灰(岩)土在强烈脱钙的同时，又不断接受从高处流下的含有重碳酸盐的新的水分，致使土壤中存在碳酸钙的淋失与富集两个相反的过程，使土壤中的钙不断得到补充。

③腐殖质钙的积累。高温高湿的气候条件有利于植物的生长，每年有较多的凋落物归

还土壤。由于钙离子的存在，腐殖质与钙离子形成高度缩合而稳定的腐殖质钙，从而使石灰(岩)土普遍获得腐殖质钙积累。

(2)剖面特征

石灰(岩)土因成土母岩岩性、发育阶段及所处地形的不同而具有极显著差异。石灰岩、白云岩发育的土层浅薄，土体与基岩交接面清晰；泥质灰岩发育的土壤较厚，土石界面难以区分。一般初期发育的石灰(岩)土浅薄，土体构型为 A—R 型或 A—C 型，A 层土壤呈棕黑色至暗橄榄棕色，核状或粒状结构，有石灰反应。进一步发育，土体逐渐增厚，土体构型为 A—BC—R 型，心土层黄棕色或黄色，常有灰斑和铁锰结核，棱块状结构。

(3)理化性质

石灰(岩)土呈中性至碱性反应，pH 值 7.0~8.5。土壤质地黏重，表土层多为黏壤至壤土。土壤黏土矿物以伊利石、蛭石、水云母为主，有的含有蒙脱石或高岭石。黏粒的硅铝率较高，达 2.5~3.0，阳离子交换量 20~40 cmol(+)/kg，交换性盐基以钙、镁占绝对优势，一般为 80%~90%。甚至有的出现石灰淀积结核或假菌丝体，呈强石灰反应。土壤有机质含量一般在 40 g/kg 以上，腐殖化程度高，与钙形成腐殖酸钙，使土壤具有良好的结构。土壤养分含量丰富，但由于土壤 pH 值较高，微量元素如硼、锌、铜等有效性低，易导致缺素现象。

14.2.3.3　石灰(岩)土的亚类划分

由于石灰岩的组成、特征、所处生物气候条件，以及成土作用的强弱、时间的长短等因素的不同，造成石灰(岩)土的特征不同，从而将石灰(岩)土划分为黑色石灰土、棕色石灰土、黄色石灰土与红色石灰土。

14.2.3.4　石灰(岩)土的利用改良

石灰(岩)土分布区多为贫困山区，山高坡陡，交通不便，耕地地块狭小零散，土层薄，砾石多，不利于机械耕作；石灰岩裂隙多，漏水。因此，石灰(岩)土分布区往往也是缺水地区。石灰(岩)土的利用改良途径：①植树造林，保持水土；②种植一些适宜生长的经济林木，如山楂、花椒、核桃、柿；③在不得已必须耕种的情况下，也要通过工程措施修建石坎梯田、水平阶等；④利用山地草场，适当发展圈养畜牧业。

思考题

1. 初育土形成的主要影响因素有哪些？
2. 为什么初育土的性质受母质的影响大？
3. 紫色土、火山灰土与石灰(岩)土如何开发利用？限制因素有哪些？
4. 风沙土、黄绵土、新积土开发利用应注意哪些问题？

第 15 章

半水成土、水成土与盐碱土

【内容提要】主要介绍半水成土、水成土和盐碱土土纲各土类的成土条件、形成过程、土壤属性及利用改良措施，从而阐释地表水及地下水在土壤形成过程中的重要作用及对土壤性质的影响。

15.1　潮土与草甸土

15.1.1　潮土

潮土是一种半水成非地带性且具有腐殖质层(耕作层)、氧化还原层及母质层等剖面构型的土壤。潮土是根据其地下水位浅，毛管水前锋能够达到地表，具有"夜潮"现象而得名。潮土曾称冲积土、原始褐土、浅色草甸土，第二次全国土壤普查时正式命名为潮土。

15.1.1.1　潮土的分布与成土条件

(1)分布

潮土广泛分布在我国黄淮海平原、长江中下游平原以及上述地区的山间盆地，在珠江、辽河中下游开阔的河谷平原也有一定面积的分布。在行政区划上潮土主要分布于山东、河北、河南，其次是江苏、内蒙古、安徽，再次为辽宁、湖北、山西、天津等地。

(2)成土条件

潮土的主要成土母质多为近代河流冲积物，部分为古河流冲积物、洪积物及少量的浅海冲积物。在黄淮海平原及辽河中下游平原潮土的成土母质多为石灰性冲积物，含有机质较少，但钾素丰富，土壤质地以砂壤质为主；珠江、黑龙江等水系冲积平原的潮土成土母质为酸性非石灰性冲积物，含有机质较多，但钾素不丰富，土壤质地以黏壤土为主；长江、滦河、松花江等水系为中性混合性冲积物；雅鲁藏布江、嫩江、牡丹江冲积物含有大量砂砾。我国主要水系冲积物颗粒组成情况见表15-1。

潮土分布区的地形平坦，地下水埋深较浅，地下水埋深随季节性干旱和降水而发生变化，旱季时地下水埋深一般为 2~3 m，雨季时可以上升至 0.5 m 左右，季节性变幅在 2 m 左右。

表 15-1　不同水系冲积物的颗粒组成

水系	质 地	样品数（个）	颗粒组成（%）		
			粒径 0.02~2.00mm	粒径 0.002~0.020mm	粒径<0.002mm
黄河	砂　土	10	90.37	3.79	4.90
	壤　土	72	54.09	36.13	8.89
	黏壤土	22	43.03	36.42	20.93
	黏　土	47	17.03	44.00	39.71
长江	砂　土	6	68.08	39.62	10.71
	壤　土	11	66.33	19.97	13.70
	黏壤土	4	19.78	39.53	36.72
	黏　土	12	34.09	32.13	33.64
淮河	砂　土	2	65.79	22.93	11.28
	壤　土	6	51.19	32.89	15.92
	黏壤土	6	28.40	50.97	20.63
	黏　土	2	20.40	48.91	30.70

注：引自全国土壤普查办公室，1998。

潮土的自然植被为草甸，但由于该地区农业历史比较悠久，多辟为农田。该地区光热资源充足，是我国主要旱作土壤，为小麦、玉米、棉花等农产品生产基地，也是各种水果、蔬菜和多种名优特农产品的重要产区。

15.1.1.2　潮土的成土过程、剖面特征与理化性质

（1）成土过程

潮土的成土过程是由潴育化过程和受旱耕熟化影响的腐殖质积累过程组成。

①潴育化过程。潮土剖面下部土层常年在地下潜水干湿季节周期性升降运动的作用下，铁、锰等元素的氧化还原过程交替进行，并有移动与淀积，在毛管水升降变幅土层中的孔隙和结构面上形成棕色的锈纹斑、铁锰斑和雏形结核，这是潮土的重要特征土层。

由于这种每年的周期性氧化还原过程，致使土层内显现锈黄色和灰白色（或蓝灰色）的斑纹层（锈色斑纹层），常有铁锰斑点和软的结核，在氧化还原层下还可以见到沙姜，沙姜一般是地下水的产物。

②腐殖质积累过程。潮土分布区绝大多数已垦殖为农田。因此，潮土腐殖质积累过程的实质是人类通过耕作、施肥、灌排等农业措施，改良培肥土壤的过程。潮土腐殖质积累过程较弱，尤其是分布在黄泛平原上的土壤，耕作表土层有机质含量低，颜色浅淡。所以也称之为浅色腐殖质表层。但潮土在长期的旱耕熟化过程中，耕作层土壤有机质与氮磷等养分含量有所提高。

（2）剖面特征

潮土剖面构型为：Ap—BCg—Cg 或 Apk—Ap2—BCk—Ckg。

①腐殖质层（耕作层，Ap）。是一种人为耕种熟化表土层，一般厚度 15~20 cm，有机质含量低，一般小于 10 g/kg，壤质，碎块—团块状结构，分布有大量作物根系。

耕作层之下有时可见犁底层（Ap2），因长期受机具的碾压而形成的，具有明显的片状

或鳞片状结构，厚度 5~10 cm 不等，颜色与耕层土壤相接近。

②过渡层。一般在犁底层之下，厚 15~40 cm，壤质，多为屑粒状结构。有时犁底层之下即是氧化还原层，而不存在过渡层。

③氧化还原层(BCg)。又称锈色斑纹层，多出现于 60~150 cm 土层，有明显锈斑，也有与之相间分布呈还原态的灰色斑纹。该层下部时有软质铁锰结核或雏形沙姜。

④母质层(Cg)。主要为沉积层理明显的冲积物，具有明显的潴育化特征，地下水位较高的地区甚至有潜育化现象。

(3)理化性质

①机械组成。潮土颗粒组成因河流沉积物的来源及沉积相而异，一般来源于花岗岩山区的较粗，来源于黄土高原的多为砂壤及粉砂质，长江与淮河物质较细且质地层次分异不明显。同时在原近河床沉积的物质粗，原牛轭湖相沉积的物质细。由于这种不同质地的沉积层理及其组合(土体质地构型)极大地影响土壤的水分及肥力状况，尤其是对砂土及黏质土(重壤土、黏土)在剖面中出现的部位及厚度影响显著。

②矿物组成。潮土黏土矿物一般以水云母为主，蒙脱石、蛭石、高岭石次之。蒙脱石含量与流域物质来源有关，黄河流域潮土黏粒(粒径<0.001 mm)硅铝率较高(3.5~4.0)，长江流域较低(3.0 左右)。

③pH 值及碳酸钙。发育在黄河沉积母质上的潮土碳酸钙含量高，含量变化范围为 50~150 g/kg，砂质土偏少，黏质土偏高，土壤呈中性—微碱性反应，pH 值 7.2~8.5，碱化潮土pH 值高达 9.0 以上。长江中下游地区钙质沉积母质发育的潮土，碳酸钙含量较低，为 20~90 g/kg，pH 值 7.0~8.0，发育在酸性岩山区河流沉积母质上的潮土，不含碳酸钙，土壤呈微酸性反应，pH 值为 5.8~6.5。

④养分状况。分布于黄河中下游的潮土(黄潮土)，有机质含量低，一般小于 10 g/kg，普遍缺磷，钾元素虽丰富，但高产地块普遍缺钾现象，微量元素中锌含量偏低。分布于长江中下游地区的潮土(灰潮土)养分含量高于黄潮土。潮土养分含量除与人为施肥管理水平有关外，还与土壤质地有明显相关性(图 15-1)。各亚类之间养分状况也有差异。

15.1.1.3　潮土的亚类划分

根据地域条件以及成土过程的差异，潮土可分为潮土、灰潮土、湿潮土、脱潮土、盐化潮土、碱化潮土及灌淤潮土 7 个亚类。

15.1.1.4　潮土的利用改良

潮土分布区地势平坦，土层肥厚，水热资源丰富，是我国重要的旱作土壤分布区。潮土分布广泛，不同地区和不同类型潮土的土壤性质和肥力条件差异较大，因而要采取不同的利用改良措施。

①改善生产条件，防止盐化。盐化是潮土肥力提

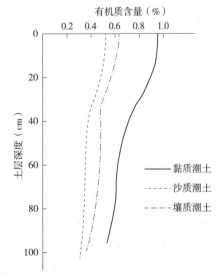

图 15-1　不同质地潮土有机质剖面分布
(张凤荣, 2016)

升的重要限制因子, 加强农田水利建设, 发展灌溉技术, 建立排水系统和农田林网, 改善潮土生产环境条件, 消除或减轻旱、涝、盐、碱危害, 发挥潮土生产潜力。通过施用有机肥或调理剂对盐化潮土进行改良, 提高有机质和全氮含量, 降低盐分含量; 根据种植条件, 种植耐盐植物, 进行生物排水, 防止土壤返盐。

②合理施肥, 培肥土壤。潮土一般有机质含量低, 有效养分缺乏, 应注重有机肥的施用, 也不实行秸秆还田, 提高有机质含量, 培肥土壤。同时, 根据土壤养分状况与作物养分需求, 合理施肥, 在施用氮磷钾肥料的基础上, 配合补充中微量元素(镁、硼、锌等)肥料, 实现平衡施肥。

③施用改良剂, 客砂等改善土壤结构。对于砂质潮土, 可施用有机/无机土壤改良剂或采取秸秆还田, 改善土壤结构, 促进土壤大团聚体的形成并增强其稳定性, 提升养分供应能力; 对于黏质潮土可通过配砂改良, 疏松土壤, 改善土壤质地, 也可通过施用功能改良剂, 如粉煤灰、腐殖酸肥料、黄腐酸钾等, 增强通透性, 提高肥力。

④因地制宜, 改善种植结构。根据土壤条件, 因地制宜, 调整作物布局, 合理配置粮食作物与经济作物、林业和牧业, 提高潮土的产量、产值和效益。水肥条件较好的地区可发展需水肥的高产粮食作物, 推行间作、套作, 提高复种指数; 对于灌溉条件差的地区, 则以种植耐旱作物为主。

15.1.2 草甸土

草甸土是在地下水浸润作用影响下, 在草甸植被下发育而成的具有腐殖质层(A)及锈色斑纹层(BCg 或 Cg)两个基本发生层的半水成土壤。《中国土壤》(1998)将其划归半水成土纲暗半水成土亚纲下的一个土类。

15.1.2.1 草甸土的分布与成土条件

(1) 分布

草甸土广泛分布于世界各大河的冲积平原、三角洲以及滨湖、滨海等地势低平地区。在我国主要分布于东北地区的三江平原、松嫩平原、辽河平原, 以及内蒙古和西北地区的河谷平原或湖盆地区。

(2) 成土条件

草甸土分布区地势低平, 排水不畅, 地下水位浅(1~3 m), 矿化度一般小于 0.5 g/L, 属于 HCO_3^-—Ca 型水。盐化及石灰性草甸土区, 矿化度稍高(0.5~1.0 g/L), 属于 HCO_3^-—Na 及 HCO_3^-—Ca 型水。地下水位随旱季、雨季呈现季节性变化, 为土壤中下部氧化还原过程创造了条件。

草甸土虽非属于地带性土壤, 但气候对碳酸盐的淋溶和淀积及腐殖质积累有较明显影响, 如湿润、半湿润地区分布的草甸土多为暗色草甸土和潜育草甸土, 半干旱地区分布的多为石灰性草甸土和盐化草甸土。

草甸土的自然植被因地而异, 有湿生型的草甸植物, 如小叶樟、沼柳、薹草等; 草甸草原区的植物有羊草、狼尾草、狼尾拂子茅、鸢尾等; 局部低洼处有野稗草、三棱草、芦苇等湿生植物。草甸土的植被生长繁茂, 盖度一般为 70%~90%, 甚至达 100%, 每年都能够向土壤提供丰富的植物残体，加之气候冷凉，微生物分解活动受到抑制，故草甸土有机质含量较高，腐殖质层深厚。草甸土已不同程度地开垦种植，多为一年一熟。

草甸土母质多为近代河湖相沉积物，地区性差异明显，主要表现在碳酸盐的有无及质地分异上。如东北地区西部多碳酸盐沉积物，东、北部多为无碳酸盐沉积物。母质的砂黏程度直接影响腐殖质、养分积累和水分状况。

15.1.2.2 草甸土的成土过程、剖面特征与理化性质

(1) 成土过程

草甸土成土过程的特点是：具有明显的腐殖质积累过程和潴育化过程。

①腐殖质积累过程。草甸土的草甸草本植物每年不但地上部分补给土壤表层以大量有机质，而且其根系也主要集中于表层，植株死亡后，大量富含钾、钙元素的有机质归还于土壤表层，腐殖质以胡敏酸为主，多以胡敏酸钙形式存在。这是草甸土具有团粒结构等良好水分物理性质的主要原因。草甸土虽不属地带性土壤，但其腐殖质积累过程明显反映了气候的影响，东北地区北部及东部的寒冷潮湿区，有机质含量明显高于干燥温暖的西部地区，腐殖质层由东向西逐渐变薄。

②潴育化过程。潴育化过程主要取决于地下水水位的季节性动态变化。由于草甸土地形部位低，地下水埋藏较浅，雨季为 1.0～1.5 m 或更浅，旱季可降至 3 m。地下水变幅大，升降频繁，在剖面中下部地下水升降范围土层内，土壤含水量变化于毛管持水量至饱和含水量之间，铁，锰的氧化物发生强烈氧化还原过程并有移动和淀积，土层呈现锈黄色及灰蓝色(或蓝灰色)相间的斑纹，具有明显的潴育化过程特征及轻度潜育化现象。

(2) 剖面特征

草甸土剖面构型为：Ah—AB—Cg 或 Ah—ABg—G 型等。草甸土一般可以分为两个基本发生学层次，即腐殖质层(Ah)及锈色斑纹层(BCg 或 Cg)。

①腐殖质层(Ah)。一般厚度 20～50 cm，少数可达 100 cm。因有机质含量不同而呈暗灰至暗灰棕色，根系盘结。质地取决于母质，多为粒状结构，矿质养含量较高，可分为几个亚层及过渡层等。

②锈色斑纹层(BCg 或 Cg)。有明显的锈斑、灰斑及铁锰结核，有机质含量低，颜色较浅，质地变化较大，与沉积物性质有关。

(3) 理化性质

草甸土水分含量高，毛管活动强烈，有明显的季节性变化，旱季为水分消耗期，雨季为水分补给期，冬季为冻结期。土壤水分剖面自上而下一般分为易变层(0～30 cm)、过渡层(30～80 cm)和稳定层(80～150 cm)。

15.1.2.3 草甸土的亚类划分

根据气候环境及土壤性状的差异，草甸土划分为草甸土、石灰性草甸土、盐化草甸土、碱化草甸土、潜育草甸土和白浆化草甸土6个亚类。

15.1.2.4 草甸土的利用改良

(1) 草甸土的利用改良

草甸土潜在肥力较高，适种作物种类多，但常因排水不畅，水分含量过高，影响肥力

发挥。应通过平整土地、开沟排水、竖井排水、防止客水汇入等工程措施，降低地下水位，改善土壤通气状况。同时改良土壤物理性质(如掺砂)、提高土壤温度等。对于垦殖后的草甸土，应注意培肥土壤，用养结合，加深耕作层，防止肥力退化。

(2)石灰性草甸土的利用改良

石灰性草甸土养分丰富，肥力较高，是良好的农牧业资源。针对作物水分不足的问题，应该发展浅层地下水灌溉，促进作物生长。对于干旱、半干旱地区的石灰性草甸土，垦殖时应注意处理好农牧业用地的关系，发展节水灌溉，防止土壤发生次生盐渍化，保持土壤原有质地构型。

(3)盐化及碱化草甸土的利用改良

草甸土由于所处低洼地区，容易产生盐化现象。应结合化学改良和物理手段等措施，施用有机肥以及脱硫副产物、石膏、糠醛渣和腐殖酸等改良剂，降低土壤盐分含量，改善土壤结构；也可采用平整土地、深耕翻耕、覆沙、客土等物理措施，增强土壤通透性，增加土壤渗水能力，加快盐分冲洗；种植耐盐植物，改善土壤结构，促进盐分淋洗，降低盐分含量。

15.2　沼泽土与泥炭土

沼泽土与泥炭土是在地表水和地下水影响下，在沼泽植被(湿生植物)下发育的具有腐泥层或泥炭层和潜育层的土壤。《中国土壤》(1998)将沼泽土和泥炭土分别划入水成土土纲之下的矿质水成土亚纲的沼泽土土类和有机水成土亚纲的泥炭土土类。

沼泽土是指地表长期或季节性积水，地下水位高(在1 m以上)，具有明显生草层或泥炭层和潜育层，且全剖面均有潜育特征的土壤。泥炭土则是指在潜育层以上具有泥炭层的土壤，它与沼泽土的区别是泥炭层厚度在50 cm以上，不足50 cm则为沼泽土。

15.2.1　沼泽土与泥炭土的分布与成土条件

(1)分布

沼泽土和泥炭土在世界各地均有分布，其中分布最广的是寒带森林苔原地带和温带森林草原地带，如芬兰、瑞典、波兰、加拿大，以及俄罗斯的西伯利亚地区和美国的东北部地区等都有大面积沼泽土和泥炭土的分布。

在我国，沼泽土和泥炭土的分布也相当广泛，除了部分地区分布比较集中外，一般呈零星分布。总的趋势是以东北地区为最多，其次为青藏高原，再次为天山南北麓、华北平原、长江中下游、珠江中下游以及东南滨海地区。

(2)成土条件

一般来说，沼泽土与泥炭土的形成不受气候条件的限制，只要有潮湿积水条件，无论寒带、温带、热带均可形成。但是，气候因素对沼泽土和泥炭土的形成、发育也有一定的影响。一般来说，在高纬度地带，气温低、湿度大，有利于沼泽土和泥炭土的发育。

沼泽土和泥炭土总是与低洼的地形相联系。在山区多见于分水岭上碟状洼地、封闭的沟谷盆地、冲积扇缘或扇间洼地；在河间地区，则多见于泛滥地、河流汇合处，以及河流平衡曲线异常部分；此外，在半干旱地区的风蚀洼地、丘间低地、湖滨地区也有沼泽土和泥炭土的分布。

母质的性质对沼泽土和泥炭土的发育也有很大的影响。母质黏重，透水不良，容易造成水分聚积。

由于上述因素的综合作用，首先造成土壤水分过多，为苔藓及其他各种耐湿植物(薹草、芦苇、香蒲等)的生长创造了条件，而各种耐湿植物的繁茂生长以及草毡层的形成，又进一步促进了土壤过湿，从而更加速了土壤沼泽化的进程。

15.2.2　沼泽土与泥炭土的成土过程、剖面特征与理化性质

(1) 成土过程

沼泽土和泥炭土大都分布在低洼地区，具有季节性或长年的停滞性积水，地下水位都小于 1 m，并具有沼生植物的生长和有机质的嫌气分解而形成潜育化过程的生物化学过程。停滞性积水一般是指由于地势低平而滞水，也可指永冻层滞水或森林采伐后林木蒸散减少而出现的滞水。沼生植被，一般分布的是低地的低位沼泽植被，如芦苇、菖蒲、沼柳等，但在湿润地区也有高位沼泽植被，其代表为水藓、灰藓等藓类植被。

沼泽土的形成称为沼泽化过程，包括潜育化过程、腐泥化过程或泥炭化过程。泥炭土则 3 个过程都有。

①潜育化过程。由于地下水位高甚至地面积水，使土壤长期渍水，可以使土壤结构破坏，土粒分散。同时由于积水，土壤缺乏氧气，土壤氧化还原电位下降，而有机质在嫌气分解下产生大量还原性物质，如 H_2、H_2S、CH_4 和有机酸等，促使氧化还原电位进一步降低，氧化还原电位一般小于 250 mV，甚至降为负值。这样的生物化学作用引起强烈的还原作用，土壤中的高价铁、锰被还原为亚铁和亚锰，结果：一是铁、锰氧化物由不溶态变成可溶态的亚铁和亚锰，发生离铁作用，它们能随水特别是随流动的地下水淋失，使土壤呈浅灰色或灰白色。二是亚铁或亚锰如不流失，则亚锰为无色，亚铁为绿色，可使土壤呈青灰色或灰绿色。同时在沼泽土中还会形成蓝铁矿[$Fe_3(PO_4)_2 \cdot 8H_2O$]和菱铁矿($FeCO_3$)，这些亚铁化合物都是无色的，在季节性旱季，土层上部可能变干而处于氧化状态，这些亚铁化合物氧化后，前者呈蓝色，后者呈棕色，从而使土壤呈青灰色或灰蓝色，有时还有黄棕色锈纹。上述的潜育化过程，其结果是形成土壤分散、具有青灰色或灰蓝色甚至灰白色的潜育层。不论沼泽土还是泥炭土均有这一过程而产生的潜育化层次。

②腐泥化或泥炭化过程。沼泽土或泥炭土由于水分多，沼生植物生长旺盛，秋冬死亡后，有机残体残留在土壤中，翌年春季或夏季，由于低洼积水，土壤处于嫌气状态，有机质主要发生嫌气分解，形成腐殖质或半分解的有机质，有的甚至不分解，这样年复一年积累，如果伴随地壳下沉，不同分解程度的有机质层逐年加厚，这样积累的有机物质称为泥炭(peat)或草炭(twit)。但在季节性积水时，土壤在一定时期(如春夏之交)出现嫌气条件减弱，有机残体分解势较强，这样不形成泥炭，而是形成腐殖质及细的半分解有机质，与水分散的淤泥一起形成腐泥。在泥炭形成过程中，植被会发生演替。一般泥炭形成时，由于有机质矿化作用弱，释放的速效养分较少，如果沼泽地周围缺乏养分补充来源时，下一代沼泽植物的生长将越来越差，甚至不能生存，在寒冷地区，则最后被需要养分少的水藓或灰藓等藓类植物所代替，这样使原来由灰分元素含量较高的草本植物组成的富营养型泥

炭, 逐渐为灰分元素含量低的藓类泥炭所覆盖。沼泽土与泥炭土的形成总的来说是土壤水分过多造成的, 但土壤水分过多而引起沼泽化也是由多种原因造成的, 主要有草甸沼泽化、森林迹地沼泽化、冻结沼泽化和潜水沼泽化。

③脱沼泽过程。沼泽土在自然条件和人为作用下, 可发生脱沼泽过程。如由于新构造运动, 地壳上升; 河谷下切, 河流改道; 沼泽的自然淤积和排水开发利用等, 使沼泽变干而产生脱沼泽过程。在脱沼泽过程中, 随着地面积水消失, 地下水位降低, 土壤通气状况改善, 氧化作用增强; 土壤有机质分解和氧化加速, 使潜在肥力得以发挥; 土壤颜色由青灰转为灰黄, 这样沼泽土也可演化为草甸土。

(2) 剖面特征

沼泽土的剖面形态一般分 2~3 个层次, 即泥炭层和潜育层(H—G), 或腐殖质层(腐泥层)和潜育层(Hh—G), 或泥炭层、腐殖质层和潜育层(H—Hh—G)。

泥炭土的剖面形态一般有厚层泥炭层及潜育层(H—G), 或厚层泥炭层、腐泥层及潜育层(H—Hh—G)。

①泥炭层(H)。位于沼泽土上部, 也有呈厚度不等的埋藏层存在; 泥炭层厚度十几厘米至数米, 但超过 50 cm 时即为泥炭土。泥炭层有如下特性: 泥炭常由半分解或未分解的有机残体组成, 其中有的还保持着植物根、茎、叶等的原形。颜色从未分解的黄棕色, 到半分解的棕褐色甚至黑色。泥炭的容重小, 仅 0.2~0.4 g/cm³。泥炭中有机质含量多在 500~870 g/kg, 其中腐殖酸含量高达 300~500 g/kg, 全氮量高, 可达 10~25 g/kg; 全磷量变化大, 为 0.5~5.5 g/kg, 全钾量比较低, 多为 3~10 g/kg。泥炭的吸持力强, 阳离子交换量可达 80~150 cmol/kg。持水力也很强, 其最大吸持的水量可达 300%~1000%。泥炭一般为微酸性至酸性。高位泥炭酸性强, 低位泥炭为微酸性乃至中性。

各地泥炭的性质主要取决于形成泥炭的植物种类和所在的气候条件和地形特点, 因而差异较大。

②腐泥层(Hh)。即在低位泥炭阶段就与地表带来的细土粒进行充分混合, 于每年的枯水期进行腐解, 因而成为进行了一定分解的、含有一定胡敏酸物质的黑色腐泥。一般厚度为 20~50 cm, 承载力很低。

③潜育层(G)。位于沼泽土下部, 呈青灰色、灰绿色或灰白色, 有时有灰黄色铁锈斑块。

15.2.3 沼泽土与泥炭土的亚类划分

沼泽土可分为沼泽土、草甸沼泽土、腐泥沼泽土、泥炭沼泽土、盐化沼泽土和碱化沼泽土 6 个亚类。

泥炭土可分为低位泥炭土, 中位泥炭土和高位泥炭土 3 个亚类。在 3 个亚类中, 主要是低位泥炭土, 占土类总面积的 90.65%。

15.2.4 沼泽土与泥炭土的利用改良

(1) 沼泽土的利用改良

①疏干排水。沼泽土由于长期积水, 因此在开垦利用前应首先进行疏干排水, 如采取

开沟排水、修筑条台田等，促进土壤熟化。也可以种植蒸腾量大的树种(如杨树等)，进行生物排水。

②发展牧业。对于排水条件差的沼泽土，可以根据实际情况种植水生作物，草质优良的可作为割刈草场或牧场；如果用于放牧，则要注意沼泽土的湿陷性很强，要注意牲畜饮水卫生，防止牲畜陷落和烂蹄。

③林业利用。在东北长白山以及大、小兴安岭林区，有部分地区沼泽常由于水分过多而影响林木生长，应采取局部的排水措施，增强林木的种子萌发、生长和自然更新能力。

④培育草场。对于腐殖质含量高的泥炭沼泽土，因每年载畜量过高而退化严重，要把减少载畜量与培养草场相结合，培育草场。

(2)泥炭土的利用改良

①用作肥料或营养土。泥炭土腐殖质积累多，有机质和氮素含量高，经过堆腐后可用作肥料。泥炭的吸收性能强，所含大量活性腐殖物质，可促进作物根系呼吸，利于根系发育。可将泥炭晾干粉碎后，加入氨水制成腐殖酸肥料、铵肥料施用。泥炭土含有大量有机质，疏松多孔，通透性好，保水保肥能力强，可制作营养土土用于蔬菜、水稻的育苗。

②用作土壤改良剂。泥炭孔隙度高，可作为有机改良物料，增加土壤团聚体，改善土壤理化性质。泥炭土吸附性好，螯合能力强，可作为重金属污染土壤修复剂。另外，泥炭作为弱酸性物质，腐殖酸含量丰富，可以用于盐渍化土壤的改良。

③用于工业。泥炭可直接作为生产焦油、煤气、沥青、塑料、染料等工业产品的原材料。

沼泽土和泥炭土所处的天然湿地在调节气候和防止洪涝方面有重要作用。同时，沼泽土生长多种湿地植物，积水地带生存许多淡水鱼类，也是许多水禽的栖息地。泥炭沼泽作为一种独特的生态系统，其巨大的碳储量备受关注。应当将沼泽土和泥炭土作为湿地资源，加强保护，合理利用，保护生物多样性，保护生态环境。

15.3　盐碱土

盐碱土是对各种盐土和碱土以及其他不同程度盐化和碱化土壤系列的统称，也称盐渍土。这些土壤中含有大量的可溶性盐类或碱性过重，导致土壤理化性质恶化，从而抑制大多数植物正常生长。当土壤表层中的可溶性盐类绝大部分为中性盐，其总盐量超过 0.1%(氯化物为主)或 0.2%(硫酸盐为主)时，开始对农作物产生不同程度的危害，从而影响作物的产量，这样的土壤称为盐化土壤。当总盐量超过 1.0%(氯化物为主)或 1.2%(硫酸盐为主)时，对农作物危害极大，只有少数耐盐植物能生长，严重时会成为光板地，这种土壤称为盐土。当土壤表层含有较多的苏打(Na_2CO_3)时，使土壤呈强碱性，pH≥9.0，碱化度超过 5%时，称为碱化土壤。当碱化度超过 20%时，便形成了碱土。盐化、碱化土壤仅处于盐分与碱性盐量的累积阶段，还未达到质的标准，只能归属于其他土类下的盐化或碱化亚类。

15.3.1 盐碱土的分布与成土条件

(1) 分布

盐碱土在我国分布范围广、面积大、成土条件复杂、类型繁多。据统计, 我国盐碱土总面积约 $2500×10^4 \, hm^2$, 其中耕地约 $670×10^4 \, hm^2$。从东北平原到青藏高原, 从西北内陆到东部沿海都有盐碱土的分布。在干旱、半干旱地区, 广泛分布着现代积盐过程产生的盐碱土; 在干旱地区的山前平原、古河成阶地和高原上, 仍可见早期形成的各种残余盐碱化土壤; 在滨海地区, 包括台湾和南海诸岛在内的沿海, 由于受海水浸渍的影响, 分布有各种滨海盐土和酸性硫酸盐土。

除滨海平原外, 内陆平原盐碱土主要集中分布在新疆天山南北的准噶尔盆地北部、塔里木盆地、吐鲁番盆地, 以及甘肃西部的河西走廊、青海的柴达木盆地等内流封闭盆地。在半封闭水流滞缓的河谷平原, 如银川平原、河套平原、大同盆地、忻定盆地、汾渭河谷平地、海河平原、松嫩平原等也有盐碱土连片或零星分布。

(2) 成土条件

①气候。除海滨地区以外, 盐碱土主要集中分布于干旱、半干旱和半湿润地区, 由于降水量小, 蒸发量大, 土壤水分运行以上行为主, 成土母质风化释放的可溶性盐分无法淋溶, 只能随水向上转移, 经蒸发、浓缩, 盐分在土壤表层聚积, 导致土地盐碱化。

②地形。地势低平、排水不畅是盐碱土形成的主要地形条件。这是由于盐分随地表水和地下水由高处向低处汇集的过程中, 使洼地成为水盐汇集中心, 地下水经常维持较高水位, 毛管上升水所携带的盐分上升到地表, 在水分蒸发后, 盐分随即聚积地表。但从小地形看, 在低平地的局部高处, 由于蒸发快, 盐分随毛管水由低处往高处迁移, 使高处积盐较重, 从而形成斑状盐碱生态景观。此外, 由于各种盐分的溶解度不同, 在不同地形区表现土壤盐分组成的地球化学分异。从山麓至山前倾斜平原、冲积平原、滨海平原, 土壤和地下水中的盐分相应地出现从碳酸盐和重碳酸盐类型的盐碱化, 逐渐过渡到硫酸盐类型和氯化物—硫酸盐类型, 至水盐汇集末端的滨海低地或闭流盆地多为氯化物类型。

③水文及水文地质条件。盐碱土中的盐分主要来源于地下水。因此, 地下水位和地下水含盐量直接影响土壤的盐碱化程度。地下水埋深越浅、矿化度(以每升地下水含有的可溶性盐分质量表示)越高, 土壤积盐能力就越强。在每年蒸发最强烈的季节, 不致引起土壤表层积盐的最浅地下水埋藏深度, 称为地下水临界深度。它是设计排水沟深度的重要依据。地下水临界深度并非常数, 而是与当地气候、土壤(特别是土壤的毛管性能)、水文地质条件(特别是地下水矿化度)和人为措施等因素有关。一般来说, 气候越干旱, 蒸降比越大, 地下水矿化度越高, 临界深度越大。

④母质。母质对盐碱土形成的影响主要取决于母质本身的含盐程度。在北方干旱、半干旱地区, 大部分盐成土是在第四纪沉积母质基础上发育形成的, 包括河湖沉积物、洪积物和风积物, 这些母质多含有一定量的可溶性盐分。有些地区土壤盐碱化与古老含盐地层母质有关, 特别是在干旱地区, 因受地质构造运动的影响, 古老的含盐地层裸露地表或地层中夹有岩盐, 故山前沉积物普遍含盐, 从而成为现代土壤和地下水的盐分来源, 或在极

端干旱的条件下，盐分得以残留下来，成为目前的残积盐土。有的含盐母质，则是滨海或盐湖的新沉积物，由于受海水和盐湖盐水的浸渍而含盐。

⑤生物积盐作用。在干旱的荒漠地带，一些深根性盐生植物或耐盐植物从土层深处及地下水中吸取大量的可溶性盐类，并通过茎叶上的毛孔将其分泌于体外，当这些植物机体死亡后将在土壤中残留大量的盐分。这些盐分成为表层盐分的来源之一，从而加速土壤的盐碱化。如新疆北部玛纳斯地区盐穗木的植株含盐量为 267 g/kg，在更干旱的阿克苏地区，其植株含盐量高达 578 g/kg。但从总体上看，盐碱土地区植被极为稀疏，因此，通过生物作用所积累的盐分仍然是很有限的，远不如其他因素的影响。

⑥人类活动。由于合理的生产活动引起的土壤盐碱化，称为次生盐碱化。次生盐碱化包括原来非盐化的土壤而发生盐化，以及原来轻盐化的土壤变成重盐化，以致变为盐土而弃耕。次生盐碱化主要发生在干旱、半干旱地带的灌区，由于盲目引水漫灌，不注意排水措施，渠道渗漏，耕作管理粗放，无计划地种稻等，引起大面积的地下水位抬高到临界深度以上，使土壤产生积盐。

15.3.2　盐碱土的危害及作物的耐盐能力

(1) 盐碱土的危害

盐碱土中最常见的盐类主要包括钠、钾、钙、镁等元素的硫酸盐、氯化物、碳酸盐及重碳酸盐。硫酸盐和氯化物一般为中性盐，碳酸盐、重碳酸盐为碱性盐。盐类不同，对作物的危害程度也不相同。盐碱土对农业生产的危害可归纳为以下方面：

①高浓度盐分引起植物生理干旱。植物根系吸收水分的首要条件是其细胞液的渗透压大于土壤溶液的渗透压。当土壤中可溶性盐类含量增加时，土壤溶液的浓度和渗透压也随之升高，使作物吸水困难，即使土壤中水分充足，植物仍出现生理干旱，严重时，使作物体内的水分出现反渗透现象，产生生理脱水而萎蔫死亡。

②盐分的毒性效应。土壤水中的某些离子浓度过高时，通常会对作物产生直接毒害。如某些盐敏感的棉花品种，当其叶片中积累过量的钠离子时，会发生叶片缘或叶尖焦枯的"钠灼烧"现象；氯离子在叶片中的过多积聚，也能引起某些作物叶子的"氯灼烧"，使叶缘发生枯焦，严重时可造成叶片脱落，小枝条干枯，甚至使植株死亡。此外，碳酸钠等碱性盐类，对幼嫩作物的芽和根有很强的腐蚀作用，产生直接危害使植物无法生活。

③高浓度的盐分影响作物对养分的吸收。当土壤溶液中某种离子的浓度过高，就会妨碍作物对其他离子的吸收，造成作物的营养紊乱。例如，过多的钠离子会影响作物对钙、镁、钾的吸收；高浓度的钾又会妨碍作物对铁、镁的摄取，最终导致诱发性的缺铁和缺镁的黄化症。

④强碱性降低土壤养分的有效性。土壤中碱性盐过多时，水解使土壤呈强碱性反应，使磷酸盐以及铁、锰、锌等植物营养元素易形成溶解度很低的化合物，降低其有效性，导致作物营养失调。

⑤恶化土壤的物理和生物学性质。由于土壤中交换性钠离子的存在，使土粒高度分散，导致土壤湿黏干硬，透水通气不良，耕性变差，土壤性质恶化，影响作物根系呼吸和养分的吸收。过量的盐碱物质还会直接抑制土壤微生物的活动。

(2)植物的耐盐能力

植物的耐盐能力是指植物所能忍耐土壤的盐碱浓度。植物种类不同,其耐盐能力也有差异。当然,不同的生育期有所差异,一般苗期耐盐能力差。不同作物和树种的耐盐程度见表15-2和表15-3。

表 15-2　不同作物的耐盐能力

耐盐能力	作物种类	苗期可耐受的土壤含盐量(%)	生育旺期可耐受的土壤含盐量(%)
强	甜菜	0.5~0.6	0.6~0.8
	向日葵	0.4~0.5	0.5~0.6
	蓖麻	0.35~0.40	0.445~0.600
	穇子	0.3~0.4	0.4~0.5
较强	高粱、苜蓿	0.3~0.4	0.40~0.55
	棉花	0.25~0.35	0.4~0.5
	黑豆	0.3~0.4	0.35~0.45
中等	小麦	0.2~0.3	0.3~0.4
	玉米	0.20~0.25	0.25~0.35
	粟	0.15~0.20	0.20~0.25
弱	绿豆	0.15~0.18	0.18~0.23
	大豆	0.18	0.18~0.25
	马铃薯、花生	0.10~0.15	0.15~0.20

注:引自林大仪等,2011;耕作层0~20 cm。

表 15-3　不同树种 1 年生苗木的耐盐能力

树种	生长良好的土壤含盐量(%)
柽柳	<0.5
胡颓子、刺槐、美国白桦	<0.3
苦楝、乌桕、臭椿、山槐、紫穗槐、香椿	<0.25
榆、槐、桑、榔榆、侧柏、葡萄	<0.2
泡桐、无患子、皂荚	<0.15
榉树、花楸树、加杨、水杉	<0.10

注:引自黄巧云,2006;耕作层0~20 cm。

15.3.3　盐碱土的特征

(1)盐土的特征

①盐土的主要特征是土壤表面或土体出现白色盐霜或盐结晶,形成盐结皮或盐结壳。盐积层的厚度和含盐量与蒸降比(年平均蒸发量与降水量之比)呈正相关,蒸降比越大,土

壤积盐越重，盐结皮或盐结壳越厚。

②各地土壤盐分种类不同。滨海地区以氯化物为主，硫酸盐次之；内陆地区有的以硫酸盐或氯化物为主，有的含有较多的碱性盐，个别的还含有较多的硝酸盐和硼酸盐。

③土壤酸碱性视含盐种类而异。以中性盐为主的土壤，pH 值 7.0~8.5，中性至微碱性；含有较多碱性盐时（尤其是 Na_2CO_3），pH>8.5，甚至达 10.0，碱性至强碱性；酸性硫酸盐土经围垦后，使土壤变成强酸性，其 pH 值可降到 2.8 以下。

④土壤有机质含量不高，约 10 g/kg，只有沼泽盐土可达 20~40 g/kg。

⑤土壤母质多为河流沉积物、湖积物或洪积物，土层深厚，质地粗细不等，有的上下比较均一，有的砂黏相间，这与盐碱土改良的难易程度有直接的关系。

⑥除漠境盐土外，其他盐化土壤或盐土的地下水位都较高，心土层或底土层常出现锈纹、锈斑或铁锰结核，有时会出现潜育层。

（2）碱土的特征

①由于碱化度高，土壤表层的胶体物质呈分散状态，并随土壤水流向下层渗移，因此表层有机质减少；亚表层由于缺乏应有的地表腐殖质补充，形成颜色较浅的、呈片状结构的、SiO_2 含量较高的层次（E）；而 B 层由于大量的钠质胶体积聚，形成比较紧实的、暗棕色的块状或柱状结构，致密不透水，为 Btn 层，结构表面还常常覆有由于上层矿物胶体进行碱性水解所产生的 SiO_2 的悬移粉末。

②碱土的含盐量不高。其特点是土壤胶体吸附大量钠离子，并具有强烈碱化特性。碱土呈强碱性，pH 值在 8.5 以上，甚至达 10.0 左右。碱土的明显特征是存在碱化层。

③碱土的盐分组成比较复杂，以碳酸钠和重碳酸钠为主，二者占碱土总盐量的 50% 以上。草甸碱土中，二者占碱土总盐量的 70%~90%。

④碱土由于受交换性钠的影响，土壤物理性质很差，既不透水，毛管水上升也困难，干时坚硬，湿时泥泞，不利于农作物生长。

⑤我国碱土的质地变化较大，草原碱土多为粉质壤土至黏壤土。松嫩平原草甸碱土以粉壤土至轻黏土居多，银川平原的龟裂碱土则以黏土为多，黄淮海平原的瓦碱大多数为砂壤土至粉砂壤土。

15.3.4　盐碱土的类型划分

全国将盐碱土纲划分为盐土和碱土 2 个亚纲。盐土亚纲中，划分为草甸盐土、漠境盐土、滨海盐土、酸性硫酸盐盐土、漠境盐盐土和寒原盐土 5 个土类。碱土亚纲中只有碱土 1 个土类，可分为草甸碱土、盐化碱土、草原碱土、龟裂碱土与荒漠碱土 5 个亚类。

15.3.5　盐碱土的利用改良

盐碱土由于含盐碱多，土壤肥力水平低，生产性能较差，是我国重要的低产土壤。同时，盐碱土大部分分布的平原地区，土层深厚，地形平坦，地下水资源丰富，具备不少发展农林业生产的有利条件，也是我国重要的后备土壤资源。开展盐碱土综合利用对保障国家粮食安全、端牢中国饭碗具有重要战略意义。盐碱土改良措施详见第 18 章。

思考题

1. 比较潮土和草甸土在成土条件、成土过程和理化性质方面的异同。
2. 如何合理利用和改良潮土?
3. 简述沼泽土和泥炭土的成土过程及性状特点。
4. 如何合理利用和改良沼泽土与泥炭土?
5. 盐碱土成土因素有哪些? 盐碱土对生物的危害机制是怎样的?

第 16 章

人为土与山地土壤

【内容提要】主要介绍人为土中水稻土、灌淤土和菜园土以及山地土壤中高山寒漠土、亚高山草甸土和山地草甸土的分布、形成及其土壤剖面特征、理化性质，以及不同类型土壤的利用改良。

人为土是指长期受人类生产活动影响，土壤的发生发育过程与自然条件有了很大区别，已形成了特殊的与耕作密切相关的发生特性和诊断层次的一类土壤。这类土壤的发育过程是人们定向培育土壤的过程，通常将这一过程称为土壤的熟化过程，如经过水耕熟化和灌淤熟化而形成的水稻土和灌淤土。此外，随着农业技术的发展，人们在对土壤进行改造的强度也越来越大，一种深受人类耕作影响，长期种植蔬菜，经过园艺旱耕熟化而致性状发生变化的土壤类型，称为菜园土。

山地土壤主要是指在青藏高原及其外围山地森林与高山冰雪带之间广阔无林地带之间形成的土壤系列。常见的土壤主要有高山寒漠土和亚高山草甸土。另外在其他地区海拔中等的山顶处，还常分布有属于半水成土土纲中的山地土壤——山地草甸土。

16.1 水稻土、灌淤土与菜园土

16.1.1 水稻土

16.1.1.1 水稻土的分布

水稻是世界上主要粮食作物之一，世界一半以上的人口以稻米为主食。亚洲水稻栽培面积占全世界水稻栽培面积的 95% 以上，尤其集中在东亚和东南亚，如中国、印度、日本、菲律宾、朝鲜、泰国、印度尼西亚、柬埔寨、越南和缅甸等国家。其中我国和印度水稻栽培面积占全世界栽培总面积的 1/2。我国稻田占耕地面积的 25% 左右，产量却占粮食总产的 40% 以上。

我国水稻土分布几乎遍及全国，稻田面积约 0.387×10^8 hm^2。90% 的水稻土分布在秦岭—淮河以南，其中以长江中下游平原、四川盆地、珠江三角洲和台湾西部面积最大。

16.1.1.2 水稻土的成土过程与剖面特征

(1)成土过程

水稻土是一种特殊类型的耕作土壤，由于深受人类劳动的影响，还留有"母体土壤"的烙印，所以水稻土是在自然成土条件和人为影响的综合作用下形成的。

水稻土的水耕熟化过程表现为：人为影响下的氧化还原过程、有机质积累过程、淋溶与复盐基作用、黏粒的淋移淀积等过程。

①氧化还原过程。水稻土在淹水时以还原过程为主，在排水时以氧化过程为主。水稻土灌水前，氧化还原电位一般为450~650 mV，灌水后可迅速降至200 mV以下，尤其在土壤有机质旺盛分解期，氧化还原电位可降至100~200 mV，水稻成熟后落干，氧化还原电位又可达200 mV以上。水稻土的这种氧化还原特性决定了水稻土的形成及有关性状的一系列特性。同一水稻土剖面中，由于各土层的微环境不同，其氧化还原电位也不同，如图16-1所示。

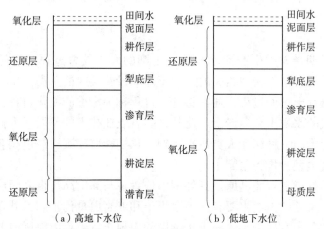

图16-1　水稻土淹水后各层次的氧化还原状况

(张凤荣，2016)

②有机质积累过程。每年泥塘、厩肥、堆肥等农家肥的施入，以及水稻根茬和浮萍、藻类残体的积累，在淹水条件下，土壤处于嫌气状态，有利于有机质积累。

③淋溶与复盐基作用。在年灌水深度500~1500 mm的淹水条件下，在氧化还原与腐殖化等水耕熟化作用中，可使Fe^{2+}、Mg^{2+}、K^+、Na^+等盐基溶解，向下层淋溶淀积，同时使易氧化还原的铁、锰等元素与腐殖质配位淋溶，称为水稻土渍水条件下盐基淋溶过程。在人为施加河泥、塘泥、石灰、草木灰、矿质化肥、绿肥，以及在富钙地下水灌溉条件下，可促使土层中的钙、镁、钾等增多，使水稻土耕作层出现人工复盐基过程。在排水烤田或水旱轮作的排水旱作期中，水稻土中下层盐基也可随蒸发的上升水流上行，使水稻土耕作层出现自然复盐基过程。

④黏粒的淋溶淀积过程。多数情况下，人们连年施河泥、塘泥，从而在大大增厚土层的同时也增加了黏粒，这些黏粒在水耕熟化与排水晒田过程中，可淋移淀积形成渗育层与犁底层。在灌溉过程中，由于串灌和水流下渗，造成黏粒水平运动和向下垂直运动。另外，在渍水淹育的条件下，土壤中形成的次生黏土矿物，也会顺孔隙下渗淋移淀积。

（2）剖面特征

发育比较完全的水稻土剖面构型一般为水耕熟化层、犁底层、渗育层、水耕淀积层、潜育层、母质层，即 W—Ap2—Be—Bshg—G—C 型。

①水耕熟化层（W）。这一层是直接受耕作、施肥、灌溉、排水等农业技术措施影响形成的土层，为水稻根系分布的主要土层。淹水期土壤处于还原状态呈灰色或青灰色，由原土壤表层经淹水耕作而成，落干后可形成有锈纹、锈斑的氧化层。

②犁底层（Ap2）。犁底层紧接耕作层之下，由于在耕作过程中受农具镇压、人畜践踏和静水压力等作用，因而较紧实，呈片状结构，有铁、锰斑纹及胶膜。

③渗育层（Be）。它是季节性灌溉水渗淋下形成的，既有物质的淋溶，又有耕作层淋溶物质的淀积。它可以发展为水耕淀积层，也可以强烈淋溶而发展为白土层（E）。

④水耕淀积层（Bshg）。也称为渗育层、渗渍层或鳝血层，由灌溉水下渗或地下水上升引起物质淋溶、淀积而成，垂直节理明显，多成棱块状结构，结构面上被覆灰色胶膜，土体内常密布铁锈、锈点，此层含有较多的黏粒、有机质、铁、锰与盐基等。

⑤潜育层（G）。它是土壤长期渍水下形成的。由于终年处于还原状态，铁、锰化合物还原而成灰色或灰蓝色。这一层出现部位的高低是评价水稻土质量的指标之一。

⑥母质层（C）。因母土和水稻土的发展过程而不同，不同母土起源的水稻土，如果经过长期水耕熟化，可以向比较典型的方向发育。

16.1.1.3　水稻土的亚类划分

目前，对水稻土的认识与分类不尽统一。根据 1984 年昆明会议上所拟中国土壤分类系统（第二次全国土壤普查分类系统），水稻土可以根据水文状况分为淹育、渗育、潴育、潜育等亚类，另又根据其母土的表现特点分为脱潜、漂洗、盐碱、咸酸等亚类。

16.1.1.4　水稻土的利用改良

我国的水稻土约有 26% 为低产水稻土，其低产主要是由于土壤本身的性状或环境条件不良引起的。低产水稻土的性状或环境条件主要有冷、黏、沙、盐碱、毒害和酸等。对其加以改良，增产潜力大。

①低温水稻土的利用改良。低洼地区地下水位高的水稻土（如潜育水稻土、冷浸田），在秋季水稻收割后，土壤长期处于水分饱和甚至积水状态，这使翌春土温低，影响水稻苗期生长，不发苗，造成低产。改良方法是开沟排水，增大排水沟密度和沟深，改善排水条件，降低地下水位。

②过黏和过沙水稻土的利用改良。质地过黏和过沙对水分渗漏不利，不仅影响水稻生长发育，也不利于耕作管理。质地过黏，如黏粒含量超过 30%，水分散的胶体含量高，使淹水耕耙后的水稻土表面形成浮泥，浮而不实，栽稻秧后易出现飘秧，称为起浆性，耕耙后的土壤中多僵块，不易散碎，也不利小苗生长，称为僵性。如质地偏沙，粗粉沙含量超过 40% 时，会出现淀浆性；沙粒超过 50% 时，出现沉沙性。具有这两类特性的水稻土，耕耙后很快澄清，地表板而硬，插秧除草都困难。改良方法是客土法，过黏掺入沙土，过沙掺入黏质土，如黄土性土壤或黑土等。

③盐碱、毒害和酸性水稻土的利用改良。为消除盐碱和工业废水对水稻土的影响，可

在排水的基础上加大灌溉量以对盐碱、有毒物质进行冲洗。对土壤酸度过大的水稻土应当适量施用石灰。

16.1.2 灌淤土

16.1.2.1 灌淤土的分布与成土条件

（1）分布

灌淤土是指在长期灌水落淤与耕作施肥交替作用下形成的一种土壤，在我国主要分布于银川平原、河套平原、河西走廊、塔里木盆地和准噶尔盆地的四周以及湟水河谷地等，是我国西北干旱区最重要的耕作土壤。

（2）成土条件

灌淤土的主导成土过程为灌水落淤、淋洗，与耕种搅动、培肥两者紧密结合，相互交替进而逐步形成一定厚度灌淤层。附加成土过程有氧化还原过程和盐化过程。气候及下伏母土对灌淤土的形成也有一定影响。

灌淤土的物质来源除了灌水落淤外，还有人工施用土粪，土粪中还带进了碎砖瓦、碎陶瓷、碎骨及煤屑等侵入体，以及作物遗留的残茬、根系和翻压的秸秆、绿肥等。人为耕作在灌淤土形成中发挥重要作用。

16.1.2.2 灌淤土的剖面特征、理化性质与诊断特征

（1）剖面特征

表层具有一层薄厚不等的新淤积层，经过干燥龟裂，有的呈片状，有的呈瓦状。新淤积层的下层，常具有薄薄的砂层，它的存在使新淤积层和原来的土层可以截然分开。在新淤积层下，才是掺混相当均匀的耕作层，厚度 15～20 cm。此层比较疏松，颜色也较暗，向下逐渐过渡到深厚的灌溉淤积层，厚几十厘米到 2 m 以上，全层的颜色、质地、结构都比较一致。

（2）理化性质

灌淤土有独特的理化性质，概括如下：

①黏粒矿物特点。经观察测定，灌淤土黏粒的矿质全量组成以 SiO_2、Fe_2O_3 和 Al_2O_3 为主，三者之和可占全量的80%以上。从垂直分布来说，黏粒的矿质全量组成自上而下有一定的差异。从硅铝铁率上看，灌淤土的形成过程中，没有硅和铝的迁移作用，但有铁的移动。

②有机质及氮、磷、钾等养分增加。由于河水和灌溉水中的泥沙含有一定的养分，农田淤积物的养分含量更高，所以，灌溉淤积不仅使田面抬高，灌淤土土层增厚，而且给土壤带来了大量有机质和氮、磷、钾等养分。同时，每年施用有机肥料，不断地补充土壤中的养分；另外，灌淤土上种植的作物根系发达作物收获后在土壤中留有大量根茎和凋落物，所以灌淤土的有机质和氮、磷、钾等养分的含量远远高于干旱地区的自然地带性土壤。

③土体含水量提高。灌淤土种植小麦，生育期间灌水 4～5 次，加上复种玉米、油菜等作物，又灌水 3～4 次，这样每年灌溉 7～9 次，总灌溉水量 7500～9000 m^3/hm^2，相当于当地年

降水量的几倍甚至几十倍，使土壤常保持湿润状态，含水量为田间持水量的 60%～80%。

④易溶性盐类和石膏的淋洗。灌淤土中易溶性盐类和石膏的含量很低，大部分剖面和层次的石膏含量比干旱地区自然土壤的石膏和易溶性盐类要低，这是经常灌溉的结果。特别是在干旱地区土地被开垦、灌淤土刚开始形成的初期，正是由于灌溉水洗去了土壤中的易溶性盐类和石膏，作物才能正常生长。

⑤碳酸盐与黏粒的淋溶与补充。灌淤土虽然在一定深度有微弱的碳酸钙和黏粒的积累，说明了灌溉水对土壤中碳酸盐和黏粒存在淋溶作用。但由于碳酸钙和黏粒在灌溉水中的含量本来就较高，所以它们在被淋溶的同时，又不断从灌溉水中得到补充，因而碳酸钙和黏粒在剖面中的分布比较一致，尤其是在剖面上部的灌淤土层中分布更均匀。

⑥灌淤层理的消失和土壤物理性状的改善。由于灌淤层的形成是灌水落淤与人为施肥、耕翻混匀、熟化等过程同时进行的，使沉积物的淤积层理被破坏乃至消失，整个土层在颜色、质地、结构、结持性等方面呈现均一的特点。

(3)诊断特征

灌淤土的诊断层为灌淤表层，是指干旱地区由于长期人为引水灌溉，水中的泥沙逐渐淤积，同时经过人为施肥、耕作熟化等措施形成的一种人为表层。其主要特征包括：剖面在颜色、质地、结构和结持性等方面相当均一，无冲积层理；土壤质地一般为壤质土，垂直方向的变化很小；土壤有机质及 N、P、K 含量较高，且表现出均匀分布的特点；碳酸钙含量因灌淤物质来源不同而异，一般含量为 10 g/kg 以上，并随不同剖面的具体条件变化较大，同一剖面中从上到下分布较均一；疏松多孔，全层含有煤渣、木炭、砖瓦、碎瓷片等人为活动侵入体；风化作用微弱；硅铝铁率为 6～8，同一剖面的垂直变化很小；黏粒矿物以水云母为主，其次为绿泥石及高岭石。

16.1.2.3 灌淤土的亚类划分

灌淤土土类划分为灌淤土、潮灌淤土、表锈灌淤土和盐化灌淤土 4 个亚类。

16.1.2.4 灌淤土的利用改良

灌淤土分布区地形平坦，土层深厚，质地适中，更兼光热条件好，灌溉便利，故具有广泛的耕作适宜性。小麦、玉米及水稻等粮食作物，胡麻(油用亚麻)、向日葵等油料作物，以及多种瓜果、蔬菜、树木等均能种植。宁夏的枸杞、新疆的长绒棉和陆地棉，都是灌淤土上生长的名特优产品。但各种灌淤土的肥力存在一定的差异。

①加强农田基本建设，防治土壤盐化。土壤盐化是限制灌淤土生产力的一项重要因素，盐化灌淤土的盐化危害已很明显，潮灌淤土及表锈灌淤土也存在盐化威胁。防止土壤盐化的主要措施是加强农田建设，建立排水系统(沟排或井排)进行排水，实行合理灌溉，节约用水，防止深层渗漏，以降低地下水位；还必须配合其他有效的农业耕作措施，有条件的地方进行水旱轮作等。

②提高土壤肥力。灌淤土的有机质及氮素含量一般较低，有效磷素不足，宜实行秸秆还田，增施有机肥料，发展绿肥，合理施用氮磷化肥，注意补充磷肥，以调整氮磷比。实行小麦与玉米带状间作，小麦套种大豆或麦后复种绿肥，是一种用地与养地相结合的良好轮作办法。

③其他措施。进行深耕，加厚耕作层；河流沿岸筑坝并植护岸林，防止灌淤土农田的冲塌；洪积扇地区的灌淤土，须注意防止山洪的冲刷；沟、渠、路两侧营造护田林带，也是改善灌淤土生态环境的重要措施。

16.1.3 菜园土

菜园土是指人工长期种植蔬菜、长期施用大量人畜粪尿和其他有机残体，并经耕作混合，频繁灌溉影响形成的高度熟化的人为土。这种土壤随着时间的推移，自然成土因素的影响在很大程度上被覆盖，而人为定向培肥占了主导地位。菜园土由不同母土所发育，其前身有相当部分是潮土和水稻土土类，以前把菜园土作为灰潮土、黄潮土等亚类的一个土属，但菜园土的高生产力表现，使其与母土的性质差异巨大，从而成为一个特殊土壤类型。第二次全国土壤普查后期，我国土壤学家沈汉提出，将菜园土作为一个独立的土类，得到了土壤学界的广泛认同

16.1.3.1 菜园土的成土特点

菜园土多分布于城郊及蔬菜集中产区，全国各地均有分布。菜园土需要长期施用大量可溶有机物质(如人畜粪尿等)、有机垃圾、土杂肥，并经精耕细作而形成暗色富含养分的肥熟表层，这一过程称为肥熟过程。在特殊的成土条件下菜园土表现以下典型特征：

①有机质累积与腐殖质层的形成。由于大量施用有机肥，年施 $1 \times 10^4 \sim 1.5 \times 10^4$ kg/hm²以上，故有机质累积明显。

②磷的高度累积。该类土壤所施有机肥以动物性有机肥为主，故磷的累积明显。

③土体富营养化。由于叠加施肥、蚯蚓活动，养分下渗而在全剖面富集养分，种菜年限越长，深层富集越明显。

④土体疏松化。与叠加施肥、蚯蚓活动引起的孔隙增多有关，有孔隙多、孔隙粗、部位深的特点。一般表层容重降低，总孔隙度增大，犁底层明显消失，水稳性团聚体增加。

16.1.3.2 菜园土的剖面特征

一般情况下，菜园土剖面可分为以下几个层次：

①人工腐殖质层。是长期种菜、堆垫施用动物性有机肥(包括人粪尿、厩肥、有机垃圾等)、精耕细作、频繁灌溉、蚯蚓活动而形成的磷、硫、钙、碳、氢等积累较多的诊断表层。厚度>35 cm；棕灰色至黑灰色；有机质含量≥25 g/kg；有效磷(P_2O_5)含量>100 mg/kg或全磷(P_2O_5)含量≥2.5 g/kg；疏松多孔，容重<1.25 g/cm³，非毛管孔隙度≥15%；蚓穴及蚓粪较多；炭渣、灰渣、砖瓦、陶片及人类生活用品残屑较多。

②熟土层。是人工腐殖质的向下过渡层。厚度≥15 cm；棕灰色至灰棕色；有机质含量≥15 g/kg；磷的累积较明显，其他养分含量也较高。

③旱耕淀积层。是旱耕及蚯蚓搬运表层物质的淀积层。厚度≥15 cm；色斑杂；孔壁和结构表面淀积有较暗色的腐殖质黏粒胶膜，其亮度与彩度均低于周围土壤基质，数量占5%以上；由于蚯蚓搬运和液肥渗渍，土壤养分稍多；有明显的蚓穴、蚓粪。

④稳定层。不受熟化影响，其形态及养分含量接近母质层。

16.1.3.3 菜园土的利用改良

①增施有机肥料，提高土壤有机质含量。菜园土的有机质含量以在3%以上为好。有

机肥料能改善土壤结构，丰富土壤微生物，增加土壤保肥、供肥、蓄水能力。因此，要千方百计增辟肥源，增施有机肥料。

②改良土壤性状。具体分为以下几种情况：

a.沙质土壤改良。大量施用河泥、塘泥，在土壤翻耕后大量施用有机肥料，种植豆科绿肥作物适时翻压入土或与豆类蔬菜进行多次轮作。

b.瘠薄黏重土壤改良。增施有机肥料或种植深根性或耐瘠薄土壤的作物；与蔬菜进行轮作、间作、套作；秸秆还田。

c.老菜园土改良。合理选用化肥，多施有机肥料，对土壤的酸碱性进行定向改良；种植其他作物进行轮作换茬，及时排灌，保持水土。

d.低洼盐碱土壤改良。结合深耕大量施入有机肥料，铺沙盖草，实行密植，减少地面蒸发，防止盐分上升，也可种植耐盐作物。

③合理进行土壤耕作。配合增施肥料，逐步加深耕作层；利用冬耕冻土，夏秋晒垡，促进土壤熟化，保证土层疏松肥软，提高土壤有效肥力。

④轮作养地，用养结合。在轮作中安排一定的豆类蔬菜(包括豆科绿叶菜，如豌豆、苜蓿等)，以借助共生根瘤菌的固氮作用，提高土壤的含氮量。在轮作中安排一些芥菜、豌豆等，能吸收利用一般蔬菜所不能利用的磷、钾，并有 14%~34% 重新以可用态分泌到土壤中，为下茬蔬菜改善了磷、钾营养状况。

16.2　高山寒漠土、亚高山草甸土与山地草甸土

16.2.1　高山寒漠土

高山寒漠土也称为寒冻土，是高山冰川边缘地带具有寒冻风化和弱生物累积的原始土壤，也是各地分布海拔最高的原始土壤。

16.2.1.1　高山寒漠土的分布与成土条件

(1)分布

高山寒漠土广泛分布于青藏高原及其毗邻的高山冰雪带下的冰缘地区，全国总面积 $3063.4 \, hm^2$。垂直分布位置因地而异，在藏东南湿润、半湿润地区，高山雪线较低，高山寒漠土一般分布在海拔 4900~5400 m，向藏中、西北半干旱、干旱地区过渡，寒冻土分布在 5400~6000 m，在纬度偏北的青海境内，高山寒漠土分布的海拔降低，南部地区海拔为 4700~5000 m，北部祁连山区又降为 4000~4700 m。

(2)成土条件

高山寒漠土分布区年平均气温-3~-1℃，最热月平均气温大多不超过 5℃，最冷月平均气温在-22~-13℃，极端最低温可达-40℃。年降水量 250~700 mm，由分布区东南向西北逐渐减少，多呈固态水降落；一年中冰雪覆盖时间长达 5~10 个月。高山寒漠土所处地形为高山峰脊、古冰斗、冰碛堤、冰碛台地和流石滩等。成土母质为寒冻风化产物或冰碛物构成的碎屑状风化壳。在严酷生态环境中，除岩块表面着生的冷生壳状地衣外，高等植物主要为多年生耐寒、耐旱的短命宿根垫状植物，常见有风毛菊、绿绒蒿、垫状点地梅等。

16.2.1.2 高山寒漠土的成土过程、剖面特征与理化性质

(1)成土过程

高山寒漠土的成土过程是以强烈寒冻风化和极弱生物积累为特点的原始成土过程。

①强烈寒冻风化。在寒冻气候条件下，成土母质主要是岩石冻裂形成的碎屑状风化产物，砾石含量极高。在岩砾表面进行微弱的化学风化和生物化学风化，只能形成极少量的细土物质，它们随冰雪融水渗入岩隙石缝而聚积起来，成为稀疏垫状植物生长的介质。

②极弱生物积累。高山寒漠土的植被稀疏低矮，且只能在2~3个月的短暂地面冻融交替期内缓慢生长，同时为土壤提供极有限的有机残体，微生物的分解矿化作用也很弱，因而土壤中有机质积累很少而无发育明显的腐殖质层。

(2)剖面特征

高山寒漠土土体浅薄，通体含有大量砾石，剖面分化不明显。地表常有由岩石风化碎屑组成的岩幂层，下有发育差的腐殖质层，厚度5~10 cm，呈灰色、黄灰色、灰棕色等多种颜色，向下过渡为岩砾层或永冻层。土体中可见冻融作用形成的片状结构，在融冻层之上常因融雪、融冻水潴积而形成的锈纹、锈斑，甚至呈现弱潜育特征。

(3)理化性质

高山寒漠土发育程度低，表现为砾质土。砾石量在40%以上，细土部分的黏粒量大多低于100 g/kg，甚至低于50 g/kg，而砂粒含量高达80%~90%。土壤表层有机质含量仅10 g/kg左右，高者可达15~20 g/kg，低者不足5 g/kg。一般地说，在青藏高原东南的湿润、半湿润地区，高山寒漠土的有机质含量较高(表16-1)，而在西北干旱、干旱地区则较低。高山寒漠土阳离子交换量很低，仅为4~9 cmol(+)/kg。化学风化和盐基淋溶作用也很弱，因此，高山寒漠土的化学组成基本上取决于成土母质，即不同剖面间的变化大，而同剖面的层间几乎无变化，剖面中盐基物质基本上没有移动。

表 16-1 高山寒漠土的理化性质和养分状况

剖面 (母岩)	土层深度 (cm)	pH 值	碳酸钙 (g/kg)	有机质 (g/kg)	全氮 (g/kg)	全磷 (g/kg)	全钾 (g/kg)	碱解氮 (mg/kg)
T01-12-1 (砂板岩)	0~6	7.9	<1.0	13.2	1.72	0.80	21.4	42
	6~62	7.9	1.0	7.1	0.95	0.89	22.1	17
	62~100	7.7	<1.0	7.1	0.92	0.89	24.5	26
T01-2 (片岩)	7~33	7.3	0.0	6.9	0.44	1.25	32.7	15
	33~52	7.2	0.0	2.5	0.30	1.72	30.1	15
	52~71	7.2	0.0	2.1	0.27	1.61	30.6	9

注：引自全国土壤普查办公室，1998。

16.2.1.3 高山寒漠土的亚类划分

高山寒漠土属于寒冻条件下形成的原始土壤，目前还没有对其进一步分类。

16.2.1.4　高山寒漠土的利用改良

我国高山寒漠土主要分布在青藏高原及其毗邻的高山冰雪带下的冰缘地区，具有海拔高、气候条件恶劣的特点，土壤贫瘠，常年冰雪覆盖。因此，高山寒漠土的利用价值不高，但是要防止人为活动对地表的扰动和破坏，避免对当地环境造成负面影响。

16.2.2　亚高山草甸土

亚高山草甸土是在高寒湿润、半湿润地区草甸植被下发育、具有强度腐殖质积累和弱度氧化还原特征的高山土。

16.2.2.1　亚高山草甸土的分布及成土条件

(1)分布

亚高山草甸土垂直分布的高度在西藏为海拔 3900~4500 m，四川为 3500~4200 m，甘肃为 3000~3500 m，新疆为 1500~2800 m，云南为 2900~3500 m(滇南)或 3200~4500 m(滇北)。

(2)成土条件

亚高山草甸土分布为高原亚寒带半湿润、湿润气候。年平均气温 $-2~2$ ℃，最热月平均气温 8~12 ℃，$\geqslant 0$ ℃年积温 1000~1600 ℃，无霜期不足 60 d。年降水量 450~750 mm，年蒸发量 1400~1900 mm，干燥度一般为 1.0~1.5，土壤冻结期 3~4 个月，冻层厚度多在 1 m 以上。亚高山草甸土的植被组成以高山蒿草为主，成土母质主要是花岗岩、片麻岩、砂岩、页岩、板岩、千枚岩及碳酸盐岩等的残积—坡积物、冰水沉积物和湖积物，有的地方为黄土母质，在川西和甘肃尚有第三纪红土母质。

16.2.2.2　亚高山草甸土的成土过程、剖面特征与理化性质

(1)成土过程

亚高山草甸土的基本成土过程主要是强度腐殖质积累过程、弱度氧化还原过程，以及弱风化淋溶过程。不同环境随水热条件差异，成土过程的强度和表现有所不同。

①强腐殖质积累过程。在高寒草甸植被下，有机质的合成量远大于分解量，腐殖质以积累为主，但腐殖化程度较低。植物地上部分加根系，每年每公顷土壤中遗留 10 500 kg以上的有机残体。

②弱度氧化还原过程。亚高山草甸土在冻融过程中，引起土体上层滞水，再加上富含有机质表层在雨季大量持水，造成弱度氧化还原过程。

③弱风化淋溶过程。在高寒条件下，成土母质以物理风化为主，化学风化弱，母质风化释放的盐基物质少。亚高山草甸土区的降水足以使数量不多的游离盐基淋失，除碳酸盐类母质外，一般土壤无碳酸盐积累。

(2)剖面特征

亚高山草甸土的剖面一般可划分为草毡皮层(As)、腐殖质层(A)、过渡层(AB/BC)和母质层(C)。淀积层(B)发育不明显，As 层中有密集的根茎，植物残体分解程度很低。A 层植物残体分解程度相对较高，呈现棕色。

(3) 理化性质

土壤有机质含量较高,可达 $100\sim200$ g/kg,石砾含量约 300 g/kg,沙粒含量约 600 g/kg。土壤养分丰富,阳离子交换量较高。亚高山草甸土养分状况见表16-2。

表16-2　亚高山草甸土养分状况

土层	有机质 (g/kg)	全氮 (g/kg)	全磷 (g/kg)	全钾 (g/kg)	碱解氮 (g/kg)	有效磷 (g/kg)	速效钾 (g/kg)	CEC (cmol/kg)
As	89.9	4.12	0.79	20.4	325	7	167	19.91
A	53.7	2.77	0.90	22.2	204	14	185	15.80
AB	25.2	1.54	0.74	22.5	98	10	117	12.10
BC	14.3	0.95	0.58	22.1	55	11	90	9.62

注:引自全国土壤普查办公室,1998。

16.2.2.3　亚高山草甸土的亚类划分

亚高山草甸土可划分为亚高山草甸土(黑毡土)、亚高山草原草甸土(薄黑毡土)、亚高山灌丛草甸土(棕黑毡土)和亚高山湿草甸土(湿黑毡土)4个亚类。

16.2.2.4　亚高山草甸土的利用改良

亚高山草甸土分布区一般是重要的畜产品生产基地,多为优良的高山牧场,适于牧养牦牛、藏羊等牲畜。放牧区要用养结合,注意控制放牧强度实行分区放牧,开垦使用过程中要避免过度利用造成的环境破坏。亚高山草甸土也可以发展高寒种植业,但宜选择在向阳避风的地段,以避免霜害。对于面积不大且人迹罕至的亚高山草甸土主要以保持其原始生态环境为主,在保护种质资源和生物多样性方面具有重要意义。

16.2.3　山地草甸土

山地草甸土是指森林线以内,在平缓山地顶部喜湿性草甸植被及草灌丛矮林下形成的一类半水成土。此类土壤多位于中山山顶及林间缓坡空地,适宜矮小稀疏的草甸植被生长,土体潮湿,物理风化作用较强,土层薄并普遍含有石砾,地表具有草皮层,剖面中有明显锈纹、锈斑或铁锰胶膜,有别于同一山体垂直分布带谱上的其他土壤类型。

16.2.3.1　山地草甸土的分布与成土条件

(1) 分布

山地草甸土广泛分布于我国各地中山山顶平台及缓坡上部水湿条件良好的浅平地,主要分布在我国西部、西南及东部的中山山区,在青藏高原东侧的云贵高原、秦岭、大巴山、大凉山及其以东地区,大兴安岭、长白山南段及其以南的中山区均有分布。其分布海拔为 $1000\sim3760$ m,总面积为 94.44 hm^2。

(2) 成土条件

山地草甸土位于中山山顶,由于山顶风强,乔木生长困难,逐渐为耐风、耐寒的灌丛及草甸植被替代,有的形成草毡层,地表生长地衣和苔藓。植被盖度在90%以上。土壤母质复杂,黄土堆积、残积、坡积母质均有。

16.2.3.2　山地草甸土的成土过程、剖面特征与理化性质

(1) 成土过程

山地草甸土的成土过程主要有腐殖质积累过程、缓慢的矿物风化过程和氧化还原过程。

①腐殖质积累过程。在山地草甸土所处环境下，草甸植被生长茂密，每年能提供大量植物残体，但分解缓慢，多积聚于土体中，使土壤有机质和腐殖质明显富集，形成草根层或草毡层和较厚的腐殖质层。腐殖质层的有机质含量多在 50 g/kg 以上，高者可达 150～300 g/kg，积累深度可深达 50 cm。

②缓慢的矿物风化过程。在冷凉、湿润的气候条件及频繁的冻融与干湿交替作用下，矿物物理风化作用强，化学风化作用弱，矿物的化学组成无明显分异。另外，受侵蚀作用影响，土体中黏粒含量低，粗砂粒、石砾含量高，并夹有岩石碎片，底部为半风化母质层。

③氧化还原过程。由于山地草甸土分布区降水量大，地势平缓，加之土层有机质含量高，土体经常处于滞水状态。在季节性干湿交替影响下，铁、锰氧化还原作用十分活跃，在草皮层下均可见到明显的锈斑，局部低洼地段还可以呈现潜育化的土层。

(2) 剖面特征

山地草甸土剖面一般较薄，在草皮层下，通常仅见薄层土壤。剖面呈 As—Ah—C 或 As—Ah—Cu—C 构型。草毡层 (As) 厚薄不一，根系交织成网，松软，有弹性。腐殖质层 (Ah) 发育明显，厚约 30 cm，呈暗棕色或暗黑色，团块状结构，疏松。底土母质层 (C) 分化不明显，棕色调为主，土质砂性，有较多半风化石砾及石块，常见锈纹、锈斑 (Cu) 及微量黏粒淀积物。

(3) 理化性质

山地草甸土质地轻，颗粒粗且多含石砾，黏粒 (<0.002 mm) 含量低，大多低于 200 g/kg。山地草甸土淋溶作用不强，剖面各土层的黏粒、硅(铁、铝)氧化物含量及分子比率在剖面中并无明显分异。黏粒矿物大多以水云母为主，次为高岭石、蛭石及少量蒙脱石、绿泥石。山地草甸土呈酸性反应，pH 值 4.5～6.0，表土层略低于心、底土层。

16.2.3.3　山地草甸土的亚类划分

山地草甸土土类根据其形成条件和成土过程可分为山地草甸土、山地草原草甸土和山地灌丛草甸土 3 个亚类。

16.2.3.4　山地草甸土的利用改良

山地草甸土分布区的地形一般比较平缓，无水土流失，土层薄并普遍含有石砾，但是土腐殖质含量高且富含植物生长所需的各种养分，植被生长量大，是良好的牧区。局部低洼地块要加强排水措施，避免土壤长期积水。山地草甸土若过度放牧或垦为农田容易引起水土流失，破坏自然植被。放牧区要用养结合，注意控制放牧强度，使用过程中要避免过度利用造成土壤侵蚀。对于海拔高、地面坡度大不宜造林的区域，应保护生长茂密的灌木、矮林和草类，发挥其涵养水源、保持水土的作用。

思考题

1. 水稻土的土体构型是怎样形成的？
2. 灌水淤积物给灌淤土带来哪些影响？
3. 从食品安全角度出发，菜园土的利用和培肥要注意哪些事项？
4. 简述高山寒漠土的成土条件及主要成土过程。
5. 比较亚高山草甸土和山地草甸土剖面构成的差异。
6. 随着全球气温上升，高山冰川边缘冰雪融化，高山寒漠土面积不断增加。试讨论新增的高山寒漠土对人类生活的影响。

第 17 章

土壤调查

【内容提要】介绍了一般土壤调查的方法和内容，以及服务于林地、草地、盐渍土、侵蚀土壤、风蚀土壤、城市绿地、工矿区等特定目的的土壤调查应注意的关键问题。

土壤调查(soil survey)是研究土壤的一种基本方法，是对一定地区的土壤类别及其成土因素进行实地勘查、描述、分类和制图的过程，是认识和研究土壤的一项基础工作和手段。通过调查，了解土壤的一般形态、形成和演变过程，查明土壤类型及其分布规律，查清土壤资源的数量和质量，可为研究土壤发生分类、合理规划、利用改良、保护和管理土壤资源提供科学依据。

17.1 土壤调查概述

土壤调查按其工作程序，大致可以分成准备工作、野外调查和内业工作3个部分。

17.1.1 准备工作

17.1.1.1 制订计划

(1)明确任务和确定比例尺

一般土壤调查的任务可分两大类型，即概查和详查。不同比例尺制图，需要不同的调查精度和工作量，概查一般采用中比例尺，详查一般采用大比例尺或详测比例尺。

①详测比例尺。一般为1∶(200~5000)，在较小范围内进行，详细表示各种土壤类型，制图单元要求到变种或更细，用于蔬菜区、苗圃、农业试验站、土壤改良区的研究。

②大比例尺。一般为1∶(1万~2.5万)，土壤制图单元要求到土种、变种或其复区；用于乡(镇)级行政区域或大型农场等区域的土壤资源调查。

③中比例尺。一般为1∶(5万~20万)，制图单元一般要求到土属、土种或其复区，主要用于县(市、区、旗)或中、小河流流域的土壤资源调查和宏观规划。

④小比例尺。一般小于1∶20万，主要用于省级、全国性或大河流域的概略性调查与宏观规划，制图单元要求到亚类或土属的复区。

⑤复合比例尺。即在同一图幅中有两种比例尺。在沙漠中调查绿洲、牧区调查饲草基

地，均可以采用不同比例尺。

（2）确定工作量

各类比例尺制图的工作量可参考表17-1。

表17-1　每个主要剖面所代表的面积及调查路线的间距

土壤制图比例尺	每个主要剖面代表的面积(亩)					调查路线间距		主要的土壤制图单位
	地区复杂程度等级					地面(m)	图上(cm)	
	I	II	III	IV	V			
1：2000	60	50	40	30	20	100~200	5~10	变种
1：5000	200	170	140	110	80	200~300	4~6	变种
1：1万	375	300	270	225	150	300~500	3~5	变种
1：2.5万	1200	975	750	600	375	500~1000	2~4	变种
1：5万	1800	1500	1320	960	600	1000~1500	2~3	土种
1：10万	4500	3750	3000	2250	1125	1500~2000	1.5~2.0	土种
1：20万	11 000	9000	6750	5350	3000	2000~3000	1.0~1.5	土属

注：引自李象榕，1992。

（3）组织人员和制订计划

土壤调查综合性强，工作流动性和分散性大，因而除土壤等专业人员外，还应吸收当地的干部、技术人员参加。调查计划的内容一般包括：调查目的、任务、技术规程、完成时限，预期取得的成果、工作量安排，经费开支预算和物质装备、实施方案等，其中实施方案是重点。

17.1.1.2　资料收集与物质准备

（1）资料收集

根据调查目的和要求，可选择收集整理的主要资料，包括地形图，航空相片和卫星影像等资料，以及不同时期土壤调查图件和报告、土壤定位试验、肥料网试验、农事措施对比试验资料，主要气候资料、地学资料、农业生产有关资料等。

（2）土壤调查的物质准备

主要包括挖土工具，如铁铲、镐头、洛阳铲、螺旋土钻等；野外调查和制图仪器，如罗盘仪、海拔高度计、气压高度计、小平板仪及测尺、门赛尔土壤比色卡、野外速测装备、野外记录本、遥感图像解译装备、土壤标本盒(袋)等；室内成图工具装备；野外生活用品等。不同的调查目的和精度所需的物质准备略有不同。

17.1.2　野外调查

野外调查应完成下列任务：①研究土壤发生发育与自然因素和人为活动的关系；②观察描述土壤剖面，划分土壤类型，采集各种土壤标本；③找出土壤分布界线，填绘野外土壤草图；④记录各种土壤在自然情况下和人工改造后发展农、林、牧业等土壤资源利用的适宜性评价；⑤总结对土壤的管理经验。

完成上述各项任务，一般分踏查(路线调查)和详测 2 个步骤进行。

17.1.2.1　踏查(路线调查)

踏查的目的是对调查地区获得一个总的概念。踏查前需依调查地区的面积、地形、地质、植被的复杂程度，预先确定一至几条调查路线。

(1)成土因素调查

土壤发育与其周围环境(如地形、母质/母岩、植被、气候和人类生产活动)有着密切关系，调查中应准确记述它们的内容和影响程度。

①地形。记载调查区所属的地形名称、土壤剖面所在位置的海拔、坡向、坡度和坡型等。

②母质。按其形成的动力可分残积母质和运积母质；运积母质根据搬运力不同还可分为塌积母质、坡积母质、洪积母质、风积母质和海积母质等。

③母岩。准确记述母岩，并采集标本，编号，记载采样地点。

④植被。进行自然植被类型的划分，如森林、草原、草甸、沼泽等；要调查每种自然植被类型的主要组成种和优势种。

⑤气候。收集调查区或邻近地区的气象资料，如降水量、温度、蒸发量、降水强度、无霜期等。

⑥土壤侵蚀与水文地质情况。土壤侵蚀类型和侵蚀强度、地表径流与地下水的常年变化等。

⑦生产活动情况。农林牧业生产方式、开发利用历史、经营管理措施等。

(2)土壤剖面特征观察

①土壤剖面种类。剖面应根据不同的植被类型，不同的母质(母岩)，不同的地形部位进行设置。挖掘深度150 cm 以上，宽 80 cm，长度以便于工作为宜坡地石质薄层土可挖至坚硬母岩或积石层为止(图 17-1)。根据目的和用途可分主要剖面、检查剖面和定界剖面。

a.主要剖面。又称基本剖面或骨干剖面。它是为了研究某个土壤类型的全面性状特征，用于确定某一土壤类型的"中心概念"而开挖的垂直断面。

b.检查剖面。又称对照剖面或次要剖面。它的作用是检查主要剖面中所观测到的土壤属性的稳定性或变化

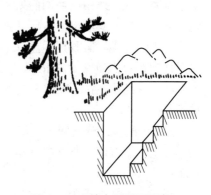

图 17-1　土壤主要剖面示意

情况；补充和修正主要剖面所确定的土壤类型的性质变化范围；了解土壤分布，为土界确定提供推理依据。挖掘深度 75~150 cm，一般不能小于主要剖面的 1/2 或 1/3，若有明显变化则改为主要剖面。

c.定界剖面。它是为确定土壤分布界线而设置的土壤剖面。一般挖掘深度 50~60 cm 或挖至 B 层，剖面只要求能确定土壤类型即可，但为确定一条土壤分界线，需要大量的定界剖面，密度大，数量多。因此，在野外往往用钻孔代替土坑。

野外调查时，上述 3 种剖面除描述记录外，还应准确标记在地形图上，并分别编号，图上编号要与剖面记录本上的一致。

②剖面位置的选择。注意典型性和代表性。一般先在室内根据对地形的研究，计划好主要剖面的位置和数量，现场调查时再根据下列情况把每个剖面落实到实地。

a.应设在该类型土壤代表性最强的地段，不要设在边缘或过渡地段。

b.应设在典型的地形部位上，如山坡设在坡的中部，山脊和山谷设在相应的坡面上，不要设在脊顶或谷底。

c.避开人为影响，不要设在道路、坟墓、池塘、肥料堆放处等地方。

d.在有林地设剖面，还要考虑优势树种、平均胸径、平均高度、平均疏密度等因素，不要设在林中空地或林缘地带。除专门研究根系的剖面外，一般应离开树干 1.5~2.0 m。与标准地调查相配合的剖面，设在标准地的中间部位。

③土壤剖面的观察与记录。

a.剖面层次。未经破坏的天然林覆盖下，完整的土壤剖面可分出 5 个层次：残落物层（O 层）、腐殖质层或淋溶层（A 层）、淀积层（B 层）、母质层（C 层）、母岩层（R 层）。

b.土层厚度。自然土壤的土层厚度指 A+B 层的实际厚度；对林业生产而言，与 C 层风化状况关系密切。量取每层厚度时，以每层上限和下限与土表的距离来表示，用连续法记录。O 层不属于土层，其厚度记录较特殊，如 O：5~0 cm，A：0~20 cm，B：20~50 cm，C：50~120↓ cm，"↓"表示挖掘深度以下仍有 C 层。

c.土壤颜色。是土壤的显著特征，如红壤、黄壤、棕壤、黑土等，最初就是根据颜色而命名的。土壤颜色与土壤的组成物质有关，含有机质多的呈黑色，含铁质多的呈红、黄、橙色，含硅、钙质多的呈灰白色等（说明：确定土壤颜色应考虑显色的物质依据。在土壤调查研究工作中已使用门塞尔颜色系统描述土壤颜色。根据此系统的色阶制成的标准色卡，在野外对土壤剖面各层，在斜射阳光下比色；也可取自然土块，阴干后进行比色）。

d.土壤质地。野外用手感法测定，可分为黏土、壤土、沙土、砾土。质地等级细分，可采样后在室内做专项分析。

e.土壤结构。按形态可分为团粒结构、块状结构、核状结构、柱状结构、片状结构和单粒结构。

f.土壤酸度。分层测定土壤酸度，用混合指示剂与比色卡对照测定，以 pH 值表示。

g.土壤干湿度。是对土壤含水状况的描述。野外以手的感觉和眼力判别，分级标准如下：

干：土壤放在手中无潮湿的感觉。

潮：土壤放在手中有潮湿的感觉。

湿：用手握时可成团，但无水流出。

重湿：用手挤压有水分流出。

在野外对有机质含量较低的土壤，也可用酒精燃烧法简单测定土壤含水量。

h.土壤松紧度。指土壤对于插入土层的工具的抵抗力，通常用小刀或土铲测定。

散碎：轻微挤压下容易散碎。

疏松：用力不大，小刀可插入较深土层。

稍紧：用力不大，小刀可插入土层 2~3 cm。

紧密：用较大的力，小刀仅插入较浅的土层。

极紧：用较大的力，小刀几乎不能插入土层。

土壤松紧度与土壤容重有关，可同时测定土壤容重并做比较。

i. 土壤新生体。是土壤形成过程的产物，如铁磐、铁锰结核、石灰结核、条纹、胶膜、盐霜等。

j. 土壤侵入体。指外界混入的物体，如砖瓦、文物以及蚯蚓的粪便等，可帮助判断土壤的扰动情况和熟化程度。

此外，还有植物根、动物穴、石灰反应、亚铁反应等。

(3) 土壤样本、标本的采集

①分析样本。按研究划定的层次，分层采集有代表性的土壤，分别装入布袋，每袋重约 1 kg，写好相同标签 2 份，1 份装于袋内，1 份装在袋口。采样方法应自下层至上层，避免上层土影响下层土。表土按全层厚度采集，表土下各层在中间部位按条带状均匀取样，带的宽度和厚度以取足 1 kg 为度，并记录采样深度范围。野外调查时凡主要剖面都要采集分析样本，当天晾干，防止发霉变质。

②比样标本(纸盒标本)。供野外工作比样和室内评土比样用。按层次取典型土块装入专用纸盒中，在盒面注明编号、地点、土壤名称和各层深度，盒底还应注明相应编号。凡主要剖面一定采集比样标本，未确定归属的次要剖面也应采集比样标本备用。

③整段标本。供生产、科研、教学和展览用。采集时先在土坑正面垂直壁上，以整段标本箱(100 cm×20 cm×5 cm)内圈作为尺度，由土表起划定范围，挖成挂壁的长方形土柱，厚度 10 cm 以上，使木框刚能套上去，修平正面，旋紧木板，切下土柱，再修平背面，固定背板，写明取样地点、编号、土壤名称(图 17-2)。同时拍摄剖面照片和景观照片，以备展览展示。整段标本的采集费时费力，只对土类的典型剖面采集整段标本。

图 17-2　土壤整段标本示意

(4) 路线调查成果

路线调查的目的是弄清概况和为详测提供依据，故调查后应形成 3 项成果。

①土类分类系统表。初拟调查研究区内可能出现的土类、亚类、土属以至种或亚种名称，细分程度视填图比例尺大小而定，比例尺大的土壤图，制图单位用分类基层单元。

②路线调查断面图。是调查区情况在一个方向上的缩影。方法是以一定比例尺将所经过调查点的高程和距离绘在坐标纸上，连接各点即为断面图，图内包括有距离、高程、坡向、植被、母质(母岩)、土壤等分布情况，纵观所得各断面图，即可综观全区概况。

③路线调查小结。初步整理路线调查中获得的概况，供详测参考，如土壤名称具体至制图单元；对成土条件及土壤分布规律做概括性说明，整理出代表性土类的剖面特征等。

17.1.2.2　详测

详测是在踏查的基础上，进一步查清土壤类型及分布界线，绘制一定比例尺的土壤分布图，确定土壤资源的利用和改良方向，具体做法如下：

(1)设置主要土壤剖面

剖面设置数量既影响土壤图的精度,又关系野外调查工作量,应统筹安排。一般是根据地形图比例尺、制图精度要求,以及调查区地形和土壤分布的复杂程度综合考虑决定。

(2)确定土壤类型分布界线

以主要剖面为中心,进行放射调查,上要到达山脊,下要到达沟底(那里时常是土壤分布的自然界线),沿途根据地形、母岩、植被的变化挖对照剖面和定界剖面,将相同的定界剖面点连接起来,就是土壤类型分布界线。

(3)检查和校正土壤草图

详测时一边行进一边绘制土壤草图,分段完成填图任务。草图上的土壤类型、分布界线以及各种符号是否正确清楚,必须进行现场检查和校正,以便及时修正补充。尤其在进行分组分幅调查时,彼此之间要在交界地段取得联系,互相拼图。土壤草图只有经过检查和校正后,才能离开调查地区,以免返工,造成时间和人力的浪费。

(4)应用航片和卫片的调查制图方法

自20世纪80年代的第二次全国土壤普查开始以来,我国即采用基于遥感技术的土壤调查制图。遥感土壤调查制图,即利用航片和卫片等遥感技术对成土因素、土壤景观进行调查,分析研究成土过程、土壤分布规律和动态变化规律,确定土壤类型及其特性,并绘制土壤分布图和进行面积量算的整个过程。对于一些大面积和交通不便的森林、荒漠等地带应用航片和卫片进行调查制图可大大提高土壤制图速度和精度,同时节省费用开支。

17.1.3　内业工作

土壤调查的内业工作包括整理调查资料、化验分析样本和评定土壤肥力、土壤制图、编写土壤调查报告、管理土壤调查资料。

17.1.3.1　整理调查资料

(1)检查与整理野外调查记录

野外调查记录原则上以现场填写的为准。但由于外业工作项目繁多,配合不当时难免有错漏出现,有的属于误报问题,有的属于记录问题。室内检查整理时,对显而易见的错漏项目做补充修正,对那些不能肯定的怀疑问题要多方讨论,直至实地复查方可修改。检查整理后,对各组(队)分片调查的主要剖面要统一编号,装订成册,以备查阅。

(2)整理土壤标本和分析样本

①比样标本和整段标本的整理。首先按初拟的区内土壤分类系统陈列全部比样标本,并用主要剖面记录表对照,检查比样标本是否齐全。然后,用目测法扫视各类比样标本,将同类标本中有异常的(颜色和层次差别大)逐个抽出,以野外记录校对,重新衡量其归属,如有改变则标本和记录应同时改正,直至制图单元内的比样标本基本一致为止,并对原分类系统做必要的调整。整段标本是土类或亚类最有代表性的典型标本,除检查标本盒上的记载与剖面记录表是否相符外,可再核实剖面记录基础上与整段标本的特征是否相符,编写调查报告时,介绍性状应以有整段标本为依据的为准。

②分析样本的整理。从各主要剖面点采集的分析样本中选取要分析的样本,确定需要

进行理化性质分析的范围。选取分析样本的方法有两种：一种是典型样本法，从相同的土属或土种中各选取一个最有代表性的典型样本进行分析；另一种是混合样本法，将相同土属(或土种)的样本分层混合，用四分法留取充足的数量进行分析。前者的优点是具有典型性，有利于说明发生发育等自然规律；后者的优点是数量上具有代表性，有利于作土壤性质的定量比较。

(3)检查和校正土壤草图

室内检查土壤草图，主要是统一图幅之间的内容、定界和代号。在分组完成的情况下，图幅之间的不一致是时常出现的。

①检查各图幅所包括的土壤类型及代号是否正确，土壤剖面数、位置和编号是否完整。

②检查各图幅的土壤界限是否清楚，图幅之间能否闭合。若不闭合，在容许误差范围内的(如 1∶1 万图容许误差为 1 cm)，参照成土环境与野外调查资料加以修改，无把握的进行现场校正。

③检查整幅草图的土壤分布是否与地形图、航片以及其他图上所反映的地貌、水文、植被、土地利用方式的分布规律相符，可参考调整，必要时进行现场复查。

17.1.3.2　化验分析样本和评定土壤肥力

(1)化验分析样本

常规分析项目包括机械组成、有机质、全氮、速效钾、有效磷、pH 值、阳离子交换量、总酸度等。有特别需要的还可进行黏粒化学组成、微量元素、障碍因子等项目的分析。化验资料是编制土壤图和编写土壤调查报告的基础，要运用这些数据进一步检验原来的分类是否合理。

(2)评定土壤肥力

土壤肥力评定是从土壤性状本身的研究来评价土壤生产力。肥力评定的依据，从土壤调查和室内化验所获得的资料中，选择部分适当的因子作为评定项目。

17.1.3.3　土壤制图

根据图幅的性质和用途，土壤图系列成图可归纳为 4 个方面的图组：底图组、土壤图组、土壤养分性质图组和土壤利用改良规划图组。

(1)底图组

包括地形图、地貌图、植被图、地下水埋深图、地下水矿化度图等，地形图是其他专题地图的统一底图，有的地方小区地形复杂多变，还可以绘制成地块图。

(2)土壤图组

包括土壤图、土壤母质图。土壤图详细而综合地反映土壤类型、分布及其变化规律。土壤母质图充分反映各种成土母质的来源、性质及质地变化情况。

(3)土壤养分性质图组

包括土壤有机质含量图、氮素含量图、磷素含量图、钾素含量图、微量元素图以及酸碱度图、碳酸钙含量图、交换性能图和黏土矿物类型图等。

(4)土壤利用改良规划图组

包括土地利用现状图、土壤质地剖面构型图、土壤分等评价图、土壤利用改良规划图等。

17.1.3.4 编写土壤调查报告

调查报告是土壤调查的主要成果，应附有前述的各项工作成果，包括土壤分布图、土壤分类系统表、土壤理化性质分析结果表，以及土壤剖面和景观照片等。编写格式如下：

(1)前言

叙述土壤调查的目的任务、调查研究地区的地理行政位置和面积、工作时间和工作量、内外业过程、调查的剖面数量、采集的标本样本数量、绘制的成果图种类以及土壤性质分析项目等，最后还应对调查研究区前人所做过的工作进行简述和评价。

(2)调查研究地区的自然概况

说明调查地区内各种成土因素的特点及其对土壤形成的影响。

①气候。介绍降水量、湿度、蒸发量、温度、霜期等情况，说明地形、植被对气候的影响，气候与土壤形成及农林生产的关系。

②地形。介绍调查地区的地形地貌特点，说明地形条件与土壤形成和分布的关系。

③地质。介绍区内地层所属地质年代、地质特点、地表岩石种类分布，并说明母岩、母质对土壤形成的影响。

④水文。介绍区内水系河沟分布特点，山洪、地下水和永冻层对土壤形成的影响。

⑤植被与农林业情况。介绍天然植被群落及群落形成与气候、地形、土壤的关系。区内农林生产现状及存在的问题。

(3)土壤资源概况

介绍区内土壤类型，叙述各类型土壤形成的条件和分布规律(配合路线调查断面图说明)，评述各种土壤的剖面形态、理化性质和生产特性，必要时可在图面上对各类型土壤面积进行测算统计。

(4)土壤评价

对各种土壤利用和改良途径进行评价，并根据农林业生产需要提出合理利用的建议。

(5)结束语

小结土壤调查成功经验和存在的问题，对支持与帮助完成调查工作的有关单位和个人表示谢意。

(6)有关附录

土壤类型图、土壤养分图、土壤资源评级图、土地利用现状图、土壤改良利用分区图等相关图件以及相关专题报告。

17.1.3.5 土壤调查资料管理

为了能够快速地查找、方便地使用土壤调查资料，必须进行有效管理。主要的管理方式有常规建档和土壤信息系统。

(1)常规建档

常规建档是指土壤资料按照一定要求进行系统的整理后编号储存、以备查用。包括图件整理、数据整理与文字资料整理等方面。常规建档是建立在土壤性质相对稳定的基础上，缺点是不便对土壤资料进行更新管理。

(2)土壤信息系统

土壤信息系统(soil information system，SIS)是指在计算机软件和硬件支持下，将土壤及其背景信息按照空间分布和地理坐标，以一定的编码和格式输入、存储、检索、分析处理、显示和输出的应用以及管理的技术系统。土壤信息系统的建立以及遥感技术的应用，使土壤调查快速获得大量的土壤及其背景信息，并对其进行高级管理成为可能。

17.1.4　遥感技术在土壤调查中的应用

遥感技术是指使用各种传感器，从不同高度平台上采取来自地球表层各类地物的电磁波信息，再经加工处理获得地物的图像和数据信息，从而揭示地物特性的一种综合性技术。遥感土壤调查，即利用遥感技术对成土因素、土壤景观进行调查，分析研究成土过程、土壤分布特征和动态变化规律，确定土壤类型及其特性，并绘制土壤分布图和进行面积量算的过程。在土壤调查制图上，采用遥感方法，可大大减少野外工作量，提高工作效率，减少成本投入，加快成图速率，并提高图件的精度和质量。土壤资源调查采用航片开展得比较早，近年来广泛应用。在不同目的土壤资源调查中，除普通黑白航空相片外，还可用高空摄像航片、热红外航片、彩红外航片、多光谱航片等。自 20 世纪 70 年代起，地球资源卫星的使用，使人们获得了地面卫星影像和卫星磁带，也在土壤资源调查中得到广泛应用，已由目视解译判读制图发展到应用磁带信息数据，自动识别绘制土壤图阶段。

17.1.4.1　遥感影像的特征

(1)宏观性特征

一张航片拍摄面积通常能达 $10\sim30\ km^2$，一张陆地卫星影像可覆盖 $3.42\times10^4\ km^2$ 范围。遥感影像的视野广阔，可避免各种遮拦和阻隔，获得宏观而完整的影像特征。

(2)多波段特征

一般航天遥感影像都由多个波段组成，影像信息量丰富，为识别地物属性提供了有利条件。不同波段的卫星影像对不同地物具有各自特有的解译效果，通过影像对比，可增强影像解译能力。多波段扫描的另一特点是能将不同的波段相互组合，进行假彩色影像合成处理和信息增强处理，这样对土壤专题解译和专题信息提取具有更好的效果。

(3)多时像特征

通过不同时间成像资料对比，不仅可以研究地面物体的动态变化，为环境监测以及研究地物发展变化规律提供依据，而且结合物候期的变化，可以提高地物的判读精度。例如，落叶林和针叶林的判读。

(4)综合性特征

在遥感分辨率的范围内，遥感影像能够综合反映了该范围内所有地物影像，因而能够准确地、客观地反映地球表面自然综合景观，为土壤调查制图提供信息丰富的影像。

17.1.4.2　土壤资源遥感调查的基本原理

(1)土壤资源的分布可通过成土因素反映

遥感影像客观记录物体的几何形态和波谱特征，这是遥感影像解译的依据。土壤是一个历史自然地理体，在长期的发生发育过中与自然地理条件(包括气候、生物、地形、母质等)以及人为活动紧密联系，成土因素的发展和变化决定了土壤的形成和演化。土壤随成土因素的变化而变化，即土壤剖面是地理景观的一面"镜子"。由于成土因素特别是气候和植被有地理分布规律性，因而土壤类型的分布也表现地带性分布规律。

(2)光谱特征是土壤资源遥感解译的物理基础

遥感影像记录的信息实际上就是地物的综合光谱特征，不同的地物具有不同的光谱曲线，反映在影像上为不同的灰阶或色调，这是分辨地物类型的物理基础。土壤的光谱特性是在遥感图像尤其是多光谱图像上判读土壤类型的依据，影响土壤光谱特征的因素主要有有机质、氧化铁、盐分等含量，以及土壤水分、质地、矿物成分、地面粗糙度、覆盖物类型等因素。

(3)遥感特征信息是解译土壤的标志

土壤资源类型可通过遥感特征信息(包括色调、形状、大小、阴影、图型、纹理等)来解译。

①色调。色调是地物反射或发射电磁波强弱程度在影像上的记录，因而是识别地物的主要标志，有时甚至是唯一的判断标志。不同的土壤及其相关的成土因素具有不同的影像色调。在黑白航片上，物体的色调通过灰阶来体现，在彩色航片/卫片中，物体的色调通过颜色的差异来体现。

②形状。形状就是物体的外轮廓。航空相片上地物的形状是俯视图形，其详细程度取决于比例尺的大小。随摄影比例尺的缩小，微小碎部的形状便逐渐地难于区分，以至消失，而总的形状逐渐变得比较单一。地物在航片影像上的形状并不是与实际形状严格相似的。相片倾斜、地面起伏及地物本身具有的空间高度，都会引起影像形状的变形，但是由于当前使用的航片倾斜角都是 3°以内，对相片判读而言，可以近似地认为是水平航空相片。这样，地面上水平的平面形目标(如稻田、水塘、运动场等)在相片上的形状与地物实际形状就可以认为是相似的。

③大小。大小是指物体的尺寸、面积和体积按比例缩小后在相片上的记录。可以根据已知目标在相片上的尺寸来比较确定其他地物的规模。如果已了解相片的比例尺，可以根据影像的大小直接算出地物的尺寸和规模。

④阴影。阴影的产生是由于具有一定高差的地物的背光面及其在地面上的投影，在相片上反映比直射面的色调更阴暗的现象。阴影有助于增强地物像的立体感，其形状有助于识别地物的外貌。

⑤图型。图型(图案结构)是由形状、大小、色调、纹理等影像特征组合而成的模型化判读标志。不同地物具有各自独特的图案结构特点。例如，经济林和天然林同样是由一棵棵树组成，但是它们的空间排列图案有明显差别，经济林是经过人工规划的林分，行距、株距都有一定的规律。

⑥纹理。纹理是地物反映在影像上的色调变化频率，是地物的细部或细小物体在影像上构成的细纹或细小的图案。地物在影像上的纹理特征与相片的比例尺有关，例如，在大比例相片上可显示出一个个树冠的纹理，据此可区分不同的树种，而在比例尺较小的相片上则表现为一系列树冠的顶部构成整个森林的纹理。

17.1.4.3　土壤遥感目视解译的工作程序

土壤资源遥感目视解译是充分应用土壤学的专业知识，直接用眼睛或借助立体镜、放大镜或光电仪器来综合分析遥感图像中的各种解译标志与土壤景观的相关性，通过逻辑推理、野外验证而达到鉴定土壤性质和划分土壤类型的过程。土壤资源遥感目视解译主要包括准备工作、路线勘查、室内预判、野外验证和采样以及最后的室内整理和成图 5 个主要步骤。

(1) 准备工作

准备工作主要是收集遥感影像、地形图、土地利用和农业生产状况等资料，分析调查区的自然地理条件(如岩性、气候、植被类型等)，了解该地区的成土条件。在对卫星遥感影像进行目视解译时，必须收集相同比例尺的透明地形图，以便能够与卫星影像套合。根据需要选择不同的卫星遥感信息源，如 MSS 影像、TM 影像或 SPOT 影像。准备一些目视解译常用的设备，如透光桌、立体镜、放大镜、绘图笔、聚酯薄膜、转绘仪等。

(2) 路线勘查

路线勘查的目的，一方面是了解调查地区的自然景观、土壤类型、土地利用等概况，以制订该地区的土壤资源调查的工作分类系统；另一方面是确定成土因素、土壤类型、景观特征与遥感影像特征之间的对应关系，以建立解译标志。路线调查应选择一条至多条穿过不同地貌部位、不同农业利用方式和不同土地类型的线路，这样可以走最短的路，了解到全面的概况。建立解译标志是土壤资源遥感调查成败的关键，应对照航片、卫片随时定位，仔细观察成土因素、景观特征、土壤性质、土壤类型与遥感影像特征之间的关系，进行素描、记载和系统编码，为室内预判提供可靠依据。

(3) 室内预判

室内预判是根据路线调查所掌握的感性知识，以土壤工作分类系统和解译标志为依据，充分运用解译人员的专业知识对遥感影像进行综合性的景观分析，逐块勾绘出土壤类型或土壤组合的界线。

(4) 野外验证和采样

在室内预判的基础上拟订野外验证的路线和样区，其路线也应当通过不同的地形、影像类型以及一切有疑问的影像区，且应尽量与已进行路线勘查的线路不重复；应将样区布置在不同的类型地区，以便取得不同代表性的土壤样本。野外验证的具体内容有：①验证预判时的定位精度、解译的分类精度以及制图的界线精度；②进行典型样区的土壤剖面观察、记载和取样；③进一步了解土壤分布规律及利用改良上的经验和存在的问题，为区域土壤改良提供资料。

(5) 室内整理和成图

经过野外验证和修改后的土壤图，应当结合化验结果，将各组解译的土壤图进行拼接，一般在航片的相接之处往往会产生各种难以拼接的情况。如果属于影像畸变问题，则可通过影像校正来解决；如果通过上述措施难以解决，则要求进行野外复查。总之，要形成一幅完整的、合乎要求的解译草图，必须进行反复校正。

地球资源卫星的传感器记录了地物光谱值后，既可以扫描成图像，直接进行各专业的目视解译，也可被记录在计算机兼容磁带(CCT)上，用于计算机图像处理和计算机辅助分类制图。近几十年来，遥感的计算机辅助分类制图已成为土壤资源调查的重要发展方向。土壤资源遥感影像计算机分类以遥感数字影像为研究对象，在计算机系统支持下，综合运用地学分析、遥感影像处理、地理信息系统、模式识别与人工智能技术，实现了土壤资源信息的智能化提取。其基本目标是将土壤资源的人工目视解译遥感影像发展为计算机支持下的遥感影像解译。由于利用遥感影像可以客观、真实和快速地获取地球表层信息，从而使这些现实性很强的遥感数据在土壤资源调查与评价上具有广泛应用前景。

17.1.4.4　土壤资源遥感调查技术的发展

卫星与航空遥感、近地传感等星地遥感技术的蓬勃发展为土壤调查提供了新机遇，各种新型土壤传感器平台的构建与综合，不仅支持土壤理化性质及水土过程的长期监测，还能实时监测大范围易获取、易变土壤属性信息及相关环境信息。土壤星地探测器按照原理不同可分为机械型、电与电磁型、光学与辐射型、电化学型等种类。20 世纪 20 年代出现了机械型传感器，主要利用压力杠杆等来估测土壤的机械阻抗，从而建立其与土壤紧实度、土壤耐旱力、土壤水分分布等参数的关系。20 世纪 60 年代出现了土壤光谱与 X 射线荧光光谱技术(XRF)的研究与应用，目前土壤光谱探测技术主要开展数据预处理与预测模型的研究，X 射线荧光光谱分析仪主要应用于土壤重金属含量的测定。20 世纪 70 年代出现了土壤电磁感应技术(EMI)，主要用于土壤水分、盐分及黏粒等含量的监测，特别是在土壤盐分快速监测方面有独特优势。20 世纪 90 年代出现的激光诱导击穿技术(LIBS)用于土壤微量污染分析。进入 21 世纪，无人机遥感(UAV)技术快速发展，已应用于田间尺度的高分辨率土壤调查与制图(图 17-3)。表 17-2 列出了不同土壤传感器的测试指标和代表性传感设备。

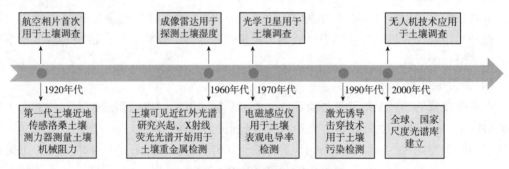

图 17-3　土壤遥感及近地传感发展

(史舟，2018)

表 17-2　不同类型土壤传感器的测试指标和代表性传感器设备

传感器类型	测量指标	平台	传感器设备
光学与辐射型	土壤质地、有机质含量、温度、土壤粗糙度、矿物组成、CEC、pH 值、水分含量、盐分含量等	卫星、航空、近地	光学遥感、微波遥感、地面光谱仪、探地雷达、激光诱导光谱等
电与电磁型	土壤质地、有机质含量、盐分含量、水分含量等	近地	大地电导率仪、Veris 3100、时域反射仪、频谱反射仪
机械型	紧实度、耐旱力、水分含量等	近地	指针式土壤紧实度仪
电化学型	pH 值、硝酸盐含量、营养元素含量等	近地	pH 计、离子敏感晶体传感器

注：引自史舟，2018。

近年来，随着高精度卫星遥感技术、5G 技术、物联网技术的发展，进一步促进了土壤调查向信息化、精准化、智能化和智能化方向发展。例如，"星—空—地"一体化对地观测是研究以山地、湿地等为代表的高时空异质性地表生态环境与地表变化的重要手段。其中，无人机观测是衔接离散地面观测和卫星观测的重要桥梁。在当前国内外具有重要影响力的大型综合观测实验中，"星—空—地"一体化综合观测已成为研究生态系统关键过程及时空尺度转换机制的关键手段和主要信息源。另外，5G 无线通信技术具有高速率、低延时、广泛覆盖和大容量的特性，因此数据能够随时随地、高质量地传输至数据中心或智能控制云平台，从而大大提高了数据传输过程中的准确度。土壤传感器所获得的土壤温度、湿度等环境信息通过 5G 无线通信设备传输至云平台后，云平台对采集到的数据进行处理并得出方案，再通过 5G 无线通信设备传输至终端智能设备，做出智能化的决策。目前，随着互联网技术的拓展，物联网技术手段也逐步被应用在农业资源与环境监测领域。从监测手段看主要有两类：一类是在近地通过低空传感器和无线传感器网络来实现对农业生态环境和农情的监测；另一类是用"3S"技术通过遥感和互联网、无线网络结合对农作物长势、面积、估产、品质的实时监测，应用高光谱遥感数据对重要的生物学和农学参数的反演模型算法和机理进行研究。

17.2　特殊任务的土壤调查

特殊任务调查的土壤指形成土壤的条件特殊或有特殊的利用功能、保护方法和改良措施的土壤，包括林地土壤、草地土壤、盐碱土壤、侵蚀土壤、风蚀土壤、城市绿地土壤和工矿用地土壤等。因此，特殊任务的土壤调查的重点是成土条件、性状及利用改良的特殊性。

17.2.1　林地土壤调查

17.2.1.1　调查目的和任务

查清各林型、立地类型的土壤类型，确定土类、亚类、土属、土种和变种；查清各类土壤与林木生长、森林分布的关系，不同造林树种对土壤条件的要求以及各种林业土壤的管理措施；综合评价各类土壤的物理、化学和生物学特征，为土壤利用、森林经营、森林更新等方面提出建议；编制森林土壤分布图、肥力等级图以及土壤利用改良图等。

17.2.1.2　调查内容和方法

包括标准地和路线调查中的土壤调查、确定采伐更新方式的土壤调查和苗圃地土壤调查。

（1）标准地和路线调查中的土壤调查

①标准地调查。林业生产和科研中常需建立固定标准地。标准地面积依林分年龄及株数而定，一般在寒温带、温带林区采用 $500 \sim 1000 \text{ m}^2$，亚热带、热带林区采用 $1000 \sim 5000 \text{ m}^2$，次生林、人工林、幼龄林面积可酌情减少。有时调查样方的面积也依据主林层树木的株数

而定,现常以主林层乔木200株为一样方。灌丛常用面积为16~100 m²。标准地调查包括每木调查和立地条件调查。每木调查需测定树高、胸径,以计算材积。立地条件调查需记载地形部位、活地被物、幼树、下木及病虫害等情况。一般林地每个森林群落类型需标准地不少于3块,但土壤剖面坑的设置在地形起伏不大,成土条件较一致的情况下,可适当减少或只设一代表性剖面。标准地调查中,土壤剖面点应选择植被、地形条件(坡向、坡度、坡位)均具有代表性的地方,小地形较平整,无近期崩塌或严重侵蚀;距树干1~2 m以外,不能设在路边或植被遭受严重破坏的地方。

②路线调查。路线调查是通过沿一定方向的线路,长距离的调查环境和森林特征、分布规律。线路的选择应当参考图面或航空相片等资料,沿林区自然环境有规律变化的方向,并尽可能通过各种群落类型。在选定的线路上,逐段设点调查。段内的典型调查地点称为调查小区,调查无面积限制,也不设标准地。调查中应特别注意地形、群落外貌和指示植物的变化,找出明显变化的转折点,调查测定该段的距离、地形部位、坡向、平均坡度、海拔等,同时绘出该段的线路平面图和断面图。路线调查中,在调查小区对应设置土壤剖面,选择标准与标准地调查相同。

土壤剖面的观察记载与一般土壤调查大致相同。常见以下层次:枯枝落叶层(A0层)、腐殖质蓄积层(A1层)、灰化层(A2层)、泥炭层(Ap层)、淀积层(B层)、母质层(C层)、母岩层(D层或R层)、潜育层(G层)。

林地土壤的障碍层次有些特殊,包括有潜育层、钙积层(白干土层、沙姜层)、黏盘层、沙层、碱化层、积盐层、永冻层和草根盘结层。需要记载障碍层出现的深度及厚度、形成特征,并估测危害程度。

表17-3 林业土壤腐殖质层厚度分级标准

A1层厚度	分级标准(cm)
薄层	<10
中层	10~20
厚层	>20

注:引自李象榕,1992。

林地土壤的分类系统,高级分类与第二次全国土壤普查汇总的"中国土壤分类系统"相同。基层分类,即土属和土种的划分,依据腐殖质层厚度(表17-3)、土层厚度、石砾含量以及岩石种类、复砂厚度、地下水位、盐化、碱化程度、侵蚀程度、障碍层次和位置等。

土层厚度一般是指A+B层的厚度,有时可包括BC层,任一土层石质容积含量(不包括半风化物)超过80%,不计入土层厚度(表17-4)。

表17-4 林业土壤土层厚度分级表

标准	寒温带、温带、暖温带、温热带、温带山地或亚热带高山区林业土壤土层厚度(cm)	热带、亚热带地区林业土壤土层厚度(cm)
薄层	<30	<40
中层	30~60	40~80
厚层	>60	>80

注:引自李象榕,1992。

石质包括石块、角砾、石粒。石砾含量以容积含量计，石块过多，将严重影响林木生长。表 17-5 列出了石砾含量分级标准。

表 17-5　石砾含量分级标准

石砾含量分级	寒温带、温带、暖温带及亚热带高山区 石砾含量(%)	热带、亚热带山地，丘陵 石砾含量(%)
少石砾	20~40	10~30
中石砾	40~60	30~50
多石砾	60~80	50~80

注：引自李象榕，1992。

（2）确定采伐更新方式的土壤调查

该类调查的目的是了解森林采伐后土壤肥力、土壤性质的变化，以及影响森林更新的土壤因子，为确定在不同区域、不同森林类型的最适宜采伐更新方式提供依据。为对比采伐前后土壤肥力、土壤性质的变化，需要在保留带及采伐迹地分别采样，进行比较分析。同一林型同一采伐方式各确定 2 个标准地进行调查。

土壤调查内容除要进行速效养分、pH 值、土壤水分、土层和腐殖质层厚度测定外，还应进行以下特殊项目的调查与测定，如枯枝落叶层储量、持水性能、石砾含量、土壤容重、草根盘结度和永冻层的测定等。根据以上测定资料，可以对不同采伐更新方式的优劣进行评价。

17.2.1.3　苗圃地土壤调查

苗圃为营林生产的基础设施，苗圃地分永久性中心苗圃和临时性山地苗圃。

永久性中心苗圃要绘制大比例尺[1：(1000~5000)]土壤图，一般每 1~5 hm² 设置一个主剖面。需要测定质地、容重、持水量、透水性、有机质含量、全氮、全磷、全钾、土壤阳离子交换量及交换性盐基、盐基饱和度、水解酸、总酸度、碳酸钙、矿质全量、黏粒的化学组成及微量元素等。有的苗圃地还须测定亚铁含量。中心苗圃还需按养分调查方法，采样测定速效性氮、磷、钾含量，以及 pH 值、有机质含量、可溶性盐总量等。苗圃地的水文地质条件至关重要，灌溉水和地下潜水均须作水质化验。

临时性苗圃虽不必绘制土壤图，但仍需做必要的土壤剖面观察、描述，采集土壤形态学标本及化验分析样本。临时性苗圃着重调查 0~30 cm 土层性质。

17.2.2　草地土壤调查

17.2.2.1　调查目的和任务

查清草地土壤资源类型、分布、数量、质量、障碍因素和土壤利用现状，为合理利用草地土壤资源提供依据；调查研究草地土壤形成条件及其形成演变和退化规律，为提高土壤肥力和防止风蚀沙化提出措施；调查不同土壤类型上的牧草种类营养价值和产草量，调查立地条件，为放牧利用布局和饲料基地建设提供科学依据。

17. 2. 2. 2　调查内容和方法

(1) 调查尺度的确定

①荒漠和草原边远地区土壤调查。这类地区居民点少，交通闭塞，一般无公路相通。土壤调查可以用 1：(10 万~20 万)卫星相片进行调查，根据土壤利用价值形成复合比例尺的土壤图，农业区和割草场可以为 1：5 万，其沙区可以为 1：20 万，分别以土种和土属上图。调查的重点是土壤的风蚀沙化和盐渍化。

②草甸草原、干草原土壤调查。这类地区牧草种类多，质量好，产草量高，载畜能力强，土壤比较肥沃，水资源也比较丰富，因而调查需精细些。调查宜采用 1：5 万的地形图、航片和 1：10 万的卫片，成图比例尺为 1：(5 万~10 万)，上图单元为土种。在山地地面调查比较困难，若有穿山公路，可以垂直山体进行，否则可以沿山川、沟谷进行，并配合小放射线，调查路线呈树枝状。

③人工草场和饲料基地的土壤调查。人工草场和饲料基地的集约化程度要高得多，因而其土壤调查也最为详尽。除采用一般土壤调查方法外，还需要调查牧草种类、长势、产草量与土壤类型、肥力的关系，调查水文和水文地质情况，有无灌溉条件、水质和水量等。调查宜采用 1：(1 万~2 万)的航片进行，成图为 1：(2. 5 万~5 万)，以土种上图。

(2) 成土因素调查

影响草地土壤发生发育的成土因素有其特殊性，应重点调查下述内容：

①气候。一是调查对草地生产力有影响的气象资料，包括无霜期、降雪深度、积雪时间、冻土深度、春秋牧场牧草返青和枯黄时间、夏季有无枯黄现象或休眠期及持续时间；二是调查影响风蚀沙化的气象资料，包括主风向、风速、大风日数、沙暴、干旱期等；三是调查影响水蚀的气象资料，包括降水量、降水强度、降水季节分配等。

②植被。充分考虑牧草种类、草群组成和生长状况，对草场的种类、分布、优势种、盖度、高度、多度、频度、产草量、营养价值进行详细调查，从中寻找牧草种类、产草量与土壤类型的关系。

③地表水和地下水。水资源的分布不仅关系土壤的发生发育，还关系家畜的放牧和草地的合理利用，应查明水源种类、水量、水质、利用情况和潜力等。

④人类生产活动。人类生产活动直接反映在草地的利用程度上。根据植被特征和侵蚀情况可将草地利用程度划分为以下 4 种：轻牧，有大量枯枝落叶存在，植被完好，无侵蚀现象；适牧，草地植被生长正常，植被盖度较高，原有种类成分未发生变化，无侵蚀现象；重牧，牧草生长受到抑制，植株比正常的矮小，密丛型禾草增加，有土壤侵蚀现象，山地土壤草丛空隙被侵蚀，草丛固土形成突起小堆；过牧，优良牧草减少，有毒、有害杂草数量增加，土壤侵蚀较重，山地草丛固土堆呈"品"字形的阶梯状，部分地表形成砂砾坡或裸岩。

(3) 其他调查

草场退化往往和土壤物理性状变劣有直接关系。由于频繁放牧、畜蹄的践踏，致使草场土壤板结，孔隙度变小，天然降水不能充分渗入土体，导致牧草生产能力进一步恶化。砂质土由于畜蹄的践踏，破坏了表土的微小结持力，使表土变得更加松散，给风蚀沙化创造了条件。所以在草地土壤调查中，对土壤物理性状应更为关注。除一般土壤调查项目外，还要对以下土壤物理性状详加调查。凡是主要代表剖面均需测定：土壤容重、土壤紧实度和各发生层的土壤水分含量。

除调查土壤外，还应进行草地资源调查，准确判断草地的类、组、型，测定不同类型草地的产量、质量，划定草地利用现状等。这对于勾绘土壤界限、评定土壤质量和划分土壤利用改良分区均有重要参考价值。

17.2.3　盐碱土壤调查

17.2.3.1　调查目的和任务

研究并评价盐碱土区的土壤改良条件，着重进行灌区水文地质调查，海涂围垦区的海涂动力特点调查和海涂形态特征调查；查明原生和次生盐碱化及沼泽化的形成原因，各种土壤类型的改良特性；根据盐碱土特点，进行土壤改良分区与评价工作。

17.2.3.2　调查内容和方法

(1) 土壤改良的条件

①地形地貌。可在航片、卫片或地形图判读的基础上，在实地调查中确定地貌类型、范围及其地形要素(地形部位、坡度、坡向等)，尤其是微地形的研究。研究地貌时要和其他地学特征(如沉积物类型、水文地质条件等)的研究结合起来；宜围垦的泥质开阔海岸区，应侧重研究海浪、潮汐、海流作用特点，将潮间带划分为超高潮滩(龟裂带)、高潮滩(内淤积带)、中潮滩(过渡带)、低潮滩(外淤积带)，以便为盐碱土利用改良提供基础资料。

②水文地质条件。应邀请水文地质专业人员参加测区的土壤改良水文地质调查。在盐碱土区土壤调查中，通常应完成潜水埋深、矿化度、水化学类型等水位线图的测绘任务。对垂直排水洗盐的盐碱土改良区，须进行竖井抽水试验，进而提供涌水量、抽水历时、水位降深等数据资料，以便阐明测区潜水的埋藏、分布、补给、径流及其排泄条件、潜水化学特征和潜水季节动态等规律对土壤形成过程的影响，同时为测定区内的水利土壤改良田间技术设计提供科学依据。

此外，还需研究年降水量、蒸发量及其季节分配状况和水文特征，如引灌水源数量与水质特点、河流类型，以及湖泊、海洋的水位变化对土壤水和潜水之间的补给与排泄关系。只有这样才能为土壤改良分区，综合开发利用盐碱土提供基本的水文和水文地质资料。

(2) 土壤剖面及有关性状

通过深入调查研究盐碱土的性状及分布规律，指明各盐碱土类型的改良特点，为制订改良措施提供科学依据，必须对盐碱土的主要剖面进行细致的研究和土、水样品的分析。因此，主要剖面挖掘深度应达到潜水位以下 10~20 cm 处，并分层(表土层细分为 0~5 cm、5~10 cm、10~20 cm，心土层按质地层次划分可粗些)用连续柱状法采集分析样本及其潜水化验样品。此外，还须研究盐碱土类型、土壤盐碱化等级和土壤盐分组成类型等情况。

(3) 人类生产活动与土壤盐碱化的关系

次生盐碱土的形成和耕种盐碱化土壤的肥力演变，与人类生产活动密切相关。如平原地区水库和渠道的渗漏、有灌无排、排水出路及自然流势受其他工程设施阻截，均能使地下水位提高，引起土壤次生盐碱化。若引用高矿化水灌溉或长期粗放耕作，更会加重土壤盐碱化；当长期提灌深层碱性水时(其矿化度仅 1.0~1.5 g/L，含有以碳酸氢钠为主的易溶性盐类，pH 值大于 8.0，钠吸附比大于 1.0)会导致土壤发生苏打草甸碱化成土过程。又如草原盐碱土区的过度放牧或人为破坏自然草被后，也能加重土壤的盐碱化作用，形成重盐碱土。反之，盐碱土在合理的综合性改良措施下，也能建成高产稳产的粮棉生产基地。为此，野外调查要与有关业务部门及当地农民进行座谈，并完成下列调查内容：①适种作物及其种植制度和常年产量；②耕作制度及施肥制度；③灌排渠系的配置特点、灌溉制度及其优点缺点；④改良旱、涝、盐、碱的经验和教训。

同时，应进行土壤调查制图，包括土壤盐碱度图(反映土壤盐分含量水平分布状况)，土壤质地图(反映土壤质地剖面的构成及其分布规律)，盐碱区利用改良分区图(说明和规定不同土壤区段土壤改良的主攻方向、长远及当前的改良措施)，盐分剖面图(直接反映盐分在垂直剖面上的分布状况，有助于分析盐碱土的发育和演变过程和检查改良效果)。

航空相片用于盐碱土调查日益广泛。航空相片上盐斑的图像非常清晰，这样可以将盐斑单独勾画出来或用符号标出，位置和界线更为准确。同时，利用盐斑的密度和盐斑所占比例，确定盐碱化程度，比以往的方法更具体化，对比性更显著。

17.2.4 侵蚀土壤调查

17.2.4.1 调查目的和任务

查清水土流失的现状及其危害；调查影响水土流失的环境因素及其作用；调查土壤侵蚀的原因、侵蚀程度、强度及其分布；调查总结水土保持综合治理的措施及减沙效益等；通过调查为制定水土保持措施及总体规划提供科学依据。

17.2.4.2 调查内容和方法

(1) 土壤水蚀因素调查

影响土壤水蚀的因素有自然因素和人为因素。自然因素包括气候、地形、地质、植被、土壤等。人为因素主要是人们不合理的垦殖利用。

①气候。降水对水蚀的影响，一为降水量，其次为降水类型，特别是降水的季节分布。在水蚀地带，应在当地气象站收集多年平均降水量、降水量的年际变化和年内季节变化、多雨年和少雨年降水量及其出现的时间和频率；引起水土流失的大雨、暴雨(日降水量>50 mm 或 1 h 降水量≥16 mm)出现的月份、次数，每次暴雨持续的时间，降水量及雨强等。雨强，特别是 30 min 最大雨强(I_{30})对土壤水蚀的影响最为显著。

②地形。地形因素是土壤产生水蚀的能量基础，主要调查的地形因素如下：

a.地貌类型。调查海拔、相对高差等。海拔影响水热的垂直带差异，因而影响水蚀强度；相对高差则影响局部地形的侵蚀基准面，同样影响水蚀强度。

b.坡度。根据水土保持的实践，坡度可划分为平地(小于 3°)、平缓坡(3°~7°)、缓坡

（8°～15°）、陡坡（16°～25°）、极陡坡（26°～35°）、险坡（大于 35°），调查时要分别计算各坡度级别的面积及所占比例。

c.坡长。坡长多分为短坡（小于 50 m）、中等坡（50～200 m）、长坡（大于 200 m）。一般来说，坡度相同，降水在低雨强时，坡长越长，侵蚀量越小。降水强度大于低雨强后，坡长越长，汇集的径流量越大，侵蚀也越严重。

d.坡形。一般分为直形坡、凸形坡、凹形坡与阶梯形坡。如果以直形坡为基准，则凸形坡的侵蚀较大，特别是其中下部水蚀较强；而凹形坡一般侵蚀较小，其下部还会有一定淤积。

e.坡向。阳坡增温快，水分易蒸发，土壤干燥，如果植被遭受破坏，则水土流失相对较重。阴坡水分条件较好，植被生长茂密，水土流失相对较轻。

f.沟谷。沟谷的深度、宽度、断面形状在一定程度上反映土壤水蚀的强度。调查时要了解沟谷的深度、宽度、密度，沟谷的纵坡度和断面形状，判断其属于 V 形谷、U 形谷，还是属于具有河漫滩的平底谷，并判断其是线状谷还是串珠状谷。

地形调查中要查明各种地形的面积及所占比例，以判断土壤侵蚀的程度。

③母质。包括母质类型及其化学特性调查。母质类型不同，抗冲抗蚀性也不同。如黄土母质，由于本身胶结不够牢固，因而抗冲性差，同时土层深厚，沟谷下切强烈。又如花岗岩，片麻岩在北方干燥地区易于物理风化而形成砾石与砂粒，胶结性也差，也易遭受水蚀。而石灰岩、玄武岩致密紧实，土壤黏结力较强，抗冲抗蚀较好。同时，母质的化学成分不同，其胶结力有一定差异，因而抗冲抗蚀性也不相同。

④植被。植被保护土壤，减轻水蚀作用的大小因植被种类、盖度而差异很大。因此，调查中要划分植被的类型，分别用样方或样带法调查草本植被的种属、分布、生长状况、产草量、盖度；森林植被的林木种类、面积、分布、高度、胸径、密度、盖度、林下植被的种类及生长状况、枯枝落叶层的厚度等。

⑤土壤。影响土壤水蚀的特性主要有土壤的渗透性、抗蚀性、抗冲性以及与这些特性有关的其他理化性质，如土壤质地、有机质含量、土壤结构和土壤的胶结物质。调查时注意土壤的质地、层次排列及胶结物质的组成，测定土壤的渗透性、抗蚀性、抗冲性等。

⑥人为活动。人类破坏自然植被，乱伐林木，盲目垦殖，过度放牧，会加剧水土流失。采用工程措施与生物措施，如打坝、修梯田、植树种草，进行沟头防护，则会减轻或防止水土流失。调查时要调查坡耕地的分布、作物布局、轮作制度、耕作方式、森林砍伐等情况。

（2）土壤水蚀类型调查

水蚀的类型主要有面蚀、沟蚀、洞穴侵蚀、崩塌侵蚀和泥石流等。

①面蚀（片蚀）。主要发生在坡耕地和植被稀疏的地段上，包括雨滴打击地面产生的溅蚀和地表漫流引起的层状剥蚀过程。侵蚀从表土层开始，逐步到心土层、底土层。由于剥蚀不均一，地表常呈鳞片状。面蚀速率缓慢，常不被人们重视，但侵蚀面积广泛，总流失量很大，故危害相当严重。

②沟蚀。沟蚀是地表径流比较集中的股流形成对土壤或土体进行冲刷的过程，也是面蚀进一步发展的结果。根据其形态和发展阶段可分为细沟、浅沟和切沟。

③洞穴侵蚀。地面径流沿土体裂隙、植物根孔和动物孔洞等下渗时，经溶解、潜蚀、

冲淘等作用而形成洞穴的过程。下陷洞穴称陷穴，有的单个出现，有的呈串珠状或成群出现，多见于黄土地区的塘边、沟坡、沟头等部位。

④崩塌侵蚀。是土体在水分与重力综合作用下，发生整块倒塌的一种侵蚀，多发生在河流弯曲之处。由于凸峰或凹峰的土体在水力冲刷下失去顶托，或岩块破裂以后在重力作用下发生倒塌。崩塌体可达数立方米至数十立方米以上，造成河道淤塞、毁坏农田，危害很大。

⑤泥石流。是水能与重力作用的混合形态。在坡度大于35°并有足够的碎屑岩体，其下垫面又有不透水层，坡面地形又多为聚集径流的漏斗形凹坡的地方，当降水量足够时，整个碎屑岩体连同土壤随水流顺坡面向下滑动而进入洪水，形成高含泥沙、石块的暴流。泥石流爆发突然，来势凶猛，冲刷河床，破坏建筑设施，甚至埋没农田和村庄，危害极大。

(3)土壤侵蚀强度调查

土壤侵蚀强度是指单位时间、单位面积上的地表土壤经水力侵蚀被移走的土体损失量，以每年每平方千米移走的质量表示[t/(km² · a)]或以每年移走的土层厚度(mm)表示。

①土壤侵蚀强度分级。土壤侵蚀强度分级以侵蚀模数为主要指标。根据《土壤侵蚀分类分级标准》(SL 190—2007)，水力侵蚀强度分级见表17-6。

表 17-6　水力侵蚀强度分级

级别	平均侵蚀模数[t/(km² · a)]	平均流失厚度(mm/a)
微度	<200、<500、<1000	<0.15、<0.37、<0.74
轻度	200、500、1000~2500	0.15、0.37、0.74~1.90
中度	2500~5000	1.9~3.7
强烈	5000~8000	3.7~5.9
极强烈	8000~15 000	5.9~11.1
剧烈	>15 000	>11.1

注：本表流失厚度系按土的干密度1.35 g/cm³折算，各地可按当地土壤干密度计算。

在缺少实测及调查侵蚀模数资料时，可在经过分析后，运用有关侵蚀方式(面蚀、沟蚀)的指标进行分级。土壤侵蚀强度面蚀(片蚀)分级指标见表17-7，沟蚀分级指标见表17-8，重力侵蚀强度分级指标见表17-9。

表 17-7　土壤侵蚀强度面蚀(片蚀)分级指标

坡度(°)		5~8	8~15	15~25	25~35	>35
非耕地林草盖度(%)	60~75	轻度	轻度	轻度	中度	中度
	45~60	轻度	轻度	中度	中度	强烈
	30~45	轻度	中度	中度	强烈	极强烈
	<30	中度	中度	强烈	极强烈	剧烈
坡耕地		轻度	中度	强烈	极强烈	剧烈

表 17-8　土壤侵蚀强度沟蚀分级指标

沟谷占坡面面积的比例(%)	<10	10~25	25~35	35~50	>50
沟壑密度(km/km²)	1~2	2~3	3~5	5~7	>7
强度分级	轻度	中度	强烈	极强烈	剧烈

表 17-9　土壤侵蚀强度重力侵蚀分级指标

崩塌面积占坡面面积的比例(%)	<10	10~15	15~20	20~30	>30
强度分级	轻度	中度	强烈	极强烈	剧烈

②水力侵蚀模数的确定。应根据水土保持试验研究站(所)所代表的土壤侵蚀类型区取得的以下实测径流泥沙资料统计及分析。标准径流场的资料,仅反映坡面上的溅蚀量及细沟侵蚀量,不能反映浅沟(集流槽)侵蚀,通常偏小;全坡面大型径流场资料,能反映浅沟侵蚀,比较接近实际;各类实验小流域的径流、输沙资料。

③野外及室内人工模拟降雨。室内人工模拟降雨宜采用已建成的国家实验室室内人工模拟降雨设施;室外人工模拟降雨设施应采用国家标准室外人工模拟降雨设施;人工模拟降雨设施可用来测定不同坡度、植被、土壤、土地利用,在设定暴雨频率下的侵蚀量。

④重力侵蚀的监测。用地面立体摄影仪测量并监测滑坡及崩坍形式的重力侵蚀,应根据外业所取得的立体像,在室内用仪器清绘等高线,并绘制成 1:(500~2000) 地形图。用竹签等量测泻溜形式的重力侵蚀。泥石流冲淤过程观测宜采用雷达流速仪测速装置、超声波泥位计测深装置、遥测冲击力仪、动态摄影仪等进行量测。

17.2.5　风蚀土壤调查

17.2.5.1　调查目的与任务

查明土壤风蚀沙化程度及潜在沙化程度的类型、分布,进行数量和质量评价;调查研究自然条件和人为活动对土壤风蚀沙化的影响,为综合防治提供科学依据;总结沙区土壤资源综合利用和治沙改土的成功经验,提出以防治土壤风蚀沙化为中心的改良和利用措施。

17.2.5.2　调查内容和方法

主要是形成因素和利用改良条件调查。除前面章节介绍的有关共同项目外,需要补充调查下面的内容:

(1)风

风是土壤吹蚀、搬运和堆积的强大动因,特别是干旱地区的风,风速大且发生频繁,容易引起风蚀沙化。应收集当地主要风向、年平均风速、最大风速、起沙风(≥5 m/s)日数、大风日数、沙暴,并结合访问确定风口位置等,分析其与土壤风蚀沙化的关系。

(2)降水

干旱是引起土壤风蚀沙化的重要原因。干旱地区降水稀少,且年降水量差异大,增加了生态系统的不稳定性，强化了土壤风蚀沙化过程。应收集统计年降水量及其变幅。降水强度对沙层水分补给具有意义，因而应收集一次性降水≥5 mm、≥10 mm、≥20 mm的资料。

(3)地貌

在湿润、半湿润沙化地区的地貌类型主要有沙丘、缓平沙地、滩地以及沼泽等。在干旱、半干旱沙化地区，地貌类型主要是风成地貌和风蚀地貌，包括有新月形沙丘、蜂窝状沙丘、灌丛沙堆、沙垄等。按固定程度可分为固定沙丘、半固定沙丘和流动沙丘。

在沙化地区，沙丘是最重要的地表形态标志，沙丘的不同形态和类型在利用改良措施上有很大的差别。

(4)母质来源

一般认为有6种母质来源：风力吹积、河流冲积、洪水冲积、冰水沉积、就地岩石风化和海(湖)岸沉积。不同的母质有不同的理化性质，因而其肥力特征和利用改良方向措施也有很大差异。

(5)植被类型

沙地作为一种特殊的生态环境，往往具有一系列特有的沙生植物，如黄柳、梭梭等都是很好的固沙植物，也是较好的饲料。由于生物固沙在治沙中占有极重要的地位，因此需要查清不同土壤和沙丘类型的植物种类、草场类型、产草量、盖度、造林树种和封沙育草植物的生物学特性和防风固沙能力。

(6)下伏土质和地貌

在流动沙丘地区，下伏土质和地貌与固沙造林、改造沙地密切相关。在我国，流动沙丘的土质可划分为沙质土壤、壤质土壤、黏质土壤、盐渍土壤、砾质土壤、石质土壤或粗骨土壤等类型，其中壤质土壤和黏质土壤条件较好。下伏地貌若为平地，条件较好；下伏地貌若为低山丘陵和戈壁，则条件不良；下伏地貌若为河谷或湖盆，其潜水会很丰富，可以大力发展井灌。

(7)地下水埋藏深度和矿化度

沙地改良一定要有水利条件。土壤调查中，应在沙丘的丘间低平地测量地下水埋藏深度，并采集水样分析其盐分含量。避免在抽水过程中，产生土壤的苏打盐碱化。

另外，风蚀土壤制图有其特殊的要求，其比例尺的确定，乡镇以1:(2.5万~5万)为宜，县以1:(10万~25万)为宜，地区或单个沙漠可采用1:(25万~50万)或更小的比例尺。沙化区范围大，交通困难，判读标志比较清楚，在调查制图中航空相片和卫星影像的利用显得尤为重要。土壤制图除绘制土壤图外，还应根据情况绘制土壤风蚀沙化类型图、沙化潜在危险程度分区图、流动沙地固沙造林土壤条件图等。

17.2.5.3 风力侵蚀强度调查

日平均风速不小于5 m/s、全年累计30 d以上，且多年平均降水量小于300 mm(南方及沿海风蚀区，如江西鄱阳湖滨湖地区、滨海地区、福建东山等，不在此限值之内)的沙质土壤地区，应定为风力侵蚀区。风力侵蚀强度分级应符合表17-10的规定。

表 17-10 风力侵蚀强度分级

级别	床面形态 (地表形态)	植被盖度(%) (非流沙面积)	风蚀厚度 (mm/a)	侵蚀模数 [t/(km²·a)]
微度	固定沙丘、沙地和滩地	>70	<2	<200
轻度	固定沙丘、半固定沙丘、沙地	50~70	2~10	200~2500
中度	半固定沙丘、沙地	30~50	10~25	2500~5000
强烈	半固定沙丘、流动沙丘、沙地	10~30	25~50	5000~8000
极强烈	流动沙丘、沙地	<10	50~100	8000~15 000
剧烈	大片流动沙丘	<10	>100	>15 000

17.2.6 城市绿地土壤调查

现代城市的发展，使人们对环境、美学、游憩等各方面的需求不断增加，城市及周边环境的绿化和美化显得日益重要。近年来，我国城市的绿化建设蓬勃发展，人们越来越认识到城市绿地是现代城市生活不可缺少的一部分，它对于改善城市生活环境，提高生活质量具有特殊价值。因此，城市绿地土壤调查显得越来越重要。

绿地土壤是针对其他所有非绿地土壤或非绿地用途的土壤而言的。它既指绿地植被覆盖下的土壤，又指园林绿化部门或个体绿化经营者经营活动所涉及的土壤，包括公园绿地土壤、隔离带绿地土壤、运动场和娱乐场绿地土壤等城市绿地土壤，还包括用于绿化生产的苗圃和花圃土壤、城市周边用于游憩的森林和草地土壤及道路(高速公路)绿地土壤等。由于受高密度人口和剧烈的人为扰动影响，城市成为最复杂的搅动土分布区。它具有土壤层次紊乱、土壤成分复杂、侵入体多、土壤的物理性质不良、土壤有机质和养分贫乏、土壤污染物增多、土壤扎根条件受限、土壤的障碍因素多等特点。

以下涉及的城市绿地土壤调查主要针对公园绿地土壤、隔离带绿地土壤、运动场和娱乐场绿地土壤，以及道路等城市绿地土壤的调查，而对用于绿化生产的苗圃和花圃土壤、城市周边用于游憩的森林和草地土壤在其他土壤调查中已介绍。

17.2.6.1 调查目的和任务

调查的主要目的是摸清土壤底细，以解决适地适种、适地适栽、因土施肥、因土改良等问题，主要任务是查明绿地土壤的类型、分布、性质和肥力特征，了解土壤与绿地植物生长之间的关系，评定现有土壤对不同绿地植物的适生性、适宜性及生产力等级，确定影响绿地植物正常生长的障碍因素和限制因素，为绿地土壤的合理利用、改良和经营管理提供切实的科学依据。实际工作中，土壤调查的目的和任务各有侧重，主要表现在以下方面：

①从规模上可分市、区级综合绿地土壤调查和局部地块的土壤调查。市、区级综合绿地土壤调查主要是为了摸清全市或全区绿地土壤资源的概况，为整体绿化规划提供依据。局部地块的土壤调查包括具体的某个公园、街道、广场、居住区、庭院、苗圃、花圃、草

坪基地等地块的土壤调查，调查内容相对比较详细，包括具体的土壤类型及其分布与组合情况、各类型的性质和肥力特征、植物适生性、适宜性及生产力等级(适地适栽或适地适种评价)、障碍因素及利用改良途径等诸多方面，调查成果应注重实用性和可操作性。

②从绿地类型上可分生产性绿地和非生产性绿地的土壤调查。生产性绿地的土壤调查主要是为圃(园)地选址、适地适种、因土施肥等提供依据，并对土壤的肥力或生产力进行分级评定。非生产性绿地的土壤调查则主要侧重于土壤的适地适栽问题，对土壤的利用、改良途径作出评价。

③从土地利用现状上可分绿化或建植(建圃)前的土壤调查和绿地经营中(建植后)的土壤调查。前者是为了查明调查区内的土壤类型(具体种类)及其分布和组合情况，评定土壤的性质、肥力及植物适宜性，提出利用改良途径，为绿地建植、植物更新、场圃建立等提供依据。在绿地和场圃的规划设计中，这种事先的土壤调查与评价资料往往是必不可少的；后者则主要是为了查明影响绿地植物生存、生长的不良土壤因素，以采取相应的纠正或改良措施。后一种情况也常称其为土壤诊断。

17.2.6.2 调查内容和方法

(1)成土条件和土地利用情况调查

①气候。同一般土壤调查。

②植被。对天然植被而言，不同的植被有不同的土壤类型，利用植被可推断土壤类型及分布界线，这时应着重记录植被的种类组成和盖度。若为农田植被，则应记录作物种类和生长情况。对于建植时间较久的城市园林绿地，虽然植物种类繁多且大都为人工栽植，但长期较稳定的植被仍会对土壤产生一定的影响，加之各异的土壤管理方式，所以土壤性状也逐步形成了各自的特点。据研究，公园的花坛、树坛、草坪3类园林植被下土壤间的紧实度、容重、孔隙度、有机质含量等指标都有显著差异，各指标以花坛土壤为最优，草坪土壤最差。

③母质。绿地土壤的母质调查除调查其运积类型外，还应特别注意母质的通透性能，尤其是对于生产性绿地。对市区的搅动土或堆垫土，一般不再进行母质调查。

④地形。绿地土壤调查中应特别注意小地形单元，包括岗地、坡地(丘坡、岸坡、路坡)、平地、洼地、岸边、漫滩等。坡地要分出坡形、坡位、坡度和坡向。

⑤地下水、地表水和土壤排水状况。主要调查地下水位及其季节变化、地下水水质(矿化度、矿化类型)等，这在沿海城市或低地城市(城区)尤为重要。地表水包括河、湖、沼、池及低地滞水等，要查清其分布和面积，并注意沿岸土壤的季节性水淹和淤积情况。土壤排水状况包括受地形影响的排水条件、土壤质地与剖面层次所形成的土体内排水条件2个方面，可分如下等级：

排水过量：水自上层中排出较快，一般多为地势较高、土层较薄、质地较粗等情况。

排水良好：过多水分易从土壤中排出，雨后或灌溉后土壤保持适于植物生长的时间较长。

排水中等：水分在土体内移动缓慢，在相当长时间(不足半年)内剖面大部分土体湿润，土壤往往有不透水层、地下水位较高或有侧向水渗入补给。

排水不畅：水分在土体中移动缓慢，在一年中有半年以上的时间地面湿润，而剖面下部大体呈潮湿状态。

排水极差：水分在土体中移动极为缓慢，一年中大部分时间地表呈过湿状态，甚至可能有少量积水。

⑥土壤侵蚀情况。可按常规土壤侵蚀种类和侵蚀强度记载。

⑦人为活动。主要调查人为因素对土壤的影响，如土体的扰动和土壤的挖垫情况、侵入体及特殊异质土层、地下构筑物、人为践踏程度等。

⑧土地利用情况。了解目前及未来的土地利用情况，如农田、林地、荒地、果园、苗圃、花圃、园林绿地、原建筑工地、旧建筑物地基或拆除场地等，同时要调查植物的生长状况或产量，以了解不同地块的土壤适宜性及肥力水平。在为生产性绿地进行的土壤调查中，尤其要注意了解目前及未来的土壤施肥情况和当地群众用土、改土、培肥的经验；在为现有城市绿地进行的土壤调查中，则应注意分析当前栽培管理水平与土壤条件是否适应，有哪些地方需要改进。

(2) 土壤剖面调查与土壤样品的采集

土壤剖面有主剖面、检查剖面和定界剖面 3 种类型，调查方法与一般土壤调查相同。但土壤剖面的数量是由所用比例尺、地形复杂程度和土壤类型的变异及其分布情况决定的。由于绿地土壤调查的精度一般较高(大比例尺)，且土壤变化复杂，所以剖面数量要远大于一般的农林业土壤调查。每种具体土壤至少要挖 1 个主剖面和 2 个对照剖面。

土壤剖面样品主要用于理化性质的实验室分析，具体操作与一般土壤调查相同。

(3) 小区土壤调查

对已建成或已规划的绿地而言，应以小区为单元进行调查。小区的划分应以相对稳定的植被类型(包括人工植被)、土地利用方式、人为活动及管理状况、地形差异等为依据，每一小区建立一张小区登记表。原则上每个小区内的土壤类型应该一致，但若同一小区出现两种及以上土壤类型的情况(尤其是搅动土)，则可续分亚小区，以亚小区为单位建立一张登记表。若小区面积过小，数量过多，应将土壤相同，地形部位、栽培措施、管理水平基本相同的相邻小区加以合并。

为了较准确地评价小区土壤的性质和肥力状况，需要多点采集小区内的根层土壤样品进行分析(尤其是养分状况)。每个小区(地块)设 10~20 个样点。在一般情况下，每个小区取一个根层(或耕作层)混合样即可，即多个样点钻取的土样等量混合；当一个小区内有两种及以上土壤类型时，则分别取混合样。如果研究经费充足，且欲了解小区内土壤养分和性质的变异情况，则不取混合样，每个样点都取一个独立的分析样品，以得到有关的统计数字。至于采样深度，视根系密集层而定，花草类为 0~30 cm，树木类为 0~30 cm、30~60 cm。另外，测定土壤容重和孔隙度的样品可用环刀在每个样点采取，而土壤紧实度则可用硬度计在现场测定。

17.2.7　工矿区土壤调查

工矿区是工程建设区、工厂和矿区的总称，是指修筑公路、铁路、水利工程和开办矿山、电力、化工、石油等工业企业以及采矿、取石、挖砂等建设活动的场地。据不完全统计，全国现有国有矿山塌陷面积已达 839 922.2 hm²。因此，进行工矿区土壤调查，对科学合理地进行土壤资源再利用和恢复重建生态环境非常重要。

17.2.7.1 调查目的和任务

生产建设项目需复垦的土地包括露天采矿、烧制砖瓦等地表挖掘造成损毁的土地,地下采矿等造成地表塌陷的土地,堆放采矿剥离物、废石、矿渣、粉煤灰、冶炼渣等固体废弃物压占的土地,能源、交通、水利等建设活动造成损毁的土地等。

工矿区土壤是指以生产建设活动排放的固体废弃岩土作为母质,经人工整理、改良,促使其风化、熟化而成的一类土壤。其中,以矿产资源开发工程扰动的土壤最为典型,而修筑公路、铁路、水利工程等剧烈扰动土壤与矿产资源开发所扰动土壤类似,因此,本节以矿区土壤调查为代表进行介绍。

矿区土壤调查的目的是为采用合理的地形重塑、土壤重构、植被重建、景观再现与生态系统建设及生物多样性保护技术,人为促进土壤熟化提供科学依据。其主要任务有:通过调查分析查清被破坏土壤资源的数量、类型、破坏程度和分布状态;通过分析研究被破坏土壤的发生发展过程、趋势及其原因,对采矿、废弃物堆置等一系列矿山作业提出合理建议;通过调查不同废弃物的理化性质,为进一步的复垦方式及利用方向提供依据;通过采矿前原土壤、采矿后土壤及复垦后矿区土壤的理化性质对比,进一步完善复垦技术,为宏观的复垦规划提供参考。

17.2.7.2 调查内容和方法

(1)形成条件调查

矿区土壤形成条件调查应注意以下方面:

①区域地貌特征调查。可分为黄土高原矿区、东北缓丘漫岗矿区、南方丘陵山地矿区、黄淮海平原矿区及西部风沙矿区等。由于不同区域的地貌特征、生物气候,以及地面组成物质、坡度、地形等因子变化很大,造成的土壤破坏程度、强度和形成的条件有明显差异。

②行业特征调查。不同行业所排弃的废物及扰动的情况不同,对土壤形成的影响也不同。

a.采矿系统。包括煤矿、铁矿、铝土矿、石膏矿、金矿、铜矿、石棉矿、锡矿等。采矿系统以可根据开采方式分为露天开采、地下(井工)开采、露井联采三大类。露天开采使土壤彻底破坏,土壤生产力完全丧失;地下开采造成地面塌陷、地表裂缝、水资源破坏,土壤生产力下降或完全丧失。

b.电力系统。主要包括火力发电厂、变电站等,以粉煤灰及其堆积场造成的污染流失为主。

c.冶金系统。包括钢铁联合企业、特殊钢厂、炼铁厂和其他金属冶炼企业,还可包括炼焦厂,主要是尾矿、排土场、炉渣及其他废弃物乱堆乱放造成的生态环境破坏。

d.化工系统。包括硫酸厂、烧碱厂、纯碱厂、磷肥厂、橡胶厂、造纸厂等,以环境污染为主。

e.建材系统。包括水泥厂、陶瓷厂、石料厂、挖砂场、石灰场、砖瓦窑等,以扰动地面、挖石取土取砂、破坏土壤和植被造成的水土流失为主。

③废弃物堆积形式调查。可分为平地堆山式、填凹(如填沟)堆垫式和河岸沟岸倾泻式3 类。平地堆山式容易造成滑坡、崩塌以及多种水力侵蚀;沟岸、河岸倾泻式缩窄河道,影响行洪,河流输沙量剧增,相比而言填凹堆垫式较为妥当。

④废弃物组成成分调查。可分为粗颗粒废弃物和细颗粒废弃物。粗颗粒废弃物如铁矿、地下开采煤矿(矸石山)、采石场等,为砾石状排弃物。细颗粒废弃物如火力发电厂(粉煤灰)、砖厂(土状物)、铝厂(赤泥)、采砂厂、化工厂(废渣)、各种尾矿等。

⑤废弃物毒性调查。可分为有毒废弃物和无毒废弃物。有毒废弃物如重金属矿、化工厂等;无毒废弃物如砖厂、水泥厂、采石场、低硫煤矿等。

⑥生产建设规模调查。可分为大、中、小型矿区,各行业划分标准不同,一般根据生产能力、固定资产投资、职工人数、投入产出状况等综合划分。

⑦权属关系调查。可分为国有工矿区(包括国家统配和地方国有)、乡镇工矿区、个体工矿区。一般国有工矿区为大、中型工矿区,造成的水土流失严重,但易管理,企业自身调控能力强,能在有关部门监督下进行土地复垦和生态重建;乡镇和个体工矿区属小型矿区,数量多,分布广,难管理,往往看重眼前利益,不考虑长远利益,土地复垦与生态重建工作极为棘手。

(2) 矿区土壤调查

矿区土壤调查以采矿破坏的矿山土壤调查为主。土壤调查中,围绕矿区土壤质量的演变和土地复垦规划的要求进行调查。为便于调查,分类如下:

根据采矿发展次序可分为采矿前原土壤调查和采矿后土壤调查(重塑地貌、重构土壤、重建植被后的土壤调查)。根据土壤资源破坏方式还可分为挖损地土壤调查(如露天矿坑、砖瓦窑取土场等)、压占地土壤调查(露天矿排土场、煤矸石山、粉煤灰堆场、露天铝矿赤泥堆积场等)和塌陷地土壤调查。

①采矿前原土壤调查。可参照当地的地形图、土壤图、土地利用现状图等资料,综合加以实地调查。矿区土壤的调查指标一般与农业用地调查指标相同。由于露天矿对土壤扰动较大,开采前对土壤和上覆岩层的分析是许多国家土地复垦有关法规中明确要求的,其目的是在开采与复垦前进行复垦的可行性研究,以便制订合适的开采与复垦计划。它往往有以下几个作用:确定适宜植被生长的土壤材料的性质和数量(包括可作为表土替代材料的岩层);确定开采以后矿山剥离物的性质;确定是否有不适宜的岩层(如含有毒、有害元素)存在;确定复垦与开采工程规划;确定复垦土壤的改良方案和重建植被规划。因此,土壤调查除需一般的土壤调查指标外,应特别注意所有剥离岩土层的物理性质、化学性质和生物性质的分析。不同矿的剥离岩土层的厚度不同,有的矿层厚度可达 200 m。

②采矿后土壤调查。开采后的新造地或复垦土壤的调查研究,是为了确定植物生长的介质特性及土壤生产力,以便于制订有效的土壤改良和重新植被技术方案。一般可先查阅矿山的有关资料,矿山废弃物是否污染环境(如有污染,应先作环境保护处理)。如露天矿需查阅排土场及排土进度图;井工矿需查阅井上井下对照图及有关塌陷资料等。根据资料的情况再针对性地进行调查。

土壤调查参考指标见表 17-11。不同矿区可根据土壤破坏和土壤再造的具体情况,在此基础上增减。

表 17-11 矿区土壤调查参考指标

指　标	挖　损		压　占			塌　陷
	露天矿坑	砖瓦窑取土场	露天矿排土场	粉煤灰堆场	煤矸石山	井工矿塌陷地
岩(土)层厚度	Y	Y	Y	S	S	Y
岩性及风化状况	Y		Y		Y	
岩(土)污染状况	Y	S	Y	Y	Y	S
人造地形特征(坡度、坡向坡型等)	Y	Y	Y	Y	Y	Y
地基的稳定性	N	N	Y	N	Y	Y
非均匀沉降	N	N	Y	N	Y	Y
新造地面积	Y	Y	Y	Y	Y	Y
地表物质及颗粒组成	N	S	Y	Y	Y	Y
土层厚度	N	Y	Y	S	S	Y
有效土层厚度	N	Y	Y	S	S	Y
土壤侵蚀状况	Y	S	Y	Y	Y	Y
水文与排水条件	Y	S	Y	Y	Y	Y
土壤盐碱化	N	S	Y	Y	Y	Y
土壤酸化	S	S	Y	N	Y	Y
土体容重	N	Y	Y	Y	Y	Y
土壤有机质	N	Y	Y	Y	Y	Y
水分有效性	N	Y	Y	Y	Y	Y
地表温度	N	N	S	Y	Y	N
土壤养分指标	N	Y	Y	Y	Y	Y
土壤生物学指标	N	Y	Y	Y	Y	Y

注：引自白中科，2000；S 表示在特定的条件下测定，Y 表示需测定，N 表示不测定。

　　矿区土壤制图及有关的图件主要包括：采矿前土地利用现状图、采矿后土地破坏现状图、土地破坏预测图、土地复垦潜力图、土地复垦规划图等。比例尺根据辖区面积、形状、类型、复杂程度和便于使用等因素确定。各矿一般用 1∶10 000 成现状图；矿务局一般用 1∶25 000 成现状图；若矿务局辖区面积过大时，可用 1∶50 000 的比例尺。

思考题

1. 简述土壤剖面调查的主要内容。
2. 航片应用于土壤调查与地形图为底图的土壤调查有什么不同？
3. 卫片在土壤制图工作过程中的应用可分为哪几个方面？
4. 林地土壤、草地土壤调查的内容包括哪些？方法如何？
5. 简述侵蚀土壤、沙化土壤调查的目的和任务、调查的内容和方法。
6. 简述城市绿地土壤调查和工矿区土壤调查的特殊性。

第 18 章

土壤质量、
土壤退化与土壤资源利用改良

【内容提要】在介绍土壤质量与土壤退化基本知识的基础上，针对我国土壤资源的特点、利用中存在的主要问题，原则性地介绍了土壤资源合理利用及改良的途径。

18.1 土壤质量及评价

18.1.1 土壤质量的概念

土壤质量(soil quality)并非一个新名词，它的概念与内涵是随着时代的发展、科技水平的提高而不断发展深化的。不同利用方式的土壤适宜性可能是最早和最常提及的土壤质量概念，它主要是针对作物的产量和品质而提出的。

目前，国际上比较通用的土壤质量概念是 Dbran et al. (1994) 从生产力、环境质量和动物健康 3 个角度对土壤质量的定义：土壤在生态系统中保持生物生产力、维持环境质量和促进植物和动物健康的能力。曹志洪(2001)认为：土壤质量是土壤在一定的生态系统内提供生命必需的养分和生产生物物质的能力；容纳、降解、净化污染物质和维护生态平衡的能力；影响和促进植物、动物和人类生命安全和健康的能力之综合量度。简而言之，土壤质量是土壤肥力质量、土壤环境质量和土壤健康质量 3 个既相对独立又有机联系组分的综合集成。土壤质量是土壤支持生物生产能力、净化环境能力以及促进动植物和人类健康能力的集中体现，是现代土壤学研究的核心。

从上述对土壤质量的定义中可以认识到：土壤质量主要是依据土壤功能进行定义的，即土壤功能正常运行的能力。土壤质量的定义已超越了土壤肥力的概念，也超越了土壤环境质量的概念，它不只是将保证食物安全作为土壤质量的最高标准，还认为生态系统的稳定性、地球表层生态系统的可持续性是与土壤形成及其动态变化有关的一种固有土壤属性。

18.1.2 土壤质量指标

土壤作为一个复杂的功能实体，其质量不能够直接测定，但可以通过土壤质量指标

(soil quality indicator)来推测。土壤质量的好坏取决于土地利用方式、生态系统类型、地理位置、土壤类型及土壤内部各种特征的相互作用，土壤质量评价应由土壤质量指标来确定。

土壤质量指标是表示从土壤生产潜力和环境管理的角度，监测与评价土壤健康状况的性状、功能或条件。也有人认为，土壤质量指标是指能够反映土壤实现其功能的程度可测量的土壤或植物属性。对土壤性质变化方向、变化幅度和持续时间的测定可用于监测土壤质量指标。

对土壤质量的综合定量评价，要选择土壤各种属性的分析性指标，确定这些指标的阈值和最适值。土壤质量指标通常包括物理指标、化学指标和生物指标(表 18-1)。各项指标的不同取值组合决定了土壤质量的状况，在土壤质量评价中需要根据不同的土壤、不同的评价目的，对这些指标进行取舍组合。

表 18-1　常用土壤质量分析指标

土壤质量物理指标	土壤质量化学指标	土壤质量生物指标
通气性	盐基饱和度(BSP)	有机碳
团聚稳定性	阳离子交换量(CEC)	生物量
容重	阳离子交换量(CEC)	C 和 N
黏土矿物学性质	污染物有效性	总生物量
颜色	污染物浓度	细菌
湿度	污染物活动性	真菌
干润湿	污染物存在状态	潜在可矿化氮
障碍层深度	交换性钠百分率	土壤呼吸
导水率	碱化度或钠碱化度(ESP)	酶
氧扩散率	养分循环速率	脱氢酶
粒径分布	pH 值	磷酸酶
渗透阻力	植物养分有效性	硫酸酯酶
孔隙连通性	植物养分含量	生物碳/总有机碳
孔径分布	钠交换比	呼吸/生物量
土壤强度	钠吸附比(SAR)	微生物群落指纹
土壤耕性		培养基利用率
结构体类型		脂肪酸分析
温度		氨基酸分析
总孔隙度		
持水性		

注：引自 Singer，1999。

　　土壤性质具有复杂的时间和空间变异性，性质变异影响着对土壤质量的评价。不同的时间和空间尺度下，人们关注土壤质量的方面也不一样。土壤质量评价必须确定合适的时间和空间尺度。从时间尺度看，土壤的各种性质都不是固定不变的，各种外部因子的变化都可能导致土壤性质发生变化，土壤内部各种因子的相互作用也增强了土壤性质的变化，根据土壤性质随时间变化的速率和频度可以区分为短期的、长期的以及动态的和静态的。从空间尺度看，土壤质量评价必须确定评价的空间范围，评价范围可以是单个土体、土壤制图单元、田块、景观以至整个流域。政策制定者还需要国家、国际范围内的土壤质量评价。在不同的时间和空间尺度下，要选取不同的土壤质量指标。

　　土壤质量评价可在多种尺度下进行，但是由于土地利用的多样性，评价指标应该是相对的而不是绝对的。在点尺度上，需要从机理水平理解土壤质量，强调土地利用决策对养分循环、淋溶、土壤结构、碳积累和其他相关过程的影响；在农田和小流域尺度上，尤其当土壤的初级功能为维持作物生产时，土壤质量评价与生产力评价类似，但是它不仅强调产量，同时强调土壤资源的物理、化学和生物状况以及目前土地利用措施的长期经济变异性；在区域尺度上，需要通过田间试验来解释土壤质量与作物生产之间的关系。

　　土壤质量指标的确定是一件很复杂的事情，而且在不同的土壤系统之间变化很大。Larson et al. (1994)提出了最小数据集(minimum data set，MDS)的概念，可用于监测由土壤和作物管理措施引起的土壤质量的变化。他们将易用标准方法直接测定的物理、化学指标结合起来，同时也建议使用土壤转换方程(pedotransfer functions)来估计不能实际测得的参数。

18.1.3　土壤质量评价方法

　　土壤质量评价在国际上尚没有统一的标准，也没有固定的方法，对其进行科学评价，不仅需要综合考虑生态系统类型、土壤功能、土地利用方式等因素，而且需要考虑评价目的和评价尺度。

　　国际上已提出一些土壤质量评价的方法，如多变量指标克立格法(multiple variable indicator Kringing，MVIK)、土壤质量动力学方法、土壤质量综合评分法和土壤相对质量法等。

(1)多变量指标克立格法

　　多变量指标克立格法是由美国农业部和华盛顿州立大学的研究者提出的。该方法可以将无数量限制的单个土壤质量指标综合成一个整体的土壤质量指数，该指数是根据特定标准由测定值转换而成的，这一过程称为多变量指标转换(multiple variable indicator transform，MVIT)。各个指标的标准代表土壤质量最优的范围或阈值，是在地区基础上建立和评价的。运用非参数统计学方法，通过 MVIT 数据估计未采样地区的数值，然后测定不同地区土壤质量达到优良的概率，最后利用 GIS 技术绘出建立在景观基础上的土壤质量达标概率图。该法优于土壤质量评分法，可以把管理措施、经济和环境限制因子引入分析过程，其评价范围可以从农场到地区水平，评价的空间尺度弹性大。

(2)土壤质量动力学方法

　　土壤质量是一个动态变化的过程，土壤属性都是随着时间和空间的变化而变化的，易受人类行为、管理措施以及农业实践的影响。基于以上原理，Larson(1994)提出土壤质量的动力学方法，从数量和动力学特征上对土壤质量进行定量。某一土壤的质量可看作它相对于标准(最优)状态的当前状态，土壤质量(Q)可由土壤性质(q_i)的函数来表示：

$$Q = f(q_i) \quad (i = 1 \sim n) \tag{18-1}$$

要反映整个土壤质量的变化，可以选择一阶导数(dQ/dt)表示土壤质量的变化速率。

$$\frac{dQ}{dt} = f\left(\frac{\dfrac{(q_{it} - q_{it_0})}{q_{it_0}} \cdot \dfrac{(q_{nt} - q_{m_0})}{q_{m_0}}}{dt}\right) \tag{18-2}$$

式中　q_{it}——第 i 种土壤质量指标在 t 期的数值；

　　　q_{it_0}——第 i 种土壤质量指标在基期(t_0 期)的数值；

　　　$\dfrac{dQ}{dt}$——反映土壤质量的变化速率，当 dQ/dt 为正值时，说明土壤质量变化是正向的，

　　　　　有利于可持续发展；反之表明土壤退化，此时应采取措施对土壤进行管理。

土壤质量动力学方法根据最小数据集(MDS)选取指标，构建动力学模型反映这种变化。例如，要反映土壤侵蚀对土壤质量变化的影响可以使用生产力指数，而生产力指数又是土壤 pH 值、容重和有效水容量对根系满足度的总和。除了这种方法，还可以采用统计质量控制程序，在整个过程重复测定 MDS，得出 MDS 随时间变化的规律，以描述土壤质量的变化。

(3)土壤质量综合评分法

Dom et al. (1994)提出土壤质量综合评分法，将土壤质量评价细分为对 6 个特定的土壤质量因素的评价，这 6 个土壤质量因素分别为作物产量、抗侵蚀能力、地下水质量、地表水质量、大气质量和食物质量。根据不同地区的特定农田系统、地理位置和气候条件，建立数学表达式，说明土壤功能与土壤性质的关系，再通过对土壤性质的最小数据集评价土壤质量。这种方法从多角度考虑了土壤质量，对于一个特定的生态系统可以根据由每个因素建立的具体标准评价相应的土壤功能。

土壤质量综合评分法在给定的生态系统内，可以通过建立每一种因素的评价标准，然后估计整个土壤质量函数。因此，土壤质量综合评分法简单易行，但是在各个因素权重的确定上存在一定主观性，而且有的时候所搜集的信息不完全，不能完全反映不同土壤质量元素的最优函数关系。需要采用科学方法确定权重，并做很多验证、校验工作，才能更加真实地反映土壤指标和土壤功能的相对重要性。

(4)土壤相对质量法

土壤相对质量法是指通过引入相对土壤质量指数来评价土壤质量的变化。这种方法首先假设研究区有一种理想土壤，其各项评价指标均能完全满足植物生长的需要，以这种土壤的质量指数为标准，其他土壤的质量指数与之相比得出土壤的相对质量指数(RSQI)，从而定量表示所评价土壤的质量与理想土壤质量之间的差距，一种土壤的 RSQI 值就可以表示土壤质量的升降程度，从而可以定量地评价土壤质量的变化。

RSQI 值可使区域土壤质量有统一的比较标准，其变化量 ΔRSQI 可以作为评价土壤质量变化的定量依据。研究土壤质量变化必须有时间和起点概念，否则就难以确切说明土壤质量的升高与降低、肥力的熟化与退化。另外，土壤相对质量法在对各分项指数进行综合时，评价结果往往只是一个均值或简单的累加，这样会掩盖某些土壤属性质的变化特征，

从而使评价结果与实际相差很大。

以上土壤质量评价方法各有优点，实际工作中可以根据评价区域的时间和空间尺度、评价的土壤类型、评价的目的等情况选择适宜的评价方法。

土壤质量是个非常综合的概念，土壤质量评价研究仍处于起步阶段，这项研究不仅涉及土壤学的各个领域，并且关系土地利用、农业种植措施和管理等众多方面，还与社会、经济和政策有关。在土壤质量评价的各个环节，都存在大量需要解决的问题。总结当前国际土壤质量研究的最新进展，结合我国的实际情形，有关土壤质量的研究应在以下几个方面有所加强：①土壤质量变化的发生条件、过程、影响因素及其作用机理；②土壤指标和土壤功能之间的关系；③土壤质量指标与评价方法；④土壤质量动态监测与预测预警；⑤土壤质量保持与提高的途径及其关键技术。

18.2 土壤退化与防治

18.2.1 土壤退化概念

土壤退化(soil degradation)是指在各种因素特别是人为因素影响下导致的土壤质量(土壤的农业生产能力或土地利用和环境调控潜力)及其可持续性(包括暂时性的和永久性的)下降，甚至完全丧失其物理、化学和生物学特征的过程，包括过去的、现在的和将来的退化过程。

18.2.2 土壤退化的分类

土壤退化虽自古有之，但对土壤退化的科学研究是比较薄弱的。直到目前，国际上还没有统一的土壤退化分类体系，仅有一些研究结果。现列举有代表性的2种分述如下：

(1)联合国粮食及农业组织的土壤退化分类

1971年联合国粮食及农业组织(FAO)在《土壤退化》一书中将土壤退化分为十大类：侵蚀、盐碱、有机废料、传染性生物、工业无机废料、农药、放射性、重金属、肥料和洗涤剂，后来又补充了旱涝障碍、土壤养分亏缺和耕地非农业占用三类。

(2)我国的土壤退化分类

中国科学院南京土壤研究所借鉴了国外的分类经验，结合我国实际，提出了二级分类。Ⅰ级将我国土壤退化分为土壤侵蚀、土壤沙化、土壤盐化、土壤污染、土壤性质恶化和耕地的非农业占用，共六大类，在此基础上进一步进行了Ⅱ级分类，见表18-2。表18-3列出了当前我国土壤退化的类型及其成因、结果与分布。

表18-2 中国土壤退化分类

退化类型(Ⅰ级)	亚类(Ⅱ级)
A 土壤侵蚀	A₁ 水蚀
	A₂ 冻融侵蚀
	A₃ 重力侵蚀

（续）

退化类型（Ⅰ级）	亚类（Ⅱ级）
B 土壤沙化	B_1 悬移风蚀
	B_2 推移风蚀
C 土壤盐化	C_1 盐渍化和次生盐渍化
	C_2 碱化
D 土壤污染	D_1 无机物（包括重金属和盐碱类）污染
	D_2 农药污染
	D_3 有机废物（工业及生物废弃物中易生物降解的有机毒物）污染
	D_4 化学肥料污染
	D_5 污泥、矿渣和粉煤灰污染
	D_6 放射性物质污染
	D_7 寄生虫、病原菌和病毒污染
E 土壤性质恶化	E_1 土壤板结
	E_2 土壤潜育化和次生潜育化
	E_3 土壤酸化
	E_4 土壤养分亏缺
	E_5 土壤生物活力下降
F 耕地的非农业占用	

表 18-3　中国土壤退化的类型、成因、结果和分布

类型	成因	结果	分布
土壤侵蚀退化	水蚀、风蚀、冰融	破坏土壤资源、肥力损失、水库河床淤积、石化面积扩大、灾害频繁且加重	水蚀：大兴安岭、阴山、贺兰山、青藏高原一线以东； 风蚀：新疆、甘肃、河西走廊、柴达木盆地等； 冰融：青藏高原、新疆、甘肃、云南等现代冰川高山区
土壤盐碱化	不合理灌溉，地下水位升高	土壤次生盐碱化、潜育化	黄淮海平原、北方半干旱灌溉平原、河套平原，以及西北干旱、半干旱内陆区
土壤沙化	过度放牧、砍伐，交通、工矿、城镇建设破坏，水资源利用不当，气候变化，自然风化	土地沙漠化，风沙活动频繁，环境退化	"三北"干旱、半干旱地区，东部半湿润、湿润地带的风蚀活动频繁地区
土壤肥力下降	土壤利用不合理	土壤生产力下降	除上海、江苏、浙江和海河平原地区之外，其他地区土壤肥力均有下降

（续）

类　型	成　因	结　果	分　布
土壤污染	工业污染，化学农业	土壤酸化、板结、重金属含量高，危及粮食安全	城镇、工矿企业周边及下游地区，乡镇企业发达地区
土壤破坏退化	矿产开采，固体废物堆放，泥石流、山体崩塌、滑坡等自然灾害	土壤遭到开挖、掩埋、流失	矿产资源开采区，地质灾害频繁区
耕作土壤面积减少	建设用地征用，乱占乱用，耕地保护不力等	耕地面积减少	城乡接合部，村镇周边地区

注：引自张荣群等，2000。

18.2.3　土壤退化的驱动因素

造成土壤退化的原因既有自然因素，也有人为因素。自然因素包括气候、生物、水文、地质、地貌等方面，如气候变化、大地构造和新构造运动等，它们是土壤退化的最基本因素，决定着区域土壤退化的方向。人为原因主要是由于人类不合理的开发利用活动。随着经济发展和社会进步，特别是工业化、城市化进程加快，人类活动已成为土壤退化驱动力中最活跃的因素。

土壤退化是一个非常综合和复杂的过程，具有时间上的动态性和空间上的各异性以及高度非线性特征，它不仅涉及土壤学、农学、生态学、环境科学、社会学和经济学相关知识和政策，而且与人类文化有着密切的关系。人类文化既可以通过影响土地利用方式和利用行为直接导致土壤退化，也可以通过影响社会经济和自然状况间接导致土壤退化现象地发生。自然和人为的种种因素错综复杂地交织在一起，决定着土壤退化的方向和速率。土壤退化因果关系如图18-1所示。

18.2.4　土壤退化的危害

土壤退化会对生态环境和国民经济影响巨大，其直接后果包括：①陆地生态系统的平衡和稳定遭到破坏，土壤生产力和肥力降低；②破坏自然景观及人类生存环境，诱发区域乃至全球的土被破坏、水系萎缩、森林衰亡和气候变化；③水土流失严重，自然灾害频繁，特大洪水危害加剧，对水库构成重大威胁；④化肥使用量不断增加，而化肥的回报率和利用率递减，环境污染加剧，农业投入产出比增大，农业生产成本上升；⑤人地矛盾突出，生存环境恶化，食品安全和人类健康受到严重威胁。

18.2.5　土壤退化的治理

对土壤退化的治理必须坚持"预防为主、防治结合"的原则。在具体治理中要注意以下几点：

(1)全面规划，综合治理

退化土壤治理涉及自然科学、工程技术和社会科学等多个学科和领域。治理土壤退化

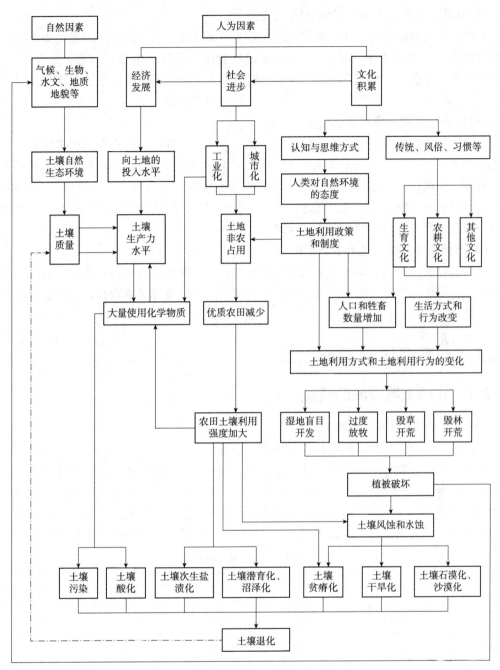

图 18-1　土壤质量变化(土壤退化)因果关系

(王秋兵，2004)

必须在尊重自然规律和经济规律的前提下进行全面规划，统筹安排，综合治理。在治理时，必须将自然区域与行政区域有机地结合起来，进行区域的分区划片，实行分区治理，做到上下游统筹兼顾，区域间协调安排，山水林田路统一规划，从平面、空间和时间序列对各种措施科学统筹和合理配置，以取得最佳的生态、经济和社会效益。

(2)从实际出发,因地制宜地治理

退化土壤的治理具有较强的地域性。不同的治理区域有着不同的土壤退化类型,需要采取的治理措施各不相同。此外,不同区域的社会经济条件、生产技术条件、开发历史、土地利用方式等也不尽相同。因此,必须根据不同土壤退化类型的特点、危害规律以及社会、经济、技术条件,因地制宜地制订治理方案和治理措施。

(3)综合措施与主导措施相结合

土壤退化是多种因素综合作用的结果,必须进行全面分析。但在众多因素中常存在一个或几个主导因素,制约着土壤特性的发展和演变。因此,在全面分析的同时,必须抓住主导因素,采取相应措施进行重点治理,具体措施包括工程措施、生物措施、农业措施、化学措施和管理措施等。总之,在进行退化土壤治理时,必须坚持综合措施与主导措施相结合、综合治理与重点治理相结合的原则。

(4)改善生态环境,保持生态平衡

制订退化土壤治理方案时,必须将改善生态环境、保持生态平衡作为重要目标,把治理区域的土壤作为生态系统整体来对待,统一考虑治理措施的经济效益以及自然环境产生的生态效益。

18.3 土壤资源利用与改良

18.3.1 我国土壤资源的特点

(1)类型丰富,土壤适宜性广泛

我国地域广阔,各地自然环境差异明显;农业历史悠久,人为活动对土壤影响深刻,使我国的土壤资源类型十分丰富多样。据第二次全国土壤普查结果,我国境内形成并分布的土壤类型有 12 个土纲、29 个亚纲、61 个土类、230 个亚类。各土纲的土壤分布面积见表 18-4。多样化的土壤类型具有不同的适宜性,宜农、宜林、宜牧土壤均有一定比例。大多数土壤类型具有多宜性,这为大农业全面发展和综合开发利用提供了优越条件。

表 18-4 中国土壤资源面积

土纲	面积($\times 10^4$ hm^2)	占总面积的比例(%)	土纲	面积($\times 10^4$ hm^2)	占总面积的比例(%)
铁铝土	10 185.29	11.62	初育土	16 110.57	18.36
淋溶土	9911.26	11.30	半水成土	6114.89	6.97
半淋溶土	4247.41	4.84	水成土	1408.79	1.61
钙层土	5806.89	6.62	盐碱土	1619.76	1.83
干旱土	3186.93	3.63	人为土	3222.19	3.67
漠土	5959.07	6.79	高山土	19 883.34	22.66

注:引自全国土壤普查办公室,1998。

（2）空间分异明显，地区差别大

我国是季风十分活跃的国家，水热状况与土壤性状区域差异较大，再加上农业开垦历史和开发程度不同，因而造成全国各地土壤性状和土壤类型空间分异明显，土壤资源开发利用潜力也有很大的差别。例如，东部湿润季风气候区面积不足全国土地总面积的 1/2，却集中了全国约 72% 的耕地、80% 的人口，该区城市化及经济的快速发展已对土壤资源形成了巨大压力，土壤生态环境问题，特别是土壤污染较为突出；中部干润地区由于自然生态环境相对脆弱，加之人类农业开垦历史悠久，土壤退化（如水土流失、土壤风蚀沙化）明显；西部干旱地区虽然地域辽阔，但由于干旱或寒冷，利用较难，农业仅限于河谷和滨湖的绿洲区域。

我国是一个多山国家，山地和丘陵地占陆地总面积的 66%。山区地形高低起伏，山地的不同部位具有明显的小气候特征，特别是在高山区还形成明显的气候垂直变化带谱，加上山区土壤母质类型多样，所形成的土壤各有特色。即使在小区域范围内，由于山丘、沟谷及岗、塝、冲相间的地形，土壤类型也有分异。

（3）自然条件优越，生产潜力较大

我国位于欧亚大陆东部，濒临太平洋，整体地势西高东低，大体呈阶梯状分布。这一地理位置和地势条件，造成了我国大部分地区夏季高温多雨、冬季寒冷干旱的季风气候。而这种雨热同期的气候特点，在很大程度上满足了我国主要农区各类农作物生长期间对水分和热量的需求，是保证大部分土壤资源得以开发利用的重要条件。

我国西北部广大干旱区，年降水量小，水分极端匮缺，在很大程度上限制了该区土壤资源的开发利用。然而，该区四周高山环抱，山脉海拔 4000 m 以上，气温低，年降水量 200~700 mm，山顶冰雪覆盖。春夏季节，冰雪融化，雪水顺流而下，灌溉着渠系两侧的农田，形成了干旱区内的绿洲。另外，该区光照条件优越，昼夜温差大，农产品品质好，成为小麦、长绒棉、哈密瓜、葡萄等农产品的优质特色区。

我国西南部的青藏高原，大多数地区海拔 4000~4800 m，享有"世界屋脊"之称。如此高海拔区域，在国际上通常被列为非农业区，但青藏高原由于所处纬度较低（25°~35°），海拔高，可接受较高的热量辐射。在一些深切河谷地区，7 月平均气温可达 18~23 ℃，仍可发展种植业，特别是在雅鲁藏布江干、支流和藏东三江流域，热量条件较好，成为主要农业区，种植青稞、小麦、豌豆、油菜等。青藏高原的盆地、湖盆宽谷地和河谷地是良好的天然牧场，适于牦牛、绵羊、山羊等牲畜生长繁育。在高原东南部，森林有一定面积的分布。

上述优越的自然条件，决定了我国土壤资源具有较大的生产潜力。从目前粮食作物实际产量与潜在产量之间的差距看，水稻、小麦、玉米、大豆等主要粮食作物实际单产仅为品种区试产量的 58%~78%，为区域高产示范水平的 48%~63%，粮食单产提高潜力很大。

（4）耕地面积小，总体质量不高，后备资源有限

我国土地面积居于世界第三位，但人均土地面积仅为 0.714 hm²，相当于世界人均土地面积的 1/3。《2008 年国土资源公报》显示，我国现有耕地面积 1.217 16×10⁸ hm²，人均耕地面积远低于世界平均水平。

我国耕地土壤总体质量不高，存在的障碍因素类型多，限制程度大。据第二次全国土壤普查统计,高产田(一等和二等耕地)仅占全国总耕地面积的 21.5%;存在 1~2 种低产障碍因素、生产水平中等的耕地(三等和四等耕地)约占总耕地面积的 37.2%;生产条件差、障碍因素多、土壤肥力低的低产耕地约占总耕地面积的 41.3%。

我国耕地利用程度高,垦殖率已达 13.7%,超过世界平均值 3.5 个百分点。我国由于人口众多、农业开发历史悠久,绝大部分平原、阶地、盆地和山间盆地、坝地和平缓坡地等条件优越的土壤资源均已被开垦利用,宜农后备资源匮乏,依靠扩大耕地面积达到增产增收已很困难。

18.3.2 土壤资源利用中存在的主要问题

由于受自然因素作用和人为经济活动的综合影响,我国土壤资源在开发利用方面存在着严重问题:

(1)土壤生产潜力没有很好发挥

从全国及分区耕地的粮食增产潜力看,全国现实生产力不及潜在粮食生产力的 1/2,因此,我国耕地还有较大的增产潜力。长期以来,我国林业用地利用率低,有林地所占比重小,只占林业用地的 50%,甚至有的省份不足 30%,远低于全世界 68% 的平均水平。目前,南方丘陵山区的草地约有 1/3 未被利用,大量牧草自生自灭,资源浪费严重。我国各类草地的水、热、光、土、气等生态条件与国外同类型草地大体相似,具有较大的生产潜力,但草地质量与其他国家相比差距较大,草地的生产力十分低下,约为澳大利亚的 1/10,美国的 1/20。

(2)建设占用耕地,优质耕地减少过快

根据国土资源部全国土地利用变更调查数据,31 个省、市、自治区(不包括香港、澳门和台湾)1990–2016 年间平均每年有 $8.69×104 \ hm^2$ 的耕地被建设占用。特别是耕地的减少主要发生在耕地质量较好的东部和南方,而增加的耕地大都是在自然条件较差的西北和东北地区,耕地资源结构变化的区域分异明显,由此引起的耕地质量损失和粮食生产能力损失非常惊人。因此,我国耕地保护的形势十分严峻。

(3)土壤退化严重

我国土壤资源本来就不足,加之多年来不合理的利用,土壤退化十分严重,表现为类型多、面积大、分布广、发展快、后果重等特点。据统计,因水土流失、盐渍化、沼泽化、土壤肥力衰减、土壤污染及酸化等造成的土壤退化总面积约 $4.6×10^8 \ hm^2$,占全国土地总面积的 40%。不同类型土壤退化的区域空间分布特征是:①华北地区主要是盐碱化;②西北地区主要是沙漠化;③黄土高原和长江上、中游地区主要是水土流失;④西南地区主要是石质化;⑤华东地区主要表现为肥力退化和环境污染退化。

18.3.3 我国土壤存在的主要障碍因素及其利用改良

18.3.3.1 主要障碍因素

自然界的土壤,往往在土体中存在某种障碍层次,即不利于植物根系伸展的土壤层次。这些层次有的是土壤形成过程中产生的,也有一些是母质中的固有层次(地质过程的产物)。我国常见的土壤障碍层次有白浆层、砾石层、钙磐层、黏磐层、铁磐层、脆磐层、积盐层、潜育层(表 18-5)。由于障碍层次的存在，影响水分、养分、空气、热量在土体中的传导和移动，影响土壤水分和养分的有效性，也增大了植物根系在土壤中穿插的阻力，从而严重地影响植物生长发育。如果这些层次距地表较近，还将影响对土壤的耕作管理。

表 18-5　常见的土壤障碍层次及其改良利用途径

主要土壤障碍层次类型	土层特点	利用改良途径
白浆层	土壤物质中以漂白物质占优势的土层。土壤季节性上层滞水，氧化还原交替进行，在黏粒和(或)游离氧化铁(锰)淋失后，使原土层脱色成为灰白色土层。土壤有机质含量低，养分总储量较少；土壤呈微酸性，pH 值 6.0~6.5	施用石灰，增施有机肥，培肥土壤
砾石层	洪积、坡积、河流冲积等原因形成的以砾石或石块为主的层次。细土极少，容纳或保持水分、养分的能力极差，巨大的孔隙截断了土壤水分、养分在土体中的上下移动，土壤漏水、漏肥	种植适宜的浅根作物；客土加厚土层；清除砾石
钙磐层	由碳酸钙胶结或硬结形成的连续或不连续的磐层	种植耐旱喜钙作物；深耕，加厚耕作层
黏磐层	黏粒含量很高的坚实磐层	深耕，加厚耕作层；客土改良土壤质地(掺砂)
铁磐层	由氧化铁硬结形成的厚度不等的磐层	种植适宜的浅根作物
脆磐层	干时坚硬，湿时脆碎的土层	种植适宜的浅根作物
积盐层	可溶性盐积聚形成的高含盐量土壤表层；由易溶性盐胶结或硬结的磐层	种植耐盐作物；灌溉洗盐
潜育层	在潜水长期浸渍下土壤发生潜育化作用，高价铁(锰)氧化物还原成低价铁(锰)化合物，颜色呈蓝绿色或青灰色的土层。土壤分散无结构，土壤质地不一，常为粉砂质壤土，有的偏黏	种植水生、湿生植物；开发水田，种植水稻；修台田、条田，挖排水沟，排出过多的水分

注：引自王秋兵，2011。

《全国中低产田类型划分与改良技术规范》(NY/T 310—1996)将全国中低产田划分为干旱灌溉型、渍涝潜育型、盐碱耕地型、坡地梯改型、渍涝排水型、沙化耕地型、障碍层次型、瘠薄培肥型 8 种类型。参考此标准并结合土壤改良的技术特点，将我国土壤存在的主要障碍因素划分为以下 8 种类型：水土流失型、盐碱型、风蚀沙化型、渍涝潜育型、干旱型、障碍层次型、瘠薄缺素型、污染型。

(1)水土流失型

一般认为，水土流失是地表土壤或岩石在人为因素和自然因素共同作用下，以雨滴和地表径流为营力发生的剥离、搬运和堆积。这一定义揭示了：①侵蚀营力是水由于受自然因素和人为因素的共同作用，特别是人类活动破坏了生态环境的稳定功能，所以，水营力的侵蚀是一种加速侵蚀过程。②侵蚀对象为地表物质(土壤和岩石)，地表物质的理化性质决定了侵蚀营力的性质，如石灰岩地区的侵蚀营力为溶蚀。③侵蚀过程是对侵蚀物质的剥离、搬运和堆积的完整过程。受水土流失限制的土壤包括山地、丘陵区各类土壤，其主导障碍因素为土壤水力侵蚀，以及与其相关的地形条件、地面坡度、土体厚度、土体构型和物质组成、耕作熟化层厚度等。

(2) 盐碱型

盐碱型土壤是受盐碱化影响的土壤。土壤盐碱化主要发生在干旱、半干旱和半湿润地区，是指易溶性盐类在土壤表层积累的现象或过程，包括土壤盐化过程和碱化过程。土壤的盐化与碱化既有密切联系，又有质的区别。盐化是指可溶性盐类在土壤表层及土体中的积累；碱化通常是指土壤胶体表面吸附一定数量的钠离子，随着钠离子水解而导致土壤理化性质的恶化。盐碱型土壤是可溶性盐含量或碱化度超过了限量的土壤，包括盐土、碱土以及各种盐化和碱化的土壤。从形成和改良条件方面考虑，可划分为干旱半干旱地区盐碱型土壤、半干旱半湿润地区盐碱型土壤和滨海盐碱型土壤。干旱半干旱地区的盐碱型土壤所处地区气候干旱少雨，蒸发强烈，土壤含盐量高，盐分组成以硫酸盐—氯化物型和氯化物—硫酸盐型为主；半干旱半湿润地区的盐碱型土壤所处地区有季节性的干湿交替，土壤中的盐分积聚表现明显的季节性，表聚性强，普遍含有苏打；滨海地区的盐碱型土壤由于受海水浸渍倒灌影响，含盐量普遍较高，盐分组成以氯化物为主。盐碱型土壤的主导障碍因素是土壤盐碱化，以及与其相关的地形条件、地下水位埋深、含盐量、碱化度、pH 值等。

(3) 风蚀沙化型

土壤风蚀沙化是由植被破坏、草地过度放牧或开垦为农田，土壤变得干燥，土壤颗粒分散，经风的吹蚀作用，细颗粒物质含量逐步降低所致；另外，在风力作用减弱地段，风携带的沙粒逐渐堆积于土壤表层也可导致土壤沙化。因此，土壤沙化包括风蚀和风积两个过程。我国风蚀沙化土壤主要分布在西北地区内陆沙漠、长城沿线干旱和半干旱地区、黄淮海平原黄河故道和老黄泛区。其主导障碍因素是风蚀沙化，以及与其相关的地形条件、水资源开发潜力、植被盖度、土体构型、引水放淤和引水灌溉条件等。

(4) 渍涝潜育型

渍涝潜育型土壤包括河湖水库沿岸、堤坝水渠外侧、天然汇水盆地等因局部地势低洼，排水不畅而形成的常年或季节性的渍涝土壤，以及由于季节性洪水泛滥及局部地形低洼、排水不良、土质黏重和耕作制度不当引起滞水的潜育土壤。主要包括全国各地的沼泽土、泥炭土、白浆土，以及各种沼泽化、白浆化土壤。其主导障碍因素是土壤渍涝、土壤潜育化，以及与其相关的地形条件、地面积水状况、地下水位埋深、土体构型、土壤质地、排水系统的泄流能力等。

(5) 干旱型

由于降水量不足或季节分配不合理、缺少必要的调蓄工程，以及由于地形、土壤原因造成的保水蓄水能力差，不能满足作物在生长季节正常水分需要的土壤。据统计，全国缺水型旱地面积为 $5040.0 \times 10^4 \ hm^2$，主要集中分布在西北干旱区、长城沿线、内蒙古东部、华北平原、以及江南红土丘陵，以西北干旱区最多，为 $2046.7×10^4 \ hm^2$；东北、华北、西南 3 个地区也在 $666.7×10^4 \ hm^2$ 以上，长江中下游地区为 $520.0×10^4 \ hm^2$。

（6）障碍层次型

障碍层次型土壤主要是指在剖面构型方面有严重缺陷的土壤，如土体过薄，剖面约 1 m 以内有沙漏、砾石、黏磐、铁子、铁磐、砂姜、白浆层、钙积层等障碍层次。障碍程度包括障碍层的物质组成、厚度、出现部位等。

（7）瘠薄缺素型

受气候、地形等难以改变的大环境（干旱、无水源、高寒）及距离居民点远、施肥不足、土壤结构不良影响，养分含量低，产量低于当地高产农田，当前又无见效快、大幅度提高产量的治本性措施，只能通过长期培肥以逐步改良的耕地土壤。如山地丘陵雨养型梯田土壤、坡耕地土壤、黄土高原产量中等的黄土型旱耕地土壤。

（8）污染型

在自然或人为因素影响下，将有毒有害物质输入到土壤当中，使土壤正常的生态功能遭到破坏或干扰，具体表现为土壤物理、化学及生物进程被破坏，土壤肥力下降，最终导致土壤环境质量恶化，对人类和动物健康产生巨大风险。这种现象的出现与工业化程度和化学物质的使用有直接关系。土壤污染具有隐蔽性、潜伏性、不可逆性和长期性等特点，不但危害作物生长，还会通过食物链传递危害人畜健康。根据污染物进入土壤的方式将土壤污染分为水体污染型、大气污染型、工业固体废弃物污染型、农业污染型和生物污染型等几种类型。土壤污染物质笼统地分为有机污染物和无机污染物两大类。无机污染物主要有重金属（Hg、Pb、Cd、Cr、Cu、Zn、Ni 以及类金属 As、Se 等）、放射性元素（铯-137、锶-90 等）、酸、碱、盐等，以重金属和放射性物质的污染最为严重。有机污染物主要有人工合成的有机农药、酚类物质、氰化物、石油、稠环芳烃、洗涤剂，以及有害微生物、高浓度耗氧有机物等。

18.3.3.2　土壤改良应遵循的原则

不同地区不同土壤类型存在的障碍类型不同，不同障碍类型对土壤质量影响的机理、对植物根系生长影响的程度以及所应采取的改良措施相差极大。因此，必须针对障碍类型和土壤利用特点，因地制宜地进行土壤利用改良。其中，要以因地制宜的土壤利用为主，即选择适宜的土地利用方式或适宜的植物（作物）品种，将土壤利用与土壤改良结合起来，把用地与养地结合起来，这种方式成本低、收效大。在此基础上，如有可能或有特殊需要，采取适当的方式对土壤进行改良，消除或削弱土壤障碍因素的影响。在土壤改良时，要把改良土壤与改造土壤自然环境相结合，消除土壤环境条件中的不利因素。某些土壤存在的障碍因素不止一种，往往复合存在多种障碍因素，在土壤改良时，必须抓住主要矛盾，采取多种措施综合治理。例如，对盐碱土的改良，必须与提高土壤肥力结合起来，采取水利、农业、生物相结合的综合措施，以某一措施为主，其他措施配合，才能收到改良土壤、提高产量的效果。又如，对干旱地区风沙土的改良，除开发水利，增施肥料，掺土改沙以改善土壤水分、养分和质地状况外，还必须平整土地，种植绿肥牧草，营造护田林网，把生物措施与工程措施结合起来，造林种草与保护现有植被结合起来，以增强土壤保蓄水分和抗风蚀的能力，这样才能见效快、收效大。

18.3.3.3　土壤改良的主要技术对策

我国土壤存在着多种障碍因素。不同土壤存在的主要障碍因素各不相同。这里仅简要介绍我国分布面积较大、对农业生产影响巨大的几种土壤障碍因素的改良的技术对策。

(1)水土流失型土壤的改良

①改良原理。从水土流失产生的规律可知，保持水土需要消除侵蚀营力，只有切断侵蚀营力与地表物质之间的联系，才能实现地表物质的相对稳定，所以要把保水与保土结合起来。保水是指尽量减轻雨滴的击溅作用，截留或减少地表径流，使水蚀作用降低到最低程度，保住了水也就保住了土；保土是指防止土被冲走，是水土流失治理的目的所在，只有保住了土，保水措施才可顺利实施。为了避免边治理边破坏的现象，还必须把消除加剧水土流失的人为因素放在首要位置。

②水土保持措施。具体措施如下：

a.工程措施。水土保持工程措施是指通过修筑人工建筑物、改造立地条件的方法来防治水土流失的措施。其原理是对地表径流进行再分配，即尽量拦蓄地表径流，以地表径流减少对地表的冲刷作用；尽快排走超过拦蓄能力的地表径流，以达到与土体分离和阻止土体移动的目的。工程措施的种类按其所在地貌部位和规模分为治坡工程、治沟工程和小型水利工程。治坡工程是工程措施的主体工程，主要有鱼鳞坑、水平节、水平沟、反坡台地、梯田等；治沟工程主要有谷坊坝、拦沙坝等；小型水利工程主要有滚水坝、山塘、小水库等。

b.植物措施。水土保持植物措施是指用保护和营造植被的方法，通过植被冠层和根系对地表的屏障作用来削溅、蓄水、减流和保土、改土、围土的措施。主要措施包括种树、种草，以及通过封育使植被自然恢复等措施。

c.农艺措施。水土保持农艺措施是指通过改进耕作方法和技术来防治坡耕地水土流失的措施。主要措施包括调整种植作物的类型与结构、等高耕作、推广免耕或保护性耕作方法、改良培肥土壤等。

③小流域水土保持综合治理。具体措施如下：

a.建立小流域综合防治体系。小流域综合治理必须因害设防并建立完整的防护体系。上游水土保持的重点是防护，主要包括封山育林、大力营造水源涵养林和用材林；中游水土保持的重点是治理，包括坡耕地和荒坡的水土流失治理，农田建设和园地建设；下游水土保持的重点是管护，主要是加强农田和水利设施的管护及土壤肥料建设。

b.综合开发利用土地资源。小流域综合治理中，土地资源的综合开发利用包括开展详细的土地利用调查和规划，根据山、丘、平地和水面特征，对山、水、田、林、草、路进行详细规划，分层配置山丘顶部、中部、下部及谷地和水体，按照市场经济特点和生态考虑，合理安排短、中、长期受益项目，确定产业结构。总体而言，应在稳定粮食生产的基础上，大力发展林牧业，扩大园艺业，搞好多种经营。

c.拦蓄降水，开发水利。小流域综合治理中，水资源常常成为关键。许多小流域的治理实践表明，水是突破口。通过兴建坡面工程(如鱼鳞坑、水平沟等)、沟谷工程(如谷坊坝、拦水堰、水塘、水库)，层层拦蓄降水，逐级开发利用，既能减少降水对地表的冲刷，又能解决灌溉与人畜用水问题。

（2）盐碱型土壤的改良

①改良原理。盐碱土的共同特点是所处环境的地下水埋深浅、地下水矿化度高或母质含盐、气候干旱等。在干旱气候条件下，高矿化度的地下水随土壤水分蒸发进入大气，将盐分残留在地表，造成表土积盐，即盐随水来、水随气散、气散盐存，这是盐碱土的形成机制。一般情况下，气候和地下水的矿化度难以人为控制，改良盐碱土的主要措施是降低地下水位，加强土壤排水洗盐。盐碱土综合治理的关键是调节和控制区域水盐运动，建立良好的土壤生态系统。综合治理的核心是调控水的运动，坚持以排水为基础，统筹处理好排、灌、蓄、补关系，通过全面的治理规划实现调节、控制和改善区域水分状况的目的，做到旱能灌、涝能排、返盐期能降低地下水位。

②改良措施。具体措施如下：

a.水利措施。水利改良措施又称为工程措施，是通过一定的农田水利工程，排除地表积水和降低地下水位或引淡排盐排碱，达到治理盐碱的目的。常见的水利改良措施主要有沟渠排水，井灌井排，沟排井排相结合，健全灌排系统，实行灌排分开，井渠结合，深浅井结合，咸淡混用，排咸补淡与咸水利用，改水浇盐，引淤压碱，暗管排水，渠道防渗等。

b.农业与生物措施。农业与生物改良措施是在水利改良措施基础上，通过一定的农业和生物措施，改善土壤理化性质，提高土壤保水透水性能，加速土壤淋盐和防止返盐的作用，使原有的盐碱地，在合理的利用过程中得到进一步治理和改良。常见的农业与生物改良措施主要有种植水稻，盐碱地生态养殖，增施有机肥料，培肥地力，深耕深翻，植树造林，调整农业用地结构等。盐碱地改良利用应由治理盐碱地适应作物向选育耐盐碱植物转变，挖掘盐碱地开发利用潜力。例如，袁隆平院士带领的海水稻科研团队通过自主研发专门培育出的耐盐碱水稻——海水稻，具有耐盐碱、抗涝、抗病虫害等特点。2020 年，我国在多地启动了万亩盐碱地稻作改良和海水稻种植示范，平均亩产已达 500 kg 以上。

c.化学措施。对于一些重碱地，除采用工程、农业和生物措施外，还应配合施用化学改良物质，如石膏、磷石膏、亚硫酸钙、风化煤、糖醛渣等。这些物质富含钙，施入土壤后，可以改善土壤胶体中钙/镁、钙/钠离子的比例，同时，这些改良物质含有游离酸，与土壤中的碳酸钙作用可以使钙活化，增加钙的有效性，游离酸还能中和土壤的碱性，降低土壤 pH 值，从而消除碱害，达到治碱的目的。

③次生盐碱化土壤的发生与防治。土壤次生盐碱化是指非盐碱的土壤，由于灌溉不当、排水不畅或土地利用不合理，造成地下水位升高，导致土壤积盐的过程。土壤次生盐碱化的发生一般有以下几种情况：灌排不配套、排水受阻、大水漫灌、渠道渗漏、平原蓄水不当等。防止土壤次生盐碱化发生的措施有：健全灌排系统，控制地下水位；合理灌溉，控制地下水位上升；井渠结合，井灌渠排；防止渠道渗漏；抑制土壤返盐。

④不同类型地区盐碱化土壤的整治。不同类型地区盐碱化土壤整治采取的措施如下：

a.半干旱半湿润地区的盐碱化土壤。由于旱涝交替，土壤表现为明显的季节性积盐过程与脱盐过程的更替，以及盐分在土体和潜水中的频繁交换，从而导致土壤的盐化和地下水的矿质化。所以，春旱、秋涝与地碱、水咸是在季风气候和一定地质、地貌条件相伴而生的，在治理中应当统筹考虑，综合治理。首先是要合理开发浅层地下水(包括矿化度低于 7 g/L 的微咸水和咸水)，这样既可以增加灌溉水源，又可以降低地下水位而提高防涝和蓄存降水和河水的能力，发挥调蓄水量的作用，同时还有利于抑制旱季的土壤积盐过程，加速雨季的土壤脱盐过程。其次在有咸水的地区，随时抽出咸水和补入淡水，使地下咸水逐步淡化，通过运用浅层地下水调节水量与水位，改善区域的水盐状况，应作为综合治理工作的中心。此外还要搞好骨干河道治理和田间工程的配套，以排为基础，正确处理排、灌、蓄、补的关系，采取以河补源的井灌为主，井灌与渠灌结合，并抓好林网建设、土地平整、土壤培肥和合理种植等措施，建立良好的农田生态系统。

b.干旱半干旱地区的盐碱化土壤。由于所在的区域大多处于封闭和半封闭的内陆盆地，地面径流和盐分缺少排泄外流出路，再加上降水少、蒸发强的干旱气候，加剧了土壤表层的积盐过程。干旱半干旱气候区，土壤盐分除了人为灌溉及局部地方通过径流冲洗外，自然脱盐过程十分微弱。同时由于不合理灌溉，用水过量，渠系渗漏，又会使地下水位上升，造成了相当普遍的次生盐碱化。由此可见，该区综合治理的关键是防止地下水位变化，严格把地下水位控制在土壤不致盐化、作物不遭盐害的临界深度以下。为此，首先要改变大水漫灌方式。这种方式既浪费水源又抬升地下水位，加重排水负担，所以应加强灌水管理，改进灌水方法，采用节水灌溉技术，做好渠道防渗工作，建立科学用水制度。其次要建立和完善排水系统，降低地下水位。通过此方式控制土壤盐化过程，并排出洗盐后的高矿化水，保证土壤稳定脱盐。在建立排水系统时必须规划好排水出路及各级排水沟的合理间距与深度，统筹解决上下游关系，保持出路畅通。在自流排水困难、出路不畅的地方，应建立扬排站，实行自排与扬排结合；在地下水资源丰富、矿化度小的地区，可发展井灌，实行渠井结合，排灌结合；在地形封闭、排水不畅或排水无出路的地方，可采用竖井排水。此外，应重视建设林网，采取生物排水，既可防风、保护农田、调节田间小气候，又可降低地下水位，应作为综合治理的重要措施。

c.滨海地区的盐碱化土壤。滨海地区受海潮浸渍和海水倒灌顶托的影响，排水困难。地下水位一般在 0.5~2.0 m，矿化度高，土体盐分分布较均一。滨海盐碱地的治理，首先必须筑堤建闸，防止海潮浸渍，完善排水河道和田间排灌工程，做到洪涝分排，排灌分开。采取深沟排盐，对不能自流排水入海的河沟，需设置堤排设施；土质黏重地区可采取浅密排沟，辅以改土和种植绿肥，抑制返盐。同时要利用一切可能的条件，引水蓄水，扩大灌溉面积，进行人工洗盐或种植水稻。由于沿海地区降水较多，可利用夏季自然降水，蓄淡淋盐，加速土壤脱盐。

(3)风蚀沙化土壤的改良

①改良原理。为了防止风蚀沙化的蔓延，整治风蚀沙化土壤，必须减轻土壤沙漠化的压力，应根据风蚀沙化土壤生态系统的功能，坚持治理、开发、利用并重的方针，在治沙、防沙的同时，合理开发利用沙地资源，实行沙、田、林、草、水、路综合治理。风蚀沙化土壤治理的依据是：不合理的人为因素消除后，风蚀沙化土壤具有自我恢复的功能。但由于这些地区自然条件较差，如果没有人为帮助，恢复的速率相当慢。风蚀沙化过程实际上是风与沙相互作用的过程，从大范围来看，风本身是难以控制的，只能通过一定措施在局部范围内减小风力，因此风蚀沙化土壤治理的重点是护土围沙。

②改良措施。具体措施如下：

a.工程措施。主要是在干旱地区风蚀沙化土壤上设置工程沙障，以固定流动沙丘。由于干旱地区的生态条件较差，在沙漠化治理中，工程措施必须与其他措施相配套。

b.植物措施。植物措施是风蚀沙化土壤治理的关键，主要包括封沙育草育灌、种灌种草、飞播、建造防护林带(网)、建设人工草场等。

c.农牧生产措施。包括控制载畜量、控制农垦面积、合理配置作物和牧草、扩大农牧业比重、合理开发地下水等。

③不同地区风蚀沙化土壤的防治。具体措施如下：

a.半干旱地区风蚀沙化土壤的防治。在半干旱地区，农牧交错区风蚀沙化土壤的防治要从合理划分农牧业用地着手，调整土地利用结构，加大退耕还草的力度，集约经营水土条件较好的耕地，缩减质量差的耕地，扩大林草比重，促进农牧结合。对已风蚀沙化的土壤要采取乔灌草结合、封育等综合治理措施。草原牧区沙漠化土壤防治首先应从确定合理的载畜量、以草定畜入手；其次要建立轮牧制度，轮牧轮封。对已经风蚀沙化的土壤要降低轻放牧强度或天然封育，使草地得以休养生息，促进天然植被恢复。有条件的地区可进行人工补播牧草和灌木。

b.干旱荒漠地区风蚀沙化土壤的防治。在干旱荒漠地区，沙漠化土壤防治要与水资源利用结合，以绿洲为中心，建立绿洲内部护田林网、绿洲乔灌结合的防沙林带和绿洲外围沙丘固定设施(机械沙障与障内栽植固沙植物)相结合的完整防沙体系。

c.半湿润地区风蚀沙化土壤的防治。在半湿润地区，风蚀沙化土壤的防治主要应采取平整沙地、培肥土壤、营造护田林网和建设水利设施等措施。

(4)渍涝潜育型土壤的改良

①改良原理。渍涝潜育型土壤所处地形部位低洼，地表水和地下水汇集，土体常呈渍潜状态，易受洪涝威胁。长期处于水分饱和状态的土壤，通气不良，还原性物质明显积累，土温较低，虽然土壤肥力通常不低，但有效养分贫乏。所以，渍涝潜育型土壤的改良必须从排洪除涝入手，控制外来水，改善内排水，通过水旱轮作等多种农艺方式改善土壤性状，提高土壤温度，促进养分释放，降低土壤还原性物质含量，创造有利于作物根系生长的土壤环境。

②改良措施。具体措施如下：

a.排洪除涝，控制外来水。渍涝潜育型土壤不论平原洼地还是山垄谷地，都因地势低洼而易受洪涝威胁。建设排洪除涝水利工程是堵截洪涝外来水、改造渍涝潜育型土壤的先行措施。平原洼地的渍涝潜育型土壤改良主要是建立圩田的大包围工程，配置机电排灌和联圩建闸，控制外来水入侵，并控制圩区外河水位，确保不同圩区实行分片治理。山垄谷地的渍涝潜育型土壤比较分散，其改良一般以山垄为单元分别治理。其经验是通过开沟截洪，引流除涝，有效控制外来水超量流入农田。主要措施是沿坡、麓、山、田交界处开挖截洪沟、排泉沟和排水沟。排洪沟的大小视集水面积和当地最大暴雨量而定，一般沟宽1 m、沟深0.4~0.8 m。排泉沟的功能是在冷泉溢出带开挖深沟(明沟或暗沟)，定向引排冷泉。排泉沟的大小和形式，应视涌泉量及泉眼密度而定，明沟一般宽0.3~0.5 m，深1 m，以石块垒砌；暗沟可选用石料、松木捆、瓦管等，埋深一般为0.8~1.0 m。排水沟的功能

是排除田面积水和降低地下水位。山垄的排水沟，主干沟一般宽 0.8~1.5 m，深 1.0~
1.5 m，垄顶较浅窄，垄口较深宽。主干沟的间距通常为 40~50 m，与支沟相配套，做到
沟沟相通。这样的排洪除涝工程措施，可以确保洪水不进田，冷泉引出田，毒水排出田，
实现洪涝保收。

b.降潜治渍，改善土壤内排水。渍涝潜育型土壤包括全层土体潜育化土壤和处于上渍
下潜多水状态的土壤两种类型。这类土壤的主要矛盾是"水害"，因此，降低农田地下水
位，改善土体内排水性能，克服土壤水气矛盾，是改良的关键措施。要通过提高农田排水
能力，实现全潜型土体地表水与地下水的分离，使潜育层下移，潴育层增厚，以改善土壤
水气矛盾，减少还原性铁、锰和有毒有害物质。提高农田排水能力，也是改善上渍下潜多
水土壤内渍状况的途径，可采取明沟、暗沟、鼠道等排渍措施。

c.水旱轮作，改善土壤通透性。渍涝潜育型土壤初步改良后，应尽量实行水旱交替种
植，安排旱作茬口，使土壤脱水，促进土壤颗粒团聚化，增加通气孔隙数量。水旱轮作能
促进养分释放，降低土壤还原性物质含量，有利于作物根系生长。

d.垄畦栽培、半旱式耕作管理。渍涝潜育型土壤的水、肥、气、热矛盾激烈，采取适
宜的半旱式垄畦栽培管理方式，增产效果显著。垄畦栽培是在免耕基础上，将田面起垄成
畦，抬高原有田面，形成宽行垄或高畦的半旱式稻田。

(5)干旱型土壤的改良

①改良原理。干旱型土壤的重要障碍因素是土壤缺水。北方的缺水型旱地处于干旱、
半干旱气候区，降水量 250~500 mm，降水集中易引发水土流失，造成土体浅薄，所以，
土壤极易缺水受旱。南方的缺水型旱地主要面临由降水集中、地表覆被差、黏质土壤有效
蓄水量低而导致的季节性干旱。如遇伏旱，缺水更加严重，造成欠产或绝收。

干旱型土壤的改良要以调节"土壤水库"的蓄水保水能力为重点，配合其他综合措施。
其作用不仅是以"库"的形式储存植物生长所需的水分和养分，更重要的是通过土壤基质的
能量转换，获得较高的生物潜能，保证农业持续增产。但是，土壤肥力的培育是与农田生
态以及区域生态环境和生产条件相联系的，因此，旱地肥力的培育，包括高产旱地的培育
和低产旱地的改良，都应采取山、水、田、林、路综合治理的配套技术措施。

②改良措施。具体措施如下：

a.工程措施。主要包括 2 个方面。一是拦蓄降水。具备水源条件的地方，建立灌排配
套渠系，是增培高产稳产旱地的重要保障；在不具备水源的雨养农田条件下，要做好拦蓄
降水、蓄纳保墒的耕作管理和田间工程设施。二是平整土地。平整土地既有利于稳定水
土，也便于耕作管理，是培育高产稳产农田的基础条件。山丘、坡地修建梯田，防止冲
刷，保持水土；大平小不平的平原旱地，也应通过平整土地建成方田、畦田。

b.农艺措施。主要包括 4 个方面。第一，调整种植结构和方式，栽培抗旱品种。发展
节水旱作农业是干旱型土壤区农业发展的主要方向，因此，必须根据当地自然条件调整种
植结构，栽培抗旱品种；并利用瘠薄旱地、田头地边和林间隙地等，采取混、间、套的办
法，种植适合当地生长的牧草或绿肥，甚至耐瘠草类，以利护土养土。第二，增加活土层
厚度。加厚活土层的方法主要是加深耕翻或客土增厚。土壤耕翻避免在同一深度范围内，
应采取年际间深耕与浅耕相结合，耕翻与免耕相结合的措施。这样既能加深耕作层厚度，

又可使耕作层虚实并存，有利于土壤蓄水保肥和供水供肥。第三，改良土壤质地或土壤结构。经验表明，砂掺黏、黏掺砂是暄松土壤的有效措施，采取引洪淤灌的手段可以大面积改良土壤质地；采取深翻暴晒、秋耕冻融和耙、耢、压等措施，可以使僵板的土壤酥散暄松，改良土壤结构。第四，培肥土壤。随着单产提高，年复一年要从土壤中携走大量养分，因此，为了均衡并满足植物生长需求，必须施肥以补充养分。有机肥与化肥配合施用是提高土壤供肥后劲的有效途径。

（6）污染土壤的改良

①改良原理。造成土壤污染的原因很多，土壤污染物千差万别。污染物质在土壤中的形态、迁移规律以及它们对植物的有效性相差悬殊，因此，污染土壤的改良原理和途径各不相同。实践中要针对污染物的特点，探索污染土壤的改良原理，采取切实可行的措施。就重金属污染土壤的改良而言，主要有以下几个途径：一是利用生物或工程技术方法从土壤中去除重金属；二是改变重金属在土壤中的存在状态，降低其在环境中的迁移性和生物的可利用性；三是改变种植制度，避免重金属通过食物链影响生物和人体健康。

②改良措施。具体措施如下：

a.工程修复措施。常见的工程修复措施有客土法、换土法、水洗法、隔离法。客土法是将大量非污染土壤混入污染土壤或覆盖在污染土壤表层，以降低污染物质的浓度。只有当污染物的浓度低于临界危害浓度时，才能达到治理的效果。客入的土壤一般选择质地黏重、有机质含量高的土壤。换土法是将污染土壤部分或全部取走，换入新土壤。这是对小面积严重污染土壤进行治理的有效方法，但换出的土壤要妥善处理，以防止二次污染。水洗法是用清水或加有某种化学物质的水把污染物从土壤中洗除的方法。采用此法应注意防止发生次生污染，将洗出液集中处理。水洗法适合于轻质土壤。隔离法是用各种防渗材料（如水泥、黏土、塑料板）等把污染土壤就地与未污染土壤或水体分开，以减少或阻止污染物质扩散到其他土壤或水体中。该法适用于污染物质易扩散、易分解，污染严重的情况。

b.生物修复措施。生物修复是应用生物技术和方法将环境污染物转化为无毒或低毒的成分，使受污染的环境部分或完全恢复到原始状态的过程。这种措施具有成本低、效果好、不破坏土壤环境、无二次污染等特点。生物修复可利用连续种植超积累植物的方法以降低土壤重金属含量。目前，已经发现的超积累植物有 400 多种。超积累植物对重金属元素的吸收量是一般植物的 100 倍以上，其积累的 Cr、Co、Ni、Cu、Pb 含量在 1000 mg/kg 以上，积累的 Mn、Zn 含量一般在 10 mg/kg 以上。土壤中某些动物对污染土壤也有一定的修复作用。如蚯蚓能吸收土壤重金属，降解农药，但蚯蚓吸收重金属后可能还会再将其释放到土壤中，造成二次污染。鼠类也能吸收重金属，但对庄稼有危害。因此，利用土壤动物修复污染土壤有待进一步研究。在实践中，提倡多利用微生物的修复作用，即根据土壤污染状况，人工分离、培养、接种对污染物有较高降解能力或缓解污染物毒性的微生物，以达到治理的目的。如无色杆菌、假单胞菌能使亚砷酸盐氧化为砷酸盐，从而降低其毒性；在厌氧条件下，硫化氢细菌产生的硫化氢能够与 Cd、Pb 等元素结合，形成硫化物沉淀而降低毒性。微生物对农药、矿物油等污染物的降解是修复污染土壤最有效、最彻底的方法。据报道，一般情况下，降解烃类的微生物只有微生物群落总数的 1%，而当有石油污染物质存在时，降解微生物的比例可增加到 10%，因此，可以利用微生物对该物质的适应能力和降解功能治理石油污染。

c.农艺措施。针对污染物的种类、土壤受污染的程度、以及土壤本身的性状等因素，可采用改变耕作制度、选育抗污染作物品种、加强土壤水肥管理等农艺措施进行土壤污染治理。例如，在污染较严重的农田，可改种非食用作物(花卉、苗木、棉花等)、耐污染作物和食用部分污染物积累少的作物。研究表明，不同作物种类、同一种类的不同品种对污染物质的积累不同。大麦、生菜、玉米、大豆、烟草的不同品种对重金属的吸收有明显差异，因此，筛选食用部分积累污染物质少的品种、抗污染的作物品种，以减少农产品中污染物质的浓度。土壤的氧化还原状况影响污染物质的存在形态、生物活性和迁移转化规律，特别是对重金属元素的影响更明显。因而可以通过调节土壤水分来控制污染物的行为。例如，受 Cd、Hg、Pb 等元素中度和轻度污染的土壤，可以通过淹水种植使这些重金属元素在还原条件下形成硫化物沉淀，降低其毒性；相反，砷污染的土壤适宜旱作，因为砷酸根(AsO_4^{3-})在氧化条件下是稳定的，在还原条件下会转化为对植物毒性更强的亚砷酸根(AsO_3^{3-})。施用堆肥、厩肥、腐殖酸类物质等有机肥，能够提高土壤有机质的含量，增加土壤胶体对重金属和农药的吸持能力，增强土壤的缓冲性和净化能力。在有机质的矿化分解过程中，消耗土壤中的氧气，使土壤处于还原状态，有利于降低重金属元素(如 Cd、Hg、Pb、Cu 等)的活性。在非石灰性土壤中增施石灰、炉渣、矿渣、粉煤灰等碱性物质，能够提高土壤 pH 值，降低重金属的溶解度，进而降低重金属在植物体内的含量。

思考题

1. 什么是土壤质量？土壤质量评价的方法一般有哪些？各有什么特点？
2. 什么是土壤退化？引起土壤退化的因素有哪些？
3. 土壤退化有哪些危害？
4. 防治土壤退化应注意哪些问题？
5. 我国土壤资源有哪些主要特点？
6. 我国土壤资源在利用中存在哪些主要问题？
7. 对土壤进行改良一般应遵循哪些原则？
8. 为促进我国土壤资源合理利用，应采取哪些主要措施？

参 考 文 献

白中科. 工矿区土地复垦与生态重建[M]. 北京: 中国农业科技出版社, 2000.

蔡祖聪. 浅谈"十四五"土壤肥力与土壤养分循环分支学科发展战略[J]. 土壤学报, 2020, 57(5): 1128-1136.

曹志洪. 解译土壤质量演变规律, 确保土壤资源持续利用[J]. 世界科技研究与发展, 2001, 23(3): 28-32.

曾昭顺, 徐琪, 高子勤. 中国白浆土[M]. 北京: 科学出版社, 1997.

陈槐, 吴宁, 王艳芬, 等. 泥炭沼泽湿地研究的若干基本问题与研究简史[J]. 中国科学(地球科学), 2020, 51(1): 15-26.

陈焕伟. 土地资源调查[M]. 北京: 中国农业大学出版社, 1998.

陈学洲, 来琦芳, 么宗利, 等. 盐碱水绿色养殖技术模式[J]. 中国水产, 2020(9): 61-63.

程琨, 潘根兴. "千分之四全球土壤增碳计划"对中国的挑战与应对策略[J]. 气候变化研究进展, 2016, 12(5): 457-464.

崔晓阳. 城市绿地土壤及其管理[M]. 北京: 中国林业出版社, 2000.

戴皖宁, 王丽学, ISMAIL K, 等. 秸秆覆盖和生物炭对玉米田间地温和产量的影响[J]. 生态学杂志, 2019, 38(3): 719-725.

邓小华, 黄杰, 杨丽丽, 等. 石灰、绿肥和生物有机肥协同改良酸性土壤并提高烟草生产效益[J]. 植物营养与肥料学报, 2019, 25(9): 1577-1587.

丁杰萍, 罗永清, 周欣, 等. 植物根系呼吸研究方法及影响因素研究进展[J]. 草业学报, 2015, 24(5): 206-216.

樊廷录, 李尚忠. 旱作覆盖集雨农业探索与实践[M]. 北京: 中国农业科学技术出版社, 2017.

范倩玉, 李军辉, 李晋, 等. 不同作物秸秆还田对潮土结构的改良效果[J]. 水土保持学报, 2020, 34(4): 230-236.

冯兆滨, 王萍, 刘秀梅, 等. 我国红壤改良利用技术研究现状与展望[J]. 江西农业学报, 2017, 29(8): 57-61.

高洪军, 彭畅, 张秀芝, 等. 不同秸秆还田模式对黑钙土团聚体特征的影响[J]. 水土保持学报, 2019, 33(1): 75-79.

高吉喜, 侯鹏, 翟俊, 等. 以实现"双碳目标"和提升双循环为契机, 大力推动我国经济高质量发展[J]. 中国发展, 2021, 21(增刊): 47-52.

龚子同, 张甘霖, 赵文君, 等. 海南岛土壤中铝钙的地球化学特征及其对生态环境的影响[J]. 地理科学, 2003, 23(2): 200-207.

龚子同. 中国土壤系统分类[M]. 北京: 科学出版社, 1999.

关连珠. 普通土壤学[M]. 2版. 北京: 中国农业大学出版社, 2016.

关连珠. 普通土壤学[M]. 北京: 中国农业大学出版社, 2007.

海春兴, 陈健飞. 土壤地理学[M]. 2版. 北京: 科学出版社, 2017.

何园球, 李成亮, 刘晓利, 等. 水分和施磷量对简育水耕人为土中磷素形态的影响[J]. 土壤学报, 2008, 45(6): 1081-1086.

河北农业大学．土壤学［M］．北京：农业出版社，1991．

黑龙江土壤普查办公室．黑龙江土壤［M］．北京：农业出版社，1992．

华珞．土壤对污染物的缓冲性研究［J］．农业工程学报，1992，8（2）：13-20．

华孟．土壤物理学［M］．北京：北京农业大学出版社，1993．

黄昌勇，徐建明．土壤学［M］．3 版．北京：中国农业出版社，2010．

黄昌勇．土壤学［M］．北京：中国农业出版社，2000．

黄巧云．土壤学［M］．2 版．北京：中国农业出版社，2017．

惠基运，高彦刚，等．根域通气与施肥对设施桃土壤及根活力的影响［J］．植物生理学报，2020，56（7）：
　　1504-1512．

霍丽丽，赵立欣，孟海波，等．中国农作物秸秆综合利用潜力研究［J］．农业工程学报，2019，35（13）：
　　218-224．

吉林省土壤肥料总站．吉林土壤［M］．北京：中国农业出版社，1998．

贾文慧．配沙对黏质盐土水分特性的影响［D］．泰安：山东农业大学，2019．

姜洪涛，施斌，高玮．人为土的概念、特征及其工程研究意义［J］．水文地质工程地质，2005（6）：
　　79-81．

焦居仁．开发建设项目水土保持［M］．北京：中国法制出版社，1998．

焦帅，王玮瑜，赵兴敏，等．耕作方式对黑钙土主要肥力特征及玉米产量的影响［J］．干旱地区农业研
　　究，2020（1）：31-38．

金为民．土壤肥料［M］．北京：中国农业出版社，2001．

柯夫达．土壤学原理［M］．陆宝书，等译．北京：科学出版社，1981．

李瑾，郭美荣，高亮亮．农业物联网技术应用及创新发展策略［J］．农业工程学报，2015，31（S2）：
　　200-209．

李军，刘喜才，张丽娟，等．土壤疏松性对马铃薯产量的影响及其生理机制［C］//．中国作物学会．中国
　　马铃薯学术研讨会与第五届世界马铃薯大会论文集．北京：中国马铃薯编辑部，2004：195-202．

李天杰，赵烨，张科利，等．土壤地理学［M］．3 版．北京：高等教育出版社，2004．

李天杰，郑应顺，王云．土壤地理学［M］．2 版．北京：高等教育出版社，1983．

李天杰．土壤地理学［M］．3 版．北京：高等教育出版社，2010．

李天杰．土壤地理学［M］．北京：高等教育出版社，1983．

李廷亮，王宇峰，王嘉豪，等．我国主要粮食作物秸秆还田养分资源量及其对小麦化肥减施的启示［J］．
　　中国农业科学，2020，53（23）：4835-4854．

李象榕．中国土壤普查技术［M］．北京：农业出版社，1992．

李晓民，杨文昕．5G 通信在智慧农业中的应用综述［J］．通信与消息技术，2021，5（3）：112-115．

林大仪，谢英荷．土壤学［M］．2 版．北京：中国林业出版社，2011．

林培．区域土壤地理学（北方本）［M］．北京：北京大学出版社，1993．

刘恩科．不同施肥制度土壤团聚体微生物学特性及其与土壤肥力的关系［D］．北京：中国农业科学
　　院，2007．

刘树庆．保定市污灌区土壤的 Pb、Cd 污染与土壤酶活性关系研究［J］．土壤学报，1996（2）：175-182．

刘新梅，樊文华，张昊，等．改良剂对矿区复垦土壤机械稳定性团聚体及有机碳的影响［J］．应用与环境
　　生物学报，2021，27（4）：970-977．

刘叶楠，周晓辉，陈妮，等．改性泥炭对滨海盐渍土的改良作用研究［J］．土壤，2021，53（3）：
　　654-660．

刘永晨，司成成，柳洪鹃，等．改善土壤通气性促进甘薯源库间光合产物转运的原因解析［J］．作物学

报, 2020, 46(3): 462-471.

刘忠良, 宇万太. 土壤团聚体中有机碳研究进展[J]. 中国生态农业学报, 2011, 19(2): 447-455.

鲁如坤. 土壤—植物营养学原理和施肥[M]. 北京: 化学工业出版社, 1998.

陆欣, 谢英荷. 土壤肥料学[M]. 2版. 北京: 中国农业大学出版社, 2011.

罗汝英. 土壤学[M]. 北京: 中国林业出版社, 1992.

骆永明, 滕应. 中国土壤污染与修复科技研究进展和展望[J]. 土壤学报, 2020, 57(5): 1137-1142.

吕贻忠, 李保国. 土壤学[M]. 北京: 中国农业出版社, 2006.

马征, 王学君, 董晓霞, 等. 改良剂作用下滨海盐化潮土团聚体分布、稳定性及有机碳分布特征[J]. 水土保持学报, 2020, 34(4): 327-333.

毛丽萍, 巫东堂, 郭伟民, 等. 芦笋种植对冷凉沙化区土壤改良的效果研究[J]. 作物杂志, 2019(1): 186-191.

牟廷森, 沈海鸥, 李洪丽, 等. 不同坡度下掺沙对黑土坡面径流侵蚀特征的影响[J]. 水土保持学报, 2020(4): 43-47.

南京大学, 中山大学, 北京大学, 等. 土壤学基础与土壤地理学[M]. 北京: 人民教育出版社, 1980.

尼尔·布雷迪, 雷·韦尔. 土壤学与生活[M]. 14版. 李保国, 等译. 北京: 科学出版社, 2019.

潘继花, 张甘霖. 土垫旱耕人为土中磷的分布特征及其土壤发生学意义[J]. 第四纪研究, 2008(1): 43-49.

潘剑君. 土壤调查与制图[M]. 3版. 北京: 中国农业出版社, 2010.

彭光途. 园林土壤肥料学[M]. 北京: 中国林业出版社, 1988.

邱丽丽, 李增强, 徐基胜, 等. 生物质炭和秸秆施用对黄褐土生化性质及小麦产量的影响[J]. 土壤, 2021, 53(3): 475-482.

全国土壤普查办公室. 中国土壤[M]. 北京: 中国农业出版社, 1998.

全国土壤普查办公室. 中国土壤普查技术[M]. 北京: 农业出版社, 1992.

荣慧, 房焕, 张中彬, 等. 团聚体大小分布对孔隙结构和土壤有机碳矿化的影响[J]. 土壤学报, 2022(2): 476-485.

沙塔尔·司马义, 祖丽皮亚·艾合买提. 论证干旱区绿洲土壤种植绿肥改善土壤理化性质潜在研究价值——以新疆鄯善县为例[C]//中国环境科学学会2020科学技术年会论文集. 南京: 中国环境科学学会, 2020.

山东省土壤肥料工作站. 山东土壤[M]. 北京: 农业出版社, 1994.

山西省土壤普查办公室. 山西土壤[M]. 北京: 科学出版社, 1992.

陕西省土壤普查办公室. 陕西土壤[M]. 北京: 科学出版社, 1992.

沈汉, 李红. 肥熟旱耕人为土的性态分异与土族土系的划分[J]. 土壤, 2001(1): 32-37.

沈仁芳, 王超, 孙波. "藏粮于地、藏粮于技"战略实施中的土壤科学与技术问题[J]. 中国科学院院刊, 2018, 33(2): 135-144.

沈仁芳, 颜晓元, 张甘霖, 等. 新时期中国土壤科学发展现状与战略思考[J]. 土壤学报, 2020, 57(5): 1051-1059.

石礼文, 王承昊, 周伟, 等. 改良剂对盐化草甸土不同土层理化性质及大豆产量的影响[J]. 大豆科学, 2020, 39(2): 269-276.

史舟, 徐冬云, 滕洪芬, 等. 土壤星地传感技术现状与发展趋势[J]. 地理科学进展, 2018, 37(1): 79-92.

孙向阳. 土壤学[M]. 北京: 中国林业出版社, 2005.

汪景宽, 徐英德, 丁凡. 植物残体向土壤有机质转化过程及其稳定机制的研究进展[J]. 土壤学报,

2019, 56(3)：528-540.

王果. 土壤学[M]. 北京：高等教育出版社, 2009.

王秋兵, 韩春兰, 孙福军, 等. 中国土系志·辽宁卷[M]. 北京：科学出版社, 2020.

王秋兵. 土地资源学[M]. 2 版. 北京：中国农业出版社, 2011.

王邵军, 阮宏华, 汪家社, 等. 武夷山典型植被类型土壤动物群落的结构特征[J]. 生态学报, 2010, 30
　(19)：5174-5184.

王朔林, 王改兰, 赵旭, 等. 长期施肥对栗褐土有机碳含量及其组分的影响[J]. 植物营养与肥料学报,
　2015, 21(1)：104-111.

王嗣淇. 西辽河底质对磷的吸附/解吸行为研究[D]. 阜新：辽宁工程技术大学, 2010.

王涛, 司万童, 闫瑞强, 等. 花棒(*Hedysarum scoparium*)对雅鲁藏布江中游山坡流动沙地土壤理化性质的
　影响[J]. 生态与农村环境学报, 2020, 36(12)：117-123.

王荫槐. 土壤肥料学[M]. 北京：中国农业出版社, 1992.

王振健, 邓良基, 张世熔, 等. 成都平原主要水耕人为土土系的划分研究[J]. 土壤通报, 2004(3)：
　241-245.

文启孝. 土壤有机质研究方法[M]. 北京：中国农业出版社, 1984.

吴林坤, 林向民, 林文雄. 根系分泌物介导下植物—土壤—微生物互作关系研究进展与展望[J]. 植物生
　态学报, 2014, 38(3)：298-310.

吴旭东, 蒋齐, 俞鸿千, 等. 沙质草地植物群落及土壤质地对补播和翻耕措施的响应[J]. 干旱地区农业
　研究, 2018, 36(4)：246-251.

吴则焰, 林文雄, 陈志芳, 等. 武夷山国家自然保护区不同植被类型土壤微生物群落特征[J]. 应用生态
　学报, 2013, 24(8)：2301-2309.

西南农学院. 土壤学[M]. 北京：农业出版社, 1980.

席承藩. 土壤分类学[M]. 北京：中国农业出版社, 1994.

肖能文, 刘向辉, 戈峰, 等. 高黎贡山自然保护区大型土壤动物群落特征[J]. 生态学报, 2009, 29(7)：
　3576-3584.

谢德体. 土壤肥料学[M]. 2 版. 北京：中国林业出版社, 2015.

谢德体. 土壤学(南方本)[M]. 3 版. 北京：中国农业出版社, 2014.

谢慧, 朱鲁生, 谭梅英. 哌虫啶在土壤中的降解动态及对土壤微生物的影响[J]. 土壤学报, 2016, 53
　(1)：232-240.

新疆农业区划委员会. 新疆土壤资源[M]. 乌鲁木齐：新疆人民出版社, 1998.

熊顺贵. 基础土壤学[M]. 北京：中国农业科技出版社, 2001.

熊毅, 李庆逵. 中国土壤[M]. 2 版. 北京：科学出版社, 1987.

徐建明. 土壤学[M]. 4 版. 北京：中国农业出版社, 2019.

杨欢, 尹春英, 唐波, 等. 川西亚高山针叶林树种云杉和冷杉土壤酸碱性差异及其机制[J]. 生态学报,
　2018, 38(14)：5017-5026.

叶露萍, 谭文峰, 方临川, 等. 基于地统计学的土壤团聚体空间变异研究进展[J]. 中国水土保持科学,
　2019, 17(2)：146-153.

于东升, 史学正, 王洪杰, 等. 铁铝土的发生分类与系统分类参比特征[J]. 地理学报, 2004, 59(5)：
　671-679.

于天仁, 季国亮, 丁昌璞, 等. 可变电荷土壤的电化学[M]. 北京：科学出版社, 1996.

翟瑞常, 辛刚, 张之一. 中国土系志·黑龙江卷[M]. 北京：科学出版社, 2020.

张凤荣. 土地保护学[M]. 北京：科学出版社, 2006.

张凤荣．土壤地理学[M]．2版．北京：中国农业出版社，2016．

张甘霖，李德成．野外土壤描述与采样手册[M]．北京：科学出版社，2016．

张甘霖，史舟，朱阿兴，等．土壤时空变化研究的进展与未来[J]．土壤学报，2020，57(5)：1060-1070．

张甘霖，朱阿兴，史舟，等．土壤地理学的进展与展望[J]．地理科学进展，2018，37(1)：57-65．

张贺，杨静，等．连续施用土壤改良剂对砂质潮土团聚体及作物产量的影响[J]．植物营养与肥料学报，2021，27(5)：791-801．

张民，龚子同．我国菜园土壤中某些重金属元素的含量与分布[J]．土壤学报，1996，33(1)：85-93．

张仁陟，谢英荷．土壤学(北方本)[M]．北京：中国农业出版社，2014．

张荣群，刘黎明，张凤荣．我国土壤退化的机理与持续利用管理研究[J]．地域研究与开发，2000，19(3)：52-54．

张艳，刘彦伶，李渝，等．长期施用化肥与有机肥对黄壤物理特性的影响[J]．贵州农业科学，2021，49(2)：34-40．

张洋．长期施肥对灰漠土土壤肥力及有机碳稳定性的影响机理[R]．北京：中国农业科学农业环境与可持续发展研究所，2020．

张志毅．几种水平地带性土壤颗粒中黏粒矿物的组成与演化特征[D]．武汉：华中农业大学，2016．

赵金星，周伟，战英策，等．土壤改良剂对盐化草甸土物理性质及水稻产量的影响[J]．作物杂志，2018(6)：138-143．

赵景逵．矿区土地复垦技术与管理[M]．北京：中国农业出版社，1993．

赵其国．土壤科学发展的战略思考[J]．土壤，2009，41(5)：681-687．

赵玉萍．土壤化学[M]．北京：北京农业大学出版社，1991．

郑仁宏，王应军，等．土壤对污染物的缓冲性研究进展[J]．四川环境，2006(4)：113-117，126．

中国科学院南京土壤所．中国土壤[M]．北京：科学出版社，1980．

中国科学院南京土壤研究所土壤系统分类课题组，中国土壤系统分类课题研究协作组．中国土壤系统分类(修订方案)[M]．北京：中国农业科技出版社，1995．

中国科学院南京土壤研究所土壤系统分类课题组，中国土壤系统分类课题研究协作组．中国土壤系统分类检索[M]．3版．合肥：中国科学技术大学出版社，2001．

中华人民共和国水利部．土壤侵蚀分类分级标准：SL 190—2007[S]．北京：中国水利水电出版社，2008．

朱鹤健，何宜庚．土壤地理学[M]．北京：高等教育出版社，1992．

朱鹤健．土壤地理学[M]．3版．北京：高等教育出版社，2019．

朱克贵．土壤调查与制图[M]．北京：中国农业出版社，1994．

朱显谟．黄土高原土壤与农业[M]．北京：农业出版社，1987．

朱祖祥．土壤学(上册)[M]．北京：农业出版社，1983．

BRADY N C, WEIL R R. The nature and properties of soils[M]. 14版. 李保国，徐建明，译. 北京：科学出版社，2019.

BURNS R G. Enzyme activity in soil：location and a possible role in microbial activity[J]. Soil and Biochem, 1982, 14：423-427.

DORAN J W, PARKIN T B. Defining and assessing soil quality[G]//Defining Soil Quality for a Sustainable Environment. John Wiley & Sons Ltd. 1994：1-21. DUAN C J, FANG L C, YANG C L, et al. Reveal the response of enzyme activities to heavy metals through in situ zymography[J]. Ecotoxicology and Environmental Safety, 2018. , 156：106-115.

FIERE N, JACKSON R B. The diversity and biogeography of soil bacterial communities[J]. Proceedings of the National Academy of Sciences of the United States of America, 2006, 103: 626-631.

LARSON W E, PIERCE F J. The dynamics of soil quality as a measure of sustainable management[G]//Defining Soil Quality for a Sustainable Environment. John Wiley & Sons Ltd. 1994: 37-51.

MICHAEL J, SINGER S E. Soil quality[M]//SUMNER M E. Handbook of soil science. Boca Raton: CRC Press, 2000.

OVSEPYAN L, KURGANOVA I N, GERENYU V L D, et al. Conversion of cropland to natural vegetation boosts microbial and enzyme activities in soil[J]. Science of the Total Environment, 2020, 743: 140829

PERERSEN H, LUXTON M A. Comparative analysis of soil fauna populations and their role in decomposition processes[J]. Oikos, 1982, 39: 288-388. SINGH D, TAKAHASHI K, ADAMS J M. Elevational patterns in archaeal diversity on Mt. Fuji[J]. Plos One, 2012a, 7(9): e44494.

SINGH D, TAKAHASHI K, KIM M, et al. A hump-backed trend in bacterial diversity with elevation on Mount Fuji, Japan[J]. Microbial Ecology, 2012b, 63(2): 429-437.